新型工业化人才培养
新形态教材精品系列

智能控制简明教程

第 2 版

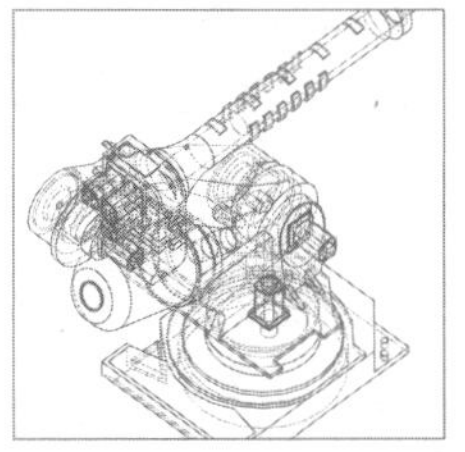
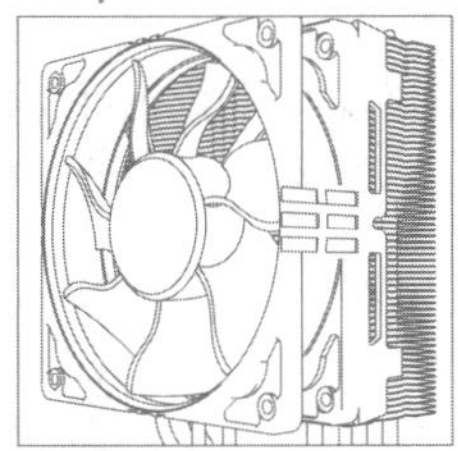
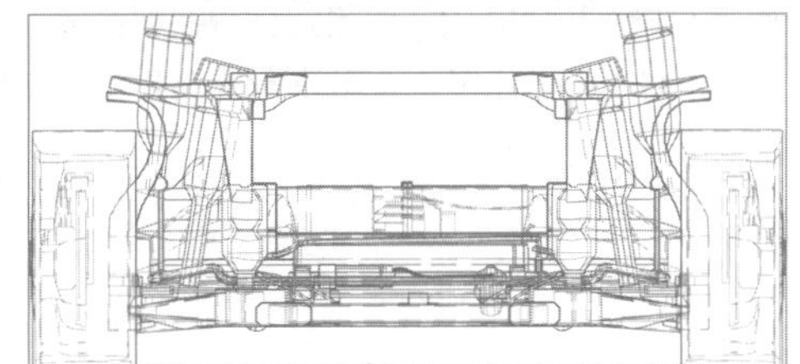
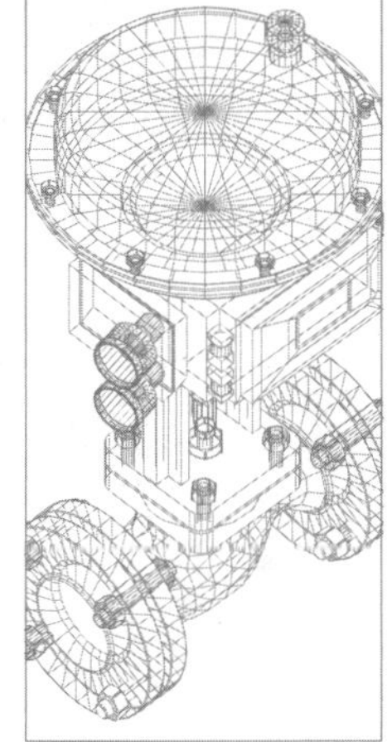
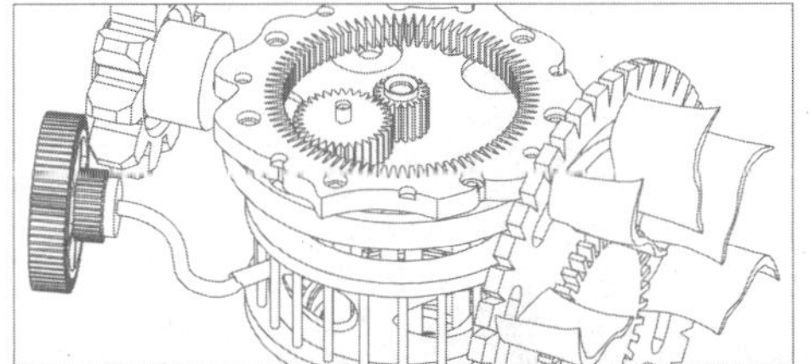
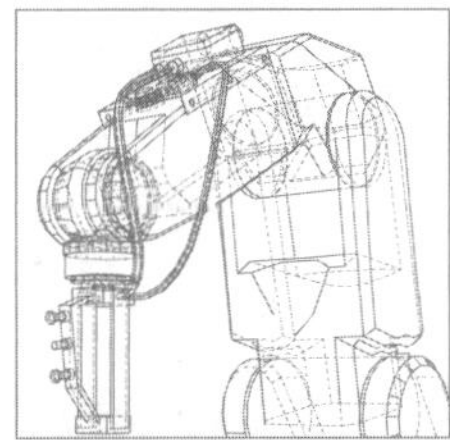
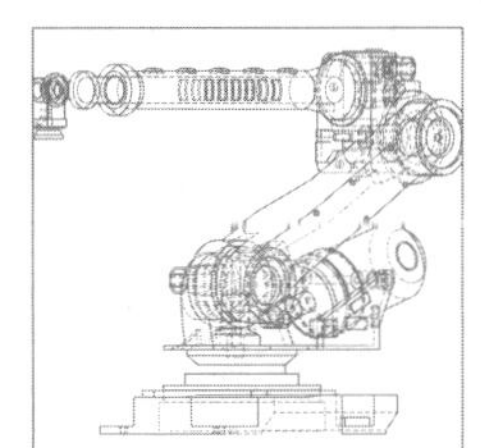

王从庆◎编著

人 民 邮 电 出 版 社

北 京

图书在版编目（CIP）数据

智能控制简明教程 / 王从庆编著. -- 2版. -- 北京:
人民邮电出版社, 2024.5
新型工业化人才培养新形态教材精品系列
ISBN 978-7-115-64051-2

Ⅰ. ①智… Ⅱ. ①王… Ⅲ. ①智能控制－教材 Ⅳ.
①TP273

中国国家版本馆CIP数据核字(2024)第061541号

内 容 提 要

本书系统地介绍智能控制的基本内容。全书共 9 章，主要包括智能控制概述、模糊逻辑理论基础、模糊控制、神经网络原理、神经网络控制、计算智能、深度学习、强化学习、学习控制。本书还提供部分智能控制的 MATLAB 仿真程序设计及智能控制的相关应用案例。

本书可以作为高等学校自动化、探测制导与控制技术、电气工程及其自动化、测控技术与仪器、机械电子工程、电子信息工程、计算机应用技术等专业智能控制课程的教材，也可以作为自动化领域的工程技术人员的参考书。

◆ 编　　著　王从庆
　责任编辑　赖　青
　责任印制　陈　犇
◆ 人民邮电出版社出版发行　　北京市丰台区成寿寺路 11 号
　邮编　100164　　电子邮件　315@ptpress.com.cn
　网址　https://www.ptpress.com.cn
　涿州市京南印刷厂印刷
◆ 开本：787×1092　1/16
　印张：13.75　　　　2024 年 5 月第 2 版
　字数：383 千字　　　2024 年 5 月河北第 1 次印刷

定价：69.80 元

读者服务热线：(010)81055256　印装质量热线：(010)81055316
反盗版热线：(010)81055315
广告经营许可证：京东市监广登字 20170147 号

第 2 版前言

智能控制是自动控制领域的前沿技术，是控制科学与工程、人工智能和机器人工程等领域的重点研究方向。智能控制采用人工智能的技术手段来解决控制问题，对控制系统的非线性和参数变化具有强鲁棒性。随着模糊控制、神经网络控制和深度学习等技术在自动控制领域的广泛应用，以及神经网络集成控制、强化学习控制、多智能体控制、数据驱动控制、并行控制等新的算法不断涌现，智能控制理论与技术不断发展，本科智能控制课程也随之在教学内容、教学课时安排、实验教学等方面产生新的特点和需求。

本书是在工业和信息化部“十二五”规划教材《智能控制简明教程》的基础上，紧密围绕服务国家制造强国、网络强国重大战略需求修订而来的。本书注重强化读者工程伦理教育，培养读者精益求精的大国工匠精神，激发读者科技报国的家国情怀和使命担当。具体来说，本书主要的特色如下。

（1）本书充分吸收国内外智能控制领域相关研究成果，全面准确地阐述智能控制技术的先进概念与理论，科学、系统地归纳智能控制的知识点之间的相互联系与发展规律，注重素质教育和启发性，突出智能控制的特色，激发读者学习兴趣。

（2）本书突出 MATLAB 仿真技术在智能控制领域的应用及其实现方法，将实验融于教学。本书在模糊控制、神经网络控制、计算智能、深度学习、强化学习、学习控制等章均设置了相关应用案例。

相比第 1 版，本书重点对模糊控制、神经网络控制和计算智能这 3 章内容进行了修改与完善，补充了深度学习、强化学习和学习控制这 3 章内容，并采用 MATLAB 2018a 软件对部分仿真程序进行了修订。

通过学习本书，读者能够系统掌握智能控制的基本概念与原理，学会针对非线性、不确定系统设计智能控制器，利用智能优化算法优化设计控制系统的参数，并能够了解深度学习在人工智能方面的应用。

南京航空航天大学姜长生教授、东南大学孟正大教授审阅了全书，并提出了许多宝贵意见；研究生秦喧、李军良、丁臻极、丛楚滢、钟家跃、吴林峰、金凌云、罗迪以及陈思瑞、宋佳蓉、杨劼庥、孙周玺等参与了部分章节的编写和 MATLAB 仿真程序设计。

在编写本书过程中，编者得到了中国科学院自动化研究所侯增广研究员、东南大学魏海坤教授、南京航空航天大学陈谋教授和李涛教授的支持和帮助，编者在此一并表示感谢。

本书得到南京航空航天大学“十四五”规划教材资助项目的支持。

由于编者水平和经验有限，书中难免有欠妥之处，恳请读者批评指正。

编　者

2024 年 2 月

目录

CONTENTS

06 计算智能 140

07 深度学习 174

08 强化学习 193

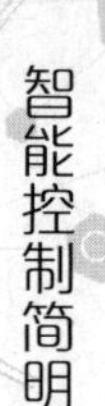

01

智能控制概述

智能控制是自动控制发展的最新阶段，主要用于解决传统控制难以解决的复杂系统的控制问题。智能控制将控制理论的方法和人工智能技术灵活地结合起来，特别是将神经网络、模糊逻辑、专家系统、计算智能、深度学习、强化学习和信息处理相结合，在新的层次上实现了控制的自适应和智能化，其控制方法适应对象的复杂性和不确定性。本章主要介绍智能控制的发展、智能控制的基本概念，以及智能控制的主要形式和智能控制的应用。

1.1　智能控制的提出和发展

实际系统存在复杂性、非线性、时变性和不确定性等特征，往往无法获得精确的数学模型，采用常规的控制方法难以获得令人满意的控制效果。随着智能机器人、计算机集成制造系统（Computer Integrated Manufacturing System，CIMS）、复杂工业过程控制系统、航空航天控制系统、社会经济管理系统、交通运输系统等许多复杂系统对控制性能要求的不断提高，智能控制在控制论、信息论、人工智能、运筹学和计算机科学技术发展的基础上，从 20 世纪 60 年代开始逐渐形成，其发展过程可以划分为下面 3 个阶段。

1. 萌芽阶段（1960—1969 年）

1965 年，美国加利福尼亚大学伯克利分校的 L.A.扎德（L.A. Zadeh）教授提出了模糊集合论，奠定了模糊控制的数学基础。数学是人工智能的基础，经典集合论只能表达清晰的概念，扎德教授提出的模糊集合论，将外延从精确集合扩展成模糊集合，在数学上消除了计算机不能处理模糊概念的禁锢，让计算机程序能够使用人类日常的语言进行推理和决策。模糊集合论的诞生是人工智能发展史上的一个重要里程碑。

1965 年，美国斯坦福大学计算机科学家费根鲍姆（Feigenbaum）与美国化学家 J.莱德伯格（J.Lederberg）开始研制世界上第一个用于推断化学分子结构的专家系统 DENDRAL，标志着人工智能学科中“专家系统”分支学科即将孕育而生。1968 年，DENDRAL 成功问世，开启了人工智能学科一个新的分支即“专家系统”。

1965 年，美国普渡大学傅京孙教授首先提出把人工智能中基于符号操作和逻辑推理的启发式推理规则应用于学习控制系统。

美国南加利福尼亚大学电子工程系 J.M.孟德尔（J.M. Mendel）教授主要从事二型模糊逻辑系统理论及其应用方面的研究，包括智能油田技术、语言计算以及模糊集定性比较分析等，并在智能科学与计算、控制系统等领域取得了卓越的研究成果。1966 年，孟德尔教授在空间飞行器学习系统中应用了人工智能技术，并提出了“人工智能控制”的概念。

1967 年，利昂兹（Leondes）等人首先正式使用“智能控制”一词，并把记忆、目标分解等一些简单的人工智能技术用于学习控制系统，提高了系统处理不确定性问题的能力。这标志着智能控制已经处于萌芽阶段。

2. 形成阶段（1970—1979 年）

1970 年，傅京孙又提出把人工智能的直觉推理方法用于机器人控制和学习控制系统，并将智能控制概括为自动控制和人工智能的结合。傅京孙、格洛廖索（Glorioso）和萨尔迪（Sardi）等人从控制理论的角度总结了人工智能技术与自适应、自学习和自组织控制的关系，正式提出了建立智能控制理论的构想，并在核反应堆、城市交通的控制中成功地应用了智能控制系统。

1974 年，英国皇家学院的曼达尼（Mamdani）教授把模糊理论用于控制领域，把扎德教授提出的 IF-THEN 型模糊规则用于模糊推理，再把这种推理用于蒸汽机的自动运转中，通过实验取得良好的效果。

1977 年，美国学者萨里迪斯（Saridis）提出了智能控制的三元结构定义，即把智能控制看作人工智能、自动控制和运筹学的交叉。

1979 年，曼达尼教授又成功研制出自组织模糊控制器，使得模糊控制器具有较高的智能。

3. 发展阶段（1980 年至今）

1985 年，电气与电子工程师学会（IEEE）在纽约召开了第一届全球智能控制学术会议，标志着智能控制作为一个新的学科分支正式被控制界公认。

1987 年，在美国费城举行的全球智能控制会议上，人们提出了智能控制是自动控制、人工智能、运筹学相结合或自动控制、人工智能、运筹学和信息论相结合的方法。此后，每年举行一次全球智能控制会议，形成了智能控制的研究热潮。

自 20 世纪 80 年代以来，智能控制的理论和方法得到了深入的研究，模糊控制、神经网络和计算智能的新方法不断涌现。例如，20 世纪 90 年代初期，瓦普尼克（Vapnik）等人提出了以小样本学习理论为基础的支持向量机（Support Vector Machine，SVM），并应用在非线性系统控制、控制系统故障诊断和模式分类等方面。目前，智能控制已经成为自动控制领域大力发展的热点方向。

智能控制技术模拟人脑学习的过程，具有实时推理、决策、学习和记忆等功能，能适应各种复杂的控制环境。同样，智能控制与传统的或常规的控制有密切的关系，不是相互排斥的。传统控制往往包含在智能控制之中，智能控制也利用传统控制的方法来解决较简单的控制问题，试图扩充传统控制方法并建立一系列新的理论与方法来解决更具有挑战性的复杂控制问题。

智能控制理论研究主要是运用智能控制方法解决传统控制（包括经典控制、现代控制、自适应控制、鲁棒控制等）理论、方法难以解决的非线性、不确定性问题等。目前，智能控制的研究已经取得了一定的成果，但其理论方面的深化、新方法的探索有待进一步研究。作为交叉学科，随着各学科理论的不断完善与发展，智能控制也将会有更大的发展，并在实际中获得更加广泛的应用。

例如，智能控制在航空航天领域的应用中，目标探测、识别和跟踪技术应重点消除环境条件复杂、外部干扰、不确定因素的影响，常规的控制方法已不能很好地满足精确定位、智能决策、群体协同制导与鲁棒跟踪控制的要求。为解决上述挑战性问题，迫切需要深入开展面向未来航空航天武器系统的先进飞行器控制、导航、制导以及目标探测与识别相关的智能控制理论、方法与技术的研究与应用，这对增强我国制空能力、提高国防水平、促进经济发展、培养高水平国防特色人才队伍，具有极其重要的战略和军事意义。

又如，无人机系统是未来智能武器的一个重要发展方向。最近几年将人工智能与智能控制技术引入无人机系统的制导与控制系统设计中，目的是提高现有无人机系统的自主性和智能化水平，解决传统控制难以解决的复杂、多变和控制对象不确定的控制问题，有效地适应未来复杂任务需求。

深度学习是基于深度卷积神经网络架构的机器学习算法，它是机器学习的一个重要发展方向。深度学习出现之后，对机器视觉的发展起到极大的促进作用。目前，深度学习的应用领域在不断扩大，比如人脸识别技术就是深度学习中卷积神经网络的典型应用。通过深度学习，人脸识别的准确率达到99.5%以上，我们也因此进入了“刷脸”的时代。

人工智能的强化学习是指程序能够不断地进行实践和评价，从而在实践中找到最佳结果。强化学习是一个通用的决策框架，它使得计算机可以像人一样通过完全自主学习来提升自己，具备实现通用人工智能的潜力。例如，在 AlphaGo 中利用强化学习设计了一种走棋决策的监督学习策略网络（Policy Network）。该网络将当前棋盘落子状态作为输入，并输出当前棋盘每个位置的落子概率。2016 年 3 月，AlphaGo 以 4∶1 大胜围棋世界冠军李世石；2017 年 5 月，升级版 AlphaGo 以 3∶0 完胜围棋世界冠军柯洁。至此，围棋界公认的人工智能程序 AlphaGo 的棋力已经超过人类职业围棋选手的顶尖水平。

目前智能控制方法还有学习控制、专家控制、多智能体控制、平行控制、数据驱动控制、自适应动态规划等，新的智能控制方法与技术的不断提出大大促进了智能控制的发展。

1.2 智能控制的基本概念

1.2.1 智能控制的理论框架

智能控制（Intelligent Control，IC）具有明显的多学科的结构特点。随着研究的不断深入，人们对于这一结构的特点有了深刻的认识和理解。

1. 二元结构论

1971 年，著名学者傅京孙把智能控制概括为人工智能（Artificial Intelligence，AI）和自动控制（Automatic Control，AC）的结合，即二元结构。它可表示为

$$IC = AI \cap AC \tag{1.1}$$

也可以用图 1.1 表示 AI 和 AC 两者的交集。

智能控制系统通过将人的认识、经验以及技巧用人工智能的方法表示并且加以利用，使控制系统具有拟人的控制能力，这也是傅京孙最早提出二元结构论的原因。

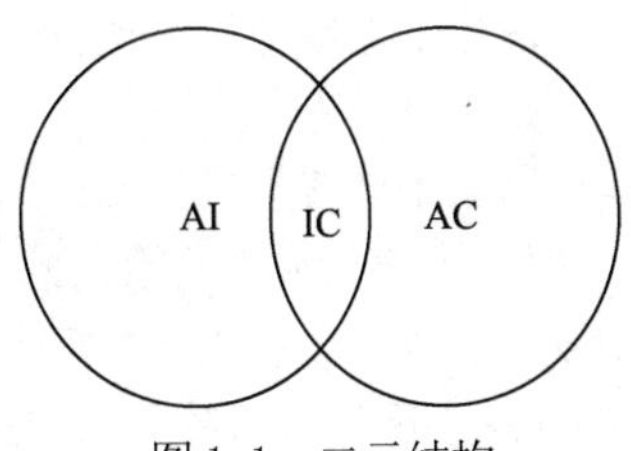

图 1.1　二元结构

2. 三元结构论

1977 年，美国学者萨里迪斯在研究二元结构的基础上，提出了三元结构论。该理论在二元结构论上，加上了运筹学（Operations Research，OR）。三元结构论可表示为

$$IC = AI \cap AC \cap OR \tag{1.2}$$

也可用图 1.2 表示三者的交集。三元结构强调了更高层次控制中的调度、规划、管理和优化作用。

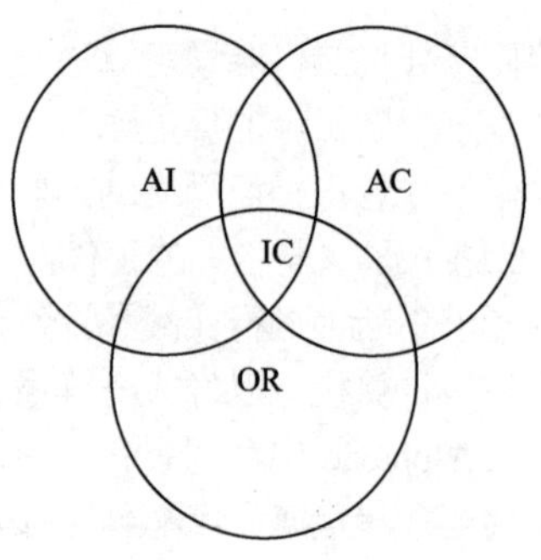

图 1.2　三元结构

3. 四元结构论

我国中南大学蔡自兴教授在研究二元结构、三元结构的基础上，于 1989 年提出四元结构论。除了三元结构外，该理论还加上了信息论（Information Theory，IT）。四元结构论可表示为

$$IC = AI \cap AC \cap OR \cap IT \tag{1.3}$$

式（1.3）可以用图 1.3 表示。四元结构论表明，信息论与人工智能（包括知识工程）、自动控制（包括工程控制论和生物控制论）或系统论（包括运筹学）都是紧密联系的。

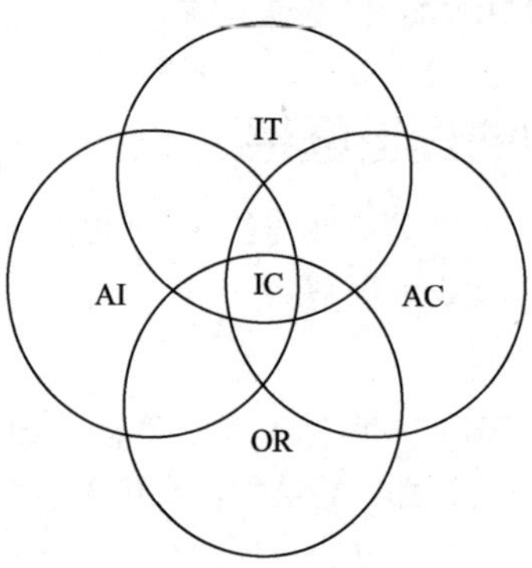

图 1.3　四元结构

1.2.2　智能控制的定义

由于智能控制是一门新兴学科，正处于发展阶段，因此智能控制至今没有一个统一和明确的定义，现有以下几个常见定义。

定义 1.1　智能控制是指由智能机器自主地实现其目标的过程。而智能机器则定义为在结构化或非结构化的环境中，自主地或与人交互地执行人类所给定的任务的一种机器。

定义 1.2　K.J.奥斯特朗姆（K.J.Åström）认为，智能控制把人类具有的直觉推理和试凑法等加以形式化或机器模拟，并用于控制系统的分析与设计中，使之在一定程度上实现控制系统的智能化。

定义 1.3　智能控制是一类无须人的干预就能够自主地驱动智能机器实现其目标的自动控制，也是用计算机模拟人类智能的一个重要领域。

定义 1.4　智能控制实际只是研究与模拟人类智能活动及其控制与信息传递过程的规律，研制具有仿人智能的工程控制与信息处理系统的一个新兴分支学科。

由以上定义可知，智能控制具有认知和仿人的功能，针对对象环境和任务的复杂性与不确定性，可以有效、自主地实现复杂信息的处理及优化决策并获取最优的控制。

1.3 智能控制方法

近年来，神经网络、模糊数学、计算智能、强化学习等各学科的发展给智能控制注入了巨大的活力，由此产生了各种智能控制方法，如图 1.4 所示。其中主要的有如下几种。

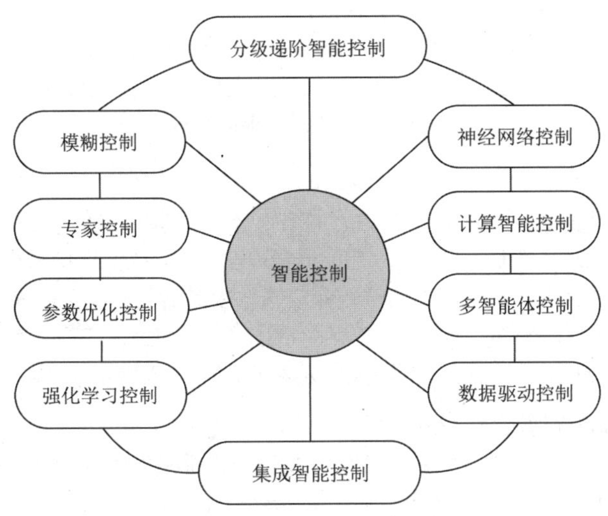

图 1.4 各种智能控制方法

1. 分级递阶智能控制

分级递阶智能控制（Hierarchical Intelligent Control）是从系统工程出发，总结了人工智能与自适应控制、自学习控制和自组织控制的关系之后逐渐形成的，是智能控制最早的理论之一。

分级递阶智能控制有两种比较重要的理论。

（1）知识基/解析混合多层智能控制（Knowledge-based/Analytical Hybrid Multi-layer Intelligent Control）理论。该理论是由意大利学者 A.维拉（A.Villa）提出的，可用于解决复杂离散事件系统的控制设计问题。

（2）美国学者萨里迪斯提出的分层递阶智能控制理论。按照这种理论设计的智能控制系统主要由 3 个控制级组成，按智能控制的高低分为组织级、协调级、执行级，如图 1.5 所示。并且这 3 个控制级遵循“伴随智能递降，精度递增”原则，利用熵函数来衡量每一个控制级的执行代价和效果，用熵进行最优决策。这一理论为现代工业、空间探测、核处理和医学领域应用自主控制系统提供了一种有效的方法。总之，分层递阶智能控制是为求解复杂系统寻优、决策和控制问题而提出来的，是研究多级自寻优控制、多级模糊控制、多级专家控制、多目标预测控制以及大型空间运动结构系统控制的有效方法。

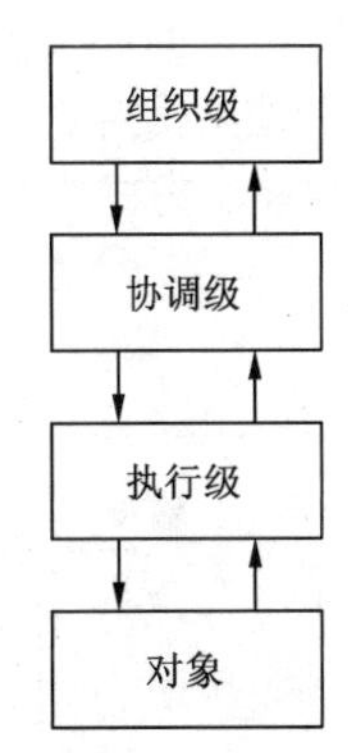

图 1.5 分层递阶智能控制结构

2. 模糊控制

美国著名控制论专家扎德于 1965 年发表了模糊集合论，该理论奠定了模糊控制的理论基础。模糊集合论主要将模糊推理规则转换成控制决策，适用于难以建模的被控对象，但很难实现高精度。

模糊控制器的结构如图 1.6 所示，具有 4 个功能模块，分别是模糊化、规则库、模糊推理和清晰化。模糊化是将精确量变换为模糊量，而清晰化是将模糊量变换为精确量，规则库用于存储控制系统的模糊语言变量的推理规则和系统参数。

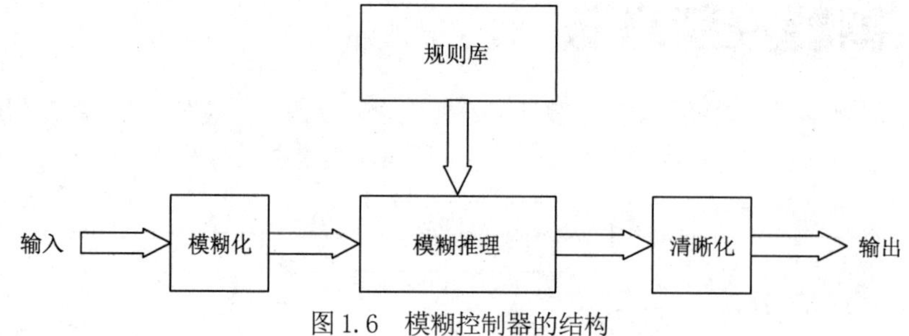

图 1.6　模糊控制器的结构

3. 神经网络控制

20 世纪 50 年代末就已问世的人工神经元网络模仿生物神经系统，主要模仿人脑神经元的信息处理功能，如信息处理、判断、决策、联想、记忆、学习等，以实现仿人行为的智能控制。1980 年以后为神经网络的发展期，如 1982 年霍普菲尔德教授提出了 Hopfield 神经网络，解决了回归网络的学习问题；1986 年鲁梅尔哈特和麦克莱兰提出了 BP 网络，实现了有导师指导下的网络学习，为神经网络的应用开辟了广阔的发展前景。将神经网络引入控制领域就形成了神经网络控制。

4. 基于遗传算法的参数优化控制

遗传算法起源于对生物系统进行的计算机模拟研究，是模拟生物的遗传和长期进化过程发展起来的一种搜索和优化算法。遗传算法是 20 世纪 60 年代由美国密歇根大学的 J.H.霍兰（J.H.Holland）教授首先提出的，其主要特点是对所要求解的问题无连续性、可微性要求，只需知道目标函数的信息，在寻优过程中，保持整个种群的进化，采用选择、交叉、变异等概率搜索技术，并以决策变量的编码作为运算对象。遗传算法已被人们广泛地应用于组合优化、机器学习、信号处理、自适应控制和人工生命等领域。

遗传算法可用于模糊控制规则的优化、神经网络参数及权值的学习，在智能控制领域有广泛的应用。

5. 基于知识工程的专家控制系统

将专家系统作为控制器（即专家控制器）应用于控制系统，使控制系统具有良好的动态和稳态性能、良好的鲁棒性和适应性。专家控制系统一般具有模糊专家智能的功能，采用专家系统技术与控制理论相结合的方法设计，其结构如图 1.7 所示。专家控制系统将专门领域中的问题求解思路、经验、方式与传统控制理论结合，表现出一种拟人的智能性。

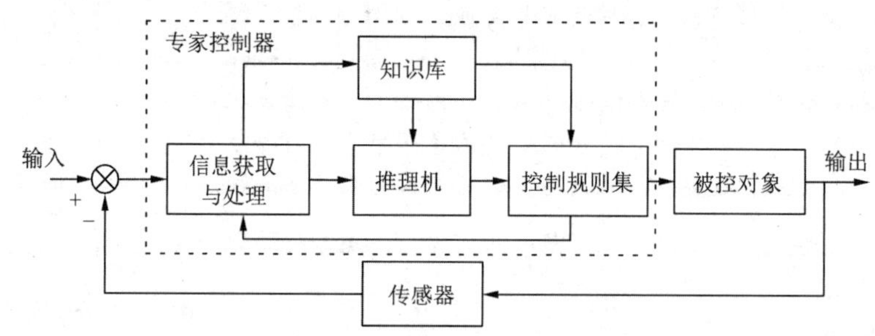

图 1.7　专家控制系统结构

6. 各种智能控制方法的交叉和结合

为了发挥各种不同智能控制方法的优点，弥补它们各自的缺点，各种互相结合、互相交叉渗透的智能控制方法不断被提出和研究，如模糊神经网络控制、模糊学习控制、模糊进化控制。

7. 各种智能控制方法与传统控制方法的交叉和集成

如果既能发挥智能控制方法的优点，也能发挥传统控制方法的优点，那么在工程实际中可获得很好的控制效果。这不仅是方法研究的交叉，而且是多学科研究的交叉和发展。这些交叉和集成的控制方法有模糊变结构控制、自适应模糊控制、自适应神经网络控制、神经网络变结构控制和模糊专家 PID（Proportional-Integral-Derivative，比例-积分-微分）控制等。

1.4 智能控制系统的研究对象

传统控制理论包括经典控制理论和现代控制理论。传统控制理论是基于模型的控制方法，需要建立精确的数学模型。在实际应用中，面对复杂系统，例如智能机器人系统、CIMS、复杂工业过程控制系统、航空航天控制系统、社会经济管理系统、交通运输系统等，这些控制对象的模型未知、参数的变化、高度的非线性、复杂的任务要求使传统控制面临困难。在此背景下，智能控制得以发展。

智能控制系统的研究对象具备如下特点。

1. 模型不确定性

传统控制系统通过建立数学模型，辨识系统参数，实现基于精确数学模型的控制。然而，智能控制系统对于模型的要求比传统控制系统更低。这里所说的模型不确定性主要包含两层意思：一是模型未知或知之甚少；二是模型的结构和参数可能在很大范围内变化。

2. 高度的非线性

传统控制系统采用线性系统理论解决线性、时不变系统的控制问题，采用非线性控制方法解决非线性控制问题。智能控制系统认识到人的思维具有非线性的特点这一事实，通过模拟人的思维进行决策与控制，从而较好地解决非线性控制问题。

3. 复杂的任务要求

传统控制系统完成单一的任务，如输出跟踪输入的期望运动轨迹的随动系统。智能控制系统却能完成多任务，如完成决策与规划、跟踪等任务的智能机器人系统。

1.5 智能控制系统的主要功能

从功能角度讲，智能控制系统有以下主要功能。

1. 学习功能

萨里迪斯关于学习系统的定义如下：一个系统，如果能对一个过程或环境的未知特征所固有的信息进行学习，并将得到的经验用于进一步地估计、分类、决策或控制，从而使系统的性能得到改善，那么此系统便可称为学习系统。具有学习功能的控制系统也称为学习控制系统。

2. 适应功能

与传统控制的自适应控制中的适应功能相比，智能控制的适应功能具有更广泛的含义，包括更高层次的适应性。对于智能控制而言，智能行为可看成不依赖模型的自适应估计，实质上是一种从输入到输出的映射关系，具有故障容错功能。

3. 组织功能

智能控制具有自行组织和协调的功能，处理对象为复杂的任务和分散的传感信息。组织功能表现为系统具有相应的主动性和灵活性，具体体现在智能控制器在任务要求范围内可自主决策。

4. 多模态组合控制功能

在现代控制理论应用中，复杂工业过程控制问题通过采用定性决策和定量控制相结合的多模态组合控制方法解决。多模态智能控制将知识和反馈融合，形成“感知-交互-目标导向”的控制系统。该系统通过制定、规划并产生有效的和有目的的行为，完成对给定目标的跟踪与控制。

5. 全局优化功能

对于复杂系统，智能控制系统从系统的功能和整体优化的角度来分析和综合系统，达到全局优化的效果。

1.6 智能控制研究的数学工具

传统控制理论的本质是数值计算方法，数学工具主要是微分方程、状态方程，以及各种数学变换等。人工智能的数学工具则主要是符号推理、一阶谓词逻辑等。智能控制研究的数学工具则是上述两个方面的交叉和结合，主要有以下几种形式。

（1）符号推理和数值计算的结合

专家控制是符号推理与数值计算结合的典型例子。专家控制的上层采用人工智能中的符号推理方法的专家系统，下层采用数值计算方法的传统控制系统。

（2）离散事件系统与连续时间系统分析的结合

CIMS 和智能机器人控制系统是典型的智能控制系统，它们属于离散事件系统和连续时间系统相互结合分析的形式。例如，在 CIMS 中，上层任务的分配和调度、零件的加工和传输等可用离散事件系统理论来分析和设计；智能机器人控制系统采用常规的连续时间系统的分析方法分析机床和机器人的控制等下层的控制。

（3）介于符号推理和数值计算之间的方法

① 神经元网络。神经元网络可以通过许多简单的关系来描述复杂的函数关系，且不依赖模型，本质上是非线性的动力学系统。

② 模糊逻辑理论。模糊逻辑理论采用数值的方法而非符号的方法进行处理，形式上利用规则进行模糊逻辑推理，但其模糊逻辑取值可在 0 与 1 之间连续地变化。

在模糊逻辑关系、不依赖模型等方面，神经元网络和模糊逻辑理论类似符号推理的方法；而在连续取值和非线性动力学特性等方面，神经元网络和模糊逻辑理论则类似通常的数值计算的方法，即传统控制理论的数学工具。它们是智能控制研究的主要数学工具，是介于二者之间的数学工具。

1.7 智能控制的应用

1. 在过程控制中的应用

智能控制从 20 世纪 70 年代开始应用以来，在冶金、电力、石油、化工、轻工等工业过程控制中获得迅猛的发展。应用广泛的智能控制系统主要有集散控制系统（DCS）和可编程逻辑控制器（PLC），应用领域包括加工制造、过程控制、冶金自动化等。例如，在石油化工方面，1994

年，美国 Gensym 公司和 NeuralWare 公司联合将神经网络和优化软件与专家系统结合，用于 Taxaco 公司的 Star 炼油厂的非线性工艺过程，一年内就收回投资。在冶金方面，NNK 公司成功开发了高炉温度模糊控制系统，川崎钢铁公司成功研制了烧结均一性模糊控制系统。在化工方面，日本三菱化学公司成功开发了乙烯工程模糊控制系统，美国杜邦公司研制出用于化工聚合中间物生产强度的专家系统 PACE。鉴于 DCS 和 PLC 是过程控制的常用产品，引进智能控制技术能够增加功能、提高档次，如德国 Siemens 公司为其 DCS Teleperm-M 的现场控制器 AS230/AS235(H) 开发了模糊化模糊判决和规则确定的软件模块，日本横河公司在 Centrum μXL 中实现了模糊控制功能，还推出了用于和 DCS 通信的、具有 PID 专家自整定控制功能的 YS-100 系列调节器。Siemens 公司把智能控制技术引入 PLC，研制了标准的模糊控制软件包。德国 AEG 公司开发出 PLC 模糊控制模块。

2. 在机器人中的应用

随着人工智能技术、计算机技术、制造技术、传感器技术及其他相关技术的快速发展，智能控制被引入机器人技术，如机器人的多传感器信息融合和视觉处理、移动机器人运动过程中的自主避障和路径规划、机器人非线性动力学控制、空间机器人的姿态控制等。

3. 在智能电网中的应用

智能电网在电力系统的经济化运行与降损节能方面具有重要的意义。在智能电网运行的过程中，智能控制可以解决智能电网发展中存在的多项问题。将智能控制应用到智能电网中，可以明显提高系统的有功备用率。例如，采用模糊逻辑控制技术能够提高智能电网出现故障时的应急能力，对智能电网进行快速调节，可以增强电网的可靠性，提高抗干扰能力，保证智能电网系统的稳定性。又如，在电网与机组的远距离大容量输送电能的模式下，存在谐波干扰大、能源效率低等缺点，电网系统运行的动态安全性降低，在智能电网运行的过程中，通过神经网络控制，能够对谐波激荡、功率越限部分进行实时补偿，能够根据网络分布特点找出可能存在的外部干扰，进而采取有效的避免措施，提高智能电网的动态稳定性。

4. 在现代农业中的应用

智能控制在现代农业中的应用主要表现在设立大田种植、室内种植、动植物养殖等农业模式，建立植物生长智能控制系统，采用温度、肥力、光照强度、CO_2 浓度等传感器采集环境因素，并通过计算机运算处理，再由对应的执行操作系统执行智能控制方案，实现对植物生长因素的精准控制，增加产量和改善品质，实现规模化的发展。同时建立农业数据库，使种植者能够大面积、低成本、快速、准确地获取农业信息，实现农业数据处理的标准化与智能化。

5. 在机械制造中的应用

在现代先进制造系统中，通常需要依赖那些不够完备和不够精确的数据来解决难以或无法预测的情况，智能控制为解决这一难题提供了有效的解决方案。它利用模糊数学、神经网络的方法对制造过程进行动态环境建模，通过传感器融合技术进行信息的预处理和综合，利用神经网络的学习功能和并行处理信息的能力，对机械工况进行在线监控与故障诊断，处理机械制造中不完整的信息，保证机械加工过程的可靠性。在机械设计制作中，神经网络技术常常应用于机床运动过程中的误差补偿。在零配件设计和制造方面，神经网络技术还可以应用于齿轮 CAD（计算机辅助设计）、齿轮形状与强度的设计，提高机械设计的精准性。

1.8 本章小结

本章介绍了智能控制的发展、智能控制的理论框架，以及分级递阶智能控制、模糊控制、神经网络控制、专家控制等智能控制方法，阐述了智能控制具有学习功能、适应功能和组织功能等，分析了智能控制的应用概况。

习　题

1.1　智能控制与传统控制相比较，有哪些特点？

1.2　智能控制方法主要有哪几种，各有什么特点？

1.3　智能控制主要研究的对象包括哪些？

1.4　举例说明智能控制的应用。

02

模糊逻辑理论基础

在G.康托尔（G. Cantor）创立的普通集合论中，人们所研究的对象要么属于某集合，要么不属于某集合，二者必居其一。而模糊集合研究的是不确定性，它是模糊概念的一种描述。模糊概念大量存在于人们的自然语言中，可以用来表示客观事物的不分明性。1965年，美国加利福尼亚大学伯克利分校的扎德教授首先提出了“模糊集合”的概念，创立了模糊集合论，为解决复杂系统的控制问题提供了强有力的数学工具。本章主要介绍模糊集合的定义及其基本概念，要求掌握模糊集合的表示、模糊关系的运算，利用模糊推理的似然推理方法设计模糊变换器，掌握 Zadeh 模糊推理方法和 Mamdani 模糊推理方法。

2.1 普通集合论

集合论是现代数学的基础，模糊集合论是模糊控制的数学基础，而模糊集合论是在普通集合论的基础上发展起来的。因此，在学习模糊集合论之前需要对普通集合论有所了解。

2.1.1 集合的概念

我们在考虑一个具体的问题时，总是把议题局限在某一个范围之内，这个范围就是所谓的“论域”，常用大写字母$\boldsymbol{E}$、$\boldsymbol{U}$、$\boldsymbol{V}$表示。论域中的每一个对象被称为元素，常用小写字母a、b、x、y表示。

集合一般是指具有某种属性的、确定的、彼此间可以区别的事物的全体。将组成集合的事物称为集合的元素。若给定一个论域$\boldsymbol{U}$，$\boldsymbol{U}$中具有某种属性的元素组成的全体叫作集合，常用大写字母$\boldsymbol{A}$、$\boldsymbol{B}$、$\boldsymbol{C}$、$\boldsymbol{D}$、$\boldsymbol{X}$、$\boldsymbol{Y}$表示。例如，在集合$\{a,b,c,d,e,f,g\}$中，a、b、c、d、e、f、g是该集合的元素。

如果x是集合$\boldsymbol{A}$的元素，也就是说，x属于$\boldsymbol{A}$，写成$x \in \boldsymbol{A}$；如果x不是$\boldsymbol{A}$的元素，即x不属于$\boldsymbol{A}$，写成$x \notin \boldsymbol{A}$。

2.1.2 集合的表示方法

1. 列举法

把集合中的元素一一列举出来，写在一个花括号内来表示集合，这种方法叫作列举法。例如

$$\boldsymbol{A}=\{a,b,c,d,e\}$$

2. 描述法

把满足集合要求的元素的条件列出来，写在花括号里来表示集合，这种方法叫作描述法。其

表达式为 $\boldsymbol{A}=\{x \mid p(x)\}$，其中 $p(x)$ 是元素 x 满足的条件。例如

$$\boldsymbol{A}=\{x \mid 1<x<10\}$$

3. 特征函数表示法

特征函数是用来描述元素属于集合或不属于集合的一个重要概念。对于论域 $\boldsymbol{U}$，任意 $\boldsymbol{A} \subseteq \boldsymbol{U}$，$x \in \boldsymbol{U}$，有

$$\mu_{A}(x)=\begin{cases}1, & x \in \boldsymbol{A} \\ 0, & x \notin \boldsymbol{A}\end{cases} \tag{2.1}$$

式中，$\mu_{A}(x)$ 称为集合 $\boldsymbol{A}$ 的特征函数，如图 2.1 所示。

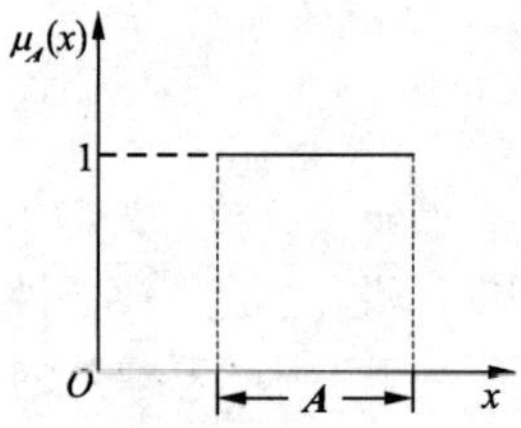

图 2.1　集合 $\boldsymbol{A}$ 的特征函数

可见，对于普通集合，其特征函数只能取 0 和 1 两个值。利用集合的特征函数，可以确定集合的一些性质：

$$\mu_{A}(x)=0 \Leftrightarrow \boldsymbol{A}=\varnothing$$
$$\mu_{A}(x)=1 \Leftrightarrow \boldsymbol{A}=\boldsymbol{E}$$
$$\boldsymbol{A} \subseteq \boldsymbol{B} \Rightarrow \mu_{A}(x) \leqslant \mu_{B}(x)$$
$$\boldsymbol{A}=\boldsymbol{B} \Rightarrow \mu_{A}(x)=\mu_{B}(x)$$

2.1.3　子集、真子集、空集、全集的概念

1. 子集

设 $\boldsymbol{A}$、$\boldsymbol{B}$ 是论域 $\boldsymbol{U}$ 中的两个集合，如果集合 $\boldsymbol{A}$ 的任意一个元素都是集合 $\boldsymbol{B}$ 的元素，那么称 $\boldsymbol{A}$ 为 $\boldsymbol{B}$ 的子集，记作 $\boldsymbol{A} \subseteq \boldsymbol{B}$。对于任意一个集合 $\boldsymbol{A}$，因为它的任意一个元素都属于 $\boldsymbol{A}$，所以 $\boldsymbol{A} \subseteq \boldsymbol{A}$，即任何集合就是它本身的子集，这叫作自反性。对于两个集合 $\boldsymbol{A}$ 和 $\boldsymbol{B}$，如果出现 $\boldsymbol{A} \subseteq \boldsymbol{B}$ 和 $\boldsymbol{B} \subseteq \boldsymbol{A}$ 同时成立，那么称两个集合相等，记作 $\boldsymbol{A}=\boldsymbol{B}$。

2. 真子集

如果 $\boldsymbol{A}$ 为 $\boldsymbol{B}$ 的子集，但是 $\boldsymbol{B}$ 中至少有一个元素不属于 $\boldsymbol{A}$，那么就称 $\boldsymbol{A}$ 为 $\boldsymbol{B}$ 的一个真子集，记作 $\boldsymbol{A} \subset \boldsymbol{B}$。例如，$\boldsymbol{A}=\{1,2,3\}$，$\boldsymbol{B}=\{1,2,3,4\}$，则可以说 $\boldsymbol{A}$ 是 $\boldsymbol{B}$ 的真子集。对于集合 $\boldsymbol{A}$、$\boldsymbol{B}$、$\boldsymbol{C}$，如果 $\boldsymbol{A} \subseteq \boldsymbol{B}$，$\boldsymbol{B} \subseteq \boldsymbol{C}$，那么 $\boldsymbol{A} \subseteq \boldsymbol{C}$。这种性质称为集合的传递性。

3. 空集

不包含任何元素的集合叫作空集，用 $\varnothing$ 表示，例如

$$\boldsymbol{C}=\{x \mid x-1=x+1\}=\varnothing$$

空集是任意集合的子集，即 $\varnothing \subseteq \boldsymbol{A}$，$\boldsymbol{A}$ 为任意集合。

4. 全集

包括论域中所有元素的集合，叫作全集，用 $\boldsymbol{E}$ 表示。例如，以正整数为论域 $\boldsymbol{U}$，$\boldsymbol{E}=\{x \mid x \in \boldsymbol{U}$，$x$ 是大于零的整数$\}$，则 $\boldsymbol{E}$ 是论域 $\boldsymbol{U}$ 上的全集。

2.1.4 集合的运算及运算性质

1. 集合的基本运算

（1）并集

设论域$\boldsymbol{U}$中有两个集合$\boldsymbol{A}$与$\boldsymbol{B}$。所谓$\boldsymbol{A}$与$\boldsymbol{B}$的并集，是指由所有属于$\boldsymbol{A}$或者$\boldsymbol{B}$的元素组成的集合，用$\boldsymbol{A}\bigcup\boldsymbol{B}=\{x\,|\,x\in\boldsymbol{A}\text{ 或 }x\in\boldsymbol{B}\}$表示。

注意：两个集合里的重复元素只能出现一次。

（2）交集

设论域$\boldsymbol{U}$中有两个集合$\boldsymbol{A}$与$\boldsymbol{B}$。所谓$\boldsymbol{A}$与$\boldsymbol{B}$的交集，是指由所有同时属于$\boldsymbol{A}$与$\boldsymbol{B}$的元素组成的集合，用$\boldsymbol{A}\bigcap\boldsymbol{B}=\{x\,|\,x\in\boldsymbol{A}\text{ 且 }x\in\boldsymbol{B}\}$表示。

（3）补集

设$\boldsymbol{A}$是论域$\boldsymbol{E}$中的集合。所谓$\boldsymbol{A}$的补集，就是指由$\boldsymbol{E}$中所有不属于$\boldsymbol{A}$的元素组成的集合，用$\overline{\boldsymbol{A}}=\{x\,|\,x\in\boldsymbol{E}\text{ 且 }x\notin\boldsymbol{A}\}=\boldsymbol{E}-\boldsymbol{A}$表示。

【例 2.1】论域$\boldsymbol{E}=\{a,b,c,d,e,f\}$，$\boldsymbol{A}=\{a,b,c\}$，$\boldsymbol{B}=\{c,d,e\}$，求$\boldsymbol{A}\bigcup\boldsymbol{B}$，$\boldsymbol{A}\bigcap\boldsymbol{B}$和$\overline{\boldsymbol{A}}$。

解：

$$\boldsymbol{A}\bigcup\boldsymbol{B}=\{a,b,c,d,e\}\quad \boldsymbol{A}\bigcap\boldsymbol{B}=\{c\}\quad \overline{\boldsymbol{A}}=\{d,e,f\}$$

2. 集合运算的性质

① 幂等律：$\boldsymbol{A}\bigcup\boldsymbol{A}=\boldsymbol{A}$，$\boldsymbol{A}\bigcap\boldsymbol{A}=\boldsymbol{A}$。

② 交换律：$\boldsymbol{A}\bigcup\boldsymbol{B}=\boldsymbol{B}\bigcup\boldsymbol{A}$，$\boldsymbol{A}\bigcap\boldsymbol{B}=\boldsymbol{B}\bigcap\boldsymbol{A}$。

③ 结合律：$(\boldsymbol{A}\bigcup\boldsymbol{B})\bigcup\boldsymbol{C}=\boldsymbol{A}\bigcup(\boldsymbol{B}\bigcup\boldsymbol{C})$，
$(\boldsymbol{A}\bigcap\boldsymbol{B})\bigcap\boldsymbol{C}=\boldsymbol{A}\bigcap(\boldsymbol{B}\bigcap\boldsymbol{C})$。

④ 分配律：$\boldsymbol{A}\bigcap(\boldsymbol{B}\bigcup\boldsymbol{C})=(\boldsymbol{A}\bigcap\boldsymbol{B})\bigcup(\boldsymbol{A}\bigcap\boldsymbol{C})$，
$\boldsymbol{A}\bigcup(\boldsymbol{B}\bigcap\boldsymbol{C})=(\boldsymbol{A}\bigcup\boldsymbol{B})\bigcap(\boldsymbol{A}\bigcup\boldsymbol{C})$。

⑤ 同一律：$\boldsymbol{A}\bigcup\varnothing=\boldsymbol{A}$，$\boldsymbol{A}\bigcap\varnothing=\varnothing$，$\boldsymbol{A}\bigcup\boldsymbol{E}=\boldsymbol{E}$，$\boldsymbol{A}\bigcap\boldsymbol{E}=\boldsymbol{A}$。

⑥ 互补律：$\boldsymbol{A}\bigcup\overline{\boldsymbol{A}}=\boldsymbol{E}$，$\boldsymbol{A}\bigcap\overline{\boldsymbol{A}}=\varnothing$，$\overline{\varnothing}=\boldsymbol{E}$，$\overline{\boldsymbol{E}}=\varnothing$。

⑦ 还原律：$\overline{\overline{\boldsymbol{A}}}=\boldsymbol{A}$。

⑧ 德·摩根定律：$\overline{\boldsymbol{A}\bigcup\boldsymbol{B}}=\overline{\boldsymbol{A}}\bigcap\overline{\boldsymbol{B}}$，$\overline{\boldsymbol{A}\bigcap\boldsymbol{B}}=\overline{\boldsymbol{A}}\bigcup\overline{\boldsymbol{B}}$。

2.1.5 集合的直积

1. 序偶

序偶是将不同的事物按一定顺序排列起来组成一个整体，用以表达它们之间的一种关系。序偶中的每个元素可以来自同一个集合，也可以来自不同的集合。

例如，对于集合$\boldsymbol{A}=\{a,b\}$，$\boldsymbol{B}=\{c,d\}$，则有序偶(a,b)，(c,d)，(a,c)，(a,d)，(b,c)，(b,d)。

2. 集合的直积

有两个集合$\boldsymbol{A}$、$\boldsymbol{B}$，从$\boldsymbol{A}$中取一个元素x，从$\boldsymbol{B}$中取一个元素y，把它们组合形成一个序偶(x,y)，所有元素序偶的全体组成一个新的集合，这个集合叫作集合$\boldsymbol{A}$，$\boldsymbol{B}$的直积，表示为

$$\boldsymbol{A}\times\boldsymbol{B}=\{(x,y)\,|\,x\in\boldsymbol{A},y\in\boldsymbol{B}\}\tag{2.2}$$

特别注意：由于序偶和顺序有关，所以$\boldsymbol{A}\times\boldsymbol{B}\neq\boldsymbol{B}\times\boldsymbol{A}$。直积也叫作集合的乘积、叉积或笛卡儿积。

如$\boldsymbol{A}=\{0,1\}$，$\boldsymbol{B}=\{a,b,c\}$，则$\boldsymbol{A}\times\boldsymbol{B}=\{(0,a),(0,b),(0,c),(1,a),(1,b),(1,c)\}$，$\boldsymbol{B}\times\boldsymbol{A}=\{(a,0),$

$(a,1),(b,0),(b,1),(c,0),(c,1)\}$，故 $\boldsymbol{A}\times\boldsymbol{B}\neq\boldsymbol{B}\times\boldsymbol{A}$。

两个集合的直积可以推广到多个集合，设有 n 个集合 $\boldsymbol{A}_1,\boldsymbol{A}_2,\cdots,\boldsymbol{A}_n$，则这 n 个集合的直积为

$$\boldsymbol{A}_1\times\boldsymbol{A}_2\times\cdots\times\boldsymbol{A}_n=\{(x_1,x_2,\cdots,x_n)\mid x_1\in\boldsymbol{A}_1,x_2\in\boldsymbol{A}_2,\cdots,x_n\in\boldsymbol{A}_n\} \tag{2.3}$$

2.1.6 映射与关系

设有集合 $\boldsymbol{X}$ 和 $\boldsymbol{Y}$，对于 $\boldsymbol{X}$ 中的任意元素 x，依据某一对应法则 f，在集合 $\boldsymbol{Y}$ 中有唯一的元素 y 与之对应，则称此法则 f 为从 $\boldsymbol{X}$ 到 $\boldsymbol{Y}$ 的映射，记为

$$f:\boldsymbol{X}\to\boldsymbol{Y}$$

其中，$\boldsymbol{X}$ 为映射 f 的定义域，而集合 $f(\boldsymbol{X})=\{f(x)\mid x\in\boldsymbol{X}\}$ 称为 f 的值域。

集合 $\boldsymbol{X}$ 和 $\boldsymbol{Y}$ 的直积 $\boldsymbol{X}\times\boldsymbol{Y}$ 的每一个子集 $\boldsymbol{R}$，称为 $\boldsymbol{X}$ 到 $\boldsymbol{Y}$ 的二元关系。当 $(x,y)\in\boldsymbol{R}$ 时，称 x 与 y 相关，记为 $x\boldsymbol{R}y$；当 $(x,y)\notin\boldsymbol{R}$ 时，称 x 与 y 无关，记为 $x\bar{\boldsymbol{R}}y$。

2.2 模糊集合

2.2.1 模糊集合的定义

定义 2.1 设给定的论域 $\boldsymbol{U}$，定义在其上的一个模糊集合 $\underline{\boldsymbol{A}}$ 是指，对于 $\forall\ u\in\boldsymbol{U}$，都有一个指定的映射 $\mu_{\underline{A}}(u)\in[0,1]$ 与 u 对应，这就相当于定义了一个映射，记为

$$\mu_{\underline{A}}:\boldsymbol{U}\to[0,1]$$

$\mu_{\underline{A}}$ 称为模糊集合 $\underline{\boldsymbol{A}}$ 的隶属函数，$\mu_{\underline{A}}(u)$ 称为 u 对于 $\underline{\boldsymbol{A}}$ 的隶属度。为了与普通集合相区别，本书在字母下面加横线用以表示模糊集合，如 $\underline{\boldsymbol{A}}$。

隶属度 $\mu_{\underline{A}}(u)$ 表示 u 属于模糊集合 $\underline{\boldsymbol{A}}$ 的程度，模糊集合 $\underline{\boldsymbol{A}}$ 完全由其隶属度 $\mu_{\underline{A}}(u)$ 所描述，$\mu_{\underline{A}}(u)$ 的值越大，表示 u 从属于 $\underline{\boldsymbol{A}}$ 的程度越高；值越小，程度越低。当 $\mu_{\underline{A}}(u)$ 仅取 0 和 1 两个值时，$\underline{\boldsymbol{A}}$ 便是普通集合。由此可见，普通集合是模糊集合的特例，模糊集合是普通集合的推广。

【例 2.2】以人体对室温 0～40℃的感觉为例，考察经典集合和模糊集合描述方法的差异。

在实际生活中，人们对温度的感觉是模糊的。如温度为 30℃或 31℃时，大多数人认为体感还比较舒适，没有太大差别。如果用经典集合来定义，在论域即室温的特征函数如图 2.2（a）所示。对于“舒适”而言，其元素在 15～28℃范围内，即使 14.9℃也只能属于“冷”的范畴，这样的界定与人的感觉是不吻合的。现在用模糊集合来定义，如图 2.2（b）所示，在用隶属函数表述后，14.9℃和 15℃属于同一集合的程度就很接近，更加符合人的模糊思维习惯。

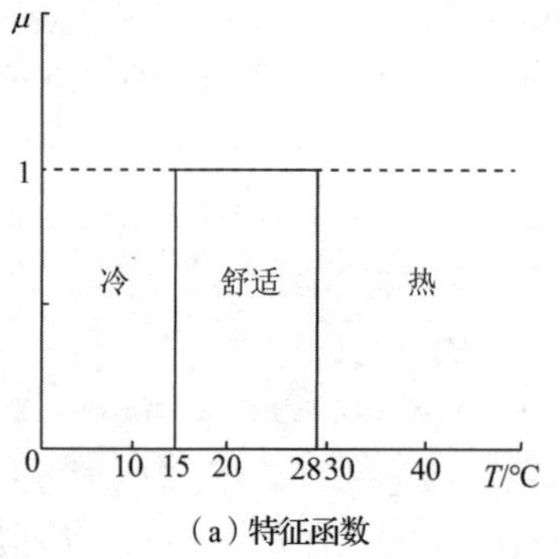

（a）特征函数

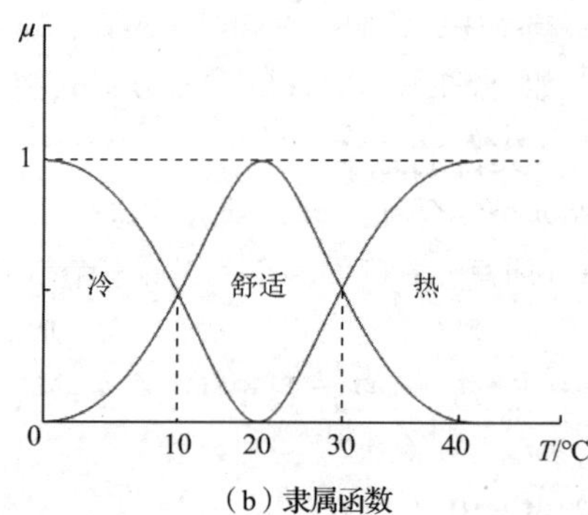

（b）隶属函数

图 2.2 室温的特征函数和隶属函数描述

2.2.2 模糊集合的表示方法

（1）有限模糊集合

若论域$\boldsymbol{U}$为有限模糊集合论域，则有以下 3 种方法。

① Zadeh 表示法

设$\boldsymbol{U}=\{u_1,u_2,\cdots,u_n\}$，则$\boldsymbol{U}$上的模糊集合$\underline{\boldsymbol{A}}$可表示为

$$\underline{\boldsymbol{A}}=\frac{\mu_1}{u_1}+\frac{\mu_2}{u_2}+\cdots+\frac{\mu_n}{u_n} \tag{2.4}$$

式中，$\mu_i(i=1,2,\cdots,n)$为元素u_i对于$\underline{\boldsymbol{A}}$的隶属度，$\frac{\mu_i}{u_i}$并不是“分数”，而是表示论域中元素$u_i$与其隶属度之间的对应关系。“+”也不表示“求和”，而是表示模糊集合在论域$\boldsymbol{U}$上的整体。它是将各项汇总，表示集合的概念。若$\mu_i=0$，则可以省略相应项。

【例 2.3】设室温的论域$\boldsymbol{U}=\{0,10,20,30,40\}$（单位：℃），则舒适温度的模糊集合为

$$\underline{\boldsymbol{A}}=\frac{0.25}{0}+\frac{0.5}{10}+\frac{1}{20}+\frac{0.5}{30}+\frac{0.25}{40}$$

② 向量表示法

设$\boldsymbol{U}=\{u_1,u_2,\cdots,u_n\}$为有限论域，则$\boldsymbol{U}$上的模糊集合$\underline{\boldsymbol{A}}$可表示为

$$\underline{\boldsymbol{A}}=(\mu_{\underline{A}}(u_1)\ \ \mu_{\underline{A}}(u_2)\ \ \cdots\ \ \mu_{\underline{A}}(u_n)) \tag{2.5}$$

式中，$\mu_{\underline{A}}(u_i)$（$i=1,2,\cdots,n$）为隶属度。要注意的是，隶属度为零的项不能省略。

③ 序偶表示法

设$\boldsymbol{U}=\{u_1,u_2,\cdots,u_n\}$为有限论域，则$\boldsymbol{U}$上的模糊集合$\underline{\boldsymbol{A}}$可表示为

$$\underline{\boldsymbol{A}}=\{(u_1,\mu_{\underline{A}}(u_1)),(u_2,\mu_{\underline{A}}(u_2)),\cdots,(u_n,\mu_{\underline{A}}(u_n))\} \tag{2.6}$$

式中，$\mu_{\underline{A}}(u_i)$（$i=1,2,\cdots,n$）为u_i对于$\underline{\boldsymbol{A}}$的隶属度。

【例 2.4】设在论域$\boldsymbol{U}=\{1,2,3,4,5,6,7,8,9,10\}$中，模糊集合$\underline{\boldsymbol{A}}$中各元素的隶属度如表 2.1 所示。

表 2.1 模糊集合 $\underline{\boldsymbol{A}}$ 中各元素的隶属度

u_i	$\mu_{\underline{A}}(u_i)$	u_i	$\mu_{\underline{A}}(u_i)$	u_i	$\mu_{\underline{A}}(u_i)$	u_i	$\mu_{\underline{A}}(u_i)$	u_i	$\mu_{\underline{A}}(u_i)$
1	1	3	0.7	5	0.3	7	0	9	0
2	0.9	4	0.5	6	0.1	8	0	10	0

解：

Zadeh 表示法，$\underline{\boldsymbol{A}}=\frac{1}{1}+\frac{0.9}{2}+\frac{0.7}{3}+\frac{0.5}{4}+\frac{0.3}{5}+\frac{0.1}{6}+\frac{0}{7}+\frac{0}{8}+\frac{0}{9}+\frac{0}{10}$

向量表示法，$\underline{\boldsymbol{A}}=[1\ \ 0.9\ \ 0.7\ \ 0.5\ \ 0.3\ \ 0.1\ \ 0\ \ 0\ \ 0\ \ 0]$

序偶表示法，$\underline{\boldsymbol{A}}=\{(1,1),(2,0.9),(3,0.7),(4,0.5),(5,0.3),(6,0.1)\}$

（2）无限不可数模糊集合

若论域$\boldsymbol{U}$是无限不可数模糊集合论域，则$\boldsymbol{U}$上的模糊集合$\underline{\boldsymbol{A}}$为

$$\underline{\boldsymbol{A}}=\int_u \frac{\mu_{\underline{A}}(u_i)}{u_i} \tag{2.7}$$

式中，$\mu_{\underline{A}}(u_i)(i=1,2,\cdots,n)$是$u_i$对于$\underline{\boldsymbol{A}}$的隶属度。这里的积分号仅表示论域上的相关集合$\underline{\boldsymbol{A}}$的整体关系；$\frac{\mu_{\underline{A}}(u_i)}{u_i}$表示元素$u_i$与其对应于$\underline{\boldsymbol{A}}$的隶属度的对应关系。

（3）有限连续集合

若论域$\boldsymbol{U}$是有限连续论域，则$\boldsymbol{U}$上的模糊集合$\underset{\sim}{\boldsymbol{A}}$可以用解析法表示，即隶属函数用解析式描述。

【例 2.5】设人的年龄为论域$\boldsymbol{U}$，$\boldsymbol{U}=[0,150]$，用解析式给出“年老”（$\underset{\sim}{\boldsymbol{O}}$）和“年轻”（$\underset{\sim}{\boldsymbol{Y}}$）上的隶属函数：

$$\mu_{\underset{\sim}{O}}(u)=\begin{cases}0, & 0\leqslant u\leqslant 50\\ \left[1+\left(\dfrac{u-50}{5}\right)^{-2}\right]^{-1}, & 50<u\leqslant 150\end{cases}$$

$$\mu_{\underset{\sim}{Y}}(u)=\begin{cases}1, & 0\leqslant u\leqslant 25\\ \left[1+\left(\dfrac{u-25}{5}\right)^{2}\right]^{-1}, & 25<u\leqslant 150\end{cases}$$

2.2.3 模糊集合的基本运算及其性质

1. 模糊集合的基本运算

因模糊集合是经典集合的扩展，所以可以参照经典集合的基本运算，如并、交、补、相等、包含等，对模糊集合进行基本运算。但模糊集合是用隶属函数来“刻画”的，故模糊集合之间的运算通过隶属函数来定义。

设$\underset{\sim}{\boldsymbol{A}}$，$\underset{\sim}{\boldsymbol{B}}$为论域$\boldsymbol{U}$上的两个模糊集合，其隶属函数分别为$\mu_{\underset{\sim}{A}}(u)$，$\mu_{\underset{\sim}{B}}(u)$。

① 包含。若对于$\boldsymbol{U}$上的任意一个元素u，都有$\mu_{\underset{\sim}{A}}(u)\geqslant\mu_{\underset{\sim}{B}}(u)$，则称$\underset{\sim}{\boldsymbol{A}}$包含$\underset{\sim}{\boldsymbol{B}}$，记作$\underset{\sim}{\boldsymbol{A}}\supseteq\underset{\sim}{\boldsymbol{B}}$。

② 相等。若$\underset{\sim}{\boldsymbol{A}}\supseteq\underset{\sim}{\boldsymbol{B}}$，且$\underset{\sim}{\boldsymbol{B}}\supseteq\underset{\sim}{\boldsymbol{A}}$，则称$\underset{\sim}{\boldsymbol{A}}$与$\underset{\sim}{\boldsymbol{B}}$相等，记作$\underset{\sim}{\boldsymbol{A}}=\underset{\sim}{\boldsymbol{B}}$。由于模糊集合的特征是它的隶属函数，所以两个模糊集合相等也可以用隶属函数来定义。若对所有元素u，都有$\mu_{\underset{\sim}{A}}(u)=\mu_{\underset{\sim}{B}}(u)$，则$\underset{\sim}{\boldsymbol{A}}=\underset{\sim}{\boldsymbol{B}}$。

③ 并。若$\underset{\sim}{\boldsymbol{C}}=\underset{\sim}{\boldsymbol{A}}\cup\underset{\sim}{\boldsymbol{B}}$，则$\mu_{\underset{\sim}{C}}(u)=\mu_{\underset{\sim}{A}\cup\underset{\sim}{B}}(u)=\mu_{\underset{\sim}{A}}(u)\vee\mu_{\underset{\sim}{B}}(u)$。$\vee$为取大运算，与 max 的意义相同。

④ 交。若$\underset{\sim}{\boldsymbol{C}}=\underset{\sim}{\boldsymbol{A}}\cap\underset{\sim}{\boldsymbol{B}}$，则$\mu_{\underset{\sim}{C}}(u)=\mu_{\underset{\sim}{A}\cap\underset{\sim}{B}}(u)=\mu_{\underset{\sim}{A}}(u)\wedge\mu_{\underset{\sim}{B}}(u)$。$\wedge$为取小运算，与 min 的意义相同。

⑤ 补。$\overline{\underset{\sim}{\boldsymbol{A}}}$是$\underset{\sim}{\boldsymbol{A}}$的补集，则$\mu_{\overline{\underset{\sim}{A}}}(u)=1-\mu_{\underset{\sim}{A}}(u)$。

⑥ 空集。$\underset{\sim}{\boldsymbol{A}}=\varnothing$，则$\mu_{\underset{\sim}{A}}(u)=0$，其中$u$为$\boldsymbol{U}$上的任意元素。

⑦ 全集。$\underset{\sim}{\boldsymbol{A}}=\boldsymbol{E}$，则$\mu_{\underset{\sim}{A}}(u)=1$，其中$u$为$\boldsymbol{U}$上的任意元素。

【例 2.6】已知$\underset{\sim}{\boldsymbol{A}}=\dfrac{0.9}{u_1}+\dfrac{0.2}{u_2}+\dfrac{0.8}{u_3}+\dfrac{0.5}{u_4}$，$\underset{\sim}{\boldsymbol{B}}=\dfrac{0.3}{u_1}+\dfrac{0.1}{u_2}+\dfrac{0.4}{u_3}+\dfrac{0.6}{u_4}$，求$\underset{\sim}{\boldsymbol{C}}=\underset{\sim}{\boldsymbol{A}}\cup\underset{\sim}{\boldsymbol{B}}$，$\underset{\sim}{\boldsymbol{D}}=\underset{\sim}{\boldsymbol{A}}\cap\underset{\sim}{\boldsymbol{B}}$，$\overline{\underset{\sim}{\boldsymbol{A}}}$。

解：

$$\underset{\sim}{\boldsymbol{C}}=\underset{\sim}{\boldsymbol{A}}\cup\underset{\sim}{\boldsymbol{B}}=\frac{0.9}{u_1}+\frac{0.2}{u_2}+\frac{0.8}{u_3}+\frac{0.6}{u_4}$$

$$\underset{\sim}{\boldsymbol{D}}=\underset{\sim}{\boldsymbol{A}}\cap\underset{\sim}{\boldsymbol{B}}=\frac{0.3}{u_1}+\frac{0.1}{u_2}+\frac{0.4}{u_3}+\frac{0.5}{u_4}$$

$$\overline{\underset{\sim}{\boldsymbol{A}}}=\frac{0.1}{u_1}+\frac{0.8}{u_2}+\frac{0.2}{u_3}+\frac{0.5}{u_4}$$

【例 2.7】已知模糊集合$\underset{\sim}{\boldsymbol{A}}$和$\underset{\sim}{\boldsymbol{B}}$的隶属函数曲线如图 2.3（a）所示，求$\underset{\sim}{\boldsymbol{A}}\cap\underset{\sim}{\boldsymbol{B}}$，$\underset{\sim}{\boldsymbol{A}}\cup\underset{\sim}{\boldsymbol{B}}$，$\overline{\underset{\sim}{\boldsymbol{A}}}$。

解：

根据模糊集合的基本运算，$\underline{A}\cap\underline{B}$，$\underline{A}\cup\underline{B}$，$\overline{\underline{A}}$ 的隶属函数曲线分别如图 2.3（b）~图 2.3（d）所示。

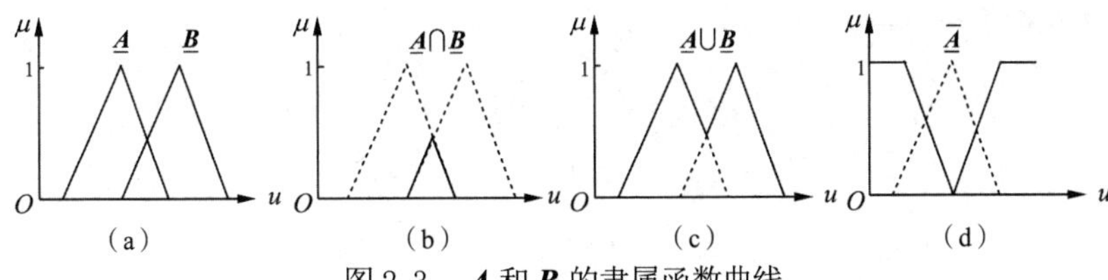

图 2.3　$\underline{A}$ 和 $\underline{B}$ 的隶属函数曲线

2. 模糊集合的运算性质

设在论域 U 中，有模糊集合 $\underline{A}$，$\underline{B}$，$\underline{C}$，则有以下运算性质。

① 幂等律：$\underline{A}\cup\underline{A}=\underline{A}$，$\underline{A}\cap\underline{A}=\underline{A}$。

② 交换律：$\underline{A}\cup\underline{B}=\underline{B}\cup\underline{A}$，$\underline{A}\cap\underline{B}=\underline{B}\cap\underline{A}$。

③ 结合律：$(\underline{A}\cup\underline{B})\cup\underline{C}=\underline{A}\cup(\underline{B}\cup\underline{C})$，
$(\underline{A}\cap\underline{B})\cap\underline{C}=\underline{A}\cap(\underline{B}\cap\underline{C})$。

④ 分配律：$\underline{A}\cap(\underline{B}\cup\underline{C})=(\underline{A}\cap\underline{B})\cup(\underline{A}\cap\underline{C})$，
$\underline{A}\cup(\underline{B}\cap\underline{C})=(\underline{A}\cup\underline{B})\cap(\underline{A}\cup\underline{C})$。

⑤ 同一律：$\underline{A}\cup\varnothing=\underline{A}$，$\underline{A}\cap\varnothing=\varnothing$，$\underline{A}\cup U=U$，$\underline{A}\cap U=\underline{A}$。

⑥ 还原律：$\overline{\overline{\underline{A}}}=\underline{A}$。

⑦ 德·摩根定律：$\overline{\underline{A}\cup\underline{B}}=\overline{\underline{A}}\cap\overline{\underline{B}}$，$\overline{\underline{A}\cap\underline{B}}=\overline{\underline{A}}\cup\overline{\underline{B}}$。

由此看出，模糊集合的运算性质与普通集合的运算性质的幂等律、交换律、结合律、分配律、同一律、还原律及德·摩根定律都相同。但要注意的是，模糊集合没有像普通集合那样的互补律。由于模糊集合 $\underline{A}$ 没有明确的边界，$\overline{\underline{A}}$ 也没有明确的边界，所以对模糊集合而言，互补律不成立，即 $\underline{A}\cup\overline{\underline{A}}\neq U$，$\underline{A}\cap\overline{\underline{A}}\neq\varnothing$。

2.3　λ水平截集

1. λ水平截集的定义

定义 2.2　设给定模糊集合 $\underline{A}$，对任意[0,1]上的实数 λ，将隶属度大于或等于 λ 的元素组成的集合 $\underline{A}_\lambda$ 称为 $\underline{A}$ 的 λ 水平截集。如“高个子”是个模糊集合，而“身高 170cm 以上的人”却是个普通集合，这就是截集的概念。

2. λ水平截集的性质

（1）隶属函数 $\mu_{\underline{A}}(x)$ 和 λ 水平截集 $\underline{A}_\lambda$ 的特征函数 $\mu_{\underline{A}_\lambda}(x)$ 的关系如图 2.4 所示。其中

$$\mu_{\underline{A}_\lambda}(x)=\begin{cases}1, & \mu_{\underline{A}}(x)\geqslant\lambda\\ 0, & \mu_{\underline{A}}(x)<\lambda\end{cases}$$

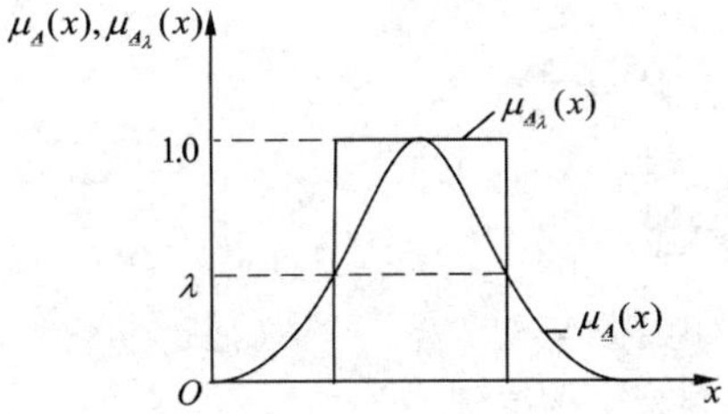

图 2.4　$\mu_{\underline{A}}(x)$ 和 $\mu_{\underline{A}_\lambda}(x)$ 的关系

（2）$\underset{\sim}{A}_\lambda \cup \underset{\sim}{B}_\lambda = (\underset{\sim}{A} \cup \underset{\sim}{B})_\lambda$，$\underset{\sim}{A}_\lambda \cap \underset{\sim}{B}_\lambda = (\underset{\sim}{A} \cap \underset{\sim}{B})_\lambda$。

（3）若λ_1，$\lambda_2 \in [0,1]$，且$\lambda_1 < \lambda_2$，则$\underset{\sim}{A}_{\lambda_1} \supseteq \underset{\sim}{A}_{\lambda_2}$。

【例 2.8】设在论域$U = \{u_1, u_2, u_3, u_4\}$中，有$\underset{\sim}{A} = \frac{0.9}{u_1} + \frac{0.2}{u_2} + \frac{0.8}{u_3} + \frac{0.5}{u_4}$，则

$$\underset{\sim}{A}_{0.9} = \{u_1\}，\ \underset{\sim}{A}_{0.9^+} = \varnothing$$
$$\underset{\sim}{A}_{0.8} = \{u_1, u_3\}，\ \underset{\sim}{A}_{0.8^+} = \{u_1\}$$
$$\underset{\sim}{A}_{0.5} = \{u_1, u_3, u_4\}，\ \underset{\sim}{A}_{0.5^+} = \{u_1, u_3\}$$
$$\underset{\sim}{A}_{0.2} = \{u_1, u_2, u_3, u_4\}，\ \underset{\sim}{A}_{0.2^+} = \{u_1, u_3, u_4\}$$

从上述运算结果可以看出，利用λ水平截集可将模糊集合转化为普通集合。

2.4 分解定理和扩张原理

分解定理和扩张原理是模糊集合中两个重要的定理。分解定理可以使模糊集合$\underset{\sim}{A}$用普通集合中的λ水平截集$\underset{\sim}{A}_\lambda$来表示，扩张原理可以将普通集合中的数学方法扩展到模糊集合中。

2.4.1 分解定理

设$\underset{\sim}{A}$为论域U上的模糊集合，$\underset{\sim}{A}_\lambda$是$\underset{\sim}{A}$的$\lambda$水平截集，$\lambda \in [0,1]$，则有如下的分解定理：

$$\underset{\sim}{A} = \bigcup_{\lambda \in [0,1]} \lambda \underset{\sim}{A}_\lambda \tag{2.8}$$

式中，$\lambda \underset{\sim}{A}_\lambda$表示语言变量$u$的一个模糊集合，称为$\lambda$与$\underset{\sim}{A}_\lambda$的“乘积”。其隶属函数定义为

$$\mu_{\lambda \underset{\sim}{A}_\lambda}(u) = \begin{cases} \lambda, & u \in \underset{\sim}{A}_\lambda \\ 0, & u \notin \underset{\sim}{A}_\lambda \end{cases} \tag{2.9}$$

分解定理充分说明，模糊集合$\underset{\sim}{A}$是由一个普通集合簇$\underset{\sim}{A}_\lambda$组成的。换言之，模糊集合可以不通过隶属函数而用$\lambda$水平截集的概念来描述，这就建立了模糊集合与普通集合的关系。

【例 2.9】设$\underset{\sim}{A} = \frac{0.3}{u_1} + \frac{0.6}{u_2} + \frac{1}{u_3} + \frac{0.7}{u_4}$，取$\lambda \in [0,1]$的截集有$\underset{\sim}{A}_{\lambda=1} = \{u_3\}$，$\underset{\sim}{A}_{\lambda=0.7} = \{u_3, u_4\}$，$\underset{\sim}{A}_{\lambda=0.6} = \{u_2, u_3, u_4\}$，$\underset{\sim}{A}_{\lambda=0.3} = \{u_1, u_2, u_3, u_4\}$，$1\underset{\sim}{A}_1 = \frac{1}{u_3}$，$0.7\underset{\sim}{A}_{0.7} = \frac{0.7}{u_3} + \frac{0.7}{u_4}$，$0.6\underset{\sim}{A}_{0.6} = \frac{0.6}{u_2} + \frac{0.6}{u_3} + \frac{0.6}{u_4}$，$0.3\underset{\sim}{A}_{0.3} = \frac{0.3}{u_1} + \frac{0.3}{u_2} + \frac{0.3}{u_3} + \frac{0.3}{u_4}$

根据分解定理

$$\begin{aligned} \underset{\sim}{A}_\lambda &= \bigcup_{\lambda \in [0,1]} \lambda \underset{\sim}{A}_\lambda = 1\underset{\sim}{A}_1 + 0.7\underset{\sim}{A}_{0.7} + 0.6\underset{\sim}{A}_{0.6} + 0.3\underset{\sim}{A}_{0.3} \\ &= \frac{0.3}{u_1} + \frac{0.6}{u_2} + \frac{1}{u_3} + \frac{0.7}{u_4} \end{aligned}$$

可见，分解定理又可以构成原来的模糊集合。

2.4.2 扩张原理

设给定映射$f: X \to Y$，如果在X上给定一个普通集合A，$A \subset X$；在Y上给定一个普通集合B，$B \subset Y$。则可以通过映射f，得到

$$f: A \to f(A), \quad B \subset Y$$

如果在 X 上给定一个模糊集合 $\underset{\sim}{A}$ ，$\underset{\sim}{A} \subset X$ ，映射 $f: \underset{\sim}{A} \to f(\underset{\sim}{A})$ 为 Y 上的模糊集合，且具有如下的隶属函数

$$\mu_{f(\underset{\sim}{A})}(y) = \begin{cases} \vee_{y=f(x)} \mu_{\underset{\sim}{A}}(x), & f^{-1}(y) \neq \varnothing \\ 0, & f^{-1}(y) = \varnothing \end{cases} \tag{2.10}$$

式中，$f(\underset{\sim}{A})$ 叫作 $\underset{\sim}{A}$ 在 f 下的象。

如果存在由 f 引导的另一个新映射 f^{-1} ，使得 f^{-1}： $\underset{\sim}{B} \to f^{-1}(\underset{\sim}{B})$ 为 X 上的模糊集合，且

$$\mu_{f^{-1}}(x) = \mu_{\underset{\sim}{B}}(f(x)) \tag{2.11}$$

式中，$f^{-1}(\underset{\sim}{B})$ 叫作 $\underset{\sim}{B}$ 在 f 下的原象。$\underset{\sim}{A}$ 通过 f 映射为象 $f(\underset{\sim}{A})$ 时，它的隶属函数值保持不变；若不是单值映射，则象的隶属度取 $\underset{\sim}{A}$ 中隶属度的最大值。这就是扎德在 1976 年引入的扩张原理。

【例 2.10】 设 $X = \{x_1, x_2, x_3, x_4, x_5\}$ ，$Y = \{y_1, y_2, y_3\}$ ，有映射 $f: X \to Y$ ，$f(x_1) = f(x_2) = f(x_3) = y_1$ ，$f(x_4) = f(x_5) = y_2$ 。

已知 X 和 Y 上的模糊集合 $\underset{\sim}{A}$ 和 $\underset{\sim}{B}$ 分别为

$$\underset{\sim}{A} = \frac{0.2}{x_1} + \frac{0.4}{x_2} + \frac{0.5}{x_3} + \frac{0.6}{x_4} + \frac{0.8}{x_5}, \quad \underset{\sim}{B} = \frac{0.3}{y_1} + \frac{0.7}{y_2}$$

则

$$f(\underset{\sim}{A}) = \frac{0.5}{y_1} + \frac{0.8}{y_2} + \frac{0}{y_3}, \quad f^{-1}(\underset{\sim}{B}) = \frac{0.3}{x_1} + \frac{0.3}{x_2} + \frac{0.3}{x_3} + \frac{0.7}{x_4} + \frac{0.7}{x_5}$$

2.5 隶属函数

2.5.1 确定隶属函数的方法

隶属函数在模糊数学中占有重要的地位，这是因为模糊集合是由隶属函数刻画的，模糊集合的各种运算均是利用隶属函数来进行的。所以，在模糊集合的各种应用场合，首先要解决的问题是确定隶属函数。确定隶属函数有如下几种方法。

1. 模糊统计法

对于模糊事物发生的可能性也可以用和随机系统相似的方法进行模糊统计，统计结果即隶属度。

在论域 U 中给出一个确定的元素 u_i ，$u_i \in U$ ，然后考虑属于论域 U 上运动着的边界可变集合 A^* ，以及 n 次试验中元素 u_i 属于 A^* 的次数，记为 n_{A^*} 。当 n 足够大时，$\frac{n_{A^*}}{n}$ 趋于一个稳定值，u_i 属于模糊集合 $\underset{\sim}{A}$ 的隶属度为

$$\mu_{\underset{\sim}{A}}(u_i) = \lim_{n \to \infty} \frac{n_{A^*}}{n} \tag{2.12}$$

其中，$\underset{\sim}{A}$ 是一个在概念上与 A^* 完全一致但又没有明确边界的模糊集合；n_{A^*} 为 n 次试验中 $u_i \in A^*$ 的次数；n 为总的试验次数。

【例 2.11】（本例模糊统计试验为我国学者张南纶等人在武汉建材学院对模糊集合“青年人”所做的抽样试验）设 U 为 0~100 岁的人，$\underset{\sim}{A}$ 为“青年人”，$u_0 = 27$ 岁。对 129 人进行抽样调查，让每人给出“青年人”比较合适的年龄段，最后整理出反映 27 岁属于“青年人”的隶属频率，如表 2.2 所示。

表 2.2 青年人的隶属频率

n	隶属次数	隶属频率	n	隶属次数	隶属频率
10	6	0.60	80	62	0.78
20	14	0.70	90	68	0.76
30	23	0.77	100	76	0.76
40	31	0.78	110	85	0.77
50	39	0.78	120	95	0.79
60	47	0.78	129	101	0.78
70	53	0.76			

可见，青年人的隶属频率基本上稳定在 0.78，故得 27 岁属于“青年人”的隶属度：

$$\mu_{\underset{\sim}{A}}(27)=0.78$$

2. 例证法

对于论域$\boldsymbol{U}$上给出的模糊集合$\underset{\sim}{\boldsymbol{A}}$，可根据有限个$\mu_{\underset{\sim}{A}}$值来估计$\underset{\sim}{\boldsymbol{A}}$的隶属函数。例如，论域$\boldsymbol{U}$代表全人类，$\underset{\sim}{\boldsymbol{A}}$代表“高个子”。为确定$\mu_{\underset{\sim}{A}}$，先给定一个高度值 h，然后选定几个语言真值（判断一句话的真实程度）中的一个来回答某人高度是否属于$\underset{\sim}{\boldsymbol{A}}$。如

$$\underset{\sim}{\boldsymbol{A}}=\frac{1}{u_1}+\frac{0.75}{u_2}+\frac{0.5}{u_3}+\frac{0}{u_4}$$

其中，语言真值“高”“较高”“不高（不矮）”“矮”分别对应 1、0.75、0.5、0。

3. 专家经验法

由专家的实际经验给出模糊信息的处理算式或相应的数值，从而得到隶属函数。专家经验越成熟，次数越多，效果越好。

【例 2.12】对某大型设备需停产检修的“状态诊断”。设论域$\boldsymbol{U}$中有模糊集合$\underset{\sim}{\boldsymbol{A}}$，包含该设备需停产检修的全部故障因子$u_i(i=1,2,\cdots,10)$，分别代表“温升过高”“有噪声”“速度降低”“有振动”等故障隐患。根据专家经验，设备需要停产检查的模糊集合$\underset{\sim}{\boldsymbol{A}}$的隶属函数为

$$\mu_{\underset{\sim}{A}}(u_i)=\frac{K_1C_{\underset{\sim}{A}_1}(u_1)+K_2C_{\underset{\sim}{A}_2}(u_2)+\cdots+K_{10}C_{\underset{\sim}{A}_{10}}(u_{10})}{K_1+K_2+\cdots+K_{10}} \tag{2.13}$$

其中，K_i为权系数，$C_{\underset{\sim}{A}_i}(u_i)=\begin{cases}1, & 有u_i出现\\ 0, & 无u_i出现\end{cases}$。

若u_i对$\underset{\sim}{\boldsymbol{A}}$的隶属度$\mu_{\underset{\sim}{A}}(u_i)\geqslant\lambda$，$\lambda$为给定水平，则诊断为立即停产检查，否则继续生产和诊断。

2.5.2 常见的隶属函数

常见的几种隶属函数如图 2.5 所示。

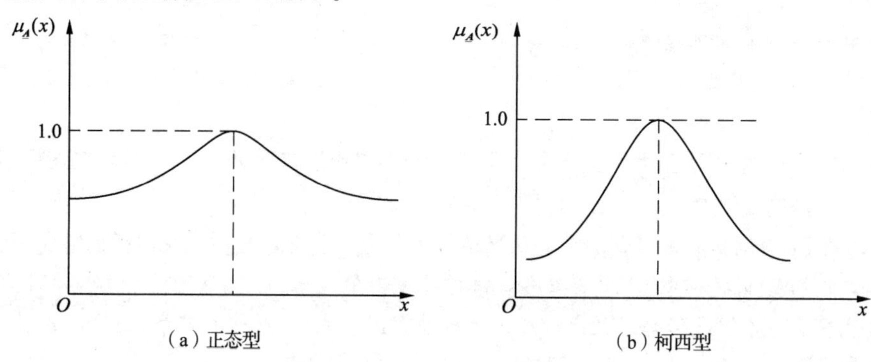

图 2.5 常见的隶属函数曲线

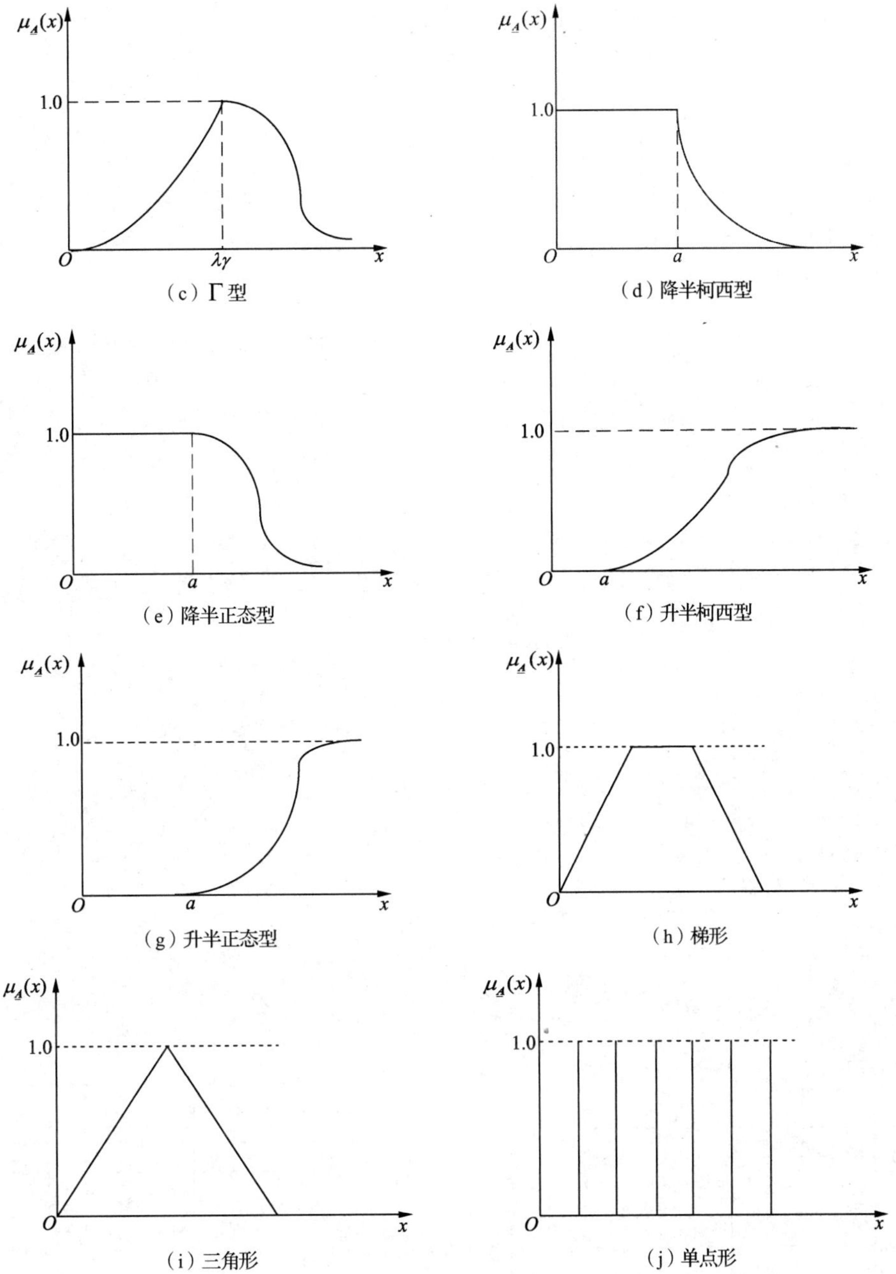

（c）Γ型

（d）降半柯西型

（e）降半正态型

（f）升半柯西型

（g）升半正态型

（h）梯形

（i）三角形

（j）单点形

图 2.5 常见的隶属函数曲线（续）

MATLAB 模糊控制逻辑工具箱提供了 11 种常用隶属函数，其中三角形函数、梯形函数、正态型函数和升半柯西型函数如图 2.6 所示。

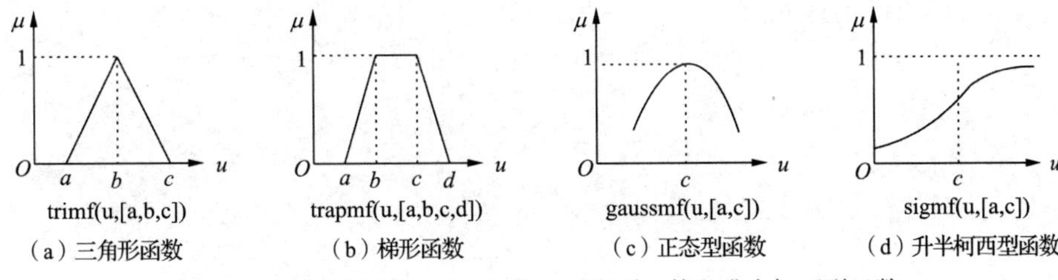

（a）三角形函数　（b）梯形函数　（c）正态型函数　（d）升半柯西型函数

图 2.6 三角形函数、梯形函数、正态型函数和升半柯西型函数

在图 2.6 中，正态型和升半柯西型的隶属函数分别如下。

$$\mu(u)=\mathrm{e}^{-\frac{(u-c)^2}{2a^2}},\quad a>0$$

$$\mu(u)=\frac{1}{1+\mathrm{e}^{-a(u-c)}},\quad a>0$$

下面通过 MATLAB 绘制出三角形函数、梯形函数、正态型函数和升半柯西型函数的曲线，分别如图 2.7（a）、图 2.7（b）、图 2.7（c）和图 2.7（d）所示。

隶属函数的 MATLAB 语言表示如下。

三角形函数：

```
x=0:0.1:10;
y=trimf(x,[1 5 8]);
plot(x,y)
xlabel('trimf,P=[1 5 8]')
grid on;
```

梯形函数：

```
x=0:0.1:10;
y=trapmf(x,[1 3 5 7]);
plot(x,y)
xlabel('trapmf,P=[1 3 5 7]')
grid on;
```

正态型函数：

```
x=0:0.1:6;
y=gaussmf(x,[2 3]);
plot(x,y)
xlabel('gaussmf,P=[2 3]')
grid on;
```

升半柯西型函数：

```
x=0:0.1:6;
y=sigmf(x,[2 3]);
plot(x,y)
xlabel('sigmf,P=[2 3]')
grid on;
```

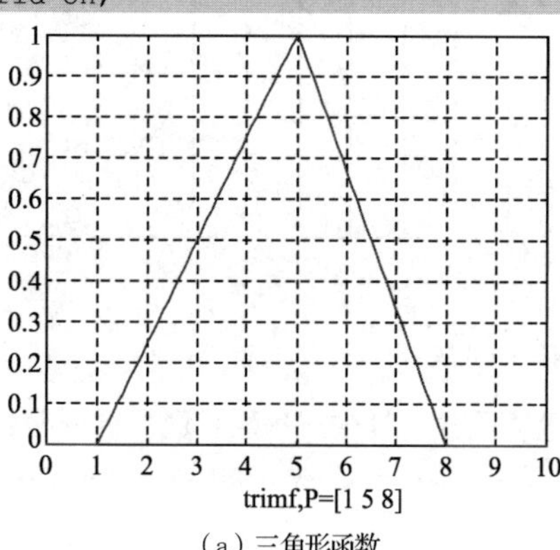

（a）三角形函数

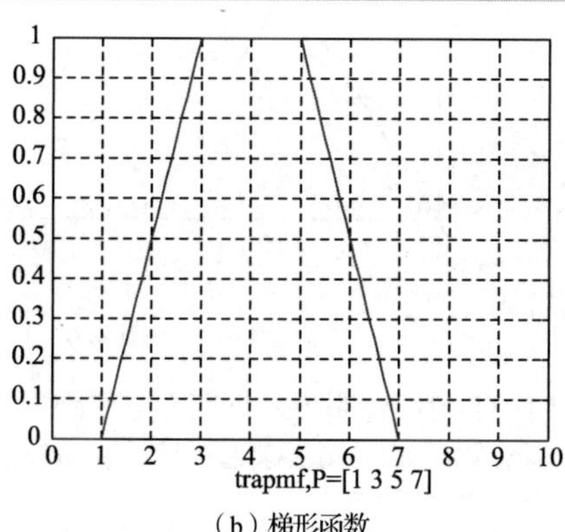

（b）梯形函数

图 2.7　MATLAB 绘制的隶属函数曲线

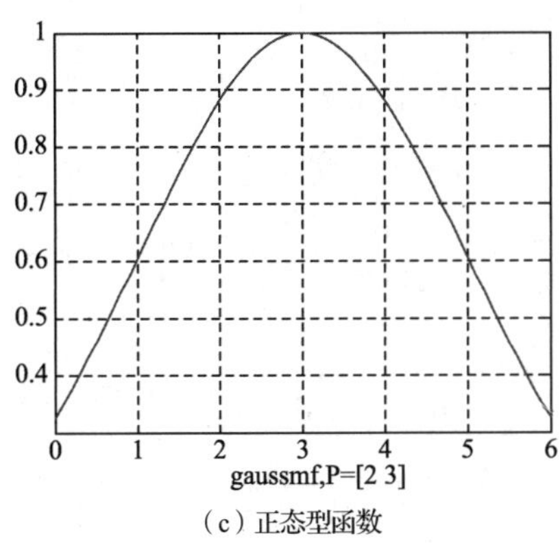

（c）正态型函数

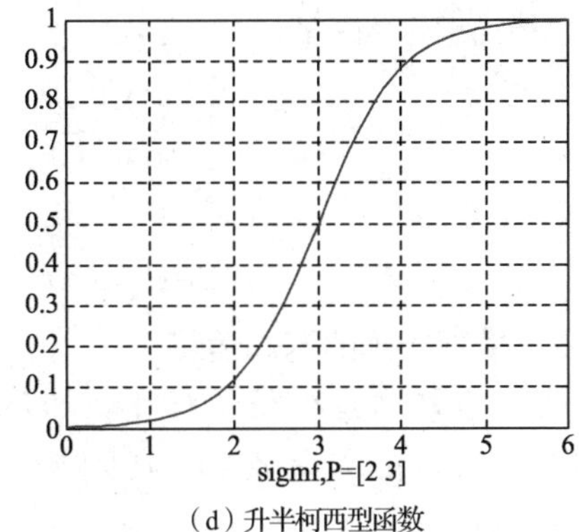

（d）升半柯西型函数

图 2.7　MATLAB 绘制的隶属函数曲线（续）

2.6　模糊关系与模糊矩阵

2.6.1　模糊关系

定义 2.3　以集合 $\boldsymbol{X}$ 和 $\boldsymbol{Y}$ 的直积 $\boldsymbol{X}\times\boldsymbol{Y}=\{(x,y)\mid x\in\boldsymbol{X},y\in\boldsymbol{Y}\}$ 为论域的一个模糊集合 $\underline{\boldsymbol{R}}$，叫作集合 $\boldsymbol{X}$ 到 $\boldsymbol{Y}$ 的模糊关系。其隶属函数为

$$\mu_{\underline{R}}:\boldsymbol{X}\times\boldsymbol{Y}\to[0,1]$$

隶属函数 $\mu_{\underline{R}}(x,y)$ 表明序偶 (x,y) 属于模糊关系 $\underline{\boldsymbol{R}}$ 的程度。当 $\boldsymbol{X}=\boldsymbol{Y}$ 时，称 $\underline{\boldsymbol{R}}$ 为 $\boldsymbol{X}$ 上的二元模糊关系；当论域为 n 个集合 $\boldsymbol{X}_i(i=1,2,\cdots,n)$ 的直积 $\boldsymbol{X}_1\times\boldsymbol{X}_2\times\cdots\times\boldsymbol{X}_n$ 时，则称 $\underline{\boldsymbol{R}}$ 为 n 元模糊关系。

【例 2.13】 设有一组人集合 $\boldsymbol{X}$ ={张三,李四,王五}；有一组水果集合 $\boldsymbol{Y}$ ={苹果,香蕉,橘子,西红柿}。表 2.3 给出了 $\boldsymbol{X}$ 中的人对 $\boldsymbol{Y}$ 中的各种水果的喜爱程度的对应关系。

表 2.3　人和水果的对应关系

人名	喜爱程度			
	苹果	香蕉	橘子	西红柿
张三	特别喜欢	很讨厌	不喜欢	喜欢
李四	比较喜欢	喜欢	特别喜欢	喜欢
王五	不喜欢	特别喜欢	喜欢	很讨厌

若将“特别喜欢”“比较喜欢”“喜欢”“不喜欢”“很讨厌”对于集合“喜爱程度”的隶属度分别定为 1、0.8、0.6、0.4、0.2，则可以将表 2.3 写成矩阵形式：

$$\underline{\boldsymbol{R}}=\begin{pmatrix}1 & 0.2 & 0.4 & 0.6\\ 0.8 & 0.6 & 1 & 0.6\\ 0.4 & 1 & 0.6 & 0.2\end{pmatrix}$$

矩阵 $\underline{\boldsymbol{R}}$ 即集合 $\boldsymbol{X}$ 到集合 $\boldsymbol{Y}$ 上关于“喜爱程度”的映射关系。该矩阵称为模糊关系矩阵，简称模糊矩阵，其中各元素必须在[0,1]上取值。

2.6.2　模糊矩阵

1. 模糊矩阵的定义

定义 2.4　$\boldsymbol{X}\times\boldsymbol{Y}$ 为有限集，定义在 $\boldsymbol{X}\times\boldsymbol{Y}$ 上的模糊关系 $\underline{\boldsymbol{R}}$ 可以用矩阵来表示，并把这个矩

阵称为模糊矩阵。设 $\boldsymbol{X}=\{x_1,x_2,\cdots,x_m\}$，$\boldsymbol{Y}=\{y_1,y_2,\cdots,y_n\}$，有

$$\underset{\sim}{\boldsymbol{R}}=\begin{pmatrix}\mu_{\underset{\sim}{R}}(x_1,y_1) & \mu_{\underset{\sim}{R}}(x_1,y_2) & \cdots & \mu_{\underset{\sim}{R}}(x_1,y_n)\\ \mu_{\underset{\sim}{R}}(x_2,y_1) & \mu_{\underset{\sim}{R}}(x_2,y_2) & \cdots & \mu_{\underset{\sim}{R}}(x_2,y_n)\\ \vdots & \vdots & & \vdots\\ \mu_{\underset{\sim}{R}}(x_m,y_1) & \mu_{\underset{\sim}{R}}(x_m,y_2) & \cdots & \mu_{\underset{\sim}{R}}(x_m,y_n)\end{pmatrix}$$

2. 模糊矩阵的基本运算

设 $\underset{\sim}{\boldsymbol{A}}$ 和 $\underset{\sim}{\boldsymbol{B}}$ 为直积空间 $\boldsymbol{U}$ 上的模糊矩阵，其中 $\underset{\sim}{\boldsymbol{A}}=(a_{ij})_{n\times m}$，$\underset{\sim}{\boldsymbol{B}}=(b_{ij})_{n\times m}$（$i=1,2,\cdots,n$; $j=1,2,\cdots,m$，$a_{ij},b_{ij}\in[0,1]$），则有以下运算关系。

① 相等：若 $\underset{\sim}{\boldsymbol{A}}=\underset{\sim}{\boldsymbol{B}}$，则 $a_{ij}=b_{ij}$。

② 包含：若 $a_{ij}\leqslant b_{ij}$，则 $\underset{\sim}{\boldsymbol{A}}\subseteq\underset{\sim}{\boldsymbol{B}}$。

③ 并：若 $\underset{\sim}{\boldsymbol{C}}=\underset{\sim}{\boldsymbol{A}}\cup\underset{\sim}{\boldsymbol{B}}$，则 $c_{ij}=a_{ij}\vee b_{ij}$。

④ 交：若 $\underset{\sim}{\boldsymbol{C}}=\underset{\sim}{\boldsymbol{A}}\cap\underset{\sim}{\boldsymbol{B}}$，则 $c_{ij}=a_{ij}\wedge b_{ij}$。

⑤ 补：若 $\underset{\sim}{\boldsymbol{C}}=\overline{\underset{\sim}{\boldsymbol{A}}}$，则 $c_{ij}=1-a_{ij}$。

其中，$\vee$ 为取大运算，$\wedge$ 为取小运算。

【例 2.14】 设两个模糊矩阵 $\underset{\sim}{\boldsymbol{A}}=\begin{pmatrix}0.5 & 0.3\\0.4 & 0.8\end{pmatrix}$，$\underset{\sim}{\boldsymbol{B}}=\begin{pmatrix}0.8 & 0.5\\0.3 & 0.7\end{pmatrix}$，则有

$$\underset{\sim}{\boldsymbol{A}}\cup\underset{\sim}{\boldsymbol{B}}=\begin{pmatrix}0.5\vee0.8 & 0.3\vee0.5\\0.4\vee0.3 & 0.8\vee0.7\end{pmatrix}=\begin{pmatrix}0.8 & 0.5\\0.4 & 0.8\end{pmatrix}$$

$$\underset{\sim}{\boldsymbol{A}}\cap\underset{\sim}{\boldsymbol{B}}=\begin{pmatrix}0.5\wedge0.8 & 0.3\wedge0.5\\0.4\wedge0.3 & 0.8\wedge0.7\end{pmatrix}=\begin{pmatrix}0.5 & 0.3\\0.3 & 0.7\end{pmatrix}$$

$$\overline{\underset{\sim}{\boldsymbol{A}}}=\begin{pmatrix}1-0.5 & 1-0.3\\1-0.4 & 1-0.8\end{pmatrix}=\begin{pmatrix}0.5 & 0.7\\0.6 & 0.2\end{pmatrix}$$

3. 模糊矩阵的运算性质

设有模糊矩阵 $\underset{\sim}{\boldsymbol{R}}$、$\underset{\sim}{\boldsymbol{S}}$、$\underset{\sim}{\boldsymbol{T}}$，则有以下运算性质。

① 幂等律：$\underset{\sim}{\boldsymbol{R}}\cup\underset{\sim}{\boldsymbol{R}}=\underset{\sim}{\boldsymbol{R}}$，$\underset{\sim}{\boldsymbol{R}}\cap\underset{\sim}{\boldsymbol{R}}=\underset{\sim}{\boldsymbol{R}}$。

② 交换律：$\underset{\sim}{\boldsymbol{R}}\cup\underset{\sim}{\boldsymbol{S}}=\underset{\sim}{\boldsymbol{S}}\cup\underset{\sim}{\boldsymbol{R}}$，$\underset{\sim}{\boldsymbol{R}}\cap\underset{\sim}{\boldsymbol{S}}=\underset{\sim}{\boldsymbol{S}}\cap\underset{\sim}{\boldsymbol{R}}$。

③ 结合律：$(\underset{\sim}{\boldsymbol{R}}\cup\underset{\sim}{\boldsymbol{S}})\cup\underset{\sim}{\boldsymbol{T}}=\underset{\sim}{\boldsymbol{R}}\cup(\underset{\sim}{\boldsymbol{S}}\cup\underset{\sim}{\boldsymbol{T}})$，
$(\underset{\sim}{\boldsymbol{R}}\cap\underset{\sim}{\boldsymbol{S}})\cap\underset{\sim}{\boldsymbol{T}}=\underset{\sim}{\boldsymbol{R}}\cap(\underset{\sim}{\boldsymbol{S}}\cap\underset{\sim}{\boldsymbol{T}})$。

④ 分配律：$\underset{\sim}{\boldsymbol{R}}\cap(\underset{\sim}{\boldsymbol{S}}\cup\underset{\sim}{\boldsymbol{T}})=(\underset{\sim}{\boldsymbol{R}}\cap\underset{\sim}{\boldsymbol{S}})\cup(\underset{\sim}{\boldsymbol{R}}\cap\underset{\sim}{\boldsymbol{T}})$，
$\underset{\sim}{\boldsymbol{R}}\cup(\underset{\sim}{\boldsymbol{S}}\cap\underset{\sim}{\boldsymbol{T}})=(\underset{\sim}{\boldsymbol{R}}\cup\underset{\sim}{\boldsymbol{S}})\cap(\underset{\sim}{\boldsymbol{R}}\cup\underset{\sim}{\boldsymbol{T}})$。

⑤ 还原律：$\overline{\overline{\underset{\sim}{\boldsymbol{A}}}}=\underset{\sim}{\boldsymbol{A}}$。

⑥ 德・摩根定律：$\overline{\underset{\sim}{\boldsymbol{A}}\cup\underset{\sim}{\boldsymbol{B}}}=\overline{\underset{\sim}{\boldsymbol{A}}}\cap\overline{\underset{\sim}{\boldsymbol{B}}}$，$\overline{\underset{\sim}{\boldsymbol{A}}\cap\underset{\sim}{\boldsymbol{B}}}=\overline{\underset{\sim}{\boldsymbol{A}}}\cup\overline{\underset{\sim}{\boldsymbol{B}}}$。

4. 模糊矩阵的截矩阵

定义 2.5 设 $\underset{\sim}{\boldsymbol{R}}=(r_{ij})_{n\times m}$ 为模糊矩阵，对于任意 $\lambda\in[0,1]$，若取 $\underset{\sim}{\boldsymbol{R}}_\lambda=(\lambda r_{ij})_{n\times m}$，其中，$\lambda r_{ij}=\begin{cases}1, & r_{ij}\geqslant\lambda\\0, & r_{ij}<\lambda\end{cases}$，$i=1,2,\cdots,n$，$j=1,2,\cdots,m$，则称 $\underset{\sim}{\boldsymbol{R}}_\lambda$ 为模糊矩阵 $\underset{\sim}{\boldsymbol{R}}$ 的 λ 截矩阵。

【例 2.15】 已知 $\underset{\sim}{\boldsymbol{R}}=\begin{pmatrix}0.5 & 0.7\\0.3 & 0.8\end{pmatrix}$，则 $\underset{\sim}{\boldsymbol{R}}_{0.5}=\begin{pmatrix}1 & 1\\0 & 1\end{pmatrix}$。

2.6.3 模糊矩阵的合成运算及性质

1. 模糊矩阵的合成运算

设矩阵 $\underset{\sim}{A}$ 是 $X \to Y(X \times Y)$ 上的模糊矩阵，矩阵 $\underset{\sim}{B}$ 是 $Y \to Z(Y \times Z)$ 上的模糊矩阵，矩阵 $\underset{\sim}{C}$ 是 $X \to Z(X \times Z)$ 上的模糊矩阵，则 $\underset{\sim}{C} = \underset{\sim}{A} \circ \underset{\sim}{B}$ 称为 $\underset{\sim}{A}$ 与 $\underset{\sim}{B}$ 的合成。其中，$\underset{\sim}{A} = (a_{ij})_{n\times m}$，$\underset{\sim}{B} = (b_{ij})_{m\times l}$，$\underset{\sim}{C} = (c_{ij})_{n\times l}$，且有 $c_{ij} = \overset{m}{\underset{k}{\vee}}(a_{ik} \wedge b_{kj})$。

【例 2.16】设模糊矩阵 $\underset{\sim}{A} = \begin{pmatrix} 0.2 & 0.7 \\ 0.4 & 0.1 \end{pmatrix}$，$\underset{\sim}{B} = \begin{pmatrix} 0.5 \\ 0.3 \end{pmatrix}$，则

$$\underset{\sim}{A} \circ \underset{\sim}{B} = \begin{pmatrix} \vee(\wedge(0.2,0.5),\wedge(0.7,0.3)) \\ \vee(\wedge(0.4,0.5),\wedge(0.1,0.3)) \end{pmatrix} = \begin{pmatrix} \vee(0.2,0.3) \\ \vee(0.4,0.1) \end{pmatrix} = \begin{pmatrix} 0.3 \\ 0.4 \end{pmatrix}$$

利用 MATLAB 语句求解：

```
A=[0.2,0.7;0.4,0.1];
B=[0.5;0.3];
C=zeros(size(A,1),size(B,2));
for i=1:size(A,1)
for j=1:size(B,2)
        C(i,j)=max(min(A(i,:),B(:,j)'));
end
end
```

运行得到的结果为

```
C=0.3000
  0.4000
```

2. 模糊矩阵的合成运算性质

设 $\underset{\sim}{R}$、$\underset{\sim}{S}$、$\underset{\sim}{T}$ 分别为 $X \times Y$、$Y \times Z$、$Z \times W$ 上的模糊矩阵，$\underset{\sim}{S_1}$、$\underset{\sim}{S_2}$ 是定义在 $Y \times Z$ 上的两个模糊矩阵，则有以下运算性质。

① 结合律：$(\underset{\sim}{R} \circ \underset{\sim}{S}) \circ \underset{\sim}{T} = \underset{\sim}{R} \circ (\underset{\sim}{S} \circ \underset{\sim}{T})$。

② 对$\bigcup$的分配律：$\underset{\sim}{R} \circ (\underset{\sim}{S_1} \bigcup \underset{\sim}{S_2}) = (\underset{\sim}{R} \circ \underset{\sim}{S_1}) \bigcup (\underset{\sim}{R} \circ \underset{\sim}{S_2})$，

$(\underset{\sim}{S_1} \bigcup \underset{\sim}{S_2}) \circ \underset{\sim}{T} = (\underset{\sim}{S_1} \circ \underset{\sim}{T}) \bigcup (\underset{\sim}{S_2} \circ \underset{\sim}{T})$。

注意：对$\bigcap$不满足分配律，即

$$\underset{\sim}{R} \circ (\underset{\sim}{S_1} \bigcap \underset{\sim}{S_2}) \neq (\underset{\sim}{R} \circ \underset{\sim}{S_1}) \bigcap (\underset{\sim}{R} \circ \underset{\sim}{S_2})$$

$$(\underset{\sim}{S_1} \bigcap \underset{\sim}{S_2}) \circ \underset{\sim}{T} \neq (\underset{\sim}{S_1} \circ \underset{\sim}{T}) \bigcap (\underset{\sim}{S_2} \circ \underset{\sim}{T})$$

③ 若 $\underset{\sim}{S_1} \subseteq \underset{\sim}{S_2}$，则 $\underset{\sim}{R} \circ \underset{\sim}{S_1} \subseteq \underset{\sim}{R} \circ \underset{\sim}{S_2}$，$\underset{\sim}{S_1} \circ \underset{\sim}{T} \subseteq \underset{\sim}{S_2} \circ \underset{\sim}{T}$。

注意：模糊矩阵的合成运算不满足交换律，即

$$\underset{\sim}{R} \circ \underset{\sim}{S} \neq \underset{\sim}{S} \circ \underset{\sim}{R}$$

2.6.4 模糊向量

1. 模糊向量的定义

定义 2.6 如果对任意的 $i(i = 1,2,\cdots,n)$ 都有 $a_i \in [0,1]$，则称向量 $\underset{\sim}{A} = [a_1 \ \ a_2 \ \ \cdots \ \ a_n]$ 为模糊行向量。$\underset{\sim}{A}$ 的转置 $\underset{\sim}{A}^{\mathrm{T}}$ 称为模糊列向量，即

$$\underline{A}^{\mathrm{T}}=\begin{pmatrix} a_1 \\ a_2 \\ \vdots \\ a_n \end{pmatrix}$$

2. 模糊向量的笛卡儿积

设模糊向量 $\underline{A}=(a_1 \ \ a_2 \ \ \cdots \ \ a_n)$，$\underline{B}=(b_1 \ \ b_2 \ \ \cdots \ \ b_n)$，定义运算 $\underline{A}\times\underline{B}=\underline{A}^{\mathrm{T}}\circ\underline{B}$ 为 $\underline{A}$ 与 $\underline{B}$ 的笛卡儿积。

【例 2.17】 设两个模糊向量 $\underline{A}=(0.8 \ \ 0.6 \ \ 0.2)$，$\underline{B}=(0.2 \ \ 0.4 \ \ 0.7 \ \ 1)$，则

$$\begin{aligned}\underline{A}\times\underline{B}=\underline{A}^{\mathrm{T}}\circ\underline{B}&=\begin{pmatrix}0.8\\0.6\\0.2\end{pmatrix}\circ(0.2 \quad 0.4 \quad 0.7 \quad 1)\\&=\begin{pmatrix}0.8\wedge0.2 & 0.8\wedge0.4 & 0.8\wedge0.7 & 0.8\wedge1\\0.6\wedge0.2 & 0.6\wedge0.4 & 0.6\wedge0.7 & 0.6\wedge1\\0.2\wedge0.2 & 0.2\wedge0.4 & 0.2\wedge0.7 & 0.2\wedge1\end{pmatrix}\\&=\begin{pmatrix}0.2 & 0.4 & 0.7 & 0.8\\0.2 & 0.4 & 0.6 & 0.6\\0.2 & 0.2 & 0.2 & 0.2\end{pmatrix}\end{aligned}$$

利用 MATLAB 语句求解：

```
clear
clc
%----------input-------------
A = [0.8,0.6,0.2];
B = [0.2,0.4,0.7,1];
%----------main-------------
C = min(A,B')';
%---------output-----------
disp(C)
```

运行得到的结果为

```
C =
    0.2000    0.4000    0.7000    0.8000
    0.2000    0.4000    0.6000    0.6000
    0.2000    0.2000    0.2000    0.2000
```

3. 模糊向量的内积、外积及贴近度

（1）内积和外积

$\underline{A}=(a_1 \ \ a_2 \ \ \cdots \ \ a_n)$，$\underline{B}=(b_1 \ \ b_2 \ \ \cdots \ \ b_n)$，则定义 $\underline{A}\underset{\bullet}{\wedge}\underline{B}=\underline{A}\circ\underline{B}^{\mathrm{T}}=\bigvee_{i=1}^{n}(a_i\wedge b_i)$ 为 $\underline{A}$ 与 $\underline{B}$ 的内积，$\underline{A}\overset{\bullet}{\vee}\underline{B}=\bigwedge_{i=1}^{n}(a_i\vee b_i)$ 为 $\underline{A}$ 与 $\underline{B}$ 的外积。

【例 2.18】 设模糊向量 $\underline{A}=(0.3 \ \ 0.5 \ \ 0.8)$，$\underline{B}=(0.4 \ \ 0.6 \ \ 0.9)$，求 $\underline{A}$ 和 $\underline{B}$ 的内积、外积。

解：

$$\underline{A}\underset{\bullet}{\wedge}\underline{B}=\underline{A}\circ\underline{B}^{\mathrm{T}}=(0.3 \ \ 0.5 \ \ 0.8)\circ\begin{pmatrix}0.4\\0.6\\0.9\end{pmatrix}$$

$$=(0.3\wedge0.4)\vee(0.5\wedge0.6)\vee(0.8\wedge0.9)=0.8$$

$$\underset{\sim}{A} \overset{\bullet}{\vee} \underset{\sim}{B} = (0.3 \vee 0.4) \wedge (0.5 \vee 0.6) \wedge (0.8 \vee 0.9) = 0.4$$

（2）贴近度

在模糊数学中，采用贴近度来表示两个模糊集合之间的相似或贴近程度。

定义 2.7 设 $\underset{\sim}{A}$、$\underset{\sim}{B}$ 和 $\underset{\sim}{C}$ 为论域 U 上的模糊集合，若映射

$$n : F(U) \times F(U) \to [0,1]$$

满足条件：$n(\underset{\sim}{A}, \underset{\sim}{A}) = 1$，$n(\underset{\sim}{A}, \underset{\sim}{B}) = n(\underset{\sim}{B}, \underset{\sim}{A})$，$n(U, \varnothing) = 0$ 和 $\underset{\sim}{A} \subseteq \underset{\sim}{B} \subseteq \underset{\sim}{C}$，$n(\underset{\sim}{A}, \underset{\sim}{C}) \leqslant n(\underset{\sim}{A}, \underset{\sim}{B}) \wedge n(\underset{\sim}{B}, \underset{\sim}{C})$

则称 $n(\underset{\sim}{A}, \underset{\sim}{B})$ 为 $\underset{\sim}{A}$ 与 $\underset{\sim}{B}$ 的贴近度。

下面介绍几种常用的贴近度具体形式定义。

① 海明贴近度

对应离散论域，若 $U = \{u_1, u_2, \cdots, u_n\}$，则

$$n(\underset{\sim}{A}, \underset{\sim}{B}) = 1 - \frac{1}{n} \sum_{i=1}^{n} \left| \mu_{\underset{\sim}{A}}(u_i) - \mu_{\underset{\sim}{B}}(u_i) \right|$$

例如，设 $U = \{u_1, u_2, u_3, u_4, u_5\}$，定义在 U 上模糊集合 $\underset{\sim}{A} = \{0.5, 0.6, 0.8, 0.3, 0.4\}$，$\underset{\sim}{B} = \{0.4, 0.5, 0.9, 0.7, 0.2\}$，则

$$n(\underset{\sim}{A}, \underset{\sim}{B}) = 1 - \frac{1}{5}(0.1 + 0.1 + 0.1 + 0.4 + 0.2) = 0.82$$

② 欧几里得贴近度

对应离散论域，若 $U = \{u_1, u_2, \cdots, u_n\}$，则

$$n(\underset{\sim}{A}, \underset{\sim}{B}) = 1 - \frac{1}{\sqrt{n}} \sum_{i=1}^{n} \sqrt{(\mu_{\underset{\sim}{A}}(u_i) - \mu_{\underset{\sim}{B}}(u_i))^2}$$

例如，设 $U = \{u_1, u_2, u_3, u_4, u_5\}$，定义在 U 上模糊集合 $\underset{\sim}{A} = \{0.5, 0.6, 0.8, 0.3, 0.4\}$，$\underset{\sim}{B} = \{0.4, 0.5, 0.9, 0.7, 0.2\}$，则

$$n(\underset{\sim}{A}, \underset{\sim}{B}) = 1 - \frac{1}{\sqrt{5}} \sqrt{(0.1^2 + 0.1^2 + 0.1^2 + 0.4^2 + 0.2^2)} = 0.79$$

③ 格贴近度

设 $\underset{\sim}{A}$ 与 $\underset{\sim}{B}$ 是两个模糊向量，定义它们之间的一种格贴近度为

$$n(\underset{\sim}{A}, \underset{\sim}{B}) = \frac{1}{2}[\underset{\sim}{A} \underset{\bullet}{\wedge} \underset{\sim}{B} + (1 - \underset{\sim}{A} \overset{\bullet}{\vee} \underset{\sim}{B})] \tag{2.14}$$

式中，$n(\underset{\sim}{A}, \underset{\sim}{B})$ 越大，表示 $\underset{\sim}{A}$ 与 $\underset{\sim}{B}$ 越贴近。

由上式可看出，模糊集合间的贴近度与模糊向量的内、外积有很大关系。也就是说，模糊向量的内、外积可以反映两个模糊向量间的贴近程度。$\underset{\sim}{A}$ 与 $\underset{\sim}{B}$ 越贴近，内积越大，而外积越小。需要注意的是，上文定义的格贴近度并不满足定义 2.7 的条件，只能判断 $\underset{\sim}{A}$ 与 $\underset{\sim}{B}$ 贴近的程度。

在例 2.18 中，模糊向量 $\underset{\sim}{A}$、$\underset{\sim}{B}$ 的格贴近度 $n(\underset{\sim}{A}, \underset{\sim}{B}) = \frac{1}{2}[0.8 + (1 - 0.4)] = 0.7$，表明 $\underset{\sim}{A}$ 与 $\underset{\sim}{B}$ 比较贴近。

【例 2.19】 设模糊向量 $\underset{\sim}{A} = (0.1, 0.2, 0.3)$，$\underset{\sim}{B} = (0.2, 0.2, 0.2)$，$\underset{\sim}{C} = (0, 0.2, 0.3)$，求 $n(\underset{\sim}{A}, \underset{\sim}{B})$，$n(\underset{\sim}{A}, \underset{\sim}{C})$。

解：

$n(\underline{\boldsymbol{A}},\underline{\boldsymbol{B}})=\frac{1}{2}[0.2+(1-0.2)]=0.5$，$n(\underline{\boldsymbol{A}},\underline{\boldsymbol{C}})=\frac{1}{2}[0.3+(1-0.1)]=0.6$，表明 $\underline{\boldsymbol{A}}$ 与 $\underline{\boldsymbol{C}}$ 比较贴近。

2.7 模糊逻辑与模糊推理

2.7.1 模糊逻辑

在讲解模糊逻辑前，先介绍清晰命题与二值逻辑的概念。

1. 清晰命题与二值逻辑

（1）清晰命题

命题是一个有意义的、能够判断其含义是真或假的句子（又称为陈述句）。为了和后面的模糊命题相区别，也称命题为清晰命题。一个清晰命题只能取真（用“1”表示）或假（用“0”表示），两者必居其一，即命题真假含义明确。

例如，A：中国在亚洲；二加二等于四；煤是白的。

B：明天下雨吗？

C：请把门关上。

D：炉温很高。

在上述例句中，A 中的 3 个分句显然都是清晰命题，因为可以判定它的真假[中国在亚洲（真）；二加二等于四（真）；煤是白的（假）]。B 是疑问句，C 是祈使句，它们都不是陈述句，所以不是命题。D 句中“炉温很高”的意思难以说明炉温高的程度，具有模糊性，不能清晰判定为“真”或“假”，故 D 不是清晰命题。

（2）逻辑连接词

以上讲的都是单命题。其实日常生活中，常需要将两个或两个以上的单命题用“或”“与”“非”“如果……那么……”“当且仅当……则……”等连接词联合起来构成一个复命题，以表达更丰富的含义。上面提到的连接词就是逻辑连接词。

例如，P：他喜欢英语。Q：他喜欢日语。

常用的逻辑连接词说明如下。

① 或，用符号“$\vee$”表示。逻辑公式 $P\vee Q$ 表示复命题“P 或 Q”，表示“他喜欢英语或日语”。P、Q 中只要有一个为真时，命题就为真。当且仅当 P、Q 均为假时，$P\vee Q$ 才为假。

② 与，用符号“$\wedge$”表示。逻辑公式 $P\wedge Q$ 表示复命题“P 与 Q”，表示“他喜欢英语和日语”。当且仅当 P、Q 均为真时，$P\wedge Q$ 才为真。

③ 非，在原命题符号上加符号“—”表示，用来构成否定命题。逻辑 $\overline{P}$ 表示将原命题 P 做否定。

④ 如果……那么……，用符号“$\rightarrow$”表示，用来将第一个命题成立作为推导第二个命题成立的充分条件。

⑤ 当且仅当……则……，用符号“$\leftrightarrow$”表示，用来表示两个命题等价。

由以上分析可得表 2.4 所示的真值表。

表 2.4　逻辑真值表

P	Q	$P \vee Q$	$P \wedge Q$	$P \to Q$	$P \leftrightarrow Q$	$\bar{P}$
1	1	1	1	1	1	0
1	0	1	0	0	0	0
0	1	1	0	1	0	1
0	0	0	0	1	1	1

（3）二值逻辑

二值逻辑是建立在经典集合论的基础上的，采用一套符号代替人们的自然语言来进行表述，在逻辑上只取真假值“1”或“0”，特点是实现容易。

2. 模糊命题

在实际问题中，大量含有模糊概念的陈述句不能用清晰命题来描述，只能用基于模糊集合论的模糊逻辑来描述。

模糊命题是带有模糊概念或模糊性的陈述句。例如，“气温很低”“计算机运算速度非常快”。为了和清晰命题区别，模糊命题用带有下画线“_”的英文大写、斜体字母表示。例如，“$\underline{P}$:气温很低”。模糊命题可以用模糊集合表示。由于模糊命题的真值取[0,1]的值，因此模糊命题的真值也就是模糊集合中的隶属度。模糊命题的一般表达式可以写成

$$\underline{P}:u \quad \text{is} \quad \underline{\boldsymbol{A}}$$

式中，u 是模糊变量，它属于论域 $\boldsymbol{U}$；$\underline{\boldsymbol{A}}$ 是模糊命题中的一个模糊概念，即它所对应的是模糊集合 $\underline{\boldsymbol{A}}$，则模糊命题 $\underline{P}$ 的真值由该模糊变量 u 对模糊集合 $\underline{\boldsymbol{A}}$ 的隶属程度来表示，即

$$\underline{P} = \mu_{\underline{A}}(u)\,,\quad \forall u \in \boldsymbol{U} \tag{2.15}$$

3. 模糊逻辑及运算

模糊逻辑即研究模糊命题的逻辑，它与模糊集合的隶属函数有很强的联系。

设模糊逻辑命题 $\underline{\boldsymbol{A}}$ 的真值为 x，模糊逻辑命题 $\underline{\boldsymbol{B}}$ 的真值为 y，则有以下模糊逻辑运算规则。

① 逻辑并：$x \vee y = \max(x, y)$。

② 逻辑交：$x \wedge y = \min(x, y)$。

③ 逻辑非：$\bar{x} = 1 - x$。

④ 界限差：$x \Theta y = 0 \vee (x - y)$。

⑤ 界限和：$x \oplus y = 1 \wedge (x + y)$。

⑥ 界限积：$x \otimes y = 0 \vee (x + y - 1)$。

⑦ 蕴含：$x \to y = 1 \wedge (1 - x + y)$。

⑧ 等价：$x \leftrightarrow y = (1 - x + y) \wedge (1 + x - y)$。

2.7.2　模糊语言

在人们的日常交往中，自然语言中常有带有模糊性的词汇，将这种带有模糊性的语言称为模糊语言。下面介绍这种语言的基本要点。

1. 单词和词义

单词是语言中最小的基本单位，因此也叫作原子单词。它具有不可再分性，如冷、热、快、慢、日、月等。设 $\underline{\boldsymbol{A}}$ 为 $\boldsymbol{U}$ 的模糊集合，如果把 $\underline{\boldsymbol{A}}$ 定义为单词或句子的集合，那么对于 $\boldsymbol{U}$ 中单词或句子 $x \in \underline{\boldsymbol{A}}$，存在着映射

$$\mu_{\underline{A}}(x): \boldsymbol{U} \to [0,1]$$

其中，$\mu_{\underline{A}}(x)$ 表示 x 属于集合 $\underline{\boldsymbol{A}}$ 的程度。

另给定论域$\boldsymbol{V}$称为语言所叙述对象的全体。语义是通过$\boldsymbol{U}$到$\boldsymbol{V}$的对应模糊关系$\underline{\boldsymbol{R}}$来表达的，那么对于$\boldsymbol{U}$中的一个元素（单词）$x$和$\boldsymbol{V}$中的一个元素$y$，有映射

$$\mu_{\underline{R}}(x,y):\boldsymbol{U}\times\boldsymbol{V}\to[0,1],x\in\boldsymbol{U},y\in\boldsymbol{V}$$

存在。它是$\boldsymbol{V}$上的一个模糊集合，并记作$\underline{\boldsymbol{B}}$，这就是语义，即$\mu_{\underline{R}}(x,y)=\mu_{\underline{B}}(y)$。这时把单词$x$称为“模糊的”。特殊情况，当$\underline{\boldsymbol{B}}=\boldsymbol{B}$时，则称$x$为“清晰的”。论域$\boldsymbol{U}$与论域$\boldsymbol{V}$之间的关系可以用图2.8来描述。

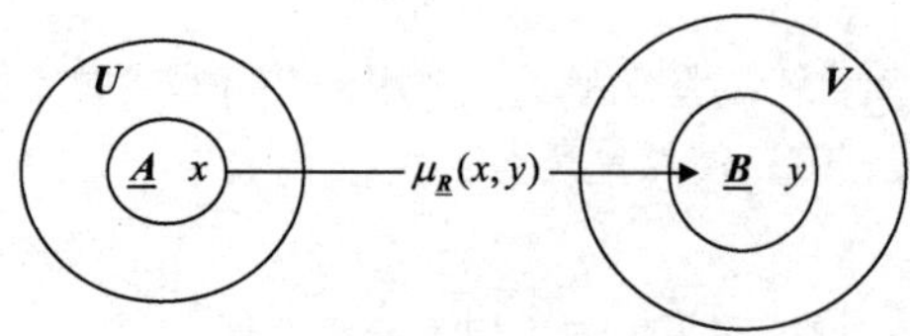

图2.8　模糊语言参数关系

【例2.20】设论域$\boldsymbol{V}=\{35^\circ\mathrm{C},36^\circ\mathrm{C},37^\circ\mathrm{C},38^\circ\mathrm{C},39^\circ\mathrm{C},40^\circ\mathrm{C}\}$为夏天的气温，单词$x$为“高温”，元素$y$为“日最高气温”。则有

$$\mu_{\underline{R}}(x,35^\circ\mathrm{C})=0.2,\ \mu_{\underline{R}}(x,36^\circ\mathrm{C})=0.4,\ \mu_{\underline{R}}(x,37^\circ\mathrm{C})=0.6$$

$$\mu_{\underline{R}}(x,38^\circ\mathrm{C})=0.8,\ \mu_{\underline{R}}(x,39^\circ\mathrm{C})=0.9,\ \mu_{\underline{R}}(x,40^\circ\mathrm{C})=1.0$$

表示“高温”的模糊集合为

$$\underline{\boldsymbol{B}}=\frac{0.2}{35^\circ\mathrm{C}}+\frac{0.4}{36^\circ\mathrm{C}}+\frac{0.6}{37^\circ\mathrm{C}}+\frac{0.8}{38^\circ\mathrm{C}}+\frac{0.9}{39^\circ\mathrm{C}}+\frac{1.0}{40^\circ\mathrm{C}}$$

由于“高温”是模糊语言，因此“x”称为“模糊的”。若论域$\boldsymbol{V}$及其元素不变，改变单词x为“高于$37^\circ\mathrm{C}$的气温”，则

$$\mu_{\underline{R}}(x,35^\circ\mathrm{C})=0,\ \mu_{\underline{R}}(x,36^\circ\mathrm{C})=0,\ \mu_{\underline{R}}(x,37^\circ\mathrm{C})=0$$

$$\mu_{\underline{R}}(x,38^\circ\mathrm{C})=1.0,\ \mu_{\underline{R}}(x,39^\circ\mathrm{C})=1.0,\ \mu_{\underline{R}}(x,40^\circ\mathrm{C})=1.0$$

由于“高于$37^\circ\mathrm{C}$的气温”是一个清晰概念，模糊集合$\underline{\boldsymbol{B}}$就变成了普通集合。

$$\boldsymbol{B}=\frac{0}{35^\circ\mathrm{C}}+\frac{0}{36^\circ\mathrm{C}}+\frac{0}{37^\circ\mathrm{C}}+\frac{1.0}{38^\circ\mathrm{C}}+\frac{1.0}{39^\circ\mathrm{C}}+\frac{1.0}{40^\circ\mathrm{C}}$$

或

$$\boldsymbol{B}=\{38^\circ\mathrm{C},39^\circ\mathrm{C},40^\circ\mathrm{C}\}$$

2. 程度化算子

我们通常在模糊语言中的一个单词或一个词组前面加一个前缀词来加重或减轻其语气，将这个前缀词叫作程度化算子。程度化算子主要有如下3种形式。

（1）语气算子

语气算子用于表达模糊语言中单词或词组的模糊化程度。加强语气的称为集中算子，如“很”“非常”“十分”“相当”；减弱语气的称为淡化算子，如“略”“稍微”等。语气算子的运算符用H_α表示。语气算子H_α作用在模糊集合$\underline{\boldsymbol{A}}$上后将构成一个新的模糊集合$H_\alpha\underline{\boldsymbol{A}}$，其隶属函数为

$$\mu_{(H_\alpha\underline{A})}(u)=[\mu_{\underline{A}}(u)]^\alpha,\ \alpha>0 \tag{2.16}$$

当$\alpha>1$时，H_α是集中算子；当$\alpha<1$时，H_α是淡化算子。

下面给出了常用的语气算子对应的α值：H_4——“极”；H_3——“非常”；H_2——“很”；$H_{1.25}$——“相当”；$H_{0.75}$——“比较”；$H_{0.5}$——“略”；$H_{0.25}$——“稍微”。

【例2.21】设年龄论域$\boldsymbol{U}=[0,150]$，$\underline{\boldsymbol{Y}}$表示模糊单词“年轻”，即

$$\mu_{\underset{\sim}{Y}}(x)=\begin{cases}1, & 0<x\leqslant 25\\ \left[1+\left(\dfrac{x-25}{5}\right)^2\right]^{-1}, & 25<x\leqslant 150\end{cases}$$

则

$$\mu_{极年轻}(x)=\mu_{H_4\underset{\sim}{Y}}(x)=\begin{cases}1, & 0<x\leqslant 25\\ \left[1+\left(\dfrac{x-25}{5}\right)^2\right]^{-4}, & 25<x\leqslant 150\end{cases}$$

$$\mu_{非常年轻}(x)=\mu_{H_3\underset{\sim}{Y}}(x)=\begin{cases}1, & 0<x\leqslant 25\\ \left[1+\left(\dfrac{x-25}{5}\right)^2\right]^{-3}, & 25<x\leqslant 150\end{cases}$$

$$\mu_{很年轻}(x)=\mu_{H_2\underset{\sim}{Y}}(x)=\begin{cases}1, & 0<x\leqslant 25\\ \left[1+\left(\dfrac{x-25}{5}\right)^2\right]^{-2}, & 25<x\leqslant 150\end{cases}$$

$$\mu_{相当年轻}(x)=\mu_{H_{1.25}\underset{\sim}{Y}}(x)=\begin{cases}1, & 0<x\leqslant 25\\ \left[1+\left(\dfrac{x-25}{5}\right)^2\right]^{-1.25}, & 25<x\leqslant 150\end{cases}$$

$$\mu_{比较年轻}(x)=\mu_{H_{0.75}\underset{\sim}{Y}}(x)=\begin{cases}1, & 0<x\leqslant 25\\ \left[1+\left(\dfrac{x-25}{5}\right)^2\right]^{-0.75}, & 25<x\leqslant 150\end{cases}$$

$$\mu_{略年轻}(x)=\mu_{H_{0.5}\underset{\sim}{Y}}(x)=\begin{cases}1, & 0<x\leqslant 25\\ \left[1+\left(\dfrac{x-25}{5}\right)^2\right]^{-0.5}, & 25<x\leqslant 150\end{cases}$$

$$\mu_{稍微年轻}(x)=\mu_{H_{0.25}\underset{\sim}{Y}}(x)=\begin{cases}1, & 0<x\leqslant 25\\ \left[1+\left(\dfrac{x-25}{5}\right)^2\right]^{-0.25}, & 25<x\leqslant 150\end{cases}$$

根据语气算子将模糊单词或词组程度化后可以得到不同的隶属函数曲线。其中，“很年轻”“年轻”“比较年轻”的隶属函数表示（示意图）如图 2.9 所示。

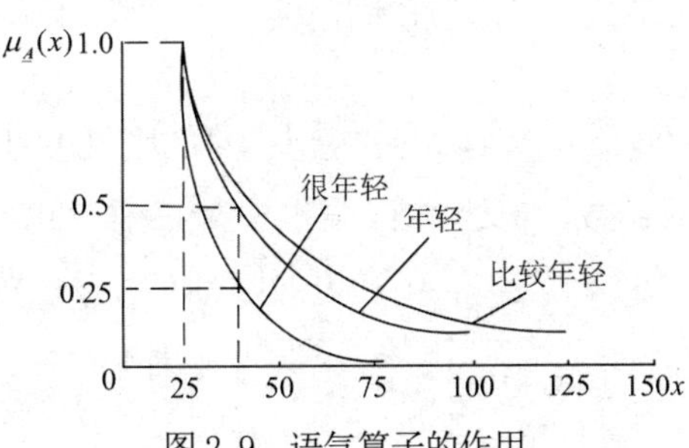

图 2.9　语气算子的作用

采用 MATLAB 语言描述：

```
clear
clc
```

```
%---------input------------
x1 = 0:1:25;
x2 = 25:1:150;
k1 = [0;0;0];
k2 = [-1;-2;-0.75];
%----------main-------------
y1 = 1 + k1.*x1;
y2 = (1+ ( (x2-25)./5 ).^2 ).^k2;
x = [x1,x2];
y = [y1,y2];
%---------output----------
plot(x,y(1,:),"--",x,y(2,:),"-",x,y(3,:),"-.")
grid on
legend("年轻","很年轻","比较年轻")
xlabel x
ylabel("$\mu _ {\underline{A}}(x)$",'interpreter','latex')
```

运行后得到图 2.10 所示的结果。

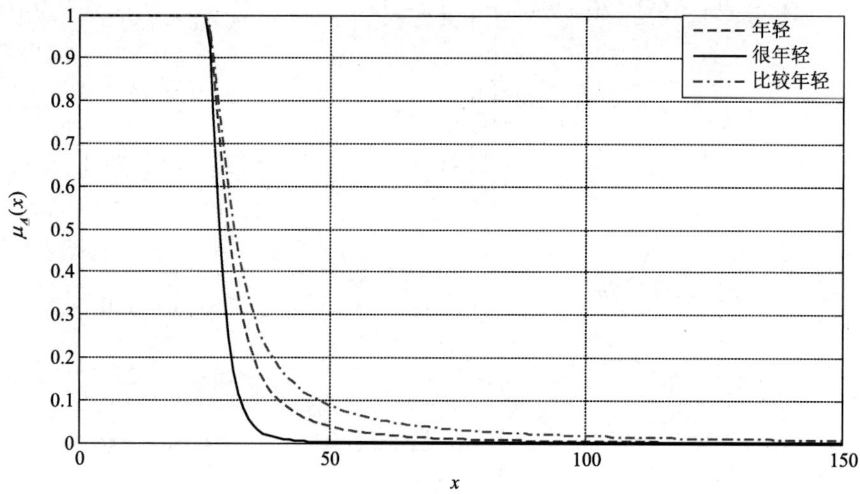

图 2.10　语气算子作用的 MATLAB 仿真结果

不难看出，集中算子使隶属函数值减小；淡化算子反而使隶属函数值增大，这是因为隶属函数取值在[0,1]上。

（2）模糊化算子

模糊化算子用于将语言中具有清晰概念的词的语义模糊化，如“大概”“近似”等。模糊化算子一般用 $\underline{\boldsymbol{F}}$ 表示。论域 $\boldsymbol{U}$ 上的集合 $\boldsymbol{A}$ 经过模糊化算子 $\underline{\boldsymbol{F}}$ 模糊化后构成新的模糊集合 $\underline{\boldsymbol{F}}\boldsymbol{A}$，其隶属函数为

$$\mu_{(\underline{F}A)}(x)=\mu_{(\underline{R}\circ A)}(x)=\bigvee_{y\in x}[\mu_{\underline{R}}(x,y)\wedge\mu_A(x)] \quad (2.17)$$

式中，$\mu_A(x)$ 是原集合的特征函数，y 为论域上需做模糊化运算的集合中的元素。$\underline{\boldsymbol{R}}$ 是论域 $\boldsymbol{U}$ 上的一个近似关系，具有自反性、对称性。当论域 $\boldsymbol{U}=[-\infty,+\infty]$ 时，$\underline{\boldsymbol{R}}$ 一般呈正态分布，即

$$\underline{\boldsymbol{R}}(x,y)=\begin{cases}\mathrm{e}^{-(x-y)^2}, & |x-y|<\delta \\ 0, & |x-y|\geqslant\delta\end{cases} \quad (2.18)$$

式中，参数 δ 表示模糊化后论域上的覆盖范围，其取值大小取决于模糊化的程度。例如，$\delta=1$ 相当于“近似”；$\delta=1.5$ 相当于“大概”。

【例 2.22】设论域 U 为电压集合，5 V 电压是一个清晰集合，其特征函数为

$$\mu_A(x)=\begin{cases}1, & x=5\\0, & x\neq 5\end{cases}$$

取 $y=5$，$\delta=1$，则有

$$\mu_{(\underline{F}A)}(x)=\mu_{(\underline{R}\circ A)}(x)=\underset{y\in x}{V}[\mu_{\underline{R}}(x,y)\wedge\mu_A(x)]$$

$$=\begin{cases}\mathrm{e}^{-(x-5)^2}, & |x-5|<1\\0, & |x-5|\geqslant 1\end{cases}$$

其意义是将 5V 电压模糊成 4～6V 范围，峰值电压为 5V 的模糊电压，说成“近似 5V 电压”，如图 2.11 所示。

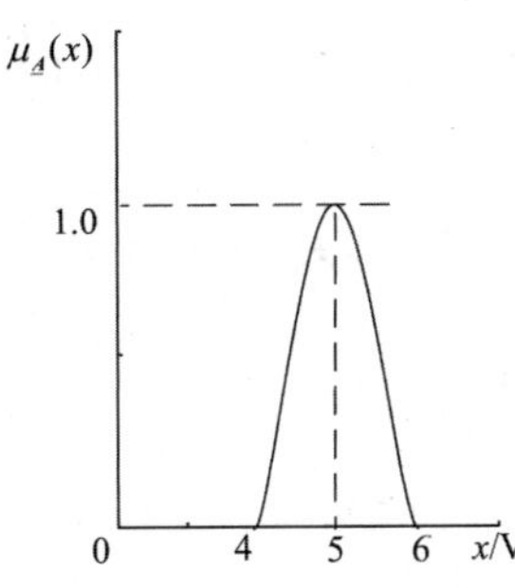

图 2. 11　模糊化算子的作用

（3）判定化算子

判定化算子的作用是将模糊化的单词或词组转化为某种程度上的清晰或肯定，如“倾向于”“多半是”“偏向”等。判定化算子用 $\boldsymbol{P}_\beta$ 表示。$\boldsymbol{P}_\beta$ 对模糊集合 $\underline{\boldsymbol{A}}$ 做判定化算子变换后，构成一个新的集合 $\boldsymbol{P}_\beta\underline{\boldsymbol{A}}$，其隶属函数为

$$\mu_{P_\beta\underline{A}}(x)=\begin{cases}0, & \mu_{\underline{A}}(x)<\beta\\1, & \mu_{\underline{A}}(x)\geqslant 1-\beta\end{cases}\tag{2.19}$$

其中，β 为判定因子，$\beta\in[0,0.5]$。当 $\beta=0.5$ 时，$\boldsymbol{P}_{0.5}$ 被称为判定化算子“倾向于”。

【例 2.23】设年龄论域 $U=[0,150]$，$\underline{Y}$ 表示模糊单词“年轻”，即

$$\mu_{\underline{Y}}(x)=\begin{cases}1, & 0<x\leqslant 25\\\left[1+\left(\dfrac{x-25}{5}\right)^2\right]^{-1}, & 25<x\leqslant 150\end{cases}$$

则“倾向于年轻”的情况（示意图）如图 2.12 所示，即 $\beta=0.5$ 时

$$\mu_{P_{0.5}\underline{Y}}(x)=\begin{cases}0, & \mu_{\underline{Y}}(x)<0.5\\1, & \mu_{\underline{Y}}(x)\geqslant 0.5\end{cases}$$

$$\mu_{\underline{Y}}(x)=\begin{cases}1, & 0<x\leqslant 25\\0.5\leqslant\mu_{\underline{Y}}(x)<1, & 25<x\leqslant 30\\0\leqslant\mu_{\underline{Y}}(x)<0.5, & 30<x<150\end{cases}$$

$$\mu_{P_{0.5}\underline{Y}}(x)=\begin{cases}0, & x>30\\1, & x\leqslant 30\end{cases}$$

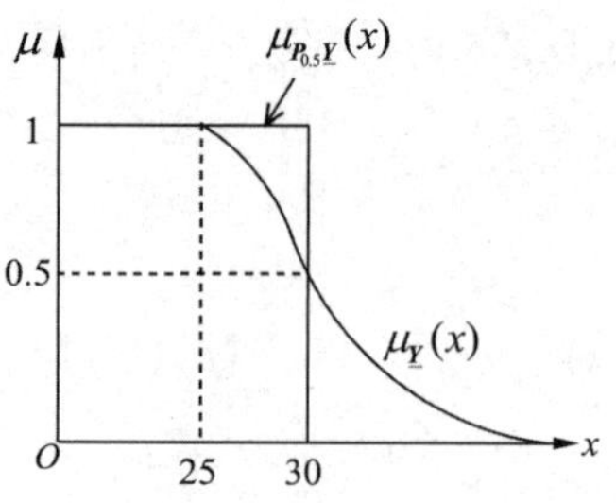

图 2.12　判定化算子的作用

【例 2.24】已知论域 $\boldsymbol{U}=\{1,2,3,4,5,6,7,8,9,10\}$，给定 $\underset{\sim}{\boldsymbol{A}}=\underset{\sim}{小}=\frac{1}{1}+\frac{0.8}{2}+\frac{0.6}{3}+\frac{0.4}{4}+\frac{0.2}{5}$，则有

$$\underline{偏向小}=\boldsymbol{P}_{0.5}(\underset{\sim}{小})=\frac{1}{1}+\frac{1}{2}+\frac{1}{3}$$

或

$$\underline{偏向小}=\boldsymbol{P}_{0.5}(\underset{\sim}{小})=\{1,2,3\}$$

2.7.3　模糊语言变量

所谓模糊语言变量，就是一个取值为模糊数的、由语言词来定义的变量，而不是以数值作为变量。它由语言变量名称、论域、语法规则和语义规则构成。模糊语言变量可用一个五元数组 $\{X,\boldsymbol{U},\boldsymbol{T}(X),G,M\}$ 定义，其中

X——语言变量名称，如年龄；

$\boldsymbol{U}$——论域，如年龄 $[0,150]$；

$\boldsymbol{T}(X)$——语言变量 X 值的集合；

G——语法规则（生成语言值集合）；

M——语义规则（表示隶属函数）。

【例 2.25】设 X 为“年龄”的语言变量，论域 $\boldsymbol{U}=[0,150]$，“年龄”的原子单词为“老”“中年”“年轻”。语气算子+原子单词为“很年轻”“很老”“比较老”等，则 $\boldsymbol{T}(X)=\boldsymbol{T}$（年龄）={很年轻,年轻,比较年轻,中年,比较老,老,很老}，其五元素表示如图 2.13 所示。

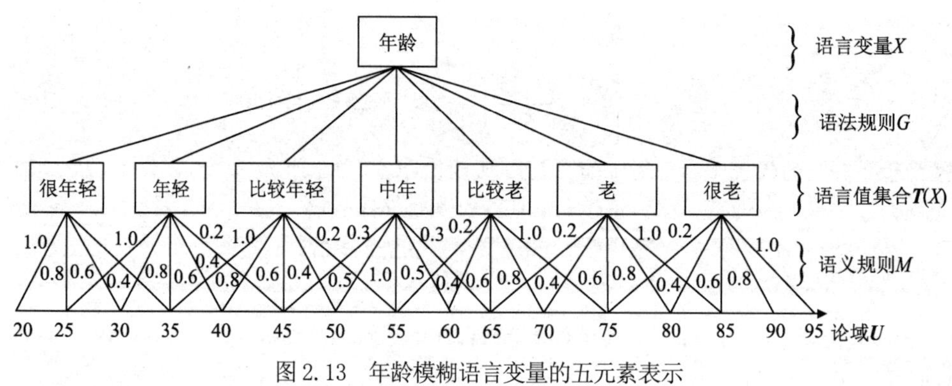

图 2.13　年龄模糊语言变量的五元素表示

2.7.4　模糊语句

按照给定的语法规则构成的含有模糊概念的语句称为模糊语句。根据语义和构成的语法规则不同，模糊语句有模糊陈述句、模糊判断句、模糊推理句、模糊条件语句等几种基本形式。现介

绍模糊判断句和模糊推理句。

1. 模糊判断句

模糊判断句也称陈述判断句，它是模糊推理中最基本的语句。

语句格式："x is a"，记作(a)。这里x是论域$\boldsymbol{U}$中任意一个元素，a表示概念的一个词或词组。

若"x is a"中，词a所表示的概念是模糊的，"x is a"没有绝对真，也没有绝对假，则称"x is a"为模糊判断句。"x is a"对x的真值将由x对模糊集合$\underline{\boldsymbol{A}}$的隶属度$\mu_{\underline{A}}(x)$决定。

例如，设x代表"炉温"，a代表"很高"，则"x is a"表示"炉温很高"，是一个模糊判断句。设其隶属度$\mu_{\underline{A}}(x)=\boldsymbol{T}((a),(x))$，其值域为$[0,1]$，$\underline{\boldsymbol{A}}$被称为"$x$ is a"的模糊集合表示。

模糊判断句的真值运算就是它们的隶属度的运算，通过逻辑运算得到的结果是一个新的模糊判断句。

【例 2.26】设$x\in\boldsymbol{U}$，给定两个模糊判断句"x is a"和"x is b"，分别记为(a)，(b)，且它们的模糊集合表示分别为$\underline{\boldsymbol{A}}$、$\underline{\boldsymbol{B}}$。

① 逻辑并

$(a)\vee(b)=(a\vee b)$，表示"x is a或x is b"，且

$$\boldsymbol{T}((a\vee b),(x))=\boldsymbol{T}((a),(x))\vee T((b),(x))=\mu_{\underline{A}}(x)\vee\mu_{\underline{B}}(x)$$

② 逻辑交

$(a)\wedge(b)=(a\wedge b)$，表示"x is a且x is b"，且

$$\boldsymbol{T}((a\wedge b),(x))=\boldsymbol{T}((a),(x))\wedge\boldsymbol{T}((b),(x))=\mu_{\underline{A}}(x)\wedge\mu_{\underline{B}}(x)$$

③ 逻辑补

$\overline{(a)}=(\overline{a})$，表示"$x$ is $\overline{a}$"且

$$\boldsymbol{T}((\overline{a}),(x))=1-\boldsymbol{T}((a),(x))=1-\mu_{\underline{A}}(x)$$

2. 模糊推理句

模糊推理句也叫作条件判断句。它与模糊判断句的区别在于，它必须给定条件作为前提，结论才能成立，否则结论不成立。

语句格式："若x is a，则y is b"，记作$(a)\to(b)$。"x is a""y is b"是两个独立的模糊判断句，在这里分别叫作推理句的前提和结论。

（1）简单模糊推理句

设$\underline{\boldsymbol{A}}$、$\underline{\boldsymbol{B}}$分别为在论域$\boldsymbol{X}$和$\boldsymbol{Y}$上的模糊集合，其隶属函数分别为$\mu_{\underline{A}}(x)$，$\mu_{\underline{B}}(y)$，则

$$\text{if}\quad \underline{\boldsymbol{A}}\quad \text{then}\quad \underline{\boldsymbol{B}}$$

可表示从$\boldsymbol{X}$到$\boldsymbol{Y}$的一个模糊关系，它是$\boldsymbol{X}\times\boldsymbol{Y}$上的一个模糊关系，记为$\underline{\boldsymbol{R}}=\underline{\boldsymbol{A}}\to\underline{\boldsymbol{B}}$，其真值表如表 2.5 所示。

表 2.5　模糊推理真值表

$\underline{\boldsymbol{A}}$	$\underline{\boldsymbol{B}}$	$\underline{\boldsymbol{R}}=\underline{\boldsymbol{A}}\to\underline{\boldsymbol{B}}$
1	1	1
1	0	0
0	1	1
0	0	1

用模糊关系表示如下

$$\underline{R}=(\underline{A}\to\underline{B})(x,y)=(1-\underline{A}(x))\vee(\underline{A}(x)\wedge\underline{B}(y))$$

其隶属度定义为

$$\mu_{\underline{R}}(x,y)=(1-\mu_{\underline{A}}(x))\vee(\mu_{\underline{A}}(x)\wedge\mu_{\underline{B}}(y))$$

【例 2.27】 设定义在论域 $X=\{1,2,3,4,5\}$ 和 $Y=\{1,2,3,4\}$ 上的模糊集合分别为 $\underline{A}$ =“x小” $=\frac{1}{1}+\frac{0.5}{2}$，$\underline{B}$ =“y大” $=\frac{0.5}{4}+\frac{1}{5}$，若 $\underline{A}$，则 $\underline{B}$，求解 $\underline{R}=\underline{A}\to\underline{B}$。

解：

由 $\mu_{\underline{R}}(x,y)=(1-\mu_{\underline{A}}(x))\vee(\mu_{\underline{A}}(x)\wedge\mu_{\underline{B}}(y))$ 得

$$\underline{R}=\begin{pmatrix}0&0&0&0.5&1\\0.5&0.5&0.5&0.5&0.5\\1&1&1&1&1\\1&1&1&1&1\\1&1&1&1&1\end{pmatrix}$$

其中 $\mu_{\underline{R}}(1,4)=(1-\mu_{\underline{A}}(1))\vee(\mu_{\underline{A}}(1)\wedge\mu_{\underline{B}}(4))=(1-1)\vee(1\wedge0.5)=0.5$。

（2）多重简单模糊条件语句

由多个简单模糊条件语句并列组成的语句叫作多重简单模糊条件语句。其句型为

“if $\underline{A}$,then $\underline{B}$,else $\underline{C}$ ”

设 $\underline{A}$ 是定义在论域 X 的模糊集合，$\underline{B}$，$\underline{C}$ 是定义在论域 Y 上的模糊集合，则在论域 $X\times Y$ 上的模糊关系为 $\underline{R}=(\underline{A}\times\underline{B})\cup(\overline{\underline{A}}\times\underline{C})$，用隶属函数表示为

$$\mu_{\underline{R}}(x,y)=(\mu_{\underline{A}}(x)\wedge\mu_{\underline{B}}(y))\vee[(1-\mu_{\underline{A}}(x))\wedge\mu_{\underline{C}}(y)] \tag{2.20}$$

（3）二维模糊条件语句

基本句型：“if $\underline{A}$ and $\underline{B}$ then $\underline{C}$ ”。

设 $\underline{A}$、$\underline{B}$、$\underline{C}$ 分别为定义在论域 X、Y、Z 上的模糊集合，其中 $\underline{A}$、$\underline{B}$ 为输入模糊集合，$\underline{C}$ 为输出模糊集合，则在论域 $X\times Y\times Z$ 上的模糊关系为

$$\underline{R}=\underline{A}\times\underline{B}\times\underline{C}$$

其隶属函数表示为

$$\mu_{\underline{R}}(x,y,z)=\mu_{\underline{A}}(x)\wedge\mu_{\underline{B}}(y)\wedge\mu_{\underline{C}}(z)$$

【例 2.28】 设 $\underline{A}$、$\underline{B}$、$\underline{C}$ 分别为定义在论域 $X=\{x_1,x_2\}$，$Y=\{y_1,y_2,y_3\}$，$Z=\{z_1,z_2,z_3\}$ 上的模糊集合，且

$$\underline{A}=\frac{1}{x_1}+\frac{0.4}{x_2},\quad \underline{B}=\frac{0.1}{y_1}+\frac{0.7}{y_2}+\frac{1}{y_3},\quad \underline{C}=\frac{0.3}{z_1}+\frac{0.5}{z_2}+\frac{1}{z_3}$$

求“if $\underline{A}$ and $\underline{B}$ then $\underline{C}$ ”的模糊关系 $\underline{R}$。

解：

第一步，求 $\underline{R}_1=\underline{A}\times\underline{B}$，即 $\mu_{\underline{R}_1}(x,y)=\mu_{\underline{A}}(x)\times\mu_{\underline{B}}(y)$，因此

$$\underline{R}_1=\underline{A}\times\underline{B}=\underline{A}^{\mathrm{T}}\circ\underline{B}=\begin{pmatrix}0.1&0.7&1\\0.1&0.4&0.4\end{pmatrix}$$

第二步，将 $\underline{R}_1$ 排成列向量形式 $\underline{R}_1^{\mathrm{T}}$，即先将 $\underline{R}_1$ 中的第一行元素写成列向量形式，再将 $\underline{R}_1$ 中的第二行元素也写成列向量并置于前者之下，如果 $\underline{R}_1$ 是多行的，依次写下去。于是 $\underline{R}_1^{\mathrm{T}}$ 可表示为

$$\underset{\sim}{\boldsymbol{R}}_1^{\mathrm{T}}=\begin{pmatrix}0.1\\0.7\\1\\0.1\\0.4\\0.4\end{pmatrix}$$

第三步，模糊关系 $\underset{\sim}{\boldsymbol{R}}$ 可以根据如下公式计算。

$$\underset{\sim}{\boldsymbol{R}}=\underset{\sim}{\boldsymbol{R}}_1^{\mathrm{T}}\circ\underset{\sim}{\boldsymbol{C}}$$

由 $\mu_{\underset{\sim}{R}}(x,y,z)=\mu_{\underset{\sim}{R}_1^{\mathrm{T}}}(x,y)\wedge\mu_{\underset{\sim}{C}}(z)$ 得

$$\underset{\sim}{\boldsymbol{R}}=\underset{\sim}{\boldsymbol{R}}_1^{\mathrm{T}}\circ\underset{\sim}{\boldsymbol{C}}=\begin{pmatrix}0.1\\0.7\\1\\0.1\\0.4\\0.4\end{pmatrix}\circ(0.3\ \ 0.5\ \ 1)=\begin{pmatrix}0.1&0.1&0.1\\0.3&0.5&0.7\\0.3&0.5&1\\0.1&0.1&0.1\\0.3&0.4&0.4\\0.3&0.4&0.4\end{pmatrix}$$

利用 MATLAB 语句求解：

```
clear
clc
%---------input-------------
A = [1,0.4];
B = [0.1,0.7,1];
C = [0.3,0.5,1];
%----------main-------------
Rtmp = min(A,B');
Rtmp = Rtmp(:);
R = min(Rtmp,C);
```

运行后得到结果：

```
R =
                0.1000    0.1000    0.1000
                0.3000    0.5000    0.7000
                0.3000    0.5000    1.0000
                0.1000    0.1000    0.1000
                0.3000    0.4000    0.4000
                0.3000    0.4000    0.4000
```

2.8 模糊推理

推理是根据已有的命题按照一定的法则，推断出一个新的命题的思维方式。模糊推理以模糊条件为基础，它是模糊决策的前提条件，模糊推理采用似然推理的方法进行推理。

2.8.1 似然推理

似然推理规则写成

大前提：若 $\underset{\sim}{\boldsymbol{A}}$，则 $\underset{\sim}{\boldsymbol{B}}$

如今前提：给定 $\underset{\sim}{\boldsymbol{A}}'$

结论：$\underset{\sim}{\boldsymbol{B}}'=\underset{\sim}{\boldsymbol{A}}'\circ\underset{\sim}{\boldsymbol{R}}_{A\to B}$

这里 $\underset{\sim}{A}'$ 是一个新给定的条件，而且和大前提中的 $\underset{\sim}{A}$ 不同。

上述似然推理规则可以看成模糊集合的变换和隶属函数的演算过程，即输入一个模糊集合 $\underset{\sim}{A}'$，经过模糊变换器 $\underset{\sim}{R}_{\underset{\sim}{A}\to\underset{\sim}{B}}$ 的转换，得到一个新的模糊输出结果 $\underset{\sim}{B}'$。

2.8.2 几种模糊推理方法

1. Zadeh 推理方法

设 $\underset{\sim}{A}$ 是论域 X 上的模糊集合，$\underset{\sim}{B}$ 是论域 Y 上的模糊集合，模糊蕴含关系“若 $\underset{\sim}{A}$，则 $\underset{\sim}{B}$”用 $\underset{\sim}{A}\to\underset{\sim}{B}$ 表示。扎德把它定义成 $X\times Y$ 上的模糊关系，即

$$\underset{\sim}{R}=\underset{\sim}{A}\to\underset{\sim}{B}=(\underset{\sim}{A}(x)\times\underset{\sim}{B}(y))\cup(\overline{\underset{\sim}{A}}(x)\times E) \tag{2.21}$$

其中 E 是全集。

用隶属函数表示为

$$\mu_{\underset{\sim}{R}(x,y)}=[\mu_{\underset{\sim}{A}}(x)\wedge\mu_{\underset{\sim}{B}}(y)]\vee[1-\mu_{\underset{\sim}{A}}(x)] \tag{2.22}$$

【例 2.29】设 $X=Y=\{1,2,3,4,5\}$，$\underset{\sim}{A}(小)=\frac{1}{1}+\frac{0.5}{2}+\frac{0.1}{3}+\frac{0}{4}+\frac{0}{5}$，$\underset{\sim}{B}(大)=\frac{0}{1}+\frac{0}{2}+\frac{0.1}{3}+\frac{0.5}{4}+\frac{1}{5}$，有条件命题“若 x 小，则 y 大”，则

$$\underset{\sim}{R}=\begin{pmatrix}0&0&0.1&0.5&1\\0.5&0.5&0.5&0.5&0.5\\0.9&0.9&0.9&0.9&0.9\\1&1&1&1&1\\1&1&1&1&1\end{pmatrix}$$

如果已知 $\underset{\sim}{A}'=(0.1\ \ 0.2\ \ 0.3\ \ 0.4\ \ 0.6)$，则 $\underset{\sim}{B}'=\underset{\sim}{A}'\circ\underset{\sim}{R}=(0.6\ \ 0.6\ \ 0.6\ \ 0.6\ \ 0.6)$。

利用 MATLAB 语句求解：

```
clear
clc
%----------input------------
A = [1,0.5,0.1,0,0];
B = [0,0,0.1,0.5,1];
C = [0.3,0.5,1];
%----------main-------------
D = 1-A';
T = min(A',B);
R = max(T,D);
%---------output-----------
```

运行后得到结果：

```
D =
        0
   0.5000
   0.9000
   1.0000
   1.0000
T =
        0        0   0.1000   0.5000   1.0000
        0        0   0.1000   0.5000   0.5000
        0        0   0.1000   0.1000   0.1000
        0        0        0        0        0
        0        0        0        0        0
R =
        0        0   0.1000   0.5000   1.0000
```

```
    0.5000    0.5000    0.5000    0.5000    0.5000
    0.9000    0.9000    0.9000    0.9000    0.9000
    1.0000    1.0000    1.0000    1.0000    1.0000
    1.0000    1.0000    1.0000    1.0000    1.0000
```

2. Mamdani 推理方法

这种模糊推理方法是将蕴含关系 $\underline{A} \to \underline{B}$ 用 $\underline{A}$、$\underline{B}$ 的直积 $\underline{A} \times \underline{B}$ 表示，即

$$\underline{R} = \underline{A} \times \underline{B} = \underline{A}^{\mathrm{T}} \circ \underline{B} \tag{2.23}$$

亦即

$$\mu_{\underline{R}(x,y)} = \mu_{\underline{A}}(x) \wedge \mu_{\underline{B}}(y)$$

因此 $\underline{B}' = \underline{A}' \circ \underline{R} = \underline{A}' \circ (\underline{A}^{\mathrm{T}} \circ \underline{B})$，其中，$\underline{A}^{\mathrm{T}}$ 表示 $\underline{A}$ 的列向量，则

$$\mu_{\underline{B}'}(y) = \vee[\mu_{\underline{A}'}(x) \wedge \mu_{\underline{A}}(x) \wedge \mu_{\underline{B}}(y)] \tag{2.24}$$

具体应用 Mamdani 推理方法时，又有以下两种方法。

（1）基于模糊关系 $\underline{R}$ 的 Mamdani 推理方法

① “若 $\underline{A}$，则 $\underline{C}$ ”型

【例 2.30】 设 $\underline{A} = \frac{1}{u_1} + \frac{0.8}{u_2} + \frac{0.2}{u_3}$ 和 $\underline{B} = \frac{0.2}{v_1} + \frac{0.4}{v_2} + \frac{0.6}{v_3}$ 分别为论域 $U = \{u_1, u_2, u_3\}$，$V = \{v_1, v_2, v_3\}$ 上的两个模糊集合，试用 Mamdani 推理方法求输入 $\underline{A}' = \frac{1}{u_1} + \frac{0.3}{u_2} + \frac{0.5}{u_3}$ 时的输出。

解：

$$\underline{R} = \begin{pmatrix} 1 \\ 0.8 \\ 0.2 \end{pmatrix} \circ \begin{pmatrix} 0.2 & 0.4 & 0.6 \end{pmatrix} = \begin{pmatrix} 0.2 & 0.4 & 0.6 \\ 0.2 & 0.4 & 0.6 \\ 0.2 & 0.2 & 0.2 \end{pmatrix}$$

$$\underline{B}' = \begin{pmatrix} 1 & 0.3 & 0.5 \end{pmatrix} \circ \begin{pmatrix} 0.2 & 0.4 & 0.6 \\ 0.2 & 0.4 & 0.6 \\ 0.2 & 0.2 & 0.2 \end{pmatrix} = \begin{pmatrix} 0.2 & 0.4 & 0.6 \end{pmatrix}$$

将 $\underline{B}'$ 写成模糊集合的形式：

$$\underline{B}' = \frac{0.2}{v_1} + \frac{0.4}{v_2} + \frac{0.6}{v_3}$$

利用 MATLAB 语句求解：

```
clear
clc
%----------input-------------
A = [1,0.8,0.2];
B = [0.2,0.4,0.6];
A1 = [1,0.3,0.5];
%----------main-------------
C = A';
R = min(C,B);
B1 = max(min(A1',R));
%---------output-----------
```

运行后得到结果：

```
C =
    1.0000
    0.8000
    0.2000
R =
    0.2000    0.4000    0.6000
```

```
    0.2000    0.4000    0.6000
    0.2000    0.2000    0.2000
B1 =
    0.2000    0.4000    0.6000
```

②"若 $\underline{A}$ 且 $\underline{B}$，则 $\underline{C}$"型

设 $\underline{A}$、$\underline{B}$、$\underline{C}$ 分别为定义在论域 X、Y、Z 上的模糊集合。"若 $\underline{A}$ 且 $\underline{B}$，则 $\underline{C}$"是一个双输入单输出的模糊变换器，根据 Mamdani 推理方法，有

$$\underline{R}=(\underline{A}\times\underline{B})\times\underline{C}=\left(\underline{A}^{\mathrm{T}}\circ\underline{B}\right)^{\mathrm{T}_1}\circ\underline{C}$$

这里，T_1 表示将 $\underline{A}^{\mathrm{T}}\circ\underline{B}$ 的计算结果转换为列向量。当输入为 $\underline{A}'$，$\underline{B}'$ 时，根据推理合成规则，有

$$\underline{C}'=\left(\underline{A}'^{\mathrm{T}}\circ\underline{B}'\right)^{\mathrm{T}_2}\circ\underline{R}$$

这里，T_2 表示将 $\underline{A}'^{\mathrm{T}}\circ\underline{B}'$ 的计算结果转换为行向量。

【例 2.31】设论域 $U=\{u_1,u_2,u_3\}$，$V=\{v_1,v_2,v_3\}$，$W=\{w_1,w_2\}$，给定

$$\underline{A}=\frac{0.4}{u_1}+\frac{1}{u_2}+\frac{0.2}{u_3},\quad \underline{B}=\frac{0.3}{v_1}+\frac{1}{v_2}+\frac{0.5}{v_3},\quad \underline{C}=\frac{0.2}{w_1}+\frac{1}{w_2},$$

$$\underline{A}'=\frac{1}{u_1}+\frac{0.6}{u_2}+\frac{0.3}{u_3},\quad \underline{B}'=\frac{0.4}{v_1}+\frac{0.7}{v_2}+\frac{1}{v_3}$$

试根据 Mamdani 推理方法求模糊集合 $\underline{C}'$。

解：

首先确定 $\underline{R}$

$$\underline{A}^{\mathrm{T}}\circ\underline{B}=\begin{pmatrix}0.4\\1\\0.2\end{pmatrix}\circ\begin{pmatrix}0.3 & 1 & 0.5\end{pmatrix}=\begin{pmatrix}0.3 & 0.4 & 0.4\\0.3 & 1 & 0.5\\0.2 & 0.2 & 0.2\end{pmatrix}$$

$$\underline{R}=\left(\underline{A}^{\mathrm{T}}\circ\underline{B}\right)^{\mathrm{T}_1}\circ\underline{C}=\begin{pmatrix}0.3\\0.4\\0.4\\0.3\\1\\0.5\\0.2\\0.2\\0.2\end{pmatrix}\circ\begin{pmatrix}0.2 & 1\end{pmatrix}=\begin{pmatrix}0.2 & 0.3\\0.2 & 0.4\\0.2 & 0.4\\0.2 & 0.3\\0.2 & 1\\0.2 & 0.5\\0.2 & 0.2\\0.2 & 0.2\\0.2 & 0.2\end{pmatrix}$$

其次，计算 $(\underline{A}')^{\mathrm{T}}\circ\underline{B}'$

$$(\underline{A}')^{\mathrm{T}}\circ\underline{B}'=\begin{pmatrix}1\\0.6\\0.3\end{pmatrix}\circ\begin{pmatrix}0.4 & 0.7 & 1\end{pmatrix}=\begin{pmatrix}0.4 & 0.7 & 1\\0.4 & 0.6 & 0.6\\0.3 & 0.3 & 0.3\end{pmatrix}$$

最后输出

$$\underline{C}'=\left(\underline{A}'^{\mathrm{T}}\circ\underline{B}'\right)^{\mathrm{T}_2}\circ\underline{R}$$

$$=\begin{pmatrix}0.4 & 0.7 & 1 & 0.4 & 0.6 & 0.6 & 0.3 & 0.3 & 0.3\end{pmatrix}\circ\begin{pmatrix}0.2 & 0.3\\ 0.2 & 0.4\\ 0.2 & 0.4\\ 0.2 & 0.3\\ 0.2 & 1\\ 0.2 & 0.5\\ 0.2 & 0.2\\ 0.2 & 0.2\\ 0.2 & 0.2\end{pmatrix}=\begin{pmatrix}0.2 & 0.6\end{pmatrix}$$

将模糊向量$\underline{\boldsymbol{C}}'$表示为

$$\underline{\boldsymbol{C}}'=\frac{0.2}{w_1}+\frac{0.6}{w_2}$$

利用 MATLAB 语句求解:

```
clear
clc
%----------input-------------
A = [0.4,1,0.2];
B = [0.3,1,0.5];
C = [0.2,1];
A1 = [1,0.6,0.3];
B1 = [0.4,0.7,1];
%----------main-------------
R1 = min(A',B);
R1_T = R1';
R2 = min(R1_T(:),C);
R = min(A1',B1);
R_T = R';
C1 = max(min(R_T(:),R2));
%---------output-----------
```

运行后得到如下结果:

```
R1 =
   0.3000   0.4000   0.4000
   0.3000   1.0000   0.5000
   0.2000   0.2000   0.2000
R2 =
   0.2000   0.3000
   0.2000   0.4000
   0.2000   0.4000
   0.2000   0.3000
   0.2000   1.0000
   0.2000   0.5000
   0.2000   0.2000
   0.2000   0.2000
   0.2000   0.2000
R =
   0.4000   0.7000   1.0000
   0.4000   0.6000   0.6000
   0.3000   0.3000   0.3000
C1 =
   0.2000   0.6000
```

（2）Mamdani 直接推理方法（MAX – MIN 推理方法）

Mamdani 直接推理方法是根据输入语言变量的论域元素对前件的强度α，映射到后件，最后得到输出量的模糊集合。

① 单输入单输出

已知模糊蕴含关系$\underset{\sim}{R}=\underset{\sim}{A}\to\underset{\sim}{B}$，现给定输入$\underset{\sim}{A}'$，求$\underset{\sim}{B}'$，其变换关系如图 2.14 所示。

$$\underset{\sim}{R}=\underset{\sim}{A}\times\underset{\sim}{B}=\underset{\sim}{A}^{\mathrm{T}}\circ\underset{\sim}{B}$$

$$\underset{\sim}{B}'=\underset{\sim}{A}'\circ\underset{\sim}{R}=\underset{\sim}{A}'\circ(\underset{\sim}{A}\times\underset{\sim}{B})=\underset{\sim}{A}'\circ(\underset{\sim}{A}^{\mathrm{T}}\circ\underset{\sim}{B})$$

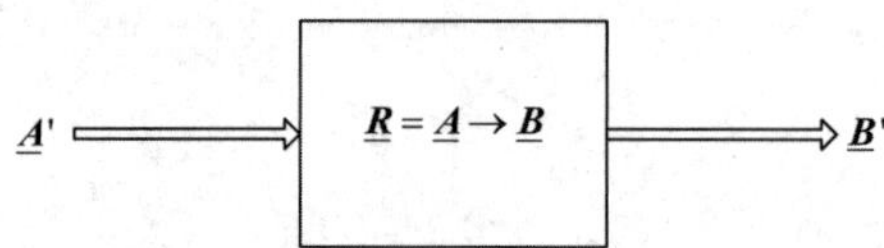

图 2.14　单输入单输出模糊变换关系

其隶属函数为

$$\mu_{\underset{\sim}{B}'}(y)=\bigvee_{x\in X}\{\mu_{\underset{\sim}{A}'}(x)\wedge[\mu_{\underset{\sim}{A}}(x)\wedge\mu_{\underset{\sim}{B}}(y)]\}$$

设$\alpha=\bigvee_{x\in X}[\mu_{\underset{\sim}{A}'}(x)\wedge\mu_{\underset{\sim}{A}}(x)]$，则$\mu_{\underset{\sim}{B}'}(y)=\alpha\wedge\mu_{\underset{\sim}{B}}(y)$，其推理过程如图 2.15 所示。

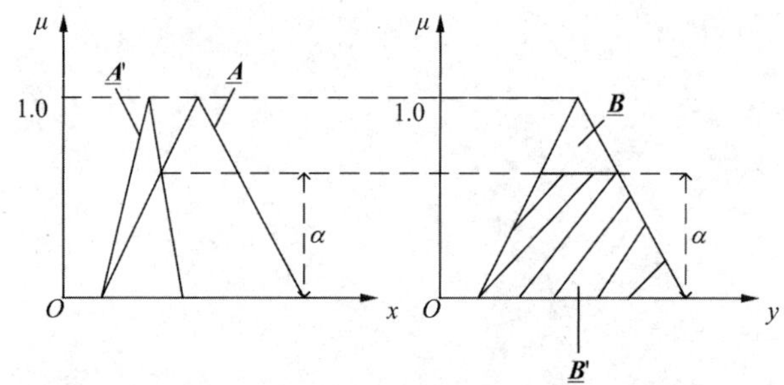

图 2.15　单输入单输出模糊规则的推理过程

在图 2.15 中，用α作为基准去切割$\underset{\sim}{B}$，所得阴影部分便是所要求的$\underset{\sim}{B}'$。

② 多输入单输出

现在以图 2.16 所示的双输入单输出为例来说明其推理过程，其中$\underset{\sim}{A},\underset{\sim}{A}'\in X$；$\underset{\sim}{B},\underset{\sim}{B}'\in Y$；$\underset{\sim}{C}$，$\underset{\sim}{C}'\in Z$。

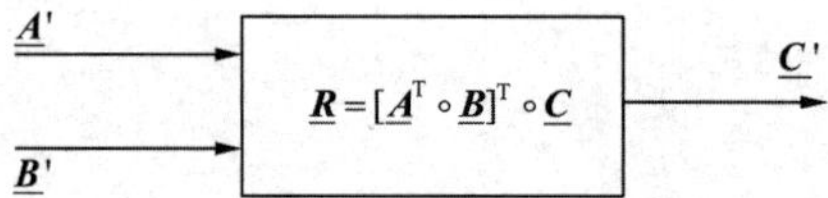

图 2.16　双输入单输出模糊变换关系

图 2.16 中，双输入单输出模糊变换器的模糊推理规则为

$$\underset{\sim}{R}:\ \text{if}\quad \underset{\sim}{A}\quad \text{and}\quad \underset{\sim}{B}\quad \text{then}\quad \underset{\sim}{C}$$

将上述模糊推理规则转化为下面两条单输入单输出模糊规则的组合。

$$\underset{\sim}{R}_1:\ \text{if}\quad \underset{\sim}{A}\qquad \text{then}\quad \underset{\sim}{C}$$

$$\underset{\sim}{R}_2:\ \text{if}\quad \underset{\sim}{B}\qquad \text{then}\quad \underset{\sim}{C}$$

则当有新的输入$\underset{\sim}{A}'$和$\underset{\sim}{B}'$时，模糊变换器的输出为

$$\underset{\sim}{C}'=\underset{\sim}{C}_1'\wedge\underset{\sim}{C}_2'=(\underset{\sim}{A}'\circ(\underset{\sim}{A}\times\underset{\sim}{C}))\bigcap(\underset{\sim}{B}'\circ(\underset{\sim}{B}\times\underset{\sim}{C}))$$

其对应的隶属函数为

$$\mu_{\underset{\sim}{C}'}(z)=\bigvee_{x\in X}\{\mu_{\underset{\sim}{A}'}(x)\wedge[\mu_{\underset{\sim}{A}}(x)\wedge\mu_{\underset{\sim}{C}}(z)]\}\bigcap\bigvee_{y\in Y}\{\mu_{\underset{\sim}{B}'}(y)\wedge[\mu_{\underset{\sim}{B}}(y)\wedge\mu_{\underset{\sim}{C}}(z)]\}$$

$$= \vee_{x\in X}\{[\mu_{\underline{A}'}(x)\wedge\mu_{\underline{A}}(x)]\wedge\mu_{\underline{C}}(z)\}\cap\vee_{y\in Y}\{[\mu_{\underline{B}'}(y)\wedge\mu_{\underline{B}}(y)]\wedge\mu_{\underline{C}}(z)\}$$
$$=[\alpha_{\underline{A}}\wedge\mu_{\underline{C}}(z)]\cap[\alpha_{\underline{B}}\wedge\mu_{\underline{C}}(z)]$$
$$=(\alpha_{\underline{A}}\wedge\alpha_{\underline{B}})\wedge\mu_{\underline{C}}(z)=\alpha_{\underline{C}}\wedge\mu_{\underline{C}}(z)$$

式中，$\alpha_{\underline{C}}=\alpha_{\underline{A}}\wedge\alpha_{\underline{B}}$，$\alpha_{\underline{A}}=\vee_{x\in X}[\mu_{\underline{A}}(x)\wedge\mu_{\underline{A}'}(x)]$，$\alpha_{\underline{B}}=\vee_{y\in Y}[\mu_{\underline{B}}(y)\wedge\mu_{\underline{B}'}(y)]$。

将上述模糊推理过程归纳如下：首先分别求出两个输入（$\underline{A}'$ 对 $\underline{A}$、$\underline{B}'$ 对 $\underline{B}$）的转移强度 $\alpha_{\underline{A}}$ 和 $\alpha_{\underline{B}}$，并取两者中小的一个值作为总的模糊推理前件转移强度 $\alpha_{\underline{C}}$，再以此为基准去切割推理后件的隶属函数，就可以得到模糊变换器的输出 $\underline{C}'$，其推理过程如图 2.17 所示。

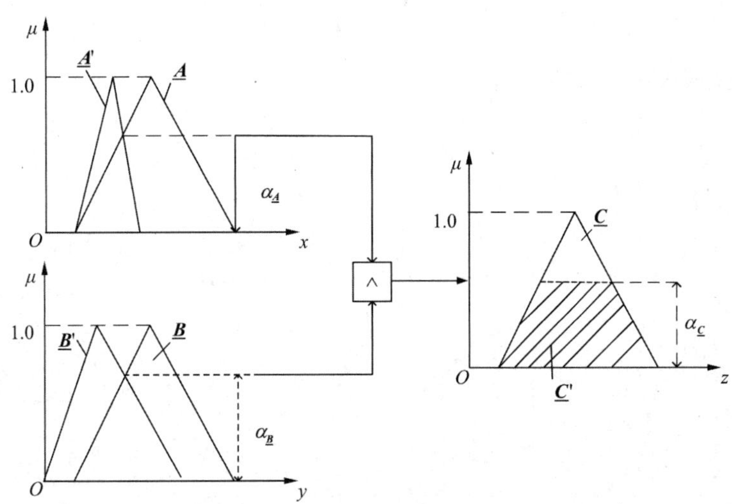

图 2.17　双输入单输出模糊规则的推理过程

2.8.3　多输入多规则模糊推理方法

设多输入多规则模糊推理如下。

$$\underline{R}_1:\text{if}\quad \underline{A}_1\quad\text{and}\quad \underline{B}_1\quad\text{then}\quad \underline{C}_1$$
$$\underline{R}_2:\text{if}\quad \underline{A}_2\quad\text{and}\quad \underline{B}_2\quad\text{then}\quad \underline{C}_2$$
$$\cdots$$
$$\underline{R}_n:\text{if}\quad \underline{A}_n\quad\text{and}\quad \underline{B}_n\quad\text{then}\quad \underline{C}_n$$

其中，$\underline{A}_1,\underline{A}_2,\cdots,\underline{A}_n$ 是定义在 $\boldsymbol{X}$ 上的模糊集合，$\underline{B}_1,\underline{B}_2,\cdots,\underline{B}_n$ 是定义在 $\boldsymbol{Y}$ 上的模糊集合，$\underline{C}_1,\underline{C}_2,\cdots,\underline{C}_n$ 是定义在 $\boldsymbol{Z}$ 上的模糊集合。

则总的模糊关系为

$$\underline{R}=\bigcup_{i=1}^{n}\underline{R}_i$$

式中，$\underline{R}_i=\underline{A}_i\times\underline{B}_i\times\underline{C}_i=(\underline{A}_i\times\underline{B}_i)^{\mathrm{T}_1}\circ\underline{C}_i$，$\mathrm{T}_1$ 表示将 $(\underline{A}_i\times\underline{B}_i)$ 的计算结果转换为列向量。

当输入为 $\underline{A}'$ 和 $\underline{B}'$ 时，输出为

$$\underline{C}'=(\underline{A}'\times\underline{B}')^{\mathrm{T}_2}\circ\underline{R}=\bigcup_{i=1}^{n}\underline{C}'_i$$

式中，T_2 表示将 $\underline{A}'\times\underline{B}'$ 的计算结果转换为行向量。其中，

$$\underline{C}'_i=(\underline{A}'\times\underline{B}')^{\mathrm{T}_2}\circ\underline{R}_i=(\underline{A}'\circ(\underline{A}_i\times\underline{C}_i))\cap(\underline{B}'\circ(\underline{B}_i\times\underline{C}_i))$$

其隶属函数为

$$\mu_{\underline{C}'}(z)=\vee_{x\in X}\{\mu_{\underline{A}'}(x)\wedge[\mu_{\underline{A}_i}(x)\wedge\mu_{\underline{C}_i}(z)]\}\cap\vee_{y\in Y}\{\mu_{\underline{B}'}(y)\wedge[\mu_{\underline{B}_i}(y)\wedge\mu_{\underline{C}_i}(z)]\}$$

$$= \bigvee_{x\in X}\{[\mu_{\underline{A}'}(x)\wedge\mu_{\underline{A}_i}(x)]\wedge\mu_{\underline{C}_i}(z)\}\cap\bigvee_{y\in Y}\{[\mu_{\underline{B}'}(y)\wedge\mu_{\underline{B}_i}(y)]\wedge\mu_{\underline{C}_i}(z)\}$$
$$=(\alpha_{\underline{A}_i}\wedge\alpha_{\underline{B}_i})\wedge\mu_{\underline{C}_i}(z)\quad (i=1,2,\cdots,n)$$

式中，$\alpha_{\underline{A}_i}=\bigvee_{x\in X}[\mu_{\underline{A}'}(x)\wedge\mu_{\underline{A}_i}(x)]$，$\alpha_{\underline{B}_i}=\bigvee_{y\in Y}[\mu_{\underline{B}'}(y)\wedge\mu_{\underline{B}_i}(y)]$，$\mu_{\underline{C}'_1}=(\alpha_{\underline{A}_1}\wedge\alpha_{\underline{B}_1})\wedge\mu_{\underline{C}_1}(z)$，$\mu_{\underline{C}'_2}=(\alpha_{\underline{A}_2}\wedge\alpha_{\underline{B}_2})\wedge\mu_{\underline{C}_2}(z)$。

例如，有如下两条模糊推理规则

$$\underline{R}_1:\text{if}\quad \underline{A}_1\quad \text{and}\quad \underline{B}_1\quad \text{then}\quad \underline{C}_1$$
$$\underline{R}_2:\text{if}\quad \underline{A}_2\quad \text{and}\quad \underline{B}_2\quad \text{then}\quad \underline{C}_2$$
$$\underline{C}'=\bigcup_{i=1}^{2}\underline{C}'_i$$

这两条模糊规则的推理过程如图 2.18 所示。

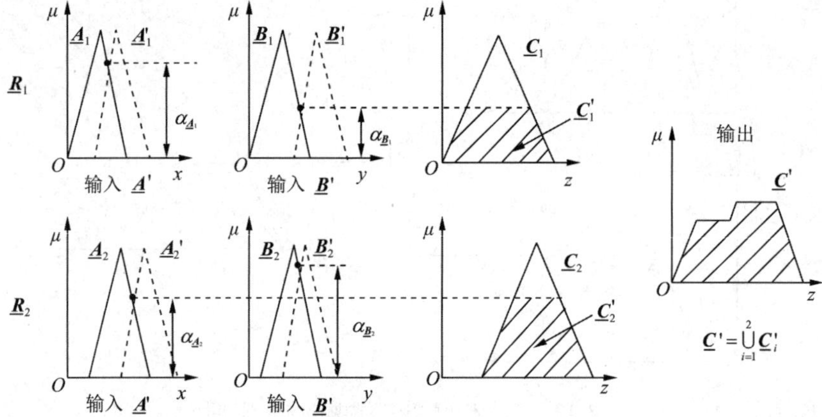

图 2.18　双输入两条模糊规则的推理过程

2.8.4　单点输入模糊推理方法

设有两条模糊推理规则：

$$\underline{R}_1:\text{if}\quad \underline{A}_1\quad \text{and}\quad \underline{B}_1\quad \text{then}\quad \underline{C}_1$$
$$\underline{R}_2:\text{if}\quad \underline{A}_2\quad \text{and}\quad \underline{B}_2\quad \text{then}\quad \underline{C}_2$$

如果新的输入采用模糊单点集表示：$\underline{A}'=\dfrac{1}{x_0}$，$\underline{B}'=\dfrac{1}{y_0}$ 或

$$\mu_{\underline{A}'}(x)=\begin{cases}1, & x=x_0\\ 0, & x\neq x_0\end{cases},\qquad \mu_{\underline{B}'}(y)=\begin{cases}1, & y=y_0\\ 0, & y\neq y_0\end{cases}$$

则有

$$\underline{C}'=\bigcup_{i=1}^{2}\underline{C}'_i$$

其中，$\mu_{\underline{C}'}=\bigcup_{i=1}^{2}\mu_{\underline{C}'_i}=\bigcup_{i=1}^{2}\alpha_i\wedge\mu_{\underline{C}_i}(z)$，$\mu_{\underline{C}'_1}=\alpha_1\wedge\mu_{\underline{C}_1}(z)$，$\mu_{\underline{C}'_2}=\alpha_2\wedge\mu_{\underline{C}_2}(z)$，$\alpha_1=\mu_{\underline{A}_1}(x_0)\wedge\mu_{\underline{B}_1}(y_0)$，$\alpha_2=\mu_{\underline{A}_2}(x_0)\wedge\mu_{\underline{B}_2}(y_0)$。单点输入模糊推理过程如图 2.19 所示。

从上面分析可知，无论是 Zadeh 推理方法还是 Mamdani 推理方法，只在求解模糊关系的方法上有所不同。不同的模糊条件语句决定不同的模糊关系 $\underline{R}$，但根据采用的 $\underline{R}$ 确定推理结论时，都是按照似然推理同一个模糊推理合成规则，即由给定的输入模糊集合以及模糊关系 $\underline{R}$ 计算输出的模糊集合。

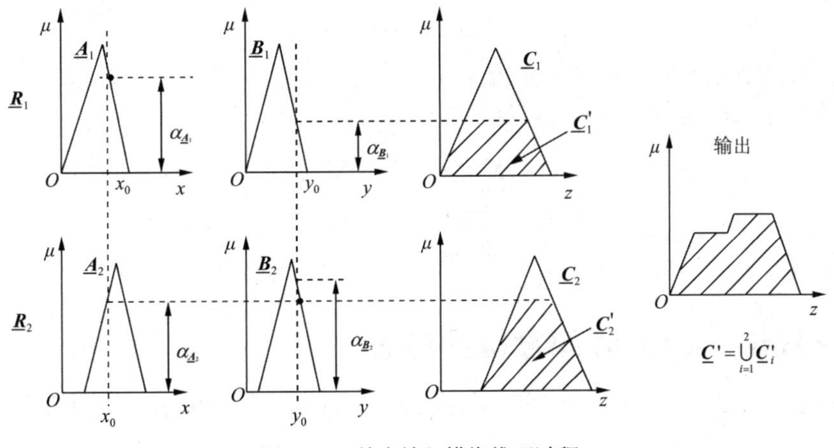

图 2.19 单点输入模糊推理过程

2.8.5 Tsukamoto 模糊推理方法

Tsukamoto 模糊推理方法称为强度转移推理法或直接推理法。其基本原理是：当系统有精确值输入时，它在模糊条件语句的前件中所得到的语言变量的强度被转移到后件的语言值中，进而得到推理结果。图 2.20 说明了一个双输入两条模糊规则的 Tsukamoto 推理过程。

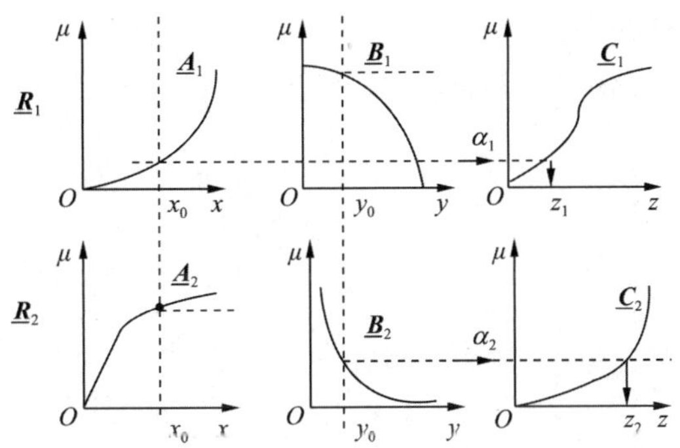
图 2.20 双输入两条模糊规则的 Tsukamoto 推理过程

下面给出 Tsukamoto 模糊推理方法的实现过程。

① 求精确值对前件语言变量值的强度。

设有 n 条模糊推理规则：

$$\underset{\sim}{\boldsymbol{R}}_i\text{: if}\quad \underset{\sim}{\boldsymbol{A}}_i\quad \text{and}\quad \underset{\sim}{\boldsymbol{B}}_i\quad \text{then}\quad \underset{\sim}{\boldsymbol{C}}_i\quad i=1,2,\cdots,n$$

其中，$\underset{\sim}{\boldsymbol{A}}_1,\underset{\sim}{\boldsymbol{A}}_2,\cdots,\underset{\sim}{\boldsymbol{A}}_n$ 是定义在 $\boldsymbol{X}$ 上的模糊集合，$\underset{\sim}{\boldsymbol{B}}_1,\underset{\sim}{\boldsymbol{B}}_2,\cdots,\underset{\sim}{\boldsymbol{B}}_n$ 是定义在 $\boldsymbol{Y}$ 上的模糊集合，$\underset{\sim}{\boldsymbol{C}}_1,\underset{\sim}{\boldsymbol{C}}_2,\cdots,\underset{\sim}{\boldsymbol{C}}_n$ 是定义在 $\boldsymbol{Z}$ 上的模糊集合。

当输入为 $x=x_0$，$y=y_0$ 时，采用模糊单点集表示为

$$\underset{\sim}{\boldsymbol{A}}'=\frac{1}{x_0}，\ \underset{\sim}{\boldsymbol{B}}'=\frac{1}{y_0}$$

第 i 条模糊条件语句的前件强度为

$$\alpha_i=\mu_{\underset{\sim}{A}_i}(x_0)\wedge\mu_{\underset{\sim}{B}_i}(y_0)$$

② 求后件推理结果的模糊量。

将精确值对前件的转移强度作为后件模糊量的隶属度转移到后件强度 $\alpha_i=\mu_{\underset{\sim}{C}_i}(z_i)$，求出推理结果模糊量所对应的元素：

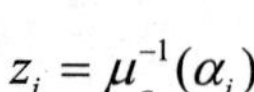

$$z_i = \mu_{\underset{\sim}{C_i}}^{-1}(\alpha_i)$$

③ 由总的推理结果求输出清晰等级值。

采用重心法（详见后文）求出清晰等级值：

$$z_0 = \frac{\sum_{i=1}^{n}\mu_{\underset{\sim}{C_i}}(z_i)z_i}{\sum_{i=1}^{n}\mu_{\underset{\sim}{C_i}}(z_i)} = \frac{\sum_{i=1}^{n}\alpha_i z_i}{\sum_{i=1}^{n}\alpha_i}$$

2.8.6 Sugeno 模糊推理方法

Sugeno 模糊推理方法（也称作 TSK 模糊模型）由高木友博（Takagi）、菅野道夫（Sugeno）和康（Kang）提出。Sugeno 模糊推理规则的一般形式为

$$\text{if} \quad x \text{ is } \underset{\sim}{\boldsymbol{A}} \text{ and } y \text{ is } \underset{\sim}{\boldsymbol{B}} \text{ then } z = f(x,y)$$

其中，$\underset{\sim}{\boldsymbol{A}}$ 和 $\underset{\sim}{\boldsymbol{B}}$ 是前件中的模糊集合，而 $z = f(x,y)$ 是后件中的精确函数。通常 $f(x,y)$ 是输入变量 x 和 y 的多项式。

设有 n 条 Sugeno 模糊推理规则：

$$\underset{\sim}{\boldsymbol{R}}_i\text{: if} \quad \underset{\sim}{\boldsymbol{A}}_i \quad \text{and} \quad \underset{\sim}{\boldsymbol{B}}_i \quad \text{then} \quad z_i \quad (i = 1,2,\cdots,n)$$

其中，$\underset{\sim}{\boldsymbol{A}}_1,\underset{\sim}{\boldsymbol{A}}_2,\cdots,\underset{\sim}{\boldsymbol{A}}_n$ 是定义在 $\boldsymbol{X}$ 上的模糊集合，$\underset{\sim}{\boldsymbol{B}}_1,\underset{\sim}{\boldsymbol{B}}_2,\cdots,\underset{\sim}{\boldsymbol{B}}_n$ 是定义在 $\boldsymbol{Y}$ 上的模糊集合，$z_i = f_i(x,y) = a_i x + b_i y + c_i (i = 1,2,\cdots,n)$。

图 2.21 所示为 Sugeno 模糊推理过程。

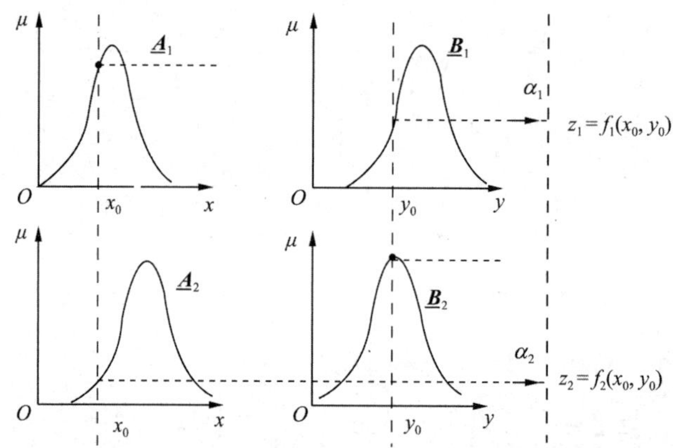

图 2.21 双输入两条模糊规则的 Sugeno 模糊推理过程

当输入为 $x = x_0$，$y = y_0$ 时，采用模糊单点集表示为

$$\underset{\sim}{\boldsymbol{A}}' = \frac{1}{x_0}, \quad \underset{\sim}{\boldsymbol{B}}' = \frac{1}{y_0}$$

第 i 条模糊条件语句的前件强度为

$$\alpha_i = \mu_{\underset{\sim}{A_i}}(x_0) \wedge \mu_{\underset{\sim}{B_i}}(y_0)$$

模糊推理结果为

$$z_0 = \frac{\sum_{i=1}^{n}\alpha_i f_i(x_0, y_0)}{\sum_{i=1}^{n}\alpha_i}$$

由于每条规则都有一个精确输出，因此通过加权平均可以得到整体输出，从而避免 Mamdani 模型所需耗时的去模糊过程。

【例 2.32】在图 2.22 中有如下 3 条推理规则。

$$\underset{\sim}{R}_1: \text{if} \quad x \quad \text{is} \quad \underset{\sim}{A}_1 \quad \text{and} \quad y \quad \text{is} \quad \underset{\sim}{B}_1 \quad \text{then} \quad z_1 = 5x$$

$$\underset{\sim}{R}_2: \text{if} \quad x \quad \text{is} \quad \underset{\sim}{A}_2 \quad \text{and} \quad y \quad \text{is} \quad \underset{\sim}{B}_2 \quad \text{then} \quad z_2 = 2x + 0.5y$$

$$\underset{\sim}{R}_3: \text{if} \quad x \quad \text{is} \quad \underset{\sim}{A}_3 \quad \text{and} \quad y \quad \text{is} \quad \underset{\sim}{B}_3 \quad \text{then} \quad z_3 = 5y$$

当输入 $x = 10$，$y = 6$ 时，试采用 Sugeno 模糊推理方法求输出 z_0。

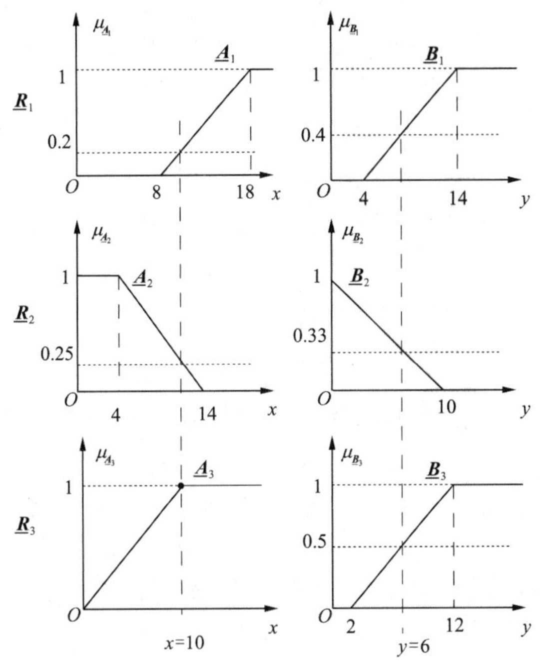

图 2.22　双输入 3 条模糊规则的 Sugeno 推理过程

解：

当输入为 $x = 10$，$y = 6$ 时，求出这 3 条模糊条件语句的前件强度。

$\alpha_1 = \mu_{\underset{\sim}{A}_1}(10) \wedge \mu_{\underset{\sim}{B}_1}(6) = 0.2$，$z_1 = 5x = 50$

$\alpha_2 = \mu_{\underset{\sim}{A}_2}(10) \wedge \mu_{\underset{\sim}{B}_2}(6) = 0.25$，$z_2 = 2x + 0.5y = 23$

$\alpha_3 = \mu_{\underset{\sim}{A}_3}(10) \wedge \mu_{\underset{\sim}{B}_3}(6) = 0.5$，$z_3 = 5y = 30$

则 Sugeno 模糊推理结果为

$$z_0 = \frac{\sum_{i=1}^{3} \alpha_i z_i}{\sum_{i=1}^{3} \alpha_i} = \frac{0.2 \times 50 + 0.25 \times 23 + 0.5 \times 30}{0.2 + 0.25 + 0.5} = \frac{30.75}{0.95} \approx 32.368$$

2.9　本章小结

模糊逻辑是建立在经典二值逻辑基础上，运用模糊集合的描述方法模仿人脑模糊性的思维，实现模糊推理的过程。本章介绍了模糊集合的定义、模糊集合的表示方法、隶属函数，以及模糊集合的基本运算规则。模糊推理以模糊条件为基础，采用似然推理的方法进行推理，它是模糊决策的前提条件。虽然 Zadeh 推理方法与 Mamdani 推理方法等不同，但都是按照似然推理的方法，通过输入模糊集合和模糊关系的合成运算，计算输出的模糊集合。在本章中所有的模糊集合运算和模糊推理过程都可以用 MATLAB 语言来实现。

习　题

2.1　已知 $\underset{\sim}{A}=\frac{0.9}{u_1}+\frac{0.6}{u_2}+\frac{0.2}{u_3}+\frac{0.5}{u_4}$，$\underset{\sim}{B}=\frac{0.5}{u_1}+\frac{0.1}{u_2}+\frac{0.7}{u_3}+\frac{0.6}{u_4}$，求 $\underset{\sim}{C}=\underset{\sim}{A}\cup\underset{\sim}{B}$，$\underset{\sim}{D}=\underset{\sim}{A}\cap\underset{\sim}{B}$，$\bar{\underset{\sim}{A}}$。

2.2　已知论域 $X=\{0,1,2,3,4,5\}$，根据图 2.23 中的隶属函数写出对应的模糊集合（用 Zadeh 法表示）。

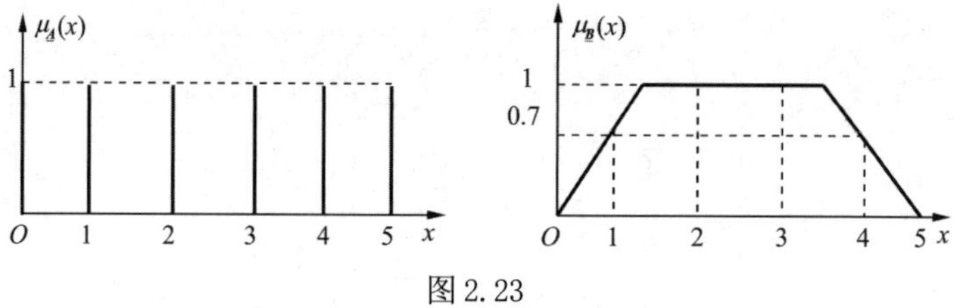

图 2.23

2.3　设定义在论域 $X=\{1,2,3,4,5,6,7\}$ 上的模糊集合 $\underset{\sim}{A}$，其隶属度 $\mu_{\underset{\sim}{A}}(x)$ 为 $\mu_{\underset{\sim}{A}}(1)=0.1$，$\mu_{\underset{\sim}{A}}(2)=0.3$，$\mu_{\underset{\sim}{A}}(3)=0.6$，$\mu_{\underset{\sim}{A}}(4)=1$，$\mu_{\underset{\sim}{A}}(5)=0.8$，$\mu_{\underset{\sim}{A}}(6)=0.2$，$\mu_{\underset{\sim}{A}}(7)=0$。

（1）分别用 Zadeh 推理方法、向量表示法和序偶法表示 $\underset{\sim}{A}$；（2）求 $\bar{\underset{\sim}{A}}$；（3）求 $\lambda=0.3$ 时的 λ 水平截集 $\underset{\sim}{A}_\lambda$，解释 $\underset{\sim}{A}_\lambda$ 的意义。

2.4　已知在人的年龄论域 $U=[0,150]$ 上"年轻"（$\boldsymbol{Y}$）和"年老"（$\boldsymbol{O}$）隶属函数（见图 2.24），分别为

$$\mu_{\underset{\sim}{Y}}(x)=\begin{cases}1, & 0\leqslant x\leqslant 25\\ \left[1+\left(\dfrac{x-25}{5}\right)^2\right]^{-1}, & 25<x\leqslant 150\end{cases}$$

$$\mu_{\underset{\sim}{O}}(x)=\begin{cases}0, & 0\leqslant x\leqslant 50\\ \left[1+\left(\dfrac{x-50}{5}\right)^{-2}\right]^{-1}, & 50<x\leqslant 150\end{cases}$$

分别求"年轻或年老" $\mu_{\underset{\sim}{Y}}(x)\cup\mu_{\underset{\sim}{O}}(x)$，"年轻且年老" $\mu_{\underset{\sim}{Y}}(x)\cap\mu_{\underset{\sim}{O}}(x)$，"不年轻" $\mu_{\bar{\underset{\sim}{Y}}}(x)$，"不年老" $\mu_{\bar{\underset{\sim}{O}}}(x)$。

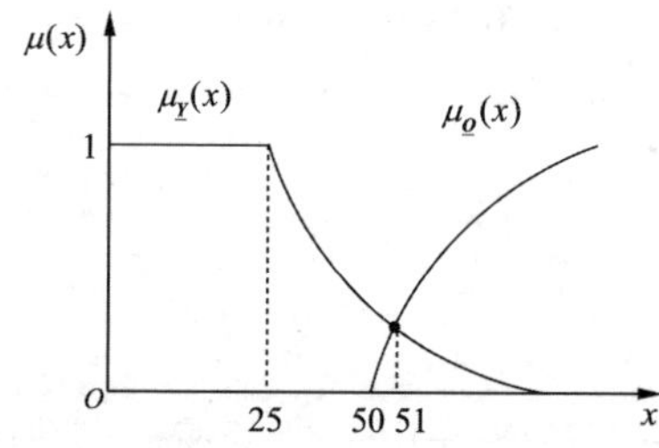

图 2.24 "年轻"（$\boldsymbol{Y}$）和"年老"（$\boldsymbol{O}$）隶属函数

2.5　设有两条模糊推理规则：

$$\underset{\sim}{R}_1: \text{if } \underset{\sim}{E} \text{ is } \underset{\sim}{E}_1 \text{ and } \underset{\sim}{EC} \text{ is } \underset{\sim}{EC}_1 \text{ then } \underset{\sim}{U} = \underset{\sim}{U}_1$$

$$\underset{\sim}{R}_2: \text{if } \underset{\sim}{E} \text{ is } \underset{\sim}{E}_2 \text{ and } \underset{\sim}{EC} \text{ is } \underset{\sim}{EC}_2 \text{ then } \underset{\sim}{U} = \underset{\sim}{U}_2$$

其中，$\underset{\sim}{E}$、$\underset{\sim}{EC}$、$\underset{\sim}{U}$ 为定义在论域 $X = Y = Z = \{1,2,3\}$ 上的模糊集合，$\underset{\sim}{E}_1 = \frac{0.5}{1} + \frac{1}{2}$，$\underset{\sim}{E}_2 = \frac{1}{1} + \frac{0.5}{2}$，$\underset{\sim}{EC}_1 = \frac{0.1}{1} + \frac{1}{2} + \frac{0.6}{3}$，$\underset{\sim}{EC}_2 = \frac{0.6}{1} + \frac{1}{2} + \frac{0.1}{3}$，$\underset{\sim}{U}_1 = \frac{0.4}{1} + \frac{1}{2}$，$\underset{\sim}{U}_2 = \frac{1}{1} + \frac{0.4}{2}$。

（1）试求总模糊关系 $\underset{\sim}{R}$；（2）若输入为 $\underset{\sim}{E}' = \frac{1}{1} + \frac{0.5}{2}$，$\underset{\sim}{EC}' = \frac{0.1}{1} + \frac{0.5}{2} + \frac{1}{3}$，试求输出 $\underset{\sim}{U}$。

2.6　若人工调节炉温，有如下经验规则：“如果炉温低，则应施加高电压。”试问当炉温为“很低”时，应该加怎样的电压。

设 x 和 y 表示模糊语言变量“炉温”和“电压”，炉温和电压的论域为 $X = Y\{1,2,3,4,5\}$，炉温低的模糊集合 $\underset{\sim}{A}$ =“炉温低”$= \frac{1}{1} + \frac{0.8}{2} + \frac{0.6}{3} + \frac{0.4}{4} + \frac{0.2}{5}$，电压高的模糊集合 $\underset{\sim}{B}$ =“电压高”$= \frac{0.2}{1} + \frac{0.4}{2} + \frac{0.6}{3} + \frac{0.8}{4} + \frac{1}{5}$。

第 2 章部分习题答案

03

模糊控制

模糊控制是一种以模糊集合论、模糊语言变量及模糊逻辑推理为基础的智能控制方法。1974年，曼达尼教授将模糊控制用于蒸汽发动机的压力和速度控制，其效果比 PID 控制更好。1980 年，丹麦科技人学的奥斯特加德（Ostergara）等人对水泥窑进行模糊控制。20 世纪 90 年代后，模糊控制技术得到了快速发展，并广泛应用于生产和人们的生活中。目前，模糊控制技术已经用在列车自动运行控制系统、净水处理、汽车速度控制、电梯群管理控制与智能机器人控制等领域，并取得了很好的控制效果。

本章介绍模糊控制系统的组成以及模糊控制器的设计方法，要求掌握模糊论域变换的计算方法、精确量到模糊量的变换、模糊量到精确量的变换，通过设计模糊控制规则，建立模糊控制查询表，掌握模糊控制系统的 MATLAB 编程方法。

3.1 模糊控制系统

3.1.1 模糊控制系统的组成

模糊控制系统如图 3.1 所示，它属于计算机数字控制系统的一种结构形式。

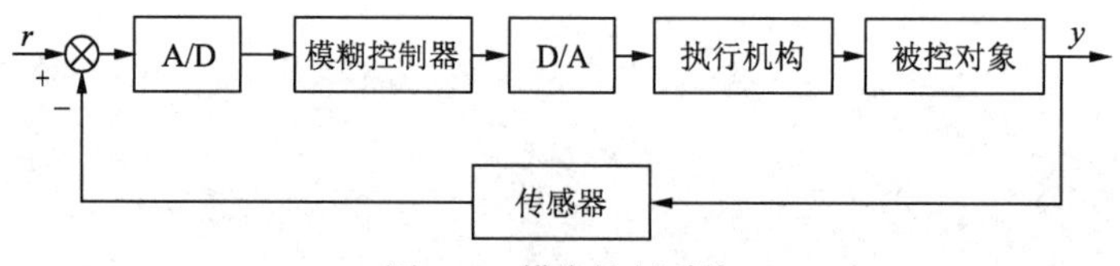

图 3.1 模糊控制系统

图 3.1 中，r 为期望给定值，y 为系统的实际输出，A/D、D/A 分别是模数转换器和数模转换器。上述模糊控制系统一般可以分为以下 5 个组成部分。

1. 模糊控制器

在模糊控制系统中，采用模糊逻辑推理方法设计模糊控制器（Fuzzy Controller，FC）。模糊控制器的主要功能有 3 个：模糊量化处理、模糊逻辑推理与决策、去模糊化处理（精确化处理）。

2. 输入/输出接口

模糊控制器通过输入接口 A/D 获取给定信号和反馈信号偏差的数字信号量，经过模糊逻辑推理后，将决策的数字信号经过输出接口 D/A 进行数模转换，转变为模拟信号，然后去控制被控对象。

3. 执行机构

执行机构包括交流电机、直流电机、伺服电机、步进电机、气动调节阀和液压马达、液压阀等。

4. 被控对象

模糊控制常应用于具有不确定、非线性、时变以及具有强耦合和干扰的控制系统。对于那些难以建立精确数学模型的复杂被控对象，更适宜采用模糊控制。

5. 传感器

反馈通道中的传感器是将被控对象或各种过程的输出量转化为电信号的一类装置，如机械系统和温度系统中的各种位置编码器、压力传感器和温度传感器。

3.1.2 模糊控制的基本原理

模糊控制的基本原理如图 3.2 所示。图中虚线框内部为模糊控制器。模糊控制器由计算机程序实现，计算机通过采样获取被控量的精确值，然后将此值与给定值比较得到误差信号 $\boldsymbol{e}$ ，把误差信号 $\boldsymbol{e}$ 的精确量进行模数转换转换成离散量 $\boldsymbol{E}$ ，并经模糊化生成对应的模糊量 $\underline{\boldsymbol{E}}$ ，再将该信号作为模糊控制器的输入量，由 $\underline{\boldsymbol{E}}$ 和模糊控制规则 $\underline{\boldsymbol{R}}$ 按模糊推理合成规则进行模糊决策，得到模糊控制量 $\underline{\boldsymbol{U}}$ 。

$$\underline{\boldsymbol{U}} = \underline{\boldsymbol{E}} \circ \underline{\boldsymbol{R}} \tag{3.1}$$

为了对被控对象实施精确的控制，还需要将模糊控制量 $\underline{\boldsymbol{U}}$ 转换为离散量（数字控制量）$\boldsymbol{U}$ ，这一步骤在图 3.2 中称为非模糊化处理，得到精确的数字控制量后经过数模转换，变为精确的模拟控制量 $\boldsymbol{u}$ 送给执行机构，对被控对象进行控制。

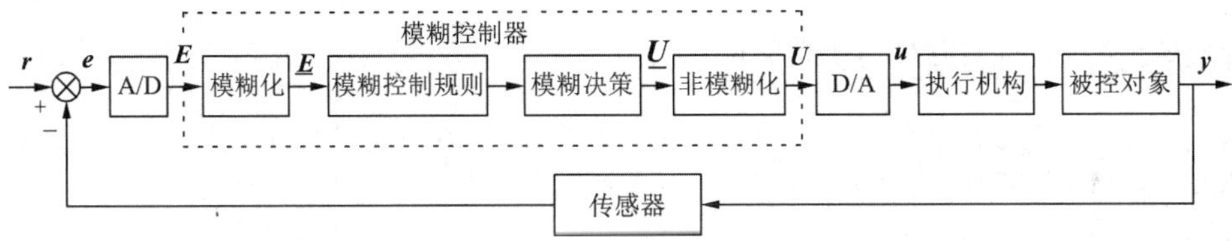

图 3.2　模糊控制的基本原理

综上所述，模糊控制算法通过计算机采样中断的方式来实现，主要概括为下述 5 个步骤。

（1）根据采样得到的系统输出值和给定值，计算系统输入误差的精确量 e；

（2）将误差的精确量 e 转换为离散量 $\boldsymbol{E}$；

（3）将误差的离散量 $\boldsymbol{E}$ 转换为模糊量 $\underline{\boldsymbol{E}}$；

（4）根据输入的模糊量及模糊控制规则，按模糊推理合成规则计算模糊控制量 $\underline{\boldsymbol{U}}$；

（5）通过非模糊化处理得到数字控制量 $\boldsymbol{U}$ ，并计算精确的模拟控制量 $\boldsymbol{u}$，将其作为系统执行机构的实际控制量。

3.2 模糊控制器设计

模糊控制器设计主要包括以下几项内容：

（1）确定模糊控制器的输入变量和输出变量，通常一维模糊控制器的输入变量为误差，二维模糊控制器的输入变量为误差和误差的变化率；

（2）设计模糊控制器的控制规则；

（3）确立模糊化和去模糊化的方法；

（4）选择模糊控制器的输入变量和输出变量的论域，并确定模糊控制器的量化因子、比例因子等参数；

（5）编制模糊控制算法的应用程序，并合理选择模糊控制算法的采样时间。

3.2.1 模糊控制器的结构

下面以单输入单输出模糊控制系统为例给出几种结构形式的模糊控制器，如图 3.3 所示，分别给出一维模糊控制器、二维模糊控制器和三维模糊控制器的结构。其中一维模糊控制器的输入为误差变量，类似常规比例控制律，由于不能反映过程的动态特性，它的动态控制性能不佳；二维模糊控制器以误差和误差变化作为输入量，以控制量的变化作为输出量，类似常规的比例–微分控制律，可以有效改善动态控制性能。

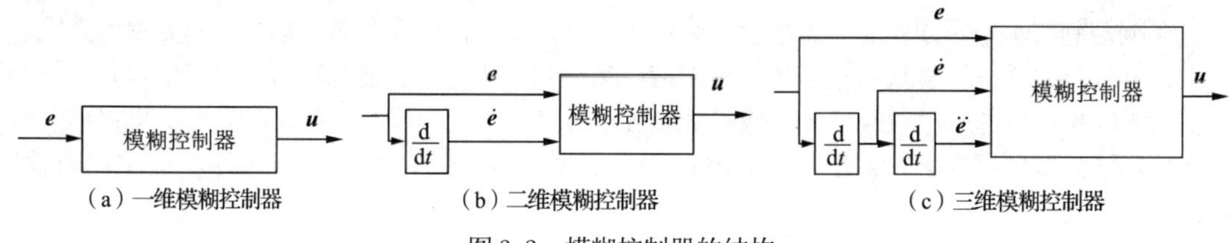

图 3.3 模糊控制器的结构

从理论上讲，模糊控制器的输入维数越高，控制精度越好，但是维数越高，模糊逻辑推理规则变得过于复杂，控制算法的实现比较困难。一般设计和应用二维模糊控制器就可以改善模糊控制的动态性能。

3.2.2 模糊控制规则

模糊控制规则的设计一般包括 3 部分内容：选择输入输出变量的模糊词集、确定各模糊变量的模糊集合和建立模糊控制规则。

1. 选择输入输出变量的模糊词集

在模糊控制器中，模糊控制规则用一组模糊推理语句来表示，而模糊推理语句常采用一组描述输入输出变量状态变化的词集合，如“正小”“负大”等。在日常生活中人们习惯于把事物分为 3 个等级，如物体可分为“大”“中”“小”，速度可分为“快”“中”“慢”，年龄可以分为“老”“中”“青”。在设计模糊控制器时，一般都选用“大”“中”“小” 3 个词来描述输入输出变量状态。考虑到人的行为对正、反两个方向的判断具有对称性，将“大”“中”“小”再加上“正”“负”表示这两个方向，并考虑变量的零状态，则输入输出变量的模糊词集可以表示为

{负大,负中,负小,零,正小,正中,正大}

一般用英文字母缩写表示：

{NB,NM,NS,ZO,PS,PM,PB}

其中，N=Negative，B=Big，M=Middle，S=Small，ZO=Zero，P=Positive。

选择较多的词描述输入输出变量，可以使控制规则更加严密，但是控制规则相应变得复杂。如果选择的词过少，使描述变量变得粗糙，会导致控制器的性能变差。一般情况下，常选择上述 7 个词，但也可以根据实际情况选择 3 个或 5 个语言变量，如选择{负大,负小,零,正小,正大}这 5 个语言变量词集。

为了提高模糊控制的稳态精度，可以在接近“零”误差的范围内，将“零”分为“正零”“负零”，这样输入输出变量的模糊词集变为

$$\{负大,负中,负小,负零,正零,正小,正中,正大\}$$

$$\{NB,NM,NS,NO,PO,PS,PM,PB\}$$

2. 确定各模糊变量的模糊集

在图 3.3 所示的模糊控制器结构中，其输入输出为模糊语言变量，所以在设计模糊控制器时要确定输入输出语言变量的模糊集合。语言变量的模糊集合由隶属函数 $\mu(x)$ 的形状来描述，依据操作者的经验或专家经验以及模糊统计方法确定 $\mu(x)$。设模糊集合 $\underset{\sim}{\boldsymbol{A}}$ 的隶属函数曲线如图 3.4 所示，其模糊集论域 $\boldsymbol{X}$ 为

$$\boldsymbol{X}=\{-6,-5,-4,-3,-2,-1,0,1,2,3,4,5,6\}$$

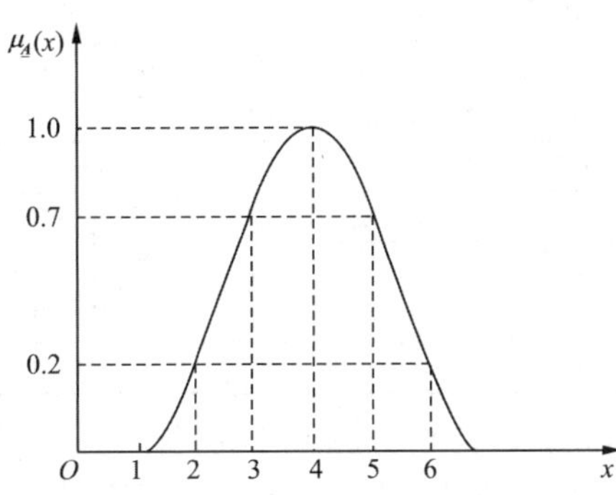

图 3.4　模糊集合的隶属函数曲线

在图 3.4 中，该隶属函数曲线表示论域 $\boldsymbol{X}$ 中元素 x 对模糊集合 $\underset{\sim}{\boldsymbol{A}}$ 的隶属度为

$$\mu_{\underset{\sim}{A}}(2)=\mu_{\underset{\sim}{A}}(6)=0.2;\ \ \mu_{\underset{\sim}{A}}(3)=\mu_{\underset{\sim}{A}}(5)=0.7;\ \ \mu_{\underset{\sim}{A}}(4)=1$$

论域 $\boldsymbol{X}$ 内除 $x=2,3,4,5,6$ 外各点的隶属度均为 0，并将模糊语言变量用赋值表（见表 3.1）的形式来描述。

表 3.1　模糊语言变量赋值表

x	$\underset{\sim}{A}$	x	$\underset{\sim}{A}$	x	$\underset{\sim}{A}$	x	$\underset{\sim}{A}$	x	$\underset{\sim}{A}$	x	$\underset{\sim}{A}$	x	$\underset{\sim}{A}$
−6	0	−4	0	−2	0	0	0	2	0.2	4	1	6	0.2
−5	0	−3	0	−1	0	1	0	3	0.7	5	0.7		

则模糊集合 $\underset{\sim}{\boldsymbol{A}}$ 为

$$\underset{\sim}{\boldsymbol{A}}=\frac{0.2}{2}+\frac{0.7}{3}+\frac{1}{4}+\frac{0.7}{5}+\frac{0.2}{6}$$

不难看出，通过一个给定的隶属函数曲线，很容易确定一个模糊变量的模糊集合。

对于论域 $\boldsymbol{X}=\{-6,-5,-4,-3,-2,-1,0,1,2,3,4,5,6\}$，模糊误差语言变量词集为 {NB,NM,NS,ZO,PS,PM,PB}，人们习惯上将具有最大隶属度“1”的元素取为

$$\begin{aligned}
&\mu_{PB}(x)=1 && x=+6\\
&\mu_{PM}(x)=1 && x=+4\\
&\mu_{PS}(x)=1 && x=+2\\
&\mu_{ZO}(x)=1 && x=0\\
&\mu_{NS}(x)=1 && x=-2\\
&\mu_{NM}(x)=1 && x=-4\\
&\mu_{NB}(x)=1 && x=-6
\end{aligned}$$

图 3.5 所示为三角形隶属函数曲线，其对应的隶属函数赋值表如表 3.2 所示。

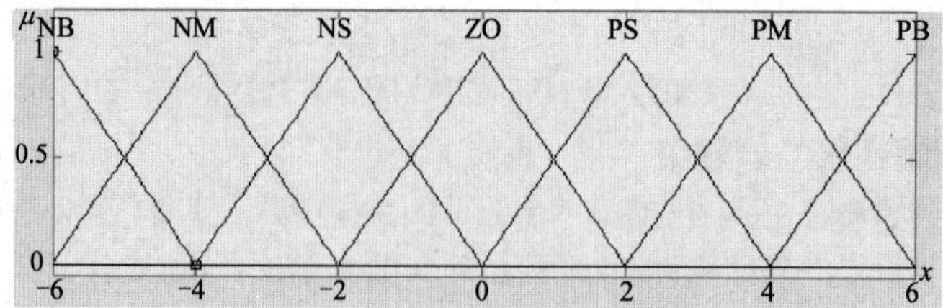

图 3.5　三角形隶属函数曲线

表 3.2　三角形隶属函数赋值表

$\underset{\sim}{E}$	-6	-5	-4	-3	-2	-1	0	+1	+2	+3	+4	+5	+6
PB	0	0	0	0	0	0	0	0	0	0	0	0.5	1.0
PM	0	0	0	0	0	0	0	0	0	0.5	1.0	0.5	0
PS	0	0	0	0	0	0	0	0.5	1.0	0.5	0	0	0
ZO	0	0	0	0	0	0.5	1.0	0.5	0	0	0	0	0
NS	0	0	0	0.5	1.0	0.5	0	0	0	0	0	0	0
NM	0	0.5	1.0	0.5	0	0	0	0	0	0	0	0	0
NB	1.0	0.5	0	0	0	0	0	0	0	0	0	0	0

通常，用正态型隶属函数曲线来描述人进行控制活动时的模糊概念比较适宜，因此可以分别给出误差 $\underset{\sim}{E}$ 、误差变化率 $\underset{\sim}{EC}$ 及控制量 $\underset{\sim}{U}$ 的 7 个语言变量{NB,NM,NS,ZO,PS,PM,PB}的隶属函数及其模糊集合表达式。

上述 $\underset{\sim}{E}$ ， $\underset{\sim}{EC}$ ， $\underset{\sim}{U}$ 的 7 个模糊变量均假定为正态型的模糊变量，其正态型隶属函数为

$$\mu(x)=\exp\left[-\left(\frac{x-b}{a}\right)^2\right] \tag{3.2}$$

其中参数 a 的大小将影响隶属函数曲线的形状，b 为正态型隶属函数曲线的中心。图 3.6 所示为正态型隶属函数曲线，其对应的赋值表如表 3.3 所示。

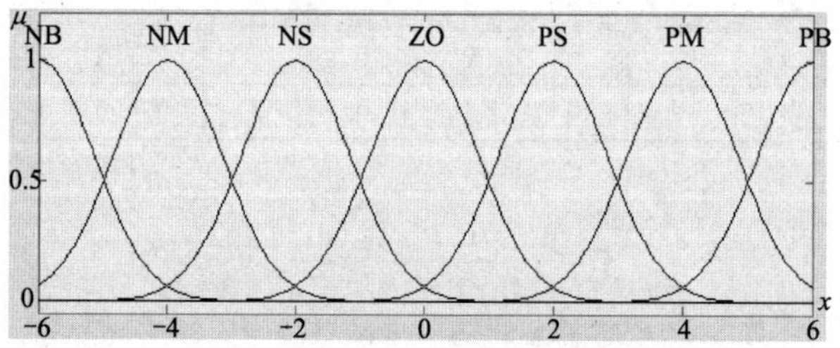

图 3.6　正态型隶属函数曲线

表 3.3　正态型隶属函数赋值表

语言变量	-6	-5	-4	-3	-2	-1	0	+1	+2	+3	+4	+5	+6
PB	0	0	0	0	0	0	0	0	0	0	0.1	0.5	1.0
PM	0	0	0	0	0	0	0	0	0.1	0.5	1.0	0.5	0.1
PS	0	0	0	0	0	0	0.1	0.5	1.0	0.5	0.1	0	0
ZO	0	0	0	0	0.1	0.5	1.0	0.5	0.1	0	0	0	0
NS	0	0	0.1	0.5	1.0	0.5	0.1	0	0	0	0	0	0
NM	0.1	0.5	1.0	0.5	0.1	0	0	0	0	0	0	0	0
NB	1.0	0.5	0.1	0	0	0	0	0	0	0	0	0	0

在选择隶属函数时，隶属函数曲线的不同形状会表现出不同的控制特性。如图 3.7 所示，3 个模糊集合 $\underset{\sim}{A}$ 、$\underset{\sim}{B}$ 、$\underset{\sim}{C}$ 的隶属函数曲线的形状截然不同，模糊子集 $\underset{\sim}{A}$ 的形状尖一点，它的分辨率最高，其次是 $\underset{\sim}{B}$ ，再次是 $\underset{\sim}{C}$ 。

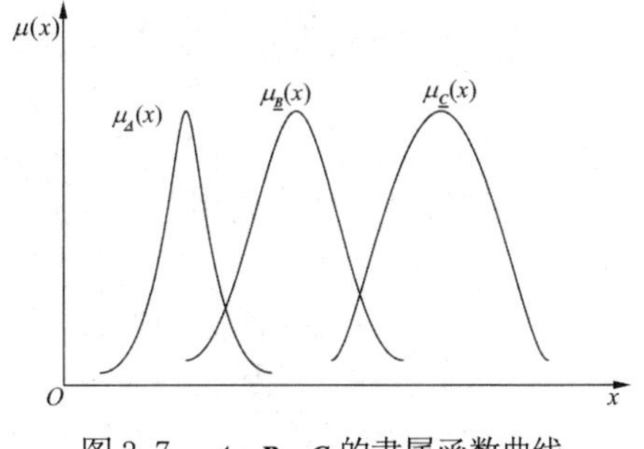

图 3.7　$\underset{\sim}{A}$、$\underset{\sim}{B}$、$\underset{\sim}{C}$ 的隶属函数曲线

虽然输入误差变量在模糊子集 $\underset{\sim}{A}$ 、$\underset{\sim}{B}$ 、$\underset{\sim}{C}$ 上变化相同，但由它们所引起的输出变化是不同的。从图 3.7 可看出，隶属函数曲线的形状较尖的模糊子集，其分辨率较高，控制灵敏度较高。因此，在选择模糊变量的模糊集合时，在误差较大的范围内采用低分辨率的隶属函数，在误差较小的范围内采用较高分辨率的隶属函数，当误差接近 0 时选用高分辨率的隶属函数。

在确定输入输出变量的模糊集合时，还要注意使论域中的任意一点对这些模糊集合的隶属度的最大值不能太小，否则会在这样的点附近出现不灵敏区，造成失控，使模糊控制系统的控制性能变差。

可以适当地增加各模糊变量的模糊集论域中的元素个数。论域中元素个数的选择不少于 13 个，而模糊语言变量的词集总数通常选 7 个，此时论域中元素总数为模糊词集总数的 2~3 倍，隶属函数对论域的覆盖程度较好。

此外，各模糊集合的隶属函数之间相互也有影响，如图 3.8 所示，其中两个相邻模糊集合的隶属函数 $\mu_{\underset{\sim}{A}}$ 与 $\mu_{\underset{\sim}{B}}$ 的交点分别为 α_1 、α_2 ，显然 $\alpha_1 < \alpha_2$ 。可用 α 的大小来描述两个相邻模糊集合的隶属函数之间的影响程度。当 α 较小时，模糊控制器控制灵敏度较高；而当 α 较大时，鲁棒性较好。α 太小或太大都不好。如果 α 太大，会造成两个相邻的模糊集合隶属函数重叠；如果 α 太小，会造成两个相邻的模糊集合隶属函数出现空挡。一般 α 取值范围为 0.4~0.8。

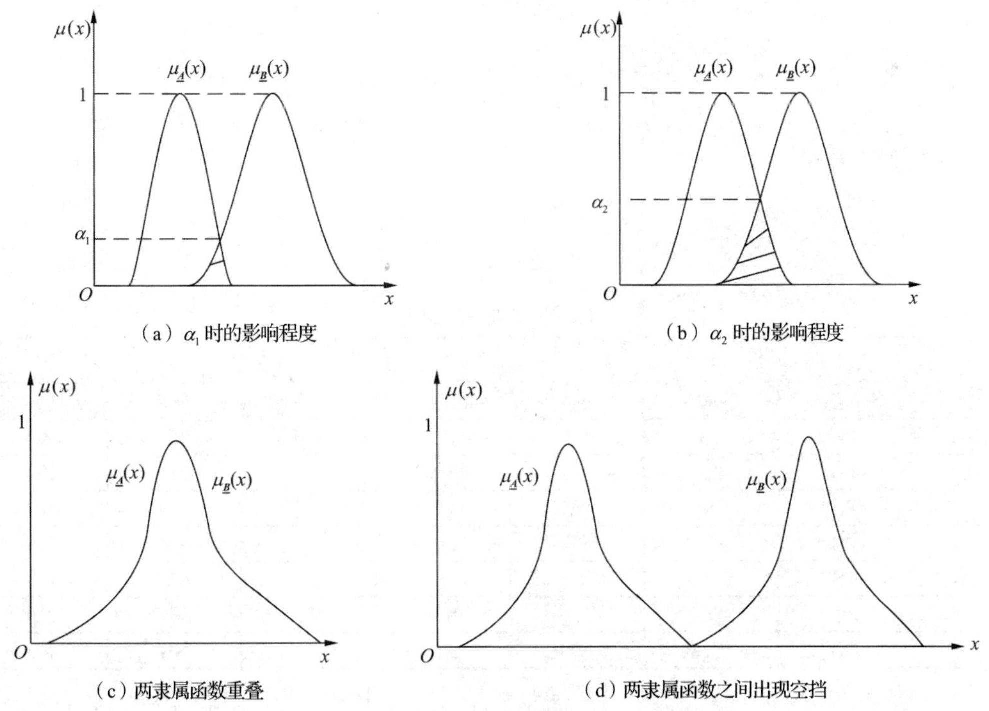

图 3.8　两个相邻模糊集合的隶属函数之间的相互关系

3. 建立模糊控制规则

模糊控制器的控制规则是以手动控制策略为基础的，它利用模糊集合论将手动控制策略转化为具体的数值运算，然后由推理运算结果做出相应的控制动作，使执行机构控制被控对象的运行。利用语言归纳手动控制策略的过程，实际上是建立模糊控制器的控制规则的过程。手动控制策略一般采用模糊推理语句来描述。

下面以二阶位置系统的定位控制为例，说明模糊控制规则的建立过程。在工程上，人们一般期望二阶系统的输出能快速、准确地达到给定值，并且在给定值附近要求超调量尽可能小，其过渡过程如图 3.9 所示。通过总结这个过程的手动控制策略，给出一组模糊控制规则。

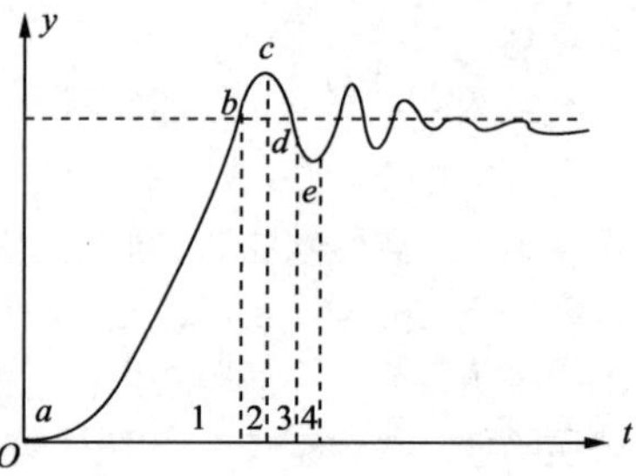

图 3.9　二阶位置系统的阶跃响应

设位置误差为 $\underline{\boldsymbol{E}}$，位置的误差变化为 $\underline{\boldsymbol{EC}}$，执行器的控制量变化为 $\underline{\boldsymbol{U}}$，选取 $\underline{\boldsymbol{E}}$、$\underline{\boldsymbol{EC}}$、$\underline{\boldsymbol{U}}$ 的语言变量词集为

$$\{\mathrm{NB,NM,NS,ZO,PS,PM,PB}\}$$

由图 3.9 可知，系统的阶跃响应是 1—2—3—4 这 4 个阶段的周期重复出现，根据其中的特征点 a、b、c、d、e 等确定模糊控制规则。

在输出响应曲线处于第 1 阶段的起始点 a 处，误差最大且为正，误差的变化几乎为零，这时需要以最大的控制量来加速系统的响应。因此模糊控制规则可以写为

“若误差正大且误差变化率为零，则控制量应负大”

即

$$\underline{\boldsymbol{R}}_1: \text{if } \underline{\boldsymbol{E}} = \mathrm{PB} \quad \text{and} \quad \underline{\boldsymbol{EC}} = \mathrm{ZO} \quad \text{then} \quad \underline{\boldsymbol{U}} = \mathrm{NB}$$

在输出响应曲线处于第 1 阶段的给定点 b 处，误差为零。为了减小系统的超调量，这时需要最大限度地减少控制量来抑制系统的响应速度。此时模糊控制规则可以写为

“若误差为零且误差变化率为负大，则控制量应正大”

即

$$\underline{\boldsymbol{R}}_2: \text{if } \underline{\boldsymbol{E}} = \mathrm{ZO} \quad \text{and} \quad \underline{\boldsymbol{EC}} = \mathrm{NB} \quad \text{then} \quad \underline{\boldsymbol{U}} = \mathrm{PB}$$

同样可以写出 c、d、e 等点的模糊控制规则，并归纳为表 3.4 所示的模糊控制规则。

总的模糊控制规则为

$$\begin{aligned}\underline{\boldsymbol{R}} &= \underline{\boldsymbol{R}}_1 \vee \underline{\boldsymbol{R}}_2 \vee \cdots \vee \underline{\boldsymbol{R}}_{49} \\ &= \mathop{\vee}_{i=1}^{49} \underline{\boldsymbol{R}}_i\end{aligned}$$

表 3.4　模糊控制规则

$\underline{\boldsymbol{E}}$	$\underline{\boldsymbol{EC}}$						
	NB	NM	NS	ZO	PS	PM	PB
NB	PB	PB	PB	PB	PM	PS	ZO
NM	PB	PB	PM	PM	PS	ZO	ZO
NS	PB	PM	PM	PS	ZO	ZO	NS
ZO	PB	PM	PS	ZO	NS	NM	NB
PS	PS	ZO	ZO	NS	NM	NM	NB
PM	ZO	ZO	NS	NM	NM	NB	NB
PB	ZO	NS	NM	NB	NB	NB	NB

上述选取控制量变化的原则为：当误差大或较大时，选择较大的控制量以尽快消除误差；当误差较小时，选择较小的控制量以防止超调，保证系统的稳定性。二阶位置系统模糊控制量的理

想变化过程如图 3.10 所示。

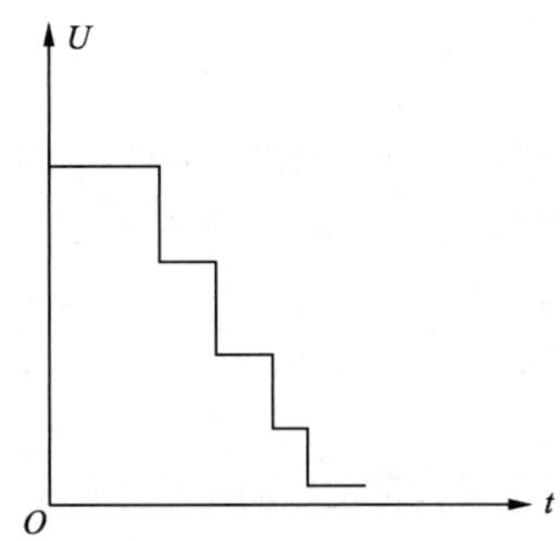

图 3.10 二阶位置系统模糊控制量的理想变化过程

3.2.3 精确量和模糊量的相互转换

1. 模糊化方法

模糊控制器中的模糊规则推理采用的是输入误差和误差变化的模糊量，所以在设计模糊控制器时需要将输入误差和误差变化的精确量转化为模糊量，这个过程被称为模糊化处理。

模糊化一般采用如下 2 种方法。

（1）已知系统误差 e，求其对应的模糊语言变量 $\underset{\sim}{\boldsymbol{E}}$。

① 根据系统误差 e、量化因子 K_e，求量化等级 n_i（$n_i \in \{-n,-n+1,\cdots,0,\cdots,n-1,n\}$）。

② 根据量化等级 n_i 查找模糊语言变量 $\underset{\sim}{\boldsymbol{E}}$ 的赋值表，找出在元素 n_i 上与最大隶属度相对应的语言值所决定的模糊集合。

例如，设系统误差 $e=0.5$，量化因子 $K_e=4$，则 $n_i=K_e \cdot e=4\times 0.5=2$。查表 3.3 中隶属函数赋值+2 量化等级上的隶属度为 0.1、1.0、0.1，从表 3.3 中查找最大隶属度 1.0 所对应的模糊语言变量为 PS，则模糊化结果为

$$\underset{\sim}{\mathbf{PS}}=\frac{0.1}{0}+\frac{0.5}{1}+\frac{1.0}{2}+\frac{0.5}{3}+\frac{0.1}{4}$$

又如系统误差 $e=-0.5$，量化因子 $K_e=6$，则 $n_i=K_e \cdot e=6\times(-0.5)=-3$。查表 3.3 中隶属函数赋值-3 量化等级上的隶属度为 0.5、0.5，从表 3.3 中查找隶属度 0.5 所对应的模糊语言变量为 NS 和 NM，则模糊化结果为

$$\underset{\sim}{\mathbf{NS}}=\frac{0.1}{-4}+\frac{0.5}{-3}+\frac{1.0}{-2}+\frac{0.5}{-1}+\frac{0.1}{0}$$

$$\underset{\sim}{\mathbf{NM}}=\frac{0.1}{-6}+\frac{0.5}{-5}+\frac{1.0}{-4}+\frac{0.5}{-3}+\frac{0.1}{-2}$$

注意：如果精确量 x 的实际变化范围为 $[a,b]$，应先采用如下公式将 $[a,b]$ 中的精确量转换为 $\{-n,n\}$ 中变化的变量 y。

$$y=\frac{2n}{b-a}\left(x-\frac{a+b}{2}\right)$$

计算出的 y 值不一定是整数，可以采用四舍五入法把它归入最接近 y 的整数。

（2）根据量化等级 n_i（$n_i \in \{-n,-n+1,\cdots,0,\cdots,n-1,n\}$），将 $\underset{\sim}{\boldsymbol{A}}$ 写成如下的一个单点模糊集合。

$$\mu_{\underset{\sim}{A}}(x)=\begin{cases}1, & x=x_0=n_i \\ 0, & x\neq x_0=n_i\end{cases}$$

例如，量化等级 +6 所对应的模糊集合为

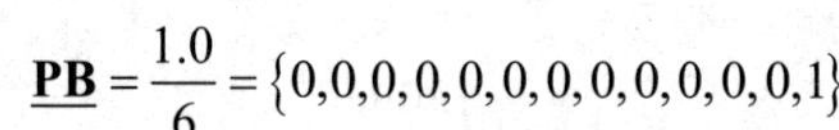

$$\underset{\sim}{\mathbf{PB}} = \frac{1.0}{6} = \{0,0,0,0,0,0,0,0,0,0,0,0,1\}$$

2. 模糊决策

模糊控制器的输出是一个模糊集合，因为被控对象仅能接受一个精确的控制量，这时就要进行模糊决策（模糊判决），把模糊量转换为精确量。把模糊量转换为精确量的过程称为清晰化，又称为去模糊化或模糊决策（模糊判决）。

模糊决策主要有以下 3 种方法。

（1）最大隶属度法

对于模糊控制器的输出模糊集合 $\underset{\sim}{\boldsymbol{A}}$，其对应的论域为 $\boldsymbol{U}=\{u_1,u_2,\cdots,u_m\}$。

模糊决策的最大隶属度原则就是选择模糊集合 $\underset{\sim}{\boldsymbol{A}}$ 中隶属度最大的那个元素 u_i 作为输出结果，且 u_i 满足

$$\mu_{\underset{\sim}{A}}(u_i) \geqslant \mu_{\underset{\sim}{A}}(u_j),\ u_i,\ u_j \in \boldsymbol{U},\ i \neq j$$

如果在输出的模糊子集 $\underset{\sim}{\boldsymbol{A}}$ 中，具有最大隶属度的那些元素是连续的（即隶属函数出现一个平顶，有多个连续的最大值），则取其平顶的重心所对应的论域元素作为决策输出，即对这些元素取平均值。

这种决策方法的优点是简单易行，缺点是它概括的信息量较少，因为这样做完全排除了其他一切隶属度较小的元素的影响和作用，并且为了使决策得以实施，必须避免控制器输出过程中出现隶属函数曲线为不连续的双峰和所有元素的隶属度值都非常小的模糊集合。

例如

$$\underset{\sim}{\boldsymbol{A}}_1 = \frac{0}{-3}+\frac{0}{-2}+\frac{0}{-1}+\frac{0}{0}+\frac{0.8}{1}+\frac{0.75}{2}+\frac{0.3}{3}$$

$$\underset{\sim}{\boldsymbol{A}}_2 = \frac{0.1}{-3}+\frac{0.1}{-2}+\frac{0.7}{-1}+\frac{0}{0}+\frac{0.8}{1}+\frac{0.8}{2}+\frac{0.3}{3}$$

在 $\underset{\sim}{\boldsymbol{A}}_1$ 中应用模糊决策的最大隶属度原则，可得 1 为决策输出。在 $\underset{\sim}{\boldsymbol{A}}_2$ 中，取决策输出 $u^*=\frac{1+2}{2}=1.5\approx 2$。即最大隶属度对应的点有几个，则取它们的平均值

$$\overline{u}^* = \frac{u_1+u_2+\cdots+u_n}{n} = \frac{1}{n}\sum_{i=1}^{n} u_i$$

又如

$$\underset{\sim}{\boldsymbol{U}} = \frac{1.0}{2}+\frac{0.7}{3}+\frac{0.7}{4}+\frac{1.0}{5}+\frac{0.6}{6}+\frac{0.2}{7}$$

在量化等级 2 和 5 上出现了不连续的峰值，如图 3.11 所示，在设计模糊控制器时要避免这种情况出现。

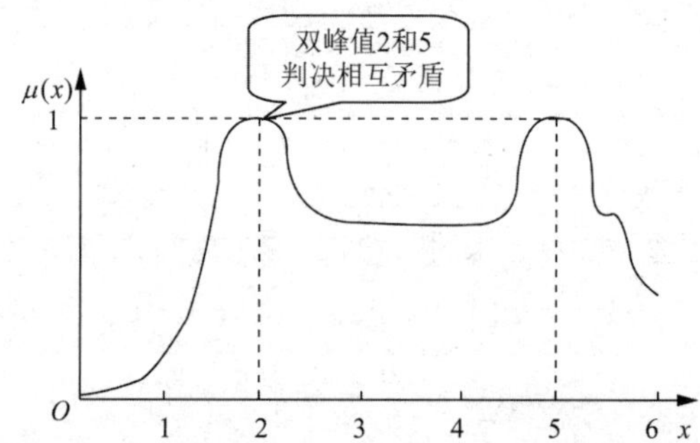

图 3.11　量化等级 2 和 5 上出现了不连续的双峰值

（2）加权平均判决法

加权平均判决法的关键在于权系数的选择。一般来讲，权系数与系统响应特性有关，因此可根据系统设计要求或经验来选取适当的加权系数。当权系数 $k_i(i=1,2,\cdots,m)$ 已确定时，模糊量的决策输出可由式（3.3）给出。

$$u^* = \frac{\sum_{i=1}^{m} k_i u_i}{\sum_{i=1}^{m} k_i} \tag{3.3}$$

简单起见，通常选用隶属度作为权系数，则决策输出表述为

$$u^* = \frac{\sum_{i=1}^{m} \mu_{\underset{\sim}{A}}(u_i)\cdot u_i}{\sum_{i=1}^{m} \mu_{\underset{\sim}{A}}(u_i)} \tag{3.4}$$

例如

$$\underset{\sim}{\boldsymbol{U}} = \frac{0.3}{-1} + \frac{0.8}{-2} + \frac{1.0}{-3} + \frac{0.5}{-4} + \frac{0.1}{-5}$$

$$u^* = \frac{(-1)\times 0.3 + (-2)\times 0.8 + (-3)\times 1 + (-4)\times 0.5 + (-5)\times 0.1}{0.3 + 0.8 + 1 + 0.5 + 0.1}$$

$$= -2.74 \approx -3$$

则取量化等级-3 作为模糊控制器的输出值。

（3）重心法

重心法是将模糊集合隶属函数曲线与横坐标轴所围成面积的重心作为模糊控制器的输出值，如图 3.12 所示，即

$$u^* = \frac{\int_a^b u\mu(u)\mathrm{d}u}{\int_a^b \mu(u)\mathrm{d}u}$$

其中，u^* 为清晰化输出值，u 为输出变量，a 、b 分别为横坐标的下界与上界。

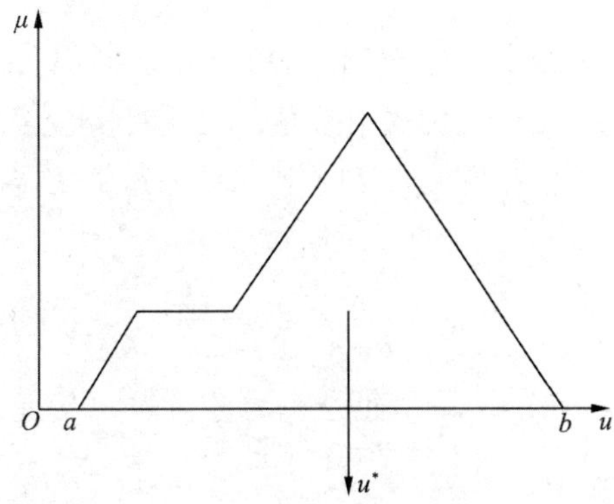

图 3.12 重心法去模糊化方法

采用重心法函数 centroid 实现去模糊化（见图 3.13）的 MATLAB 程序如下。

```
clear
clc
t=0:1:7;
mf1=0.5*trapmf(t,[1,2,3,4]);
mf2=trimf(t,[2,4,6]);
```

```
mf=[mf1(1:4),mf2(4:7)];
u=defuzz(t,mf,'centroid');
plot(t,mf);
disp(u);
```

运行后得到结果：4.1667。

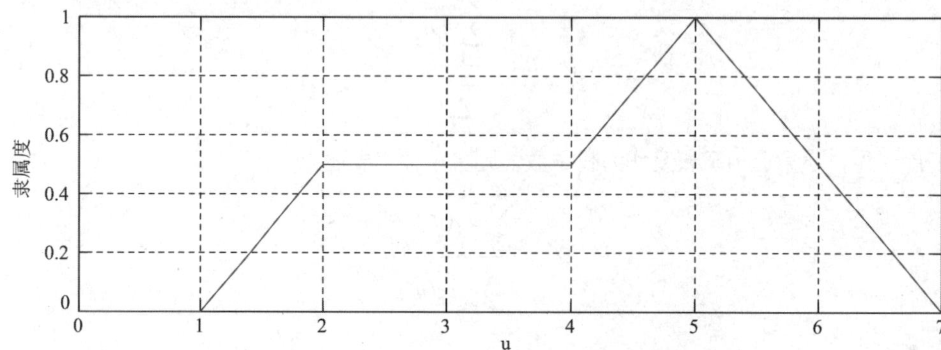

图 3.13　重心法函数 centroid 实现去模糊化

但实际上该程序运行的结果是通过计算离散采样点及其对应的隶属函数值得到的，从图 3.13 的仿真结果可以写出

$$\underset{\sim}{U}=\frac{0}{0}+\frac{0}{1}+\frac{0.5}{2}+\frac{0.5}{3}+\frac{0.5}{4}+\frac{1}{5}+\frac{0.5}{6}+\frac{0}{7}$$

$$u^*=\frac{0.5\times 2+0.5\times 3+0.5\times 4+1\times 5+0.5\times 6}{0.5+0.5+0.5+1+0.5}=\frac{12.5}{3}=4.1667\approx 4$$

3.2.4　论域、量化因子、比例因子的选择

1. 论域的定义

在设计模糊控制器时，需要将输入误差、误差变化的精确量转变为模糊量，把模糊控制器输出的模糊量转变为精确量。将实际输入误差、误差变化的精确值和控制量的精确值的实际范围称为基本论域。

设误差的基本论域为 $\left[-x_e,x_e\right]$，误差变化的基本论域为 $\left[-x_{ec},x_{ec}\right]$，控制量的基本论域为 $\left[-y_u,y_u\right]$。其中 e 为误差变量，ec 为误差变化变量，u 为控制量变量。

如果输入精确量的实际变化范围为 $[a,b]$，则可以通过下式转换为对称的区间 $[-x_e,x_e]$，$[-x_{ec},x_{ec}]$。

$$e'=\frac{2x_e}{b-a}\cdot(e-\frac{a+b}{2})$$

$$ec'=\frac{2x_{ec}}{b-a}\cdot(ec-\frac{a+b}{2})$$

误差变量的模糊集论域为

$$\boldsymbol{X}=\{-n,-n+1,\cdots,0,\cdots,n-1,n\}$$

误差变化变量的模糊集论域为

$$\boldsymbol{Y}=\{-m,-m+1,\cdots,0,\cdots,m-1,m\}$$

控制量的模糊集论域为

$$\boldsymbol{Z}=\{-l,-l+1,\cdots,0,\cdots,l-1,l\}$$

上述论域中，n、m、l 为离散值，所以模糊集论域又被称为离散论域。依据实际经验，对于语言变量词集{负大,负中,负小,零,正小,正中,正大}，一般选择误差离散论域 $n \geqslant 6$，选择误差变化论域 $m \geqslant 6$，控制量论域 $l \geqslant 7$，如 $\boldsymbol{X} = \boldsymbol{Y} = \{-6,-5,-4,-3,-2,-1,0,1,2,3,4,5,6\}$，$\boldsymbol{Z} = \{-7,-6,-5,-4,-3,-2,-1,0,1,2,3,4,5,6,7\}$。而对于 5 个语言变量词集{负大,负小,零,正小,正大}，一般选择误差和控制量的离散论域 $n \geqslant 3$，如 $\boldsymbol{X} = \boldsymbol{Z} = \{-3,-2,-1,0,1,2,3\}$。这样能保证离散论域中所含元素个数为模糊词集总数的 2 倍以上，使得模糊集合能较好地覆盖整个论域，避免出现失控现象。

2. 量化因子和比例因子

为了进行模糊化处理，必须将实际输入的误差变量 e 和误差变化变量 ec 分别从精确量转换为相应的模糊量 $\underline{E}$ 和 $\underline{EC}$，这个过程又称为量化处理，其中误差的量化因子 K_e 和误差变化的量化因子 K_{ec} 由式（3.5）表示。

$$\begin{cases} K_e = \dfrac{n}{x_e} \\ K_{ec} = \dfrac{m}{x_{ec}} \end{cases} \tag{3.5}$$

模糊控制器在经过推理决策后，输出的是模糊控制量，而实际的被控对象的输入为精确量，因此需要将模糊控制量转换为精确控制量，这个过程是在模糊控制量 $\underline{\boldsymbol{U}}$ 经去模糊化处理后得到离散量 U，再将 U 转换到精确控制量 u。输出控制量的比例因子 K_u 由式（3.6）确定。

$$K_u = \frac{y_u}{l} \tag{3.6}$$

设 l_j 为控制量离散论域 $\boldsymbol{Z} = \{-l,-l+1,\cdots,0,\cdots,l-1,l\}$ 中的任一元素，根据上述比例因子的定义，此时模糊控制器输出的精确控制量为

$$y_{u_i} = K_u \cdot l_j \tag{3.7}$$

下面以一个带有延迟环节的二阶系统 $G(s) = \dfrac{20}{8s^2+4s+1}\mathrm{e}^{-0.2s}$ 的模糊控制仿真为例，说明量化因子和比例因子的作用。对该系统输入施加单位阶跃信号，分别调整误差的量化因子 K_e、误差变化的量化因子 K_{ec} 和比例因子 K_u，系统仿真结果及系统动态性能对比结果如图 3.14、图 3.15、图 3.16、表 3.5、表 3.6 和表 3.7 所示。

（1）误差的量化因子 K_e 变化，误差变化的量化因子 K_{ec} 和比例因子 K_u 固定。仿真结果及动态性能对比分别如图 3.14 和表 3.5 所示。

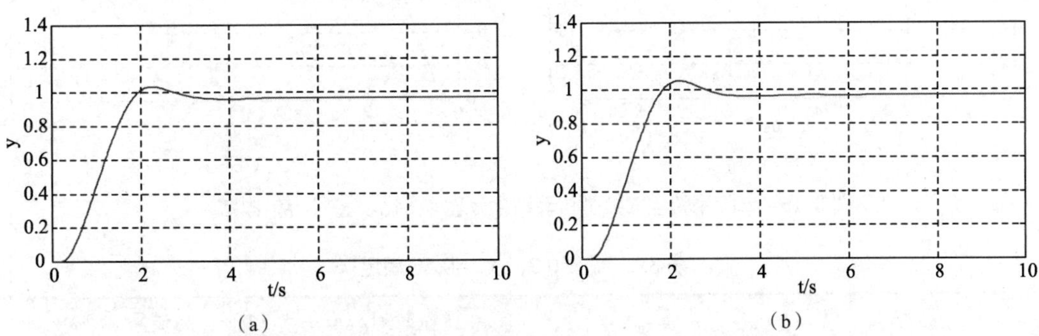

图 3.14　二阶系统模糊控制仿真结果（K_e 变化，K_{ec}、K_u 固定）

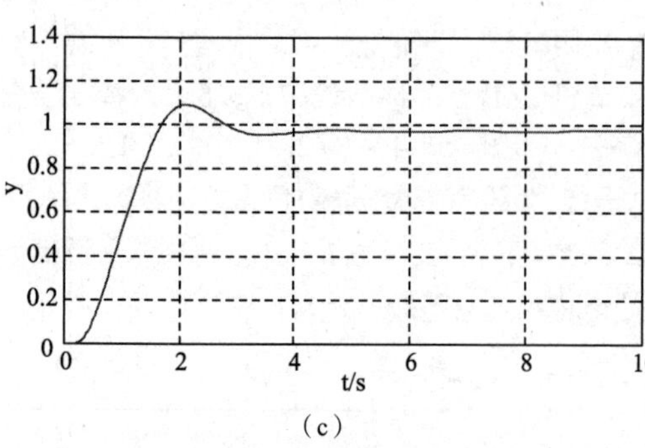

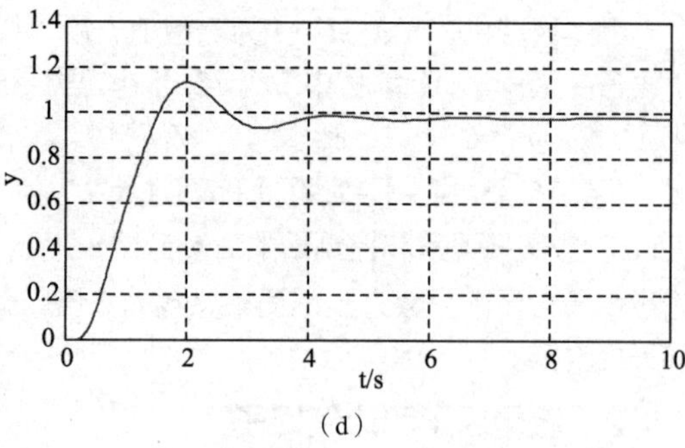

图 3.14　二阶系统模糊控制仿真结果（K_e 变化，K_{ec}、K_u 固定）（续）

表 3.5　K_{ec} =1.66，K_u =0.46 固定

图号	K_e	调整时间 t / s	超调量 σ / %
图 3.14（a）	0.9	3.58	6.8
图 3.14（b）	0.95	3.65	8.2
图 3.14（c）	1.1	3.69	12.4
图 3.14（d）	1.4	3.72	15.3

（2）误差变化的量化因子 K_{ec} 变化，误差的量化因子 K_e 和比例因子 K_u 固定。仿真结果及动态性能对比如图 3.15 和表 3.6 所示。

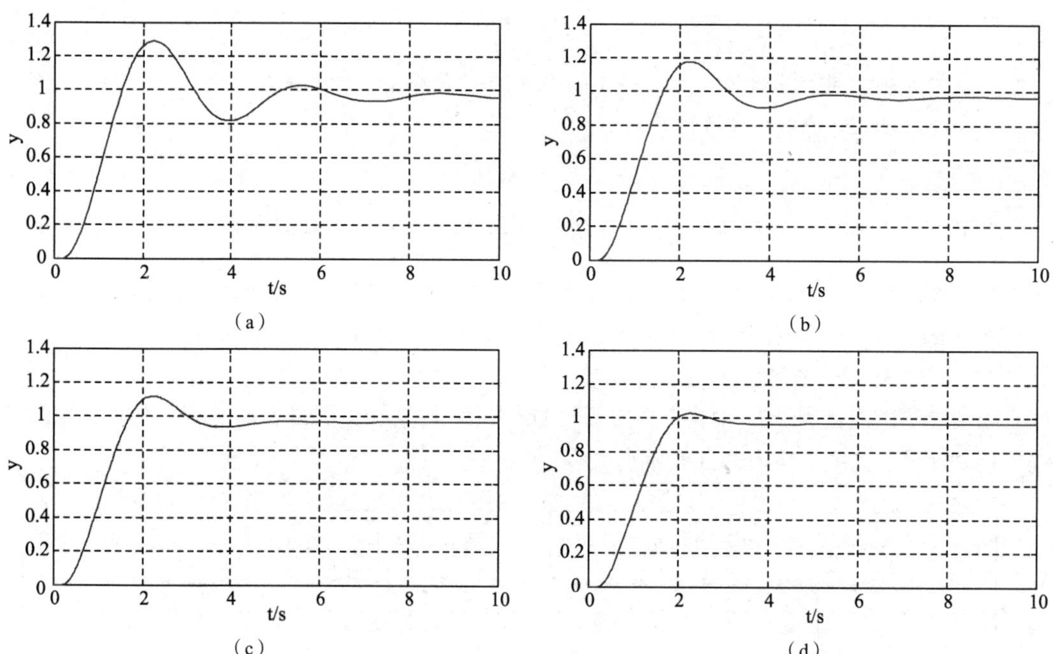

图 3.15　二阶系统模糊控制仿真结果（K_{ec} 变化，K_e、K_u 固定）

表 3.6　K_e =0.9，K_u =0.46 固定

图号	K_{ec}	调整时间 t / s	超调量 σ / %
图 3.15（a）	0.8	5.8	32.7
图 3.15（b）	1.1	5.5	23.7

续表

图号	K_{ec}	调整时间 t / s	超调量 σ / %
图 3.15（c）	1.3	3.9	15.4
图 3.15（d）	1.7	3.5	5.2

（3）比例因子 K_u 变化，误差的量化因子 K_e 和误差变化的量化因子 K_{ec} 固定。仿真结果如图 3.16 和表 3.7 所示。

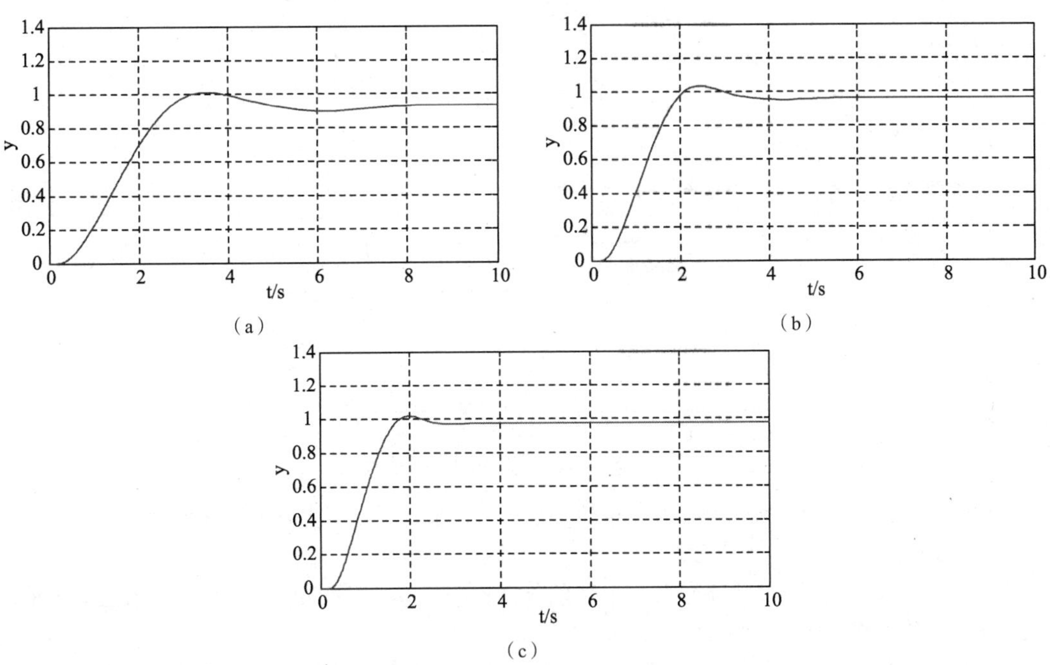

图 3. 16　二阶系统模糊控制仿真结果（K_u 变化，K_e、K_{ec} 固定）

表 3.7　K_e=0.9，K_{ec}=1.66 固定

图号	K_u	调整时间 t / s	超调量 σ / %
图 3.16（a）	0.2	3.9	8.3
图 3.16（b）	0.4	3.1	7.3
图 3.16（c）	0.6	2.9	5.2

由以上图表可知，当误差的量化因子 K_e 变大时，系统的超调变大，调整时间增长；当误差变化的量化因子 K_{ec} 变大时，系统的超调减小，调整时间缩短；当比例因子 K_u 变大时，系统的超调减小，调整时间缩短。故在设计系统时应注意选择合适的 K_e、K_{ec} 和 K_u 值。

3.2.5　一个简单的模糊控制器设计

为了进一步说明模糊控制器的设计原理，下面介绍一个单输入单输出的水位控制系统设计过程。

【例 3.1】 设有一储水器，具有可变的水位，另有一调节阀，可向内进水和向外排水。试设计一个模糊控制器，并通过调节阀将水位稳定在固定点 O 的附近。用浮球检测储水器中的水位高度，为了保持水位高度在一定位置，采用水位控制系统代替手动控制，如图 3.17 所示。

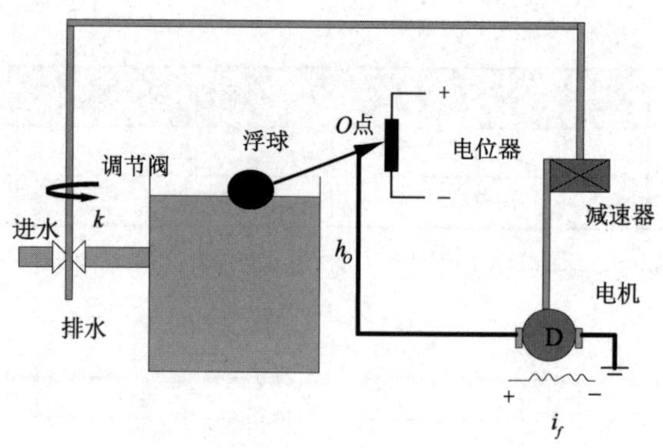

图 3.17　水位控制系统示意图

解：

根据图 3.17，可得水位模糊控制系统结构如图 3.18 所示。

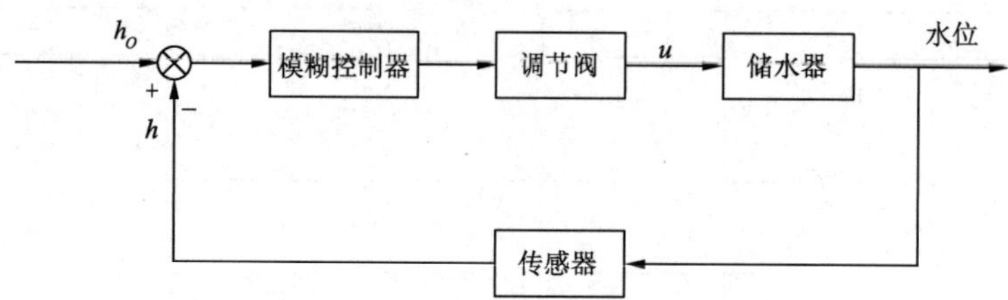

图 3.18　水位模糊控制系统结构

很明显，该系统的模糊控制器是一维的，根据上述设计过程，可做如下分析。

① 观测量：输入量、输出量（控制量）

在这个系统中，输入量是水位对于 O 点的偏差 $e = h_O - h$ 。其中 h_O 定义为 O 点的水位高度，即需要保持的高度；h 为实际测得的水位高度。

输出的控制量为 u，当控制量 u 为正时，调节阀逆时针旋转，储水；u 为负时，调节阀顺时针旋转，排水。

② 输入/输出变量论域

设水位偏差 e 的实际论域为 $[-0.3,0.3]$，单位为 m；选量化因子 $K_e = 10$，则 e 的离散论域为

$$\boldsymbol{X} = \{-3,-2,-1,0,+1,+2,+3\}$$

控制量 u 的实际论域为 $[-6,6]$，取比例因子 $K_u = 2$，则 u 的离散论域为

$$\boldsymbol{Y} = \{-3,-2,-1,0,+1,+2,+3\}$$

③ 定义模糊集合及其隶属函数表

选词集为{负大,负小,零,正小,正大}，即{NB,NS,ZO,PS,PB}，根据人控制水位的经验，确定语言变量 $\underline{\boldsymbol{E}}$、$\underline{\boldsymbol{U}}$ 的隶属函数曲线如图 3.19 所示。

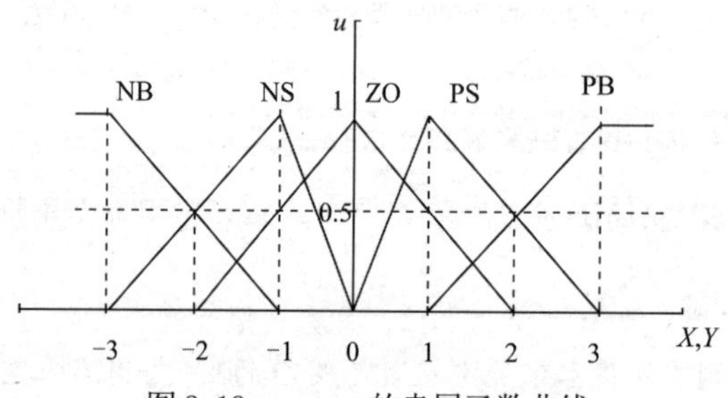

图 3.19　$\underline{\boldsymbol{E}}$，$\underline{\boldsymbol{U}}$ 的隶属函数曲线

模糊变量 $\underline{E}$ 的函数赋值表如表 3.8 所示。

表 3.8　模糊变量 $\underline{E}$ 的隶属函数赋值表

$\underline{E}$	μ						
	−3	−2	−1	0	1	2	3
PB	0	0	0	0	0	0.5	1
PS	0	0	0	0	1	0.5	0
ZO	0	0	0.5	1	0.5	0	0
NS	0	0.5	1	0	0	0	0
NB	1	0.5	0	0	0	0	0

④ 确定模糊控制规则

在水位控制系统中，依据手动控制的一般经验，可以总结出如下一些控制规则。

“若水位高于 O 点，则排水。差值越大，排水越快。”

“若水位低于 O 点，则进水。差值越大，进入越快。”

若采用数学符号描述，可总结出如下模糊控制规则。

若 $\underline{E}$ 负大，则 $\underline{U}$ 正大；

若 $\underline{E}$ 负小，则 $\underline{U}$ 正小；

若 $\underline{E}$ 为零，则 $\underline{U}$ 为零；

若 $\underline{E}$ 正小，则 $\underline{U}$ 负小；

若 $\underline{E}$ 正大，则 $\underline{U}$ 负大。

写成模糊推理语句：

if $\underline{E}=\text{NB}$ then $\underline{U}=\text{PB}$；

if $\underline{E}=\text{NS}$ then $\underline{U}=\text{PS}$；

if $\underline{E}=\text{ZO}$ then $\underline{U}=\text{ZO}$；

if $\underline{E}=\text{PS}$ then $\underline{U}=\text{NS}$；

if $\underline{E}=\text{PB}$ then $\underline{U}=\text{NB}$；

由上述的模糊控制规则可得模糊控制规则表如表 3.9 所示。

表 3.9　模糊控制规则表

$\underline{E}$	$\underline{U}$	$\underline{E}$	$\underline{U}$	$\underline{E}$	$\underline{U}$
NB	PB	ZO	ZO	PB	NB
NS	PS	PS	NS		

⑤ 求取总的模糊控制规则

模糊控制规则是由多条模糊条件语句组成的，它可以表示为从误差离散论域 $\boldsymbol{X}$ 到控制量离散论域 $\boldsymbol{Y}$ 的模糊关系。因为离散论域是有限的，所以模糊关系可以表示为矩阵的形式。

该水位控制系统总的模糊控制规则为

$$\underline{\boldsymbol{R}}=(\boldsymbol{NB}_{\underline{E}}\times\boldsymbol{PB}_{\underline{U}})\cup(\boldsymbol{NS}_{\underline{E}}\times\boldsymbol{PS}_{\underline{U}})\cup(\boldsymbol{ZO}_{\underline{E}}\times\boldsymbol{ZO}_{\underline{U}})\cup(\boldsymbol{PS}_{\underline{E}}\times\boldsymbol{NS}_{\underline{U}})\cup(\boldsymbol{PB}_{\underline{E}}\times\boldsymbol{NB}_{\underline{U}})$$

其中 $\underline{E}$ 、$\underline{U}$ 分别表示误差的模糊语言变量和控制量的模糊语言变量，且有

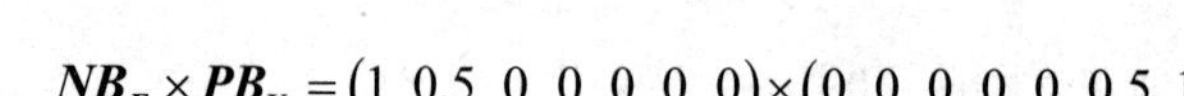

$$NB_{\underline{E}} \times PB_{\underline{U}} = (1\ \ 0.5\ \ 0\ \ 0\ \ 0\ \ 0\ \ 0) \times (0\ \ 0\ \ 0\ \ 0\ \ 0\ \ 0.5\ \ 1)$$

$$= \begin{pmatrix} 0 & 0 & 0 & 0 & 0 & 0.5 & 1 \\ 0 & 0 & 0 & 0 & 0 & 0.5 & 0.5 \\ 0 & 0 & 0 & 0 & 0 & 0 & 0 \\ 0 & 0 & 0 & 0 & 0 & 0 & 0 \\ 0 & 0 & 0 & 0 & 0 & 0 & 0 \\ 0 & 0 & 0 & 0 & 0 & 0 & 0 \\ 0 & 0 & 0 & 0 & 0 & 0 & 0 \end{pmatrix}$$

$$NS_{\underline{E}} \times PS_{\underline{U}} = (0\ \ 0.5\ \ 1\ \ 0\ \ 0\ \ 0\ \ 0) \times (0\ \ 0\ \ 0\ \ 0\ \ 1\ \ 0.5\ \ 0)$$

$$= \begin{pmatrix} 0 & 0 & 0 & 0 & 0 & 0 & 0 \\ 0 & 0 & 0 & 0 & 0.5 & 0.5 & 0 \\ 0 & 0 & 0 & 0 & 1 & 0.5 & 0 \\ 0 & 0 & 0 & 0 & 0 & 0 & 0 \\ 0 & 0 & 0 & 0 & 0 & 0 & 0 \\ 0 & 0 & 0 & 0 & 0 & 0 & 0 \\ 0 & 0 & 0 & 0 & 0 & 0 & 0 \end{pmatrix}$$

$$ZO_{\underline{E}} \times ZO_{\underline{U}} = (0\ \ 0\ \ 0.5\ \ 1\ \ 0.5\ \ 0\ \ 0) \times (0\ \ 0\ \ 0.5\ \ 1\ \ 0.5\ \ 0\ \ 0)$$

$$= \begin{pmatrix} 0 & 0 & 0 & 0 & 0 & 0 & 0 \\ 0 & 0 & 0 & 0 & 0 & 0 & 0 \\ 0 & 0 & 0.5 & 0.5 & 0.5 & 0 & 0 \\ 0 & 0 & 0.5 & 1 & 0.5 & 0 & 0 \\ 0 & 0 & 0.5 & 0.5 & 0.5 & 0 & 0 \\ 0 & 0 & 0 & 0 & 0 & 0 & 0 \\ 0 & 0 & 0 & 0 & 0 & 0 & 0 \end{pmatrix}$$

$$PS_{\underline{E}} \times NS_{\underline{U}} = (0\ \ 0\ \ 0\ \ 0\ \ 1\ \ 0.5\ \ 0) \times (0\ \ 0.5\ \ 1\ \ 0\ \ 0\ \ 0\ \ 0)$$

$$= \begin{pmatrix} 0 & 0 & 0 & 0 & 0 & 0 & 0 \\ 0 & 0 & 0 & 0 & 0 & 0 & 0 \\ 0 & 0 & 0 & 0 & 0 & 0 & 0 \\ 0 & 0 & 0 & 0 & 0 & 0 & 0 \\ 0 & 0.5 & 1 & 0 & 0 & 0 & 0 \\ 0 & 0.5 & 0.5 & 0 & 0 & 0 & 0 \\ 0 & 0 & 0 & 0 & 0 & 0 & 0 \end{pmatrix}$$

$$PB_{\underline{E}} \times NB_{\underline{U}} = (0\ \ 0\ \ 0\ \ 0\ \ 0\ \ 0.5\ \ 1) \times (1\ \ 0.5\ \ 0\ \ 0\ \ 0\ \ 0\ \ 0)$$

$$= \begin{pmatrix} 0 & 0 & 0 & 0 & 0 & 0 & 0 \\ 0 & 0 & 0 & 0 & 0 & 0 & 0 \\ 0 & 0 & 0 & 0 & 0 & 0 & 0 \\ 0 & 0 & 0 & 0 & 0 & 0 & 0 \\ 0 & 0 & 0 & 0 & 0 & 0 & 0 \\ 0.5 & 0.5 & 0 & 0 & 0 & 0 & 0 \\ 1 & 0.5 & 0 & 0 & 0 & 0 & 0 \end{pmatrix}$$

则求得

$$
\underset{\sim}{R}=\begin{pmatrix}0&0&0&0&0&0.5&1\\0&0&0&0&0.5&0.5&0.5\\0&0&0.5&0.5&1&0.5&0\\0&0&0.5&1&0.5&0&0\\0&0.5&1&0.5&0.5&0&0\\0.5&0.5&0.5&0&0&0&0\\1&0.5&0&0&0&0&0\end{pmatrix}
$$

⑥ 模糊决策

模糊决策通过 $\underset{\sim}{E}$ 和 $\underset{\sim}{R}$ 求出控制量，即

$$
\underset{\sim}{U}=\underset{\sim}{E}\circ\underset{\sim}{R} \tag{3.8}
$$

控制量 $\underset{\sim}{U}$ 实际上等于误差的模糊向量 $\underset{\sim}{E}$ 和模糊关系 $\underset{\sim}{R}$ 的合成，当 $\underset{\sim}{E}=PS$ 时有

$$
\underset{\sim}{U}=\underset{\sim}{E}\circ\underset{\sim}{R}=\begin{pmatrix}0&0&0&0&1&0.5&0\end{pmatrix}\circ\begin{pmatrix}0&0&0&0&0&0.5&1\\0&0&0&0&0.5&0.5&0.5\\0&0&0.5&0.5&1&0.5&0\\0&0&0.5&1&0.5&0&0\\0&0.5&1&0.5&0.5&0&0\\0.5&0.5&0.5&0&0&0&0\\1&0.5&0&0&0&0&0\end{pmatrix}
$$

$$
=\begin{pmatrix}0.5&0.5&1&0.5&0.5&0&0\end{pmatrix}
$$

⑦ 控制量的去模糊化处理

上面求得的控制量 $\underset{\sim}{U}$ 为模糊向量，它可以写成

$$
\underset{\sim}{U}=\frac{0.5}{-3}+\frac{0.5}{-2}+\frac{1}{-1}+\frac{0.5}{0}+\frac{0.5}{1}+\frac{0}{2}+\frac{0}{3}
$$

对上式控制量的模糊子集按照隶属度最大原则，应选取控制量为“−1”级。当误差 $\underset{\sim}{E}=\mathrm{PS}$ 时，控制量为“−1”级。具体地说，当水位偏高时应排出一点水。

3.3 模糊控制查询表

根据已建立的模糊控制规则，通过推理运算和离线计算得到一个模糊控制查询表，并存放在计算机内存中。在实际控制中，计算机将采样得到的误差和误差变化的精确值，经过量化处理后得到误差和误差变化的离散值，再通过查询模糊控制查询表找出相对应的控制量离散值。模糊控制查询表的结构如图 3.20 所示。

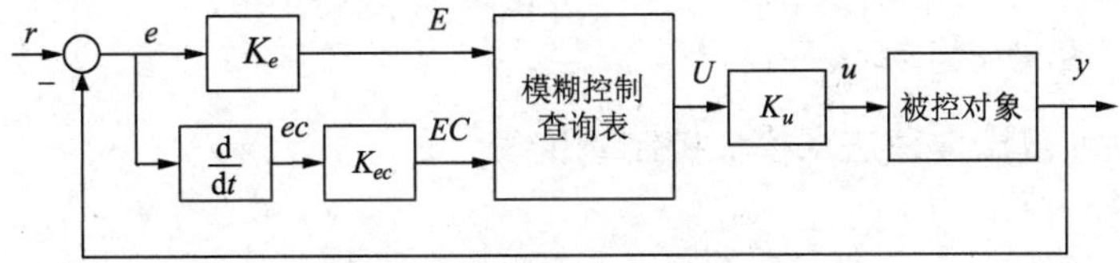

图 3.20　模糊控制查询表的结构

3.3.1 模糊控制查询表的设计方法

1. 间接法求模糊控制查询表

设有一个二维模糊控制器，其模糊控制规则如下。

$$\text{if } \underset{\sim}{A}_i \text{ and } \underset{\sim}{B}_j \text{ then } \underset{\sim}{C}_{ij} \qquad (i=1,2,\cdots,m;\ j=1,2,\cdots,n)$$

则有总的模糊控制规则

$$\underset{\sim}{R}=\bigcup_{i=1,j=1}^{m,n}(\underset{\sim}{A}_i\times\underset{\sim}{B}_j\times\underset{\sim}{C}_{ij})$$

当模糊控制的输入为 $\underset{\sim}{A}_i^*$ 和 $\underset{\sim}{B}_j^*$，其输出为

$$\underset{\sim}{C}_{ij}^*=(\underset{\sim}{A}_i^*\times\underset{\sim}{B}_j^*)\circ\underset{\sim}{R}$$

改变输入 $\underset{\sim}{A}_i^*$，$\underset{\sim}{B}_j^*$（$i=1,2,\cdots,m;\ j=1,2,\cdots,n$），计算 $\underset{\sim}{C}_{ij}^*$，并进行去模糊化处理得到 C_{ij}，这样可以求出一个 $m\times n$ 维的模糊控制查询表。

下面以一个二维模糊控制器为例，说明模糊控制查询表的设计过程。

二维模糊控制器的模糊控制规则为

$$\text{if } \underset{\sim}{E}=\underset{\sim}{E}_i \text{ and } \underset{\sim}{EC}=\underset{\sim}{EC}_j \text{ then } \underset{\sim}{U}=\underset{\sim}{U}_{ij} \qquad (i=1,2,\cdots,6;\ j=1,2,\cdots,6)$$

在模糊控制器中，误差、误差变化和控制量的离散论域分别为 $X=Y=\{-6,-5,-4,-3,-2,-1,0,1,2,3,4,5,6\}$，$Z=\{-7,-6,-5,-4,-3,-2,-1,0,1,2,3,4,5,6,7\}$，其中，$x\in X$，$y\in Y$，$z\in Z$ 为所对应论域中的元素。

模糊控制的总控制规则为

$$\underset{\sim}{R}=\bigvee_{i=1,j=1}^{6,6}(\underset{\sim}{E}_i\times\underset{\sim}{EC}_j)^{\mathrm{T}_1}\circ\underset{\sim}{U}_{ij}$$

其所对应的隶属函数为

$$\mu_{\underset{\sim}{R}}(x,y,z)=\bigvee_{i=1,j=1}^{i=6,j=6}[\mu_{\underset{\sim}{E}_i}(x)\wedge\mu_{\underset{\sim}{EC}_j}(y)]\wedge\mu_{\underset{\sim}{U}_{ij}}(z)\ \ (\forall x\in X,\ \forall y\in Y,\ \forall z\in Z)$$

上式中，T_1 是将 $\underset{\sim}{E}_i\times\underset{\sim}{EC}_j$ 计算结果转换为列向量。

当计算机根据采样得到新的误差和误差变化的精确值 $e'=x_i$，$ec'=y_j$ 时，再转换为相对应的模糊量 $\underset{\sim}{E}_i^*$、$\underset{\sim}{EC}_j^*$，则有

$$\underset{\sim}{U}_{ij}^*=(\underset{\sim}{E}_i^*\times\underset{\sim}{EC}_j^*)^{\mathrm{T}_2}\circ\underset{\sim}{R}$$

其所对应的隶属函数为

$$\mu_{\underset{\sim}{U}^*}(z)=\bigvee_{x\in X,y\in Y,z\in Z}\mu_{\underset{\sim}{R}}(x,y,z)\wedge[\mu_{\underset{\sim}{E}^*}(x)\wedge\mu_{\underset{\sim}{EC}^*}(y)]$$

其中，T_2 是将 $\underset{\sim}{E}_i^*\times\underset{\sim}{EC}_j^*$ 计算结果转换为行向量。

最后采用去模糊化方法中的最大隶属度判决将 $\underset{\sim}{U}_{ij}$ 转换为离散量 U_{ij}，离线计算出全部矩阵 $(U_{ij})_{6\times6}$ 组成模糊控制查询表，最后由输入 x_i、y_j 的量化值 E_i、EC_j 来查询控制表得到输出 U_{ij}，而模糊控制器的实际输出为 $u=K_u\times U_{ij}$。

2. Mamdani 直接推理法求模糊控制查询表

设二维模糊控制规则为

$$\text{if }\ \underset{\sim}{E}\ \text{ and }\ \underset{\sim}{EC}\ \text{ then }\ \underset{\sim}{U}$$

误差的离散论域 $X=\{-n,-n+1,\cdots,0,\cdots,n-1,n\}$，误差变化的离散论域 $Y=\{-m,-m+1,\cdots,0,\cdots,m-1,m\}$，控制量的离散论域 $Z=\{-l,-l+1,\cdots,0,\cdots,l-1,l\}$，其中 $x\in X$，$y\in Y$，$z\in Z$ 为所对应离散论域中的元素。

如果输入为 $x = x_0$， $y = y_0$，采用单点模糊集合表示模糊化的结果，即

$$\underline{E}' = \frac{1}{x_0}, \quad \underline{EC}' = \frac{1}{y_0}$$

则其所对应隶属度为

$$\mu_{\underline{E}'}(x) = \begin{cases} 1 & x = x_0 \\ 0 & x \neq x_0 \end{cases}, \quad \mu_{\underline{EC}'}(y) = \begin{cases} 1 & y = y_0 \\ 0 & y \neq y_0 \end{cases}$$

转移强度为 $\omega = \mu_{\underline{E}}(x_0) \wedge \mu_{\underline{EC}}(y_0)$，模糊推理结果为 $\alpha = \omega \wedge \mu_{\underline{U}}(z)$。

设有 k 条模糊控制规则： $\underline{\boldsymbol{R}}_i$: if $\underline{\boldsymbol{E}}_i$ and $\underline{\boldsymbol{EC}}_i$ then $\underline{\boldsymbol{U}}_i$ $i = 1, 2, \cdots, k$

则 k 条推理结果的转移强度为

$$\alpha_1 = \omega_1 \wedge \mu_{\underline{U}_1}(z)$$
$$\alpha_2 = \omega_2 \wedge \mu_{\underline{U}_2}(z)$$
$$\vdots$$
$$\alpha_k = \omega_k \wedge \mu_{\underline{U}_k}(z)$$

因此，总的转移强度为

$$\alpha = \bigvee_{i=1}^{k} \alpha_i = \bigvee_{i=1}^{k} \omega_i \wedge \mu_{\underline{U}_i}(z)$$

其中 $\omega_i = \mu_{\underline{E}_i}(x_0) \wedge \mu_{\underline{EC}_i}(y_0)$。

用重心法求输出：

$$U = \frac{\sum_{i=1}^{k} \alpha_i z_i}{\sum_{i=1}^{k} \alpha_i}$$

其中输出离散点 $z_i \in \boldsymbol{Z}$。

【例 3.2】设二维模糊控制器的输入和输出语言变量分别为 $\underline{\boldsymbol{E}}$、$\underline{\boldsymbol{EC}}$、$\underline{\boldsymbol{U}}$；其离散论域均为 $\boldsymbol{X} = \boldsymbol{Y} = \boldsymbol{Z} = \{-4, -3, -2, -1, 0, +1, +2, +3, +4\}$，$\underline{\boldsymbol{E}}$、$\underline{\boldsymbol{EC}}$、$\underline{\boldsymbol{U}}$ 的模糊词集均为 $\{\text{NB}, \text{NS}, \text{ZO}, \text{PS}, \text{PB}\}$。

已知输入量 (e, ec) 的实际论域为 $[-1,1]$、$[-2,2]$，输出量 (u) 的实际论域为 $[-10,10]$。图 3.21、表 3.10 和表 3.11 分别给出了正态型隶属函数曲线、模糊语言变量的隶属函数赋值表和模糊控制规则表。

（1）试求量化因子 K_e、K_{ec}，比例因子 K_u。

（2）当 $e = -0.5$，$ec = 0.5$ 时，试求模糊控制器输入的量化值 E、EC。

（3）根据表 3.10 和表 3.11，查找被激活的模糊控制规则及其被激活的模糊语言变量。

（4）根据 Mamdani 直接推理法（取小法），求推理结果的模糊集合。

（5）试用去模糊化方法求模糊控制器的输出控制量 U 与精确量 u^*。

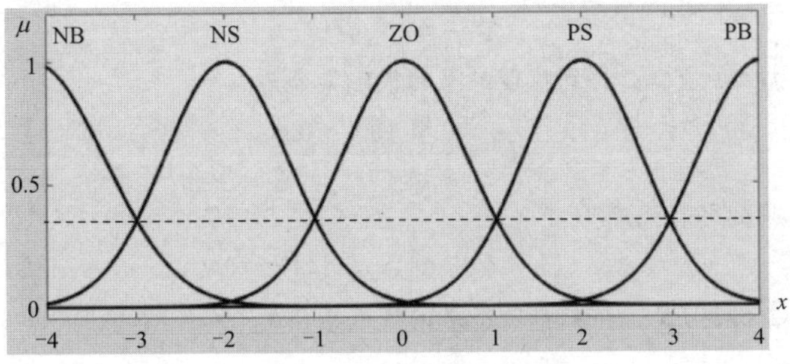

图 3.21　正态型隶属函数曲线

表 3.10　模糊语言变量 $\underline{E}$，$\underline{EC}$，$\underline{U}$ 的隶属度赋值表

模糊语言变量	隶属度								
	−4	−3	−2	−1	0	1	2	3	4
PB	0	0	0	0	0	0	0	0.4	1
PS	0	0	0	0	0	0.4	1	0.4	0
ZO	0	0	0	0.4	1	0.4	0	0	0
NS	0	0.4	1	0.4	0	0	0	0	0
NB	1	0.4	0	0	0	0	0	0	0

表 3.11　模糊控制规则表

$\underline{EC}$	$\underline{U}$				
	NB	NS	ZO	PS	PB
NB	PB	PB	PB	PS	NB
NS	PB	PS	PS	ZO	NB
ZO	PB	PS	ZO	NS	NB
PS	PB	ZO	NS	NS	NB
PB	PB	NS	NB	NB	NB

解：

（1）$K_e=\frac{4}{x_e}=\frac{4}{1}=4$，$K_{ec}=\frac{4}{x_{ec}}=\frac{4}{2}=2$，$K_u=\frac{y_l}{l}=\frac{10}{4}=2.5$。

（2）$e=-0.5$，$E=K_e\times e=4\times(-0.5)=-2$；$ec=0.5$，$EC=K_{ec}\times ec=2\times 0.5=1$。

（3）查表 3.10 可知，当 $E=-2$ 时，被激活的模糊语言变量为

$$\underline{\boldsymbol{NS}}=\frac{0.4}{-3}+\frac{1}{-2}+\frac{0.4}{-1}\text{，}$$

当 $EC=1$ 时，被激活的模糊语言变量为

$$\underline{\boldsymbol{PS}}=\frac{0.4}{1}+\frac{1}{2}+\frac{0.4}{3}\text{，}\quad \underline{\boldsymbol{ZO}}=\frac{0.4}{-1}+\frac{1}{0}+\frac{0.4}{1}$$

查表 3.11 可知，被激活的模糊控制规则为

$$\underline{\boldsymbol{R}}_1:\quad \text{if } \underline{E}_1=\text{NS} \quad \text{and } \underline{EC}_1=\text{PS} \quad \text{then } \underline{U}_1=\text{ZO}$$

$$\underline{\boldsymbol{R}}_2:\quad \text{if } \underline{E}_2=\text{NS} \quad \text{and } \underline{EC}_2=\text{ZO} \quad \text{then } \underline{U}_2=\text{PS}$$

（4）采用 Mamdani 直接推理法，可以得到规则 $\underline{\boldsymbol{R}}_1$ 的前件转移强度为

$$\omega_1=\mu_{\underline{E}_1}(-2)\wedge\mu_{\underline{EC}_1}(1)=1\wedge 0.4=0.4$$

规则 $\underline{\boldsymbol{R}}_2$ 的前件转移强度为

$$\omega_2=\mu_{\underline{E}_2}(-2)\wedge\mu_{\underline{EC}_2}(1)=1\wedge 0.4=0.4$$

则第 1 条推理结果的转移强度为

$$\alpha_1=\omega_1\wedge\mu_{\underline{U}_1}(z)$$

即用 $\omega_1=0.4$ 去切割 $\underline{\boldsymbol{ZO}}$，得到推理结果的模糊集合为

$$\underline{U}_1=\frac{0.4}{-1}+\frac{0.4}{0}+\frac{0.4}{1}$$

第 2 条推理结果的转移强度为

$$\alpha_2=\omega_2\wedge\mu_{\underline{U}_2}(z)$$

即用 $\omega_2=0.4$ 去切割 $\underline{\boldsymbol{PS}}$，得到推理结果的模糊集合为

$$\underline{U}_2' = \frac{0.4}{1} + \frac{0.4}{2} + \frac{0.4}{3}$$

所以，这两个规则得到的推理结果模糊集合为

$$\underline{U} = \underline{U}_1' \cup \underline{U}_2' = \frac{0.4}{-1} + \frac{0.4}{0} + \frac{0.4}{1} + \frac{0.4}{2} + \frac{0.4}{3}$$

用强度转移图画出上述 Mamdani 直接推理过程，如图 3.22 所示。

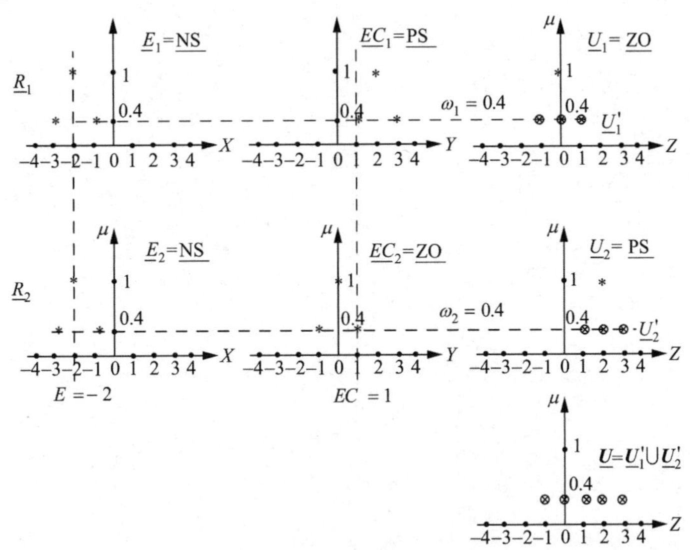

图 3.22　Mamdani 直接推理过程

其中，"*"表示$\underline{E}_1$、$\underline{E}_2$、$\underline{EC}_1$、$\underline{EC}_2$、$\underline{U}_1$、$\underline{U}_2$；"⊗"表示U_1'、U_2'。

用非模糊化方法求模糊控制器的输出控制量 U 与 u^* 分别为

$$U = \frac{0.4\times(-1)+0.4\times0+0.4\times1+0.4\times2+0.4\times3}{0.4+0.4+0.4+0.4+0.4} = \frac{2}{2} = 1$$

$$u^* = 2.5\times1 = 2.5$$

通过上述计算过程，当 $e=-0.5$，$E=-2$，$ec=0.5$，$EC=1$ 时，可求得 $U=1$，将该值填写在表 3.12 中。

又如，当 $e=-0.25$，$ec=0$ 时，可求出模糊控制器输入的量化值 $E=-1$，$EC=0$，控制量 $U=1$。按照上述方法和步骤，经过计算可以得到表 3.12 中的所有数据。

表 3.12　模糊控制查询表

E	U								
	−4	−3	−2	−1	0	1	2	3	4
−4	4	3	3	2	2	3	0	0	0
−3	3	3	3	2	2	2	0	0	0
−2	3	3	2	2	1	1	0	−1	−2
−1	3	2	2	1	1	0	−1	−1	−2
0	2	2	1	1	0	−1	−1	−2	−2
1	2	1	1	0	−1	−1	−2	−2	−3
2	1	1	0	−1	−1	−2	−2	−3	−3
3	0	0	0	−2	−2	−2	−3	−3	−3
4	0	0	0	−3	−2	−2	−3	−3	−4

3. 利用 MATLAB 语句生成模糊控制查询表

采用正态型隶属函数赋值表（见表 3.3）和模糊控制规则表（见表 3.4），分别设计 result.m 主程序和 fun.m 子程序，子程序主要用于计算 $(\underset{\sim}{\boldsymbol{A}}\times\underset{\sim}{\boldsymbol{B}})\times\underset{\sim}{\boldsymbol{C}}$，其中×表示两个模糊向量的笛卡儿积。生成模糊控制查询表的 MATLAB 程序如下。

① result.m 主程序。

```
clear;
clc;
n=13;  %设置 E 的离散论域为[-6,+6]
m=13;  %设置 EC 的离散论域为[-6,+6]
u=13;  %设置 U 的离散论域为[-6,+6]
n1=6;  %离散论域右端点
m1=6;  %离散论域右端点
u1=6;  %离散论域右端点
%对模糊变量进行赋值（确定隶属度）
%对 E 进行初始化
E=zeros(7,13);
E(1,11:13)=[0.1 0.5 1.0];              %PB
E(2,9:13)=[0.1 0.5 1.0 0.5 0.1];      %PM
E(3,7:11)=[0.1 0.5 1.0 0.5 0.1];      %PS
E(4,5:9)=[0.1 0.5 1.0 0.5 0.1];       %ZO
E(5,3:7)=[0.1 0.5 1.0 0.5 0.1];       %NS
E(6,1:5)=[0.1 0.5 1.0 0.5 0.1];       %NM
E(7,1:3)=[1.0 0.5 0.1];               %NB
%对 EC 进行初始化
EC=zeros(7,13);
EC(1,11:13)=[0.1 0.5 1.0];            %PB
EC(2,9:13)=[0.1 0.5 1.0 0.5 0.1];     %PM
EC(3,7:11)=[0.1 0.5 1.0 0.5 0.1];     %PS
EC(4,5:9)=[0.1 0.5 1.0 0.5 0.1];      %ZO
EC(5,3:7)=[0.1 0.5 1.0 0.5 0.1];      %NS
EC(6,1:5)=[0.1 0.5 1.0 0.5 0.1];      %NM
EC(7,1:3)=[1.0 0.5 0.1];              %NB
%对 U 进行初始化
U=zeros(7,13);
U(1,11:13)=[0.1 0.5 1.0];             %PB
U(2,9:13)=[0.1 0.5 1.0 0.5 0.1];      %PM
U(3,7:11)=[0.1 0.5 1.0 0.5 0.1];      %PS
U(4,5:9)=[0.1 0.5 1.0 0.5 0.1];       %ZO
U(5,3:7)=[0.1 0.5 1.0 0.5 0.1];       %NS
U(6,1:5)=[0.1 0.5 1.0 0.5 0.1];       %NM
U(7,1:3)=[1.0 0.5 0.1];               %NB
%模糊控制规则，共 49 条
t=49;%用于统计控制规则的数目
r(:,:,1)=fun(E(1,:),EC(7,:),U(4,:),n,m,u);
r(:,:,2)=fun(E(2,:),EC(7,:),U(4,:),n,m,u);
r(:,:,3)=fun(E(3,:),EC(7,:),U(5,:),n,m,u);
r(:,:,4)=fun(E(4,:),EC(7,:),U(7,:),n,m,u);
r(:,:,5)=fun(E(5,:),EC(7,:),U(7,:),n,m,u);
r(:,:,6)=fun(E(6,:),EC(7,:),U(7,:),n,m,u);
r(:,:,7)=fun(E(7,:),EC(7,:),U(7,:),n,m,u);
r(:,:,8)=fun(E(1,:),EC(6,:),U(3,:),n,m,u);
r(:,:,9)=fun(E(2,:),EC(6,:),U(4,:),n,m,u);
```

```
r(:,:,10)=fun(E(3,:),EC(6,:),U(4,:),n,m,u);
r(:,:,11)=fun(E(4,:),EC(6,:),U(6,:),n,m,u);
r(:,:,12)=fun(E(5,:),EC(6,:),U(6,:),n,m,u);
r(:,:,13)=fun(E(6,:),EC(6,:),U(7,:),n,m,u);
r(:,:,14)=fun(E(7,:),EC(6,:),U(7,:),n,m,u);
r(:,:,15)=fun(E(1,:),EC(5,:),U(2,:),n,m,u);
r(:,:,16)=fun(E(2,:),EC(5,:),U(3,:),n,m,u);
r(:,:,17)=fun(E(3,:),EC(5,:),U(4,:),n,m,u);
r(:,:,18)=fun(E(4,:),EC(5,:),U(5,:),n,m,u);
r(:,:,19)=fun(E(5,:),EC(5,:),U(6,:),n,m,u);
r(:,:,20)=fun(E(6,:),EC(5,:),U(6,:),n,m,u);
r(:,:,21)=fun(E(7,:),EC(5,:),U(7,:),n,m,u);
r(:,:,22)=fun(E(1,:),EC(4,:),U(1,:),n,m,u);
r(:,:,23)=fun(E(2,:),EC(4,:),U(2,:),n,m,u);
r(:,:,24)=fun(E(3,:),EC(4,:),U(3,:),n,m,u);
r(:,:,25)=fun(E(4,:),EC(4,:),U(4,:),n,m,u);
r(:,:,26)=fun(E(5,:),EC(4,:),U(5,:),n,m,u);
r(:,:,27)=fun(E(6,:),EC(4,:),U(6,:),n,m,u);
r(:,:,28)=fun(E(7,:),EC(4,:),U(7,:),n,m,u);
r(:,:,29)=fun(E(1,:),EC(3,:),U(1,:),n,m,u);
r(:,:,30)=fun(E(2,:),EC(3,:),U(2,:),n,m,u);
r(:,:,31)=fun(E(3,:),EC(3,:),U(2,:),n,m,u);
r(:,:,32)=fun(E(4,:),EC(3,:),U(3,:),n,m,u);
r(:,:,33)=fun(E(5,:),EC(3,:),U(4,:),n,m,u);
r(:,:,34)=fun(E(6,:),EC(3,:),U(5,:),n,m,u);
r(:,:,35)=fun(E(7,:),EC(3,:),U(6,:),n,m,u);
r(:,:,36)=fun(E(1,:),EC(2,:),U(1,:),n,m,u);
r(:,:,37)=fun(E(2,:),EC(2,:),U(1,:),n,m,u);
r(:,:,38)=fun(E(3,:),EC(2,:),U(2,:),n,m,u);
r(:,:,39)=fun(E(4,:),EC(2,:),U(2,:),n,m,u);
r(:,:,40)=fun(E(5,:),EC(2,:),U(4,:),n,m,u);
r(:,:,41)=fun(E(6,:),EC(2,:),U(4,:),n,m,u);
r(:,:,42)=fun(E(7,:),EC(2,:),U(5,:),n,m,u);
r(:,:,43)=fun(E(1,:),EC(1,:),U(1,:),n,m,u);
r(:,:,44)=fun(E(2,:),EC(1,:),U(1,:),n,m,u);
r(:,:,45)=fun(E(3,:),EC(1,:),U(1,:),n,m,u);
r(:,:,46)=fun(E(4,:),EC(1,:),U(1,:),n,m,u);
r(:,:,47)=fun(E(5,:),EC(1,:),U(3,:),n,m,u);
r(:,:,48)=fun(E(6,:),EC(1,:),U(4;:),n,m,u);
r(:,:,49)=fun(E(7,:),EC(1,:),U(4,:),n,m,u);
p=m*n;
R=zeros(p,u);
%计算模糊矩阵R
for s=1:t
  R=max(R,r(:,:,s));
end
%采用加权平均法计算模糊控制的输出U
for j=1:p
den=0;
num=0;
for i=1:u
num=num+i*R(j,i);
den=den+R(j,i);
end
U1(j)=num/den;
end
U2=round(U1-u1-1);
```

```
%得出模糊控制查询表
for i=1:n
for j=1:m
Utable(i,j)=U2(i*m-m+j);
end
end
%输出模糊控制查询表
Utable
```

② fun.m 子程序。

```
function r=fun(a,b,f,n,m,u)
for i=1:n
for j=1:m
c(i,j)=min(a(i),b(j));
d(i*m-m+j)=c(i,j);
end
end
p=m*n;
for i=1:p
for j=1:u
r(i,j)=min(d(i),f(j));
end
end
```

运行主程序 result.m，得到如下的模糊控制查询表。

```
Utable=
   -6  -5  -5  -5  -5  -5  -5  -4  -3  -3  -2  -1   0
   -5  -5  -5  -4  -4  -4  -4  -3  -3  -2  -1  -1   0
   -5  -5  -5  -4  -4  -4  -3  -3  -2  -1   0   0   0
   -5  -4  -4  -4  -4  -3  -3  -2  -1  -1   0   1   1
   -5  -4  -4  -4  -3  -3  -2  -1   0   0   0   1   2
   -5  -4  -4  -3  -3  -2  -1   0   1   2   2   2   3
   -4  -4  -3  -3  -2  -1   0   1   2   3   3   4   4
   -3  -2  -2  -2  -1   0   1   2   3   3   4   4   5
   -2  -1   0   0   0   1   2   3   3   4   4   4   5
   -1  -1   0   1   1   2   3   3   4   4   4   4   5
    0   0   0   1   2   3   3   4   4   4   5   5   5
    0   1   1   2   3   3   4   4   4   4   5   5   5
    0   1   2   3   3   4   5   5   5   5   5   5   6
```

3.3.2 模糊控制算法的计算机实现

1. 模糊控制器的实现步骤

（1）采样$e(k)$，计算$\Delta e(k)=e(k)-e(k-1)$。

（2）计算$E=K_e\times e(k)\in \boldsymbol{X}=\{-4,+4\}$，$EC=K_{ec}\times \Delta e(k)\in \boldsymbol{Y}=\{-4,+4\}$。

（3）查询表 3.12，求$U(k)$。

（4）输出$U^*=K_U\times U(k)$。

2. 模糊控制计算机实现的流程图

模糊控制通过计算机中断来实现，其算法流程图如图 3.23 所示，其中包括主程序、中断服务程序和模糊控制子程序。

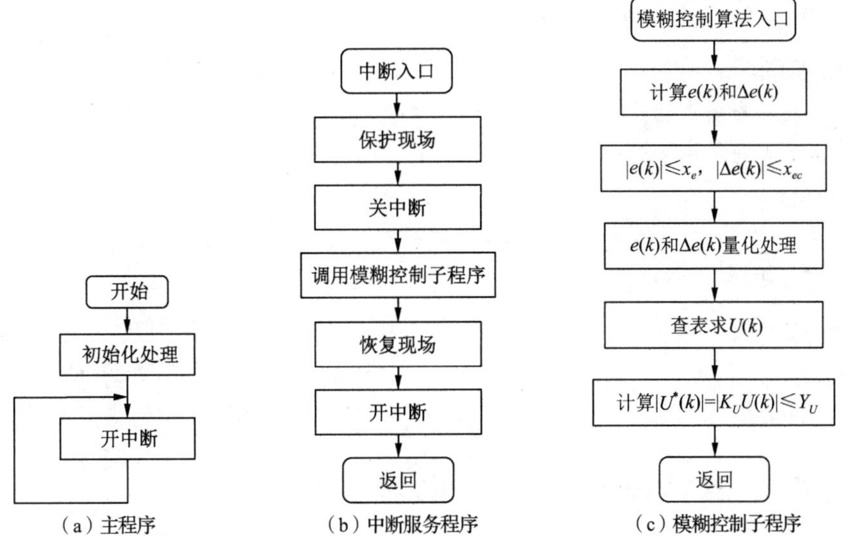

图 3.23　模糊控制算法流程图

3.4　PID 模糊控制器

3.4.1　PID 控制原理

在模拟控制系统中，较常用的控制是 PID 控制。常规 PID 控制系统原理如图 3.24 所示。系统由模拟 PID 控制器和被控对象组成。

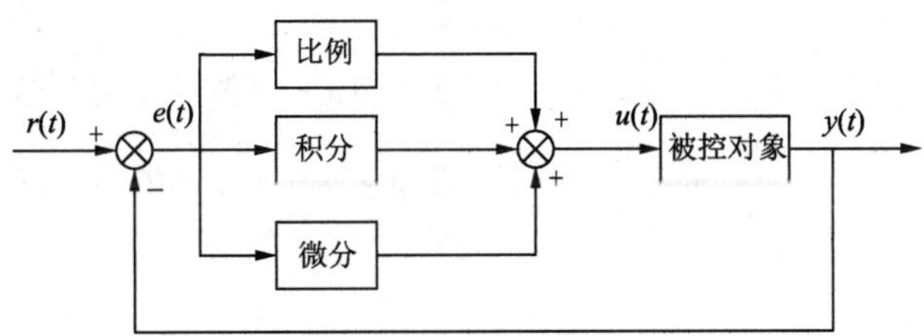

图 3.24　常规 PID 控制系统原理

PID 控制器是一种线性控制器，它根据给定值 $r(t)$ 与实际输出值 $y(t)$ 构成控制偏差。

$$e(t)=r(t)-y(t) \tag{3.9}$$

将误差的比例（P）、积分（I）、微分（D）通过线性组合构成控制量，对被控对象进行控制，故称 PID 控制器，其控制规律为

$$u(t)=K_{\mathrm{p}}[e(t)+\frac{1}{T_{\mathrm{i}}}\int_0^t e(t)\mathrm{d}t+\frac{T_{\mathrm{d}}\mathrm{d}e(t)}{\mathrm{d}t}] \tag{3.10}$$

或写成传递函数形式

$$G(s)=\frac{U(s)}{E(s)}=K_{\mathrm{p}}(1+\frac{1}{T_{\mathrm{i}}s}+T_{\mathrm{d}}s) \tag{3.11}$$

式中，K_{p} 为比例系数；T_{i} 为积分时间常数；T_{d} 为微分时间常数。

简单来说，PID 控制器各校正环节的作用如下。

1. 比例环节

比例反映控制系统的误差信号 $e(t)$，误差一旦产生，控制器立即产生控制作用，以减小误差，比例系数越大，系统的实际输出响应越快。

2. 积分环节

积分主要用于消除静态误差，提高系统的无差度。积分作用的强弱取决于积分时间常数 T_i，T_i 越大，积分作用越弱；否则越强。

3. 微分环节

微分反映误差信号的变化趋势（变化速率），当系统的实际输出达到并超过期望的给定信号时，减少超调，从而加快系统的响应速度，缩短调整时间，提高系统的动态性能。

3.4.2 模糊自适应整定 PID 控制设计

模糊自适应整定 PID 控制根据误差 e 和误差变化 ec，利用模糊控制规则在线调整 PID 参数，可以提高控制系统的动态性能。模糊自适应整定 PID 控制的结构如图 3.25 所示。

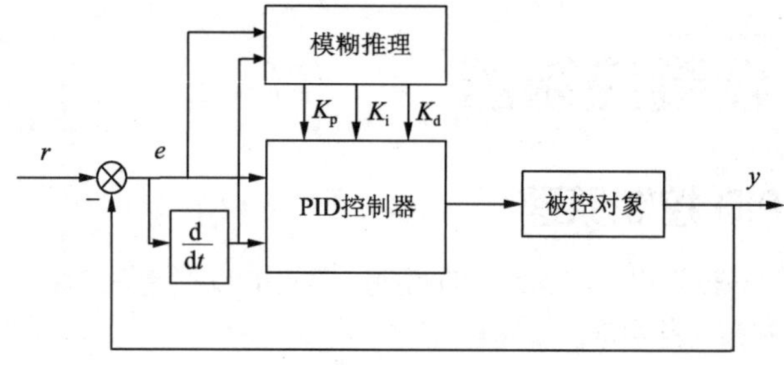

图 3.25 模糊自适应整定 PID 控制的结构

在图 3.25 中，$K_i = K_p / T_i$，$K_d = K_p T_d$。下面通过一个例子对模糊自适应整定 PID 控制加以说明。

【例 3.3】已知 $G(s)=\dfrac{20}{s^2+8s+7}\mathrm{e}^{-0.2s}$，设计模糊自适应整定 PID 控制器，使系统达到较好的控制性能。

解：

（1）建立模糊控制规则。

根据 PID 控制原理，建立 PID 控制参数的模糊控制规则表，如表 3.13、表 3.14 和表 3.15 所示，控制量变化分别为 ΔK_p、ΔK_i、ΔK_d。

表 3.13 K_p 的模糊控制规则表

E	ΔK_p						
	NB	NM	NS	ZO	PS	PM	PB
NB	PB	PB	PM	PM	PS	ZO	ZO
NM	PB	PB	PM	PS	PS	ZO	NS
NS	PM	PM	PM	PS	ZO	NS	NS
ZO	PM	PM	PS	ZO	NS	NM	NM
PS	PS	PS	ZO	NS	NS	NM	NM
PM	PS	ZO	NS	NM	NM	NM	NB
PB	ZO	ZO	NM	NM	NM	NB	NB

表 3.14　K_i 的模糊控制规则表

E	ΔK_i						
	NB	NM	NS	ZO	PS	PM	PB
NB	NB	NB	NM	NM	NS	ZO	ZO
NM	NB	NB	NM	NS	NS	ZO	ZO
NS	NB	NM	NS	NS	ZO	PS	PS
ZO	NM	NM	NS	ZO	PS	PM	PM
PS	NM	PS	ZO	PS	NS	PM	PB
PM	ZO	ZO	PS	PS	PM	PB	PB
PB	ZO	ZO	PS	PM	PM	PB	PB

表 3.15　K_d 的模糊控制规则表

E	ΔK_d						
	NB	NM	NS	ZO	PS	PM	PB
NB	PS	NS	NB	NB	NB	NM	PS
NM	PS	NS	NB	NM	NM	NS	ZO
NS	ZO	NS	NM	NM	NS	NS	ZO
ZO	ZO	NS	NS	NS	NS	NS	ZO
PS	ZO	ZO	ZO	ZO	ZO	ZO	ZO
PM	PB	NS	PS	PS	PS	PS	PB
PB	PB	PM	PM	PM	PS	PS	PB

（2）创建隶属函数。

给定输入为阶跃信号，由此选择以下论域及相关隶属函数。取输入 E 和 EC 的模糊集合为{NB,NM,NS,ZO,PS,PM,PB}，论域为{−3,−2,−1,0,1,2,3}。

建立输入 E 和 EC 的隶属函数如图 3.26 所示。

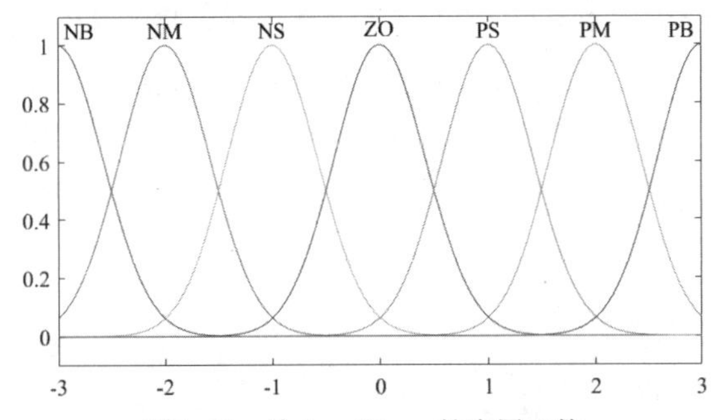

图 3.26　输入 E 和 EC 的隶属函数

同理，可得输出 K_i 的隶属函数如图 3.27 所示。论域为{−0.06,−0.04,−0.02,0,0.02,0.04,0.06}。

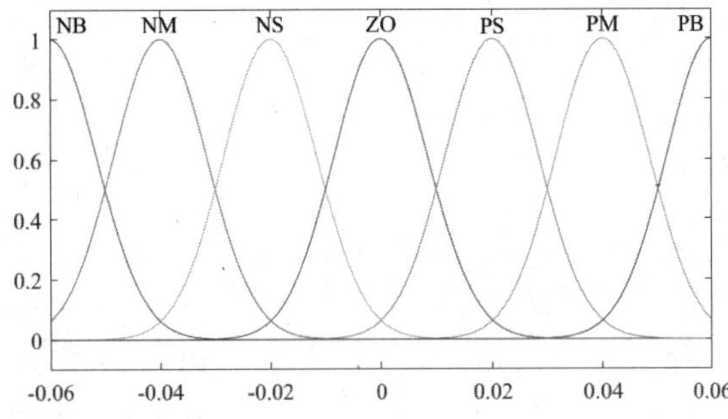

图 3.27　输出 K_i 的隶属函数

取输出 K_d 的论域为{-3,-2,-1,0,1,2,3}，则其隶属函数如图 3.28 所示。

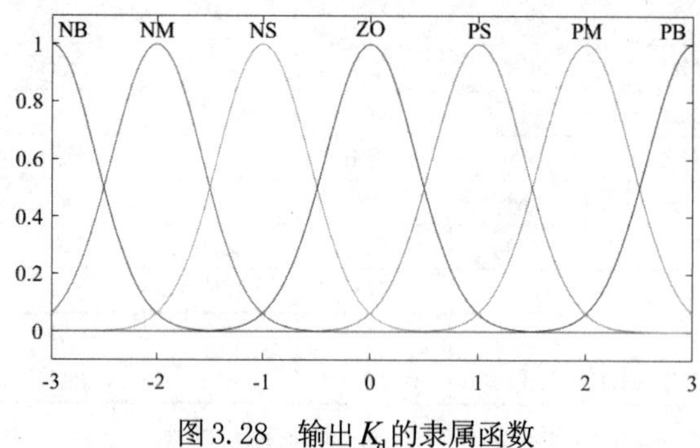

图 3.28　输出 K_d 的隶属函数

取输出 K_p 的论域为{-0.3,-0.2,-0.1,0,0.1,0.2,0.3}，其隶属函数如图 3.29 所示。

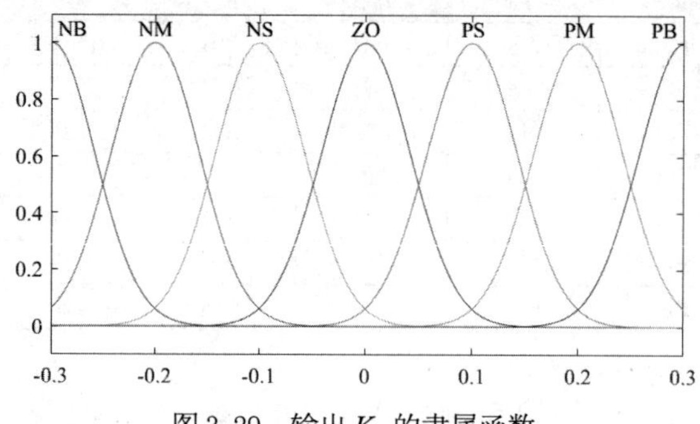

图 3.29　输出 K_p 的隶属函数

（3）根据已经确立的模糊控制规则和隶属函数，采用 Mamdani 推理方法、重心法去模糊化，可得图 3.30 和图 3.31 所示的控制效果。PID 参数整定变化曲线如图 3.32 所示。

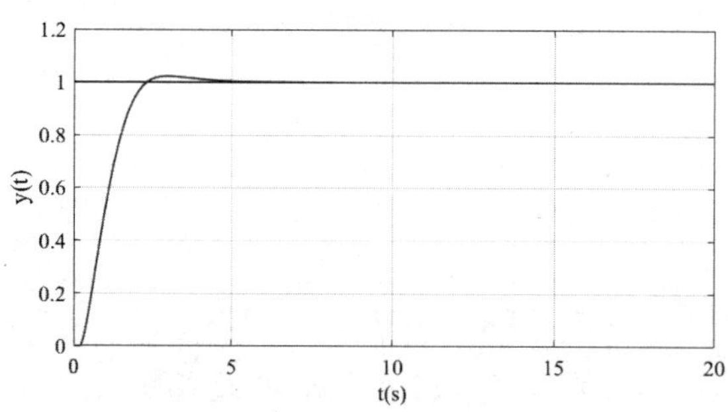

图 3.30　输出响应仿真曲线

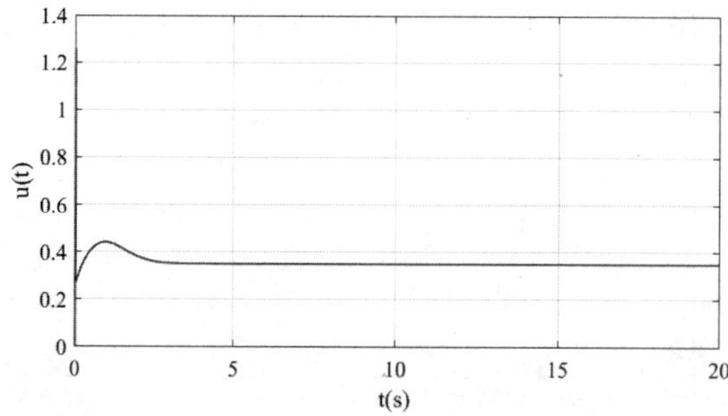

图 3.31　控制律变化曲线

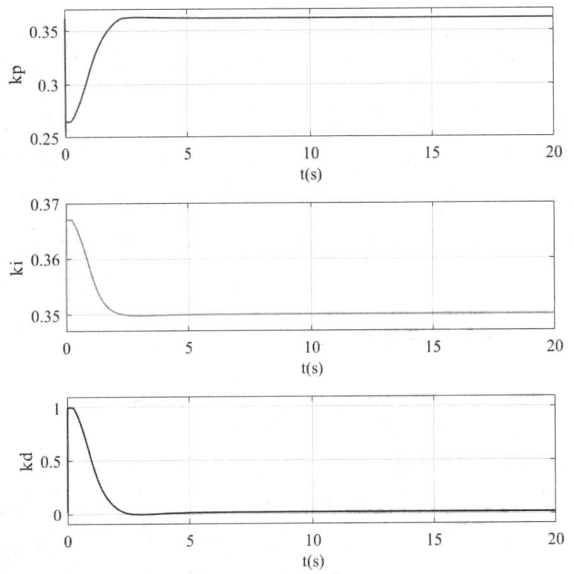

图 3.32　PID 参数整定变化曲线（稳定时 $K_p=0.3613$，$K_i=0.3500$，$K_d=0.0146$）

3.5　机械臂模糊控制的应用案例

1. 机械臂的动力学模型

在图 3.33 中，两连杆机械臂的动力学模型如下。

$$\boldsymbol{D}(\boldsymbol{q}(t))\ddot{\boldsymbol{q}}(t)+\boldsymbol{h}(\boldsymbol{q}(t),\dot{\boldsymbol{q}}(t))+\boldsymbol{G}(\boldsymbol{q}(t))+\boldsymbol{F}(\dot{\boldsymbol{q}}(t))=\boldsymbol{\tau}(t) \tag{3.12}$$

其中，$\boldsymbol{q}(t)$，$\dot{\boldsymbol{q}}(t)$，$\ddot{\boldsymbol{q}}(t)$ 分别为连杆的角位移、角速度和角加速度；$\boldsymbol{q}(t)=(q_1(t)\ \ q_2(t))^{\mathrm{T}}$ 为连杆矢量；$\boldsymbol{\tau}(t)=(\tau_1(t)\ \ \tau_2(t))^{\mathrm{T}}$ 为各连杆上的力矩矢量；$\boldsymbol{D}(\boldsymbol{q}(t))\in\boldsymbol{R}^{2\times2}$ 为连杆空间的惯性矩阵；$\boldsymbol{h}(\boldsymbol{q}(t),\dot{\boldsymbol{q}}(t))=(h_1\ \ h_2)^{\mathrm{T}}$ 为非线性哥氏力和离心力项；$\boldsymbol{G}(\boldsymbol{q}(t))=\left(G_1\ \ G_2\right)^{\mathrm{T}}$ 为重力项；$\boldsymbol{F}(\dot{\boldsymbol{q}}(t))=(F_1\ \ F_2)^{\mathrm{T}}$ 为库伦摩擦和黏性摩擦项。

根据两连杆机械臂的实际物理参数，得到该机械臂动力学模型的各参数表达式：

$$\begin{pmatrix}\tau_1\\ \tau_2\end{pmatrix}=\begin{pmatrix}D_{11} & D_{12}\\ D_{21} & D_{22}\end{pmatrix}\begin{pmatrix}\ddot{q}_1\\ \ddot{q}_2\end{pmatrix}+\begin{pmatrix}-m_2l_1l_2(2\dot{q}_1\dot{q}_2+\dot{q}_2^2)S_2\\ m_2l_1l_2\dot{q}_1^2S_2\end{pmatrix}$$
$$+\begin{pmatrix}(m_1+m_2)\mathrm{g}\,l_1C_1+m_2\mathrm{g}\,l_2C_{12}\\ m_2\mathrm{g}\,l_2C_{12}\end{pmatrix}+\begin{pmatrix}c_1\operatorname{sgn}(\dot{q}_1)+v_1\dot{q}_1\\ c_2\operatorname{sgn}(\dot{q}_2)+v_2\dot{q}_2\end{pmatrix} \tag{3.13}$$

其中，$D_{11}=(m_1+m_2)l_1^2+m_2l_2^2+2m_2l_1l_2C_2$，$D_{12}=D_{21}=m_2l_2^2+m_2l_1l_2C_2$，$D_{22}=m_2l_2^2$，$\mathrm{g}=9.8\mathrm{m/s^2}$；$m_1=10.45\mathrm{kg}$，$m_2=5.5\mathrm{kg}$；$l_1=0.25\mathrm{m}$，$l_2=0.16\mathrm{m}$；$c_1=c_2=0.2\mathrm{N\cdot m}$；$v_1=v_2=0.1\mathrm{N\cdot s\cdot m^{-1}}$；$S_2=\sin(q_2)$，$C_1=\cos(q_1)$，$C_{12}=\cos(q_1+q_2)$。

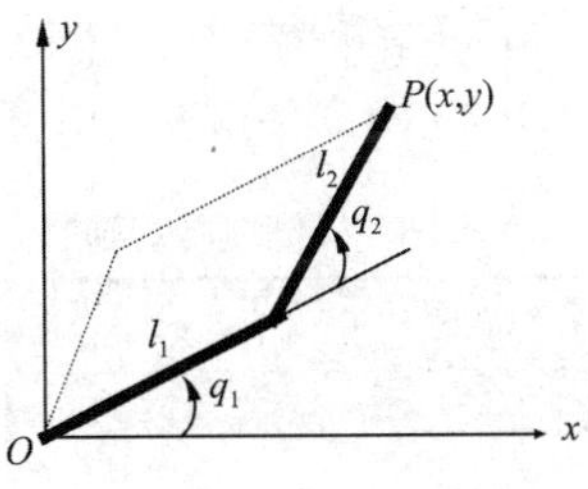

图 3.33　两连杆机械臂示意图

2. 机械臂的PD控制原理

采用PD控制的计算力矩法对机械臂进行轨迹跟踪控制，其控制律如下。

$$\boldsymbol{\tau}=\hat{\boldsymbol{D}}(\boldsymbol{q})(\ddot{\boldsymbol{q}}_d+\boldsymbol{k}_v\dot{\boldsymbol{e}}+\boldsymbol{k}_p\boldsymbol{e})+\hat{\boldsymbol{h}}(\boldsymbol{q},\dot{\boldsymbol{q}})+\hat{\boldsymbol{G}}(\boldsymbol{q})+\hat{\boldsymbol{F}}(\dot{\boldsymbol{q}}) \tag{3.14}$$

其中，$\boldsymbol{e}=\boldsymbol{q}_d-\boldsymbol{q}$，$\dot{\boldsymbol{e}}=\dot{\boldsymbol{q}}_d-\dot{\boldsymbol{q}}$，$\boldsymbol{q}_d$、$\dot{\boldsymbol{q}}_d$、$\ddot{\boldsymbol{q}}_d$分别为连杆期望角位移（单位：rad）、角速度（单位：rad/s）和角加速度（单位：rad/s^2），$\boldsymbol{k}_v$、$\boldsymbol{k}_p$分别为速度和位置的反馈增益矩阵，$\hat{\boldsymbol{D}}(\boldsymbol{q})$、$\hat{\boldsymbol{h}}(\boldsymbol{q},\dot{\boldsymbol{q}})$、$\hat{\boldsymbol{G}}(\boldsymbol{q})$、$\hat{\boldsymbol{F}}(\dot{\boldsymbol{q}})$分别是$\boldsymbol{D}(\boldsymbol{q})$、$\boldsymbol{h}(\boldsymbol{q},\dot{\boldsymbol{q}})$、$\boldsymbol{G}(\boldsymbol{q})$、$\boldsymbol{F}(\dot{\boldsymbol{q}})$的估计值。由于实际中机械臂建模误差以及外部干扰等不确定因素的存在，机械臂动力学模型的各有关参数表达式都存在一定的误差。令$\Delta\boldsymbol{D}=\boldsymbol{D}(\boldsymbol{q})-\hat{\boldsymbol{D}}(\boldsymbol{q})$，$\Delta\boldsymbol{h}=\boldsymbol{h}(\boldsymbol{q},\dot{\boldsymbol{q}})-\hat{\boldsymbol{h}}(\boldsymbol{q},\dot{\boldsymbol{q}})$，$\Delta\boldsymbol{G}=\boldsymbol{G}(\boldsymbol{q})-\hat{\boldsymbol{G}}(\boldsymbol{q})$，$\Delta\boldsymbol{F}=\boldsymbol{F}(\dot{\boldsymbol{q}})-\hat{\boldsymbol{F}}(\dot{\boldsymbol{q}})$，则闭环动态误差方程为

$$\ddot{\boldsymbol{e}}+\boldsymbol{k}_v\dot{\boldsymbol{e}}+\boldsymbol{k}_p\boldsymbol{e}=\Delta\boldsymbol{\tau} \tag{3.15}$$

其中，$\Delta\boldsymbol{\tau}=\hat{\boldsymbol{D}}^{-1}(\Delta\boldsymbol{D}\ddot{\boldsymbol{q}}+\Delta\boldsymbol{h}+\Delta\boldsymbol{G}+\Delta\boldsymbol{F})$为不确定项。显然，根据式（3.15），当$\Delta\boldsymbol{\tau}=\boldsymbol{0}$时，设计合适的$\boldsymbol{k}_v$和$\boldsymbol{k}_p$，可以使跟踪误差收敛到 **0**。但是$\Delta\boldsymbol{\tau}\neq\boldsymbol{0}$时，采用计算力矩法进行控制将会有较大的误差。此时，通过增加补偿控制项的方法来消除模型误差和外部干扰所引起的误差，从而提高机械臂的位置控制精度。这里，利用模糊逻辑控制方法构造补偿项$\boldsymbol{\tau}_{\mathrm{FC}}$，并通过构造模糊规则来逼近并补偿不确定项$\Delta\boldsymbol{\tau}$，使实际连杆输出角度精确跟踪期望的角位置$\boldsymbol{q}(t)\to\boldsymbol{q}_d(t)$，从而完成机械臂末端实际轨迹跟踪期望轨迹的过程。

假设连杆角的期望信号为$\boldsymbol{q}_d=\begin{pmatrix}0.2\sin(\pi t) & -0.2\sin\left(\dfrac{\pi t}{2}\right)\end{pmatrix}^{\mathrm{T}}$，估计系统有20%的乘性不确定，初值$\boldsymbol{q}_0=\begin{pmatrix}0.02 & 0.01\end{pmatrix}^{\mathrm{T}}$，$\dot{\boldsymbol{q}}_0=\begin{pmatrix}0 & 0\end{pmatrix}^{\mathrm{T}}$。

3. 机械臂的模糊补偿控制

下面考虑使用构造模糊系统逼近不确定力矩作为补偿的方法，实现机械臂连杆角的精确跟踪。模糊补偿控制原理结构如图3.34所示。

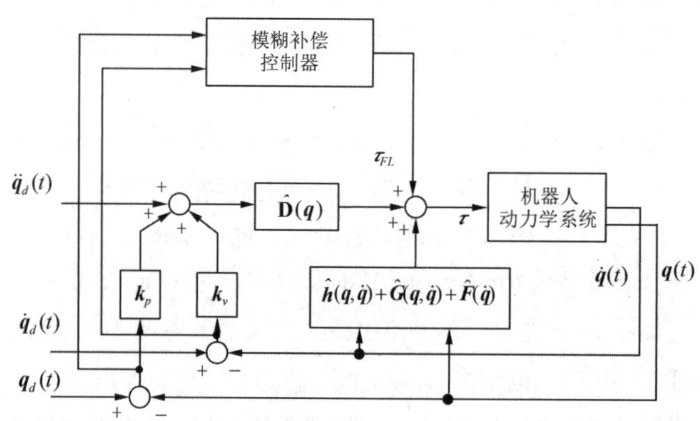

图3.34　模糊补偿控制原理结构

用模糊系统得到补偿控制$\boldsymbol{\tau}_{FL}$。设定$\underline{\boldsymbol{E}}$的模糊词集为{NB,NM,NS,NO,PO,PS,PM,PB}，$\underline{\boldsymbol{EC}}$和$\underline{\boldsymbol{\tau}_{FL}}$的模糊词集为{NB,NM,NS,ZO,PS,PM,PB}。采用表3.16所示的模糊控制规则。

表3.16　模糊控制规则表

$\underline{\boldsymbol{E}}$	$\boldsymbol{\tau}_{FL}$						
	PB	PM	PS	ZO	NS	NM	NB
PB	NB	NB	NB	NB	NM	NM	NM
PM	NB	NB	NB	NM	NM	NM	NM

$\underline{E}$	τ_{FL}						
	PB	PM	PS	ZO	NS	NM	NB
PS	NB	NM	NM	NM	NM	NS	NS
PO	NM	NM	NS	NS	NS	ZO	ZO
NO	NS	NS	NS	ZO	ZO	ZO	PS
NS	ZO	ZO	ZO	ZO	PS	PS	PS
NM	PS	PS	PS	PS	PS	PM	PM
NB	PM	PM	PM	PM	PM	PB	PB

仿真实验结果如图 3.35 所示。

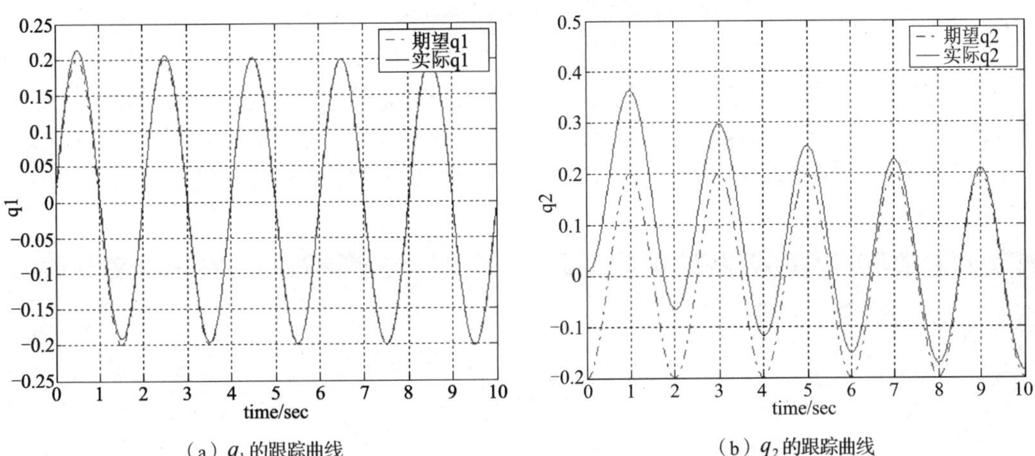

（a）q_1 的跟踪曲线　　（b）q_2 的跟踪曲线

图 3. 35　模糊补偿控制的仿真曲线

从图 3.35 中可看出该方法的控制效果较好。

3.6　模糊控制系统 MATLAB 设计

3.6.1　隶属函数与模糊控制规则设计

已知一个二阶系统的传递函数为

$$G(s)=\frac{20}{8s^2+4s+1}\mathrm{e}^{-0.2s}$$

设计模糊控制器，使其有良好的动态控制性能。假设系统输入为阶跃信号，系统输入误差为 e ，误差变化率为 ec ，控制量为 u 。选取模糊控制器的输入 E 和 EC 及控制量 U 的离散论域均为 $\{-6,-5,-4,-3,-2,-1,0,1,2,3,4,5,6\}$ ；模糊语言变量 $\underline{\boldsymbol{E}}$ 、$\underline{\boldsymbol{EC}}$ 、$\underline{\boldsymbol{U}}$ 的词集均选为{NB,NM,NS,ZO,PS,PM,PB}，分别表示{负大,负中,负小,零,正小,正中,正大}。模糊控制规则可根据经验总结得出，如表 3.4 所示。

首先利用模糊推理系统（Fuzzy Inference System，FIS）设计模糊控制器，在 MATLAB 命令窗口输入 fuzzy 命令并按 Enter 键，弹出 FIS 编辑窗口，然后完成以下 3 步。

（1）确定模糊控制器的类型和结构。将模糊控制器设计为一个二输入单输出的控制器，并选择 Mamdani 推理规则。在 FIS 编辑窗口中，选择“Edit”菜单下的“Add Input”命令，增加一个输入，如图 3.36 所示。

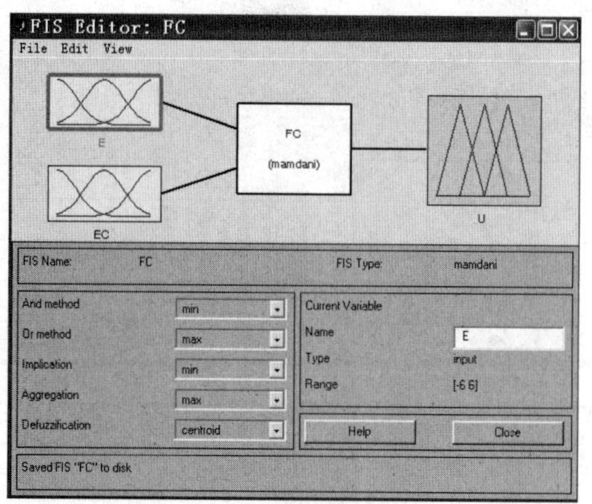

图 3.36 FIS 编辑窗口

（2）编辑输入、输出变量的隶属函数。在 FIS 编辑窗口，分别双击输入、输出模块，然后在弹出的隶属函数编辑窗口对输入、输出变量进行编辑。输入变量、输出变量的隶属函数编辑窗口如图 3.37、图 3.38 和图 3.39 所示，设置输入变量和控制量的变化范围为[−6,6]，选择正态型隶属函数。

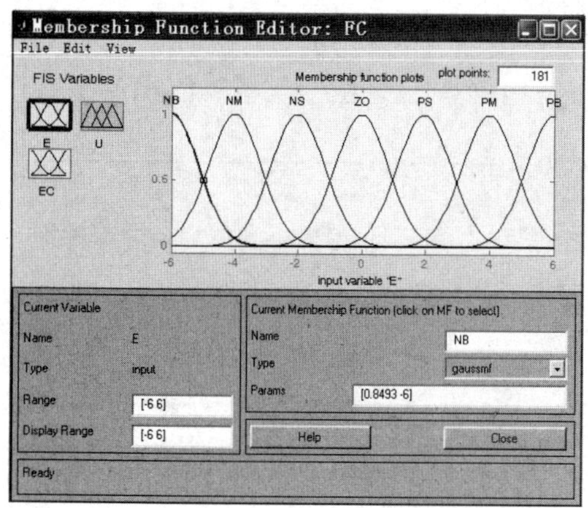

图 3.37 输入变量 E 的隶属函数编辑窗口

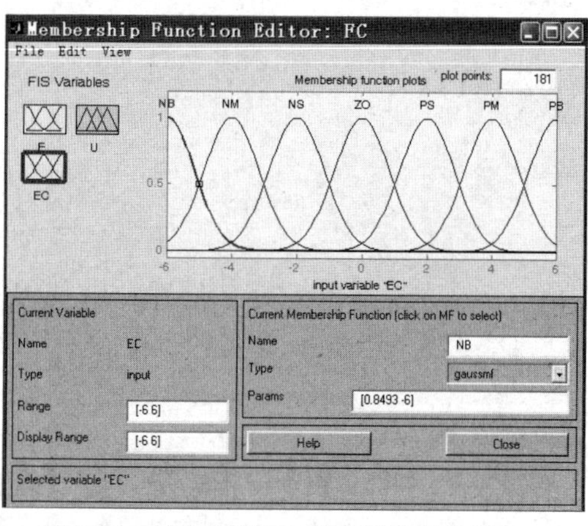

图 3.38 输入变量 EC 的隶属函数编辑窗口

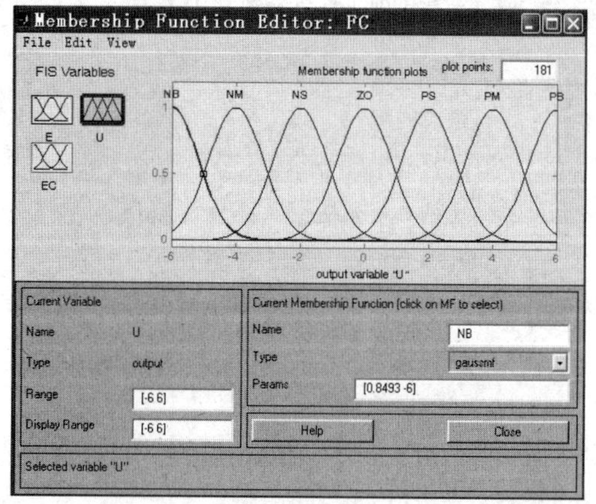

图 3.39 输出变量 U 的隶属函数编辑窗口

（3）编辑模糊控制规则。在 FIS 编辑窗口，选中“Edit”菜单下的“Rules”命令，弹出控制规则编辑窗口。根据表 3.4 所提供的模糊控制规则，在模糊规则编辑窗口中编写控制规则，如

图 3.40 所示。

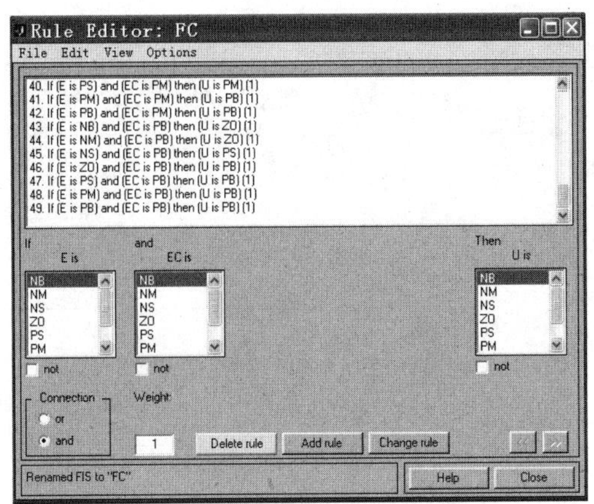

图 3.40 模糊控制规则编辑窗口

完成以上 3 步后，利用 FIS 编辑窗口的“File”菜单下的“Export to Workspace”命令将设计好的模糊控制器保存在一个名为 FC.fis 的数据文件中，以供 Simulink 仿真时调用。此时，可以分别在图 3.41、图 3.42 中观察到模糊控制结果的三维图和模糊控制规则中输入变量与输出变量的变化情况。

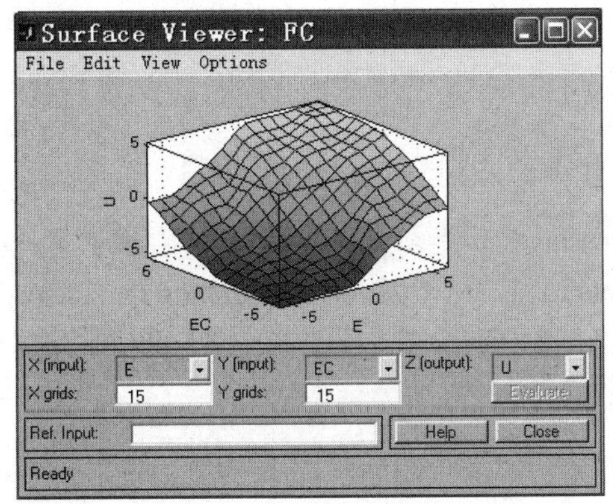

图 3.41 模糊控制结果的三维图

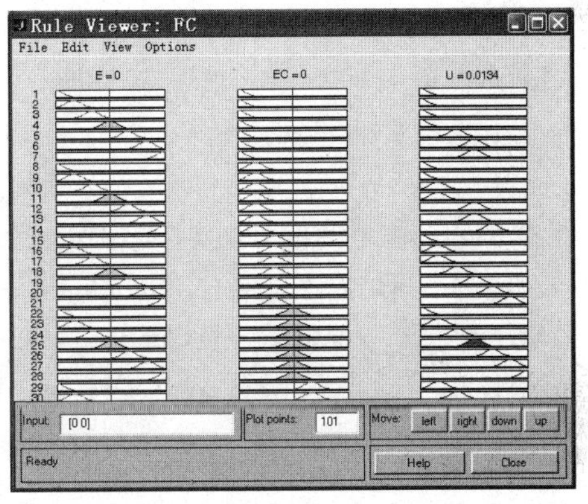

图 3.42 模糊控制规则浏览界面

3.6.2 基于 Simulink 的模糊控制系统设计

利用 Simulink 建立模糊控制系统的仿真结构，在 MATLAB 命令窗口输入 simulink 命令并按 Enter 键，弹出 Simulink 模块库窗口和建模窗口。从 Simulink 模块库中找出需要的模块，将其拖到建模窗口，搭建图 3.43 所示的系统结构，选取量化因子 $K_e = 2$，$K_{ec} = 1.2$，比例因子 $K_u = 1.1$，饱和作用环节的限幅范围为 $[-6, 6]$，将其保存为一个名为 fuzzy.mdl 的文件。

最后利用建立模糊控制系统的 Simulink 仿真环境，将前面生成的数据文件 FC.fis（注意不能加扩展名）加载到 Fuzzy Logic Controller（模糊逻辑控制器）中。在 Simulation Parameters（模拟参数）中设定仿真时间为 5s、步长参数，Boolean Logic Signals（布尔逻辑信号）选择 OFF。单击运行按钮，用示波器观察系统的动态响应情况，将参考输入和实际输出分别放入 To Workspace（保存到工作区），其中数据的保存格式选项为 Array（数组），并在 MATLAB 命令窗口中用 plot(t,r,t,y) 画出仿真结果，如图 3.44 所示。从图 3.44 中可以看出模糊控制的动态效果较好，但仍存在稳态误差。

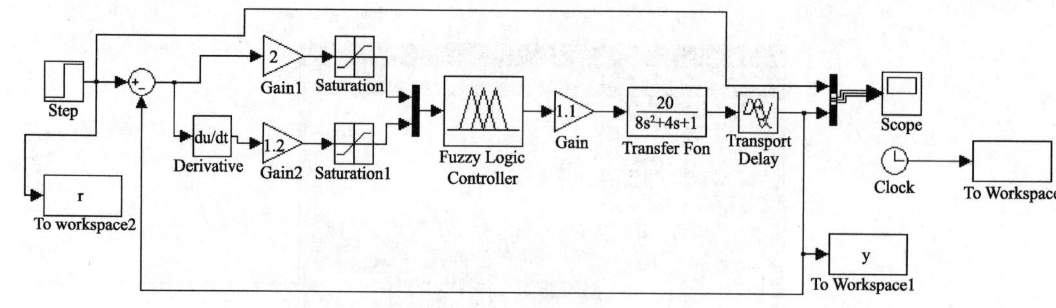

图 3.43　模糊控制系统的 Simulink 仿真结构

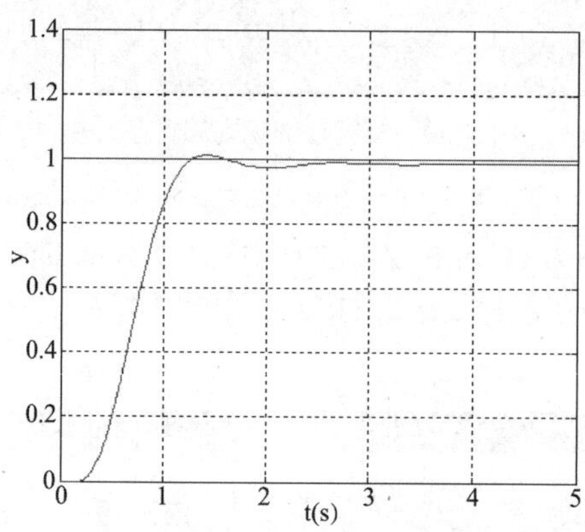

图 3.44　模糊控制仿真结果

在 Simulink 仿真时，应关闭零点穿越（Zero-crossing）功能，否则会极大提高仿真运算量甚至产生错误，具体方法是单击“Simulink”→“Simulation”→“Model Configuration Parameters”→“Solver”→“Zero-crossing Control”→“Disable All”。若从文件加载，首先要将 FC 文件保存在 MATLAB 文件夹下，然后输入“FC.fis”即可加载。

3.7　本章小结

模糊控制是以模糊集合论、模糊语言变量和模糊逻辑推理为基础的一种计算机数字控制技术，它包括模糊化处理、模糊控制规则、隶属函数选择、模糊决策等环节。在设计模糊控制器时，需要对论域、量化因子、比例因子等参数进行选择，通过离线计算模糊控制查询表并实时查询来实现模糊决策与模糊控制。在 MATLAB 编程系统中，利用模糊推理系统可以对模糊控制器进行 Simulink 仿真分析，定性观察模糊决策与模糊推理的可视化过程。

习　题

3.1　模糊控制器由哪些部分组成？各部分的作用是什么？

3.2　模糊控制器的设计包括哪些内容？

3.3　（1）试问在模糊控制器设计中为何要进行从实际论域到离散论域的变换；离散论域的范围一般如何选择？（2）分析量化因子、比例因子和隶属函数形状对控制性能的影响。

3.4 设二维模糊控制器的输入和输出语言变量分别为 $\underline{\boldsymbol{E}}$ ，$\underline{\boldsymbol{EC}}$ ，$\underline{\boldsymbol{U}}$ ；其离散论域均为 $\boldsymbol{X}=\boldsymbol{Y}=\boldsymbol{Z}=\{-4,-3,-2,-1,0,+1,+2,+3,+4\}$ ，$\underline{\boldsymbol{E}}$ ，$\underline{\boldsymbol{EC}}$ ，$\underline{\boldsymbol{U}}$ 的模糊词集均为{NB,NS,ZO,PS,PB}。已知输入量（e、ec）的实际论域为 $[-1,1]$，$[-2,2]$，输出量（u）的实际论域为 $[-10,10]$。

（1）试求量化因子 K_e 、K_{ec} ，比例因子 K_u 。

（2）试求当 e=−0.25，ec=0 时，模糊控制器的输入 $\underline{\boldsymbol{E}}$ 、$\underline{\boldsymbol{EC}}$ 。

（3）根据表 3.10 和表 3.11，查找被激活的模糊控制规则及其被激活的模糊语言变量。

（4）根据 Mamdani 直接推理法（取小法），求模糊推理结果。

（5）试用去模糊化方法求模糊控制器的输出控制量 U 与 u。

3.5 已知由模糊推理得到的控制输出模糊集合为 $\underline{\boldsymbol{U}}$ ，其隶属函数为

$$\mu_{\underline{U}}(u)=\begin{cases}0, & u\leqslant 10\\ \dfrac{u-10}{20}, & 10<u\leqslant 30\\ 1, & 30<u\leqslant 50\\ \dfrac{90-u}{40}, & 50<u\leqslant 90\\ 0, & u>90\end{cases}$$

试采用最大隶属度法求去模糊化结果。

3.6 已知由模糊推理得到的控制输出模糊集合为

$$\underline{\boldsymbol{U}}=\frac{0.3}{-1}+\frac{0.8}{-2}+\frac{1}{-3}+\frac{0.5}{-4}+\frac{0.1}{-5}$$

试采用加权平均判决法求去模糊化结果。

3.7 以定位系统为例，试用 MATLAB 中的模糊控制工具箱，采用 Mamdani 推理，建立定位系统的模糊控制查询表，模糊控制规则如表 3.4 所示。

3.8 设计一个移动机器人的模糊控制方案，包括移动机器人的运动学方程、动力学模型的建立，设计二维 PD 模糊控制器及其模糊控制规则，设计去模糊化方法并进行仿真与实验研究，分析实验结果。

第 3 章部分习题答案

04 神经网络原理

神经网络是指由大量简单的神经元相互连接，通过模拟人的大脑神经处理信息的方式，进行信息的并行处理和非线性映射的复杂网络系统，具有很强的自学习、自适应和自组织等特征。本章主要介绍神经网络的基本概念和基本原理，包括神经网络基本模型、学习规则、感知机、BP神经网络、RBF 神经网络、Hopfield 神经网络和支持向量机网络。要求读者掌握神经网络结构和学习方式的选取，并通过编写 MATLAB 神经网络程序，了解神经网络的训练和收敛过程以及神经网络对非线性函数的逼近能力。

4.1 引言

神经网络的研究是从 20 世纪 40 年代开始的，诸如大脑功能心理学研究、神经元的电生理实验等神经科学研究。1943 年，心理学家 M.麦卡洛克（M.McCulloch）和数学家 W.H.皮茨（W.H.Pitts）首先提出了第一个人工神经元模型，简称 MP 神经元模型。1949 年，心理学家 D.O.赫布（D.O.Hebb）提出了 Hebb 学习规则，用来改变神经元之间的连接强度。1958 年，F.罗森布拉特（F.Rosenblatt）提出了感知机模型。经过 20 多年的低潮之后，20 世纪 80 年代，神经网络研究又重新兴起，成为智能控制的一个新分支，为解决复杂的非线性、不确定系统的控制问题开辟了一条新途径。1982 年，美国物理学家霍普菲尔德教授提出了 Hopfield 神经网络模型，可用微电子器件实现该模型，1984 年，霍普菲尔德教授用此模型成功地解决了旅行商问题。1986 年，鲁梅尔哈特和麦克莱兰提出了多层网络学习的误差反向传播（BP）学习算法。特别是 20 世纪 90 年代初期，瓦普尼克等人提出了小样本学习理论为基础的支持向量机（SVM）。此后，神经网络的理论和方法得到了深入的研究与发展。

1. 神经网络的主要特征

（1）并行处理、信息分布存储与容错性

神经网络是指由大量简单处理元件相互连接构成高度并行的非线性系统。信息存储采用分布式结构，空间上分布，时间上并行，因此具有良好的容错性。

（2）自学习、自适应、自组织

自学习、自适应是指对于外界变化，经过训练和感知，神经网络通过自动调整网络结构参数，使得实际输出达到期望输出。神经网络在外部输入条件下调整连接权即自组织，逐渐构建起神经网络。

2. 神经网络的功能

（1）联想记忆

神经网络通过预先存储信息和自适应学习机制，从不完整信息和噪声干扰中恢复原始的完整信息。

（2）非线性映射

神经网络通过输入输出样本对的学习自动提取映射规则，可以以任意精度拟合任意复杂的非线性函数。

神经网络在控制方面的应用主要包括：①基于神经网络的系统辨识；②神经网络控制器设计；③神经网络与专家系统、模糊逻辑与遗传算法等智能算法相结合的非参数模型控制；④神经网络优化计算；⑤控制系统的神经网络故障诊断。

神经网络控制需要解决的问题包括神经网络的稳定性与收敛性问题、神经网络的学习速度问题、神经网络的非线性函数的逼近问题和神经网络模型的选择问题。

4.2 基本概念

1. 生物神经元结构

神经网络是受人脑的启发而构建的一种信息处理系统。人脑有10^{12}数量级的神经元，但没有任何两个神经元的形状完全相同。如图 4.1 所示，生物神经元结构包括胞体和突起两部分，突起由胞体发出，分为树突和轴突两种。下面介绍生物神经元的结构和功能。

（1）结构

神经元：由细胞体、树突和轴突构成。

细胞体：由细胞核、细胞质和细胞膜构成。

轴突：又称神经纤维，粗细均匀、表面光滑，可传送细胞体发出的神经信息，是细胞的输出通道。

突触：神经元之间通过一个神经元的轴突末梢和其他神经元的细胞体或树突进行通信连接，这种连接相当于神经元之间的输入输出接口。

树突：从细胞体向外延伸出的许多突起的神经纤维，形状较短。神经元靠树突接收来自其他神经元的输入信号。

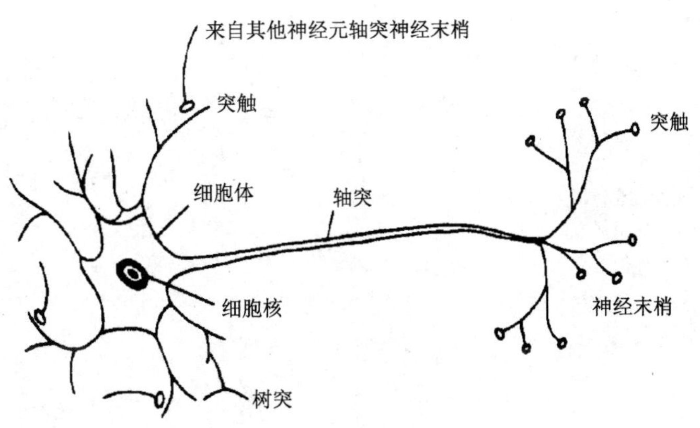

图 4.1　生物神经元结构

（2）功能

① 兴奋与抑制

当传入神经元的冲动经整合使细胞膜电位升高而超过动作电位的阈值时为兴奋状态，产生神经冲动。当传入神经元的冲动经整合使细胞膜电位降低而低于阈值时为抑制状态，不产生神经冲动。

② 学习与遗忘

由于神经元结构的可塑性，由突触传递且经过调整后可对输入信号进行增强和减弱，因此神经元具有学习与遗忘的功能。

③ 细胞膜电位

神经细胞在受到电的、化学的、机械的刺激后产生兴奋，此时细胞膜内外有 20~100mV 的电位差。膜内电位为正，膜外电位为负。

2. 人工神经元

1943 年，由美国心理学家麦卡洛克和数学家皮茨共同建立的 MP 神经元模型是以神经网络为理论基础的。MP 神经元模型结构如图 4.2 所示。

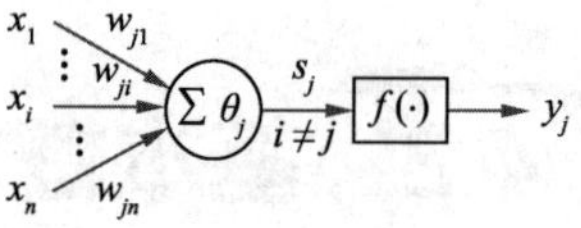

图 4.2　MP 神经元模型结构

图 4.2 中给出了神经元 j 的输入与输出结构，其中 y_j 为神经元 j 的输出，x_i 为神经元 i 的输入，w_{ji} 为神经元的连接权值，θ_j 为神经元的阈值，$f(\cdot)$ 为非线性函数。

MP 神经元模型的输出为

$$y_j = f\left(\sum_{i=1}^{n} w_{ji}x_i - \theta_j\right), \quad j \neq i \tag{4.1}$$

其中，$f(x)=\begin{cases}1 & x \geqslant 0\\ 0 & x < 0\end{cases}$，即 $f(x-\theta)=\begin{cases}1 & x \geqslant \theta\\ 0 & x < \theta\end{cases}$，1 表示兴奋，0 表示抑制。

式（4.1）还可以写为

$$y_j = f\left(\sum_{i=0}^{n} w_{ji}x_i\right) = f(s_j) \tag{4.2}$$

其中，$s_j = \sum_{i=0}^{n} w_{ji}x_i = \boldsymbol{W}_j^{\mathrm{T}}\boldsymbol{X}$，$\boldsymbol{W}_j = [w_{j0} \ w_{j1} \ \cdots \ w_{jn}]^{\mathrm{T}}$ 为权向量，$\boldsymbol{X} = [x_0 \ x_1 \ \cdots \ x_n]^{\mathrm{T}}$ 为输入向量，$w_{j0} = \theta_j$，$x_0 = -1$。

3. 激活函数

激活函数（又称为转移函数或作用函数）的形式有多种，常用的基本激活函数有 Sigmoid 函数（分为非对称型和对称型）、符号函数（又称为阶跃函数）和线性函数这 3 种，分别如图 4.3、图 4.4、图 4.5 和图 4.6 所示。

（1）非对称型 Sigmoid 函数

$$f(x) = \frac{1}{1+\mathrm{e}^{-\beta x}}, \quad \beta > 0 \tag{4.3}$$

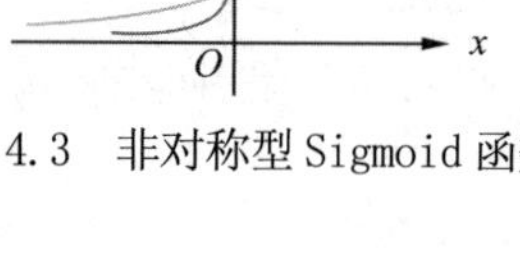

图 4.3　非对称型 Sigmoid 函数

（2）对称型 Sigmoid 函数

$$f(x) = \frac{1-\mathrm{e}^{-\beta x}}{1+\mathrm{e}^{-\beta x}}, \quad \beta > 0 \tag{4.4}$$

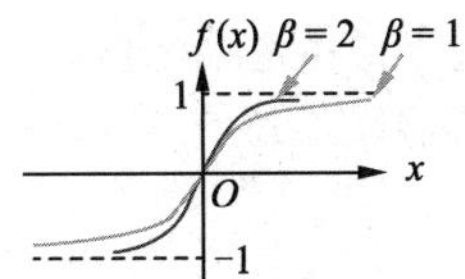

图 4.4　对称型 Sigmoid 函数

（3）符号函数

$$f(x)=\operatorname{sgn}(x)=\begin{cases}1, & x\geqslant 0\\ 0, & x<0\end{cases} \tag{4.5}$$

或

$$f(x)=\operatorname{sgn}(x)=\begin{cases}1, & x\geqslant 0\\ -1, & x<0\end{cases} \tag{4.6}$$

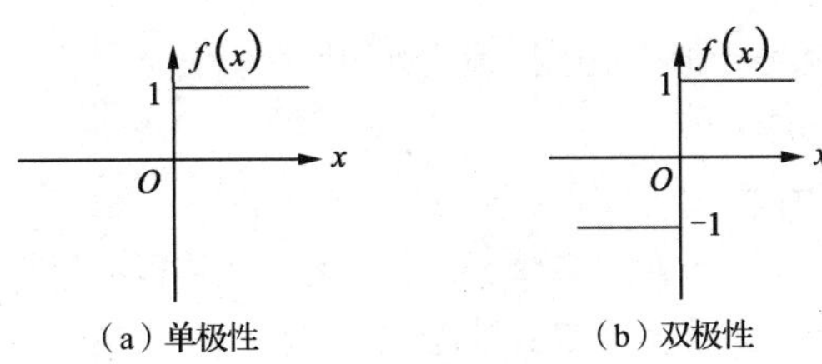

（a）单极性　　（b）双极性

图 4.5　符号函数

（4）线性函数

$$f(x)=x \tag{4.7}$$

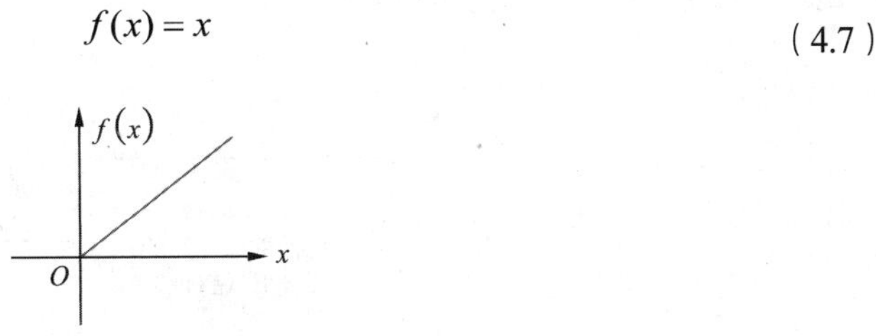

图 4.6　线性函数

4. 神经网络的拓扑结构

神经网络是一种模拟人脑神经元网络的结构与特征的模型。目前已有多种神经网络。神经网络的拓扑结构是各神经元间相互连接的方式，主要有前馈式神经网络结构和反馈式神经网络结构。

（1）前馈（前向）式神经网络结构

前馈式神经网络结构如图 4.7 所示。网络中的各个神经元只接收上一层的输入，并输出到下一层。中间层称为隐层。网络的输入层和输出层与外界相连，网络中各神经元不存在反馈连接。

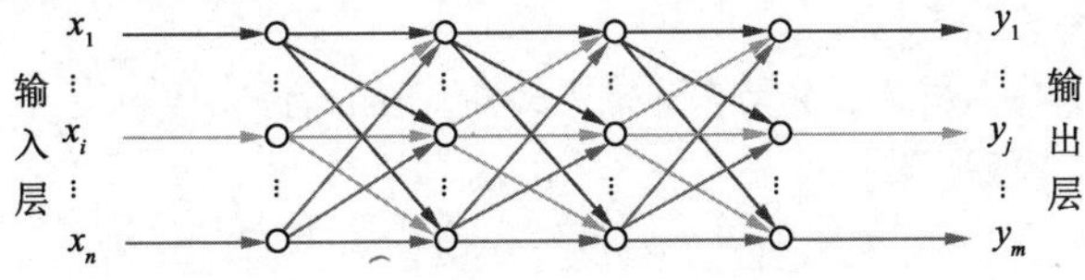

图 4.7　前馈式神经网络结构

在图 4.7 中，$x_1,\cdots,x_i,\cdots,x_n$ 为输入层的输入信号，$y_1,\cdots,y_j,\cdots,y_m$ 为输出层的输出信号。

前馈式神经网络的特点：神经元分层排列，可多层，层间无连接，方向由输入层到输出层。感知网络也如此，应用最为广泛。

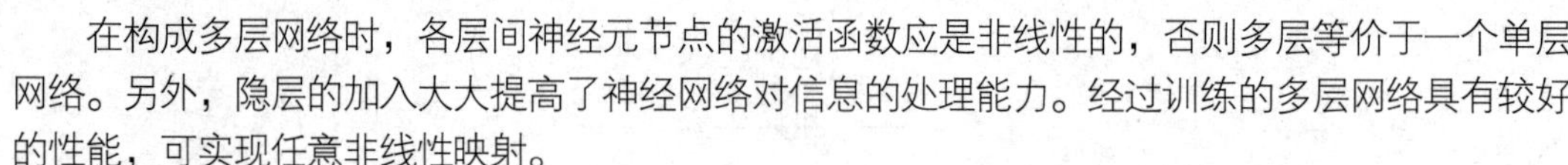

在构成多层网络时，各层间神经元节点的激活函数应是非线性的，否则多层等价于一个单层网络。另外，隐层的加入大大提高了神经网络对信息的处理能力。经过训练的多层网络具有较好的性能，可实现任意非线性映射。

（2）反馈式神经网络结构

反馈式神经网络在输入层与输出层的神经元节点之间存在反馈，如图 4.8 所示。

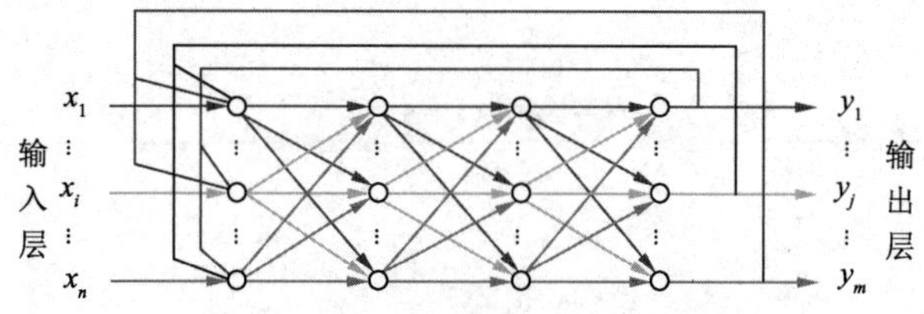

图 4.8　反馈神经网络结构

如 Hopfield 神经网络就是一种典型的反馈式神经网络。在该网络中，由于输入与先前的输出有关，因此具有短期记忆功能。

5. 神经网络的学习方式

神经网络最重要的特征之一就是具有学习能力。神经网络通过对环境学习获取知识，逐步修正网络的权值、阈值等参数，达到提升自身性能的目的。

学习方法是给神经网络输入一些模式样本，按一定规则（学习算法）调整网络各层的权矩阵，待各权值都收敛到一定值时，学习完成。其实质是神经网络的权矩阵随外部环境的激励做自适应变化。神经网络的学习结构如图 4.9 所示。

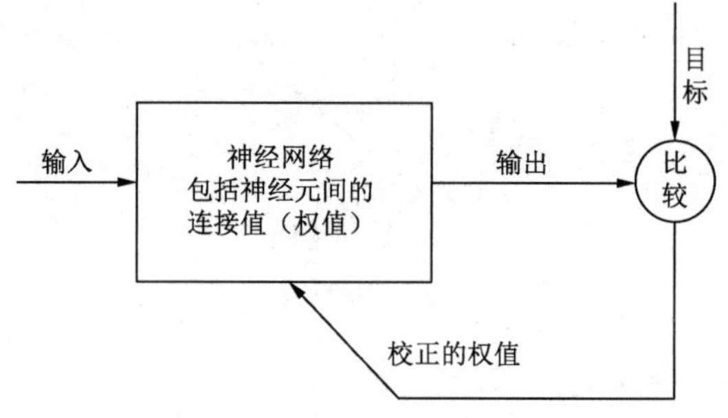

图 4.9　神经网络的学习结构

根据外部环境提供的信息量不同，神经网络的学习方式主要分为以下 3 种。

（1）监督学习

在监督学习（有导师学习）中，网络的输出和期望的输出进行比较，再根据两者之间的差异来调整网络的权值，逐步使差异减小，如图 4.10 所示。

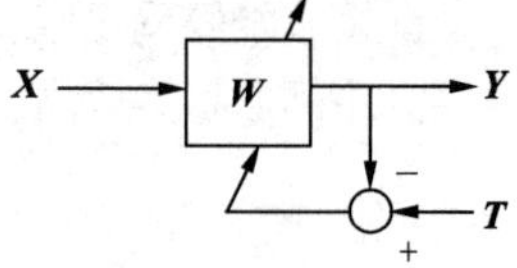

图 4.10　监督学习

在图 4.10 中，$\boldsymbol{X}$ 为输入样本，$\boldsymbol{Y}$ 为实际输出，$\boldsymbol{T}$ 为目标信号（导师信号或期望信号），$\boldsymbol{W}$ 为权矩阵。

（2）无监督学习

在无监督学习（无导师学习）中，输入样本进入网络后，网络按照预先设定的学习规则自动调整权值，如图 4.11 所示。

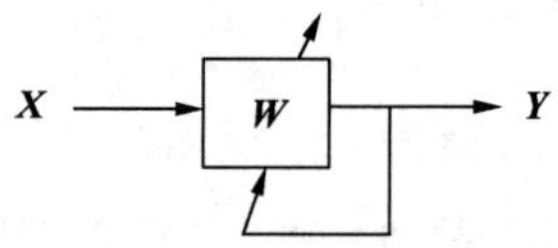

图 4.11　无监督学习

（3）强化学习

强化学习（再励学习）是模拟人适应环境学习过程的一种机器学习模型。监督学习虽学习效率高，但在控制中导师信号一般不易获得；无监督学习效率低。强化学习是介于监督学习与无监督学习之间的一种学习方式，如图4.12所示。在强化学习中，外部环境对网络输出一定的评价信息，网络通过强化那些被肯定的动作来提升自身的性能。

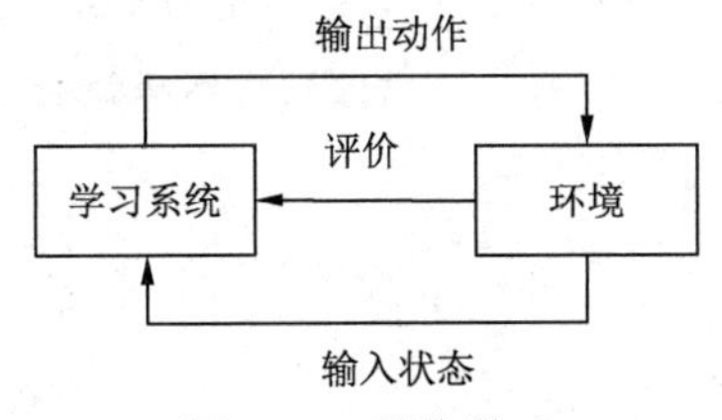

图 4.12　强化学习

6. 神经网络的学习规则

神经网络学习规则的一般结构如图4.13所示。

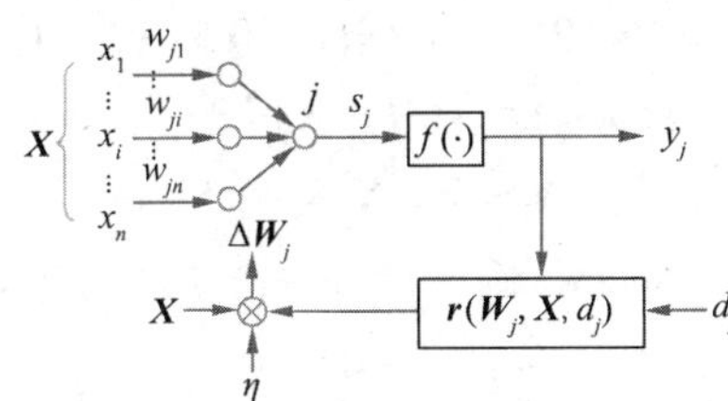

图 4.13　神经网络学习规则的一般结构

图4.13中给出了第j个神经元的学习过程，其中$\boldsymbol{X}=\begin{pmatrix}x_1 & x_2 & \cdots & x_n\end{pmatrix}^{\mathrm{T}}$为输入模式样本，$y_j$为神经元的输出，$d_j$为期望的输出信号，$\boldsymbol{W}_j=\begin{pmatrix}w_{j1} & w_{j2} & \cdots & w_{jn}\end{pmatrix}^{\mathrm{T}}$为权向量，$\Delta\boldsymbol{W}_j$为权向量的变化，$\boldsymbol{r}(\boldsymbol{W}_j,\boldsymbol{X},\boldsymbol{d}_j)$为学习信号，$f(\cdot)$为激活函数。神经网络学习规则的一般形式为

$$\boldsymbol{W}_j(t+1)=\boldsymbol{W}_j(t)+\Delta\boldsymbol{W}_j(t) \tag{4.8}$$

其中，$\Delta\boldsymbol{W}_j=\eta\cdot\boldsymbol{r}(\boldsymbol{W}_j,\boldsymbol{X},\boldsymbol{d}_j)\boldsymbol{X}$，$t$为迭代学习次数，$\eta$为学习率，$\eta>0$。

学习规则的离散形式为

$$w_{j(n+1)}=w_{jn}+\eta r(w_{jn},x_n,d_{jn})x_n \tag{4.9}$$

在上述神经网络的学习规则中，当学习到$\Delta\boldsymbol{W}=0$或$\boldsymbol{W}$恒定时，称为神经网络学习收敛。

下面给出几种常见的神经网络学习规则。

（1）Hebb学习规则

Hebb学习规则是一种无监督学习，它只根据神经元连接间的激活水平来改变权值。在Hebb学习规则中，取神经元的输出为学习信号，即

$$r=f(\boldsymbol{W}_j\boldsymbol{X}) \tag{4.10}$$

Hebb学习规则的权向量变化为

$$\Delta\boldsymbol{W}_j=\eta f(\boldsymbol{W}_j\boldsymbol{X})\boldsymbol{X} \tag{4.11}$$

式中，第i个权值变化$\Delta w_{ji}=\eta f(\boldsymbol{W}_j\boldsymbol{X})x_i$。

由于$f\left(\boldsymbol{W}_j\boldsymbol{X}\right)=y_j$，则

$$\Delta w_{ji}=\eta y_j x_i(i=1,2,\cdots,n;\ j=1,2,\cdots,m)\ , \tag{4.12}$$

Hebb神经网络调整权值w_{ji}的原则：若第i个与第j个神经元同时处于兴奋状态，则它们之间的连接权应加强。这符合心理学中条件反射的机理，即两个神经元同时兴奋（输出同时为“1”态）时连接权加强，否则应削弱。

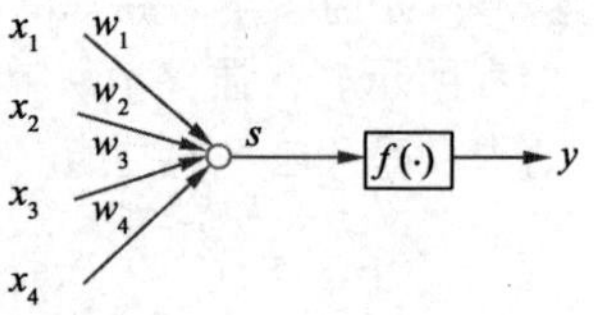

【例 4.1】 已知初始权向量 $\boldsymbol{W}_1=(w_1\ \ w_2\ \ w_3\ \ w_4)^{\mathrm{T}}=(1\ \ -1\ \ 0\ \ 0)^{\mathrm{T}}$，模式样本向量 $\boldsymbol{X}_1=(1\ \ -2\ \ 1\ \ 0)^{\mathrm{T}}$，$\boldsymbol{X}_2=(1\ \ -0.5\ \ -2\ \ -1)^{\mathrm{T}}$，$\boldsymbol{X}_3=(0\ \ 1\ \ -1\ \ 1)^{\mathrm{T}}$，学习率 $\eta=1$，如图 4.14 所示。利用 Hebb 学习规则计算经过 3 次学习后的权向量，其中激活函数分别为双极性符号函数 $f(s)=\mathrm{sgn}(s)$ 和连续双极性函数 $f(s)=\dfrac{2}{1+\mathrm{e}^{-s}}-1$。

图 4.14　Hebb 学习规则

解：

当 $f(s)=\mathrm{sgn}(s)=\begin{cases}+1 & s\geqslant 0\\ -1 & s<0\end{cases}$ 时，

$$s_1=\boldsymbol{W}_1^{\mathrm{T}}\boldsymbol{X}_1=(1\ \ -1\ \ 0\ \ 0)(1\ \ -2\ \ 1\ \ 0)^{\mathrm{T}}=3$$

$$\boldsymbol{W}_2=\boldsymbol{W}_1+\mathrm{sgn}(s_1)\boldsymbol{X}_1=\boldsymbol{W}_1+\boldsymbol{X}_1=(2\ \ -3\ \ 1\ \ 0)^{\mathrm{T}}$$

$$s_2=\boldsymbol{W}_2^{\mathrm{T}}\boldsymbol{X}_2=(2\ \ -3\ \ 1\ \ 0)(1\ \ -0.5\ \ -2\ \ -1)^{\mathrm{T}}=1.5$$

$$\boldsymbol{W}_3=\boldsymbol{W}_2+\mathrm{sgn}(s_2)\boldsymbol{X}_2=\boldsymbol{W}_2+\boldsymbol{X}_2=(3\ \ -3.5\ \ -1\ \ -1)^{\mathrm{T}}$$

$$s_3=\boldsymbol{W}_3^{\mathrm{T}}\boldsymbol{X}_3=-3.5$$

$$\boldsymbol{W}_4=\boldsymbol{W}_3+\mathrm{sgn}(s_3)\boldsymbol{X}_3=\boldsymbol{W}_3-\boldsymbol{X}_3=(3\ \ -4.5\ \ 0\ \ -2)^{\mathrm{T}}$$

当 $f(s)=\dfrac{2}{1+\mathrm{e}^{-s}}-1$ 时，

$$s_1=\boldsymbol{W}_1^{\mathrm{T}}\boldsymbol{X}_1=3,\quad y_1=f(s_1)=\frac{2}{1+\mathrm{e}^{-3}}-1\approx 0.905$$

$$\boldsymbol{W}_2=\boldsymbol{W}_1+f(s_1)\boldsymbol{X}_1=\boldsymbol{W}_1+0.905\boldsymbol{X}_1=(1.905\ \ -2.81\ \ 0.905\ \ 0)^{\mathrm{T}}$$

$$s_2=\boldsymbol{W}_2^{\mathrm{T}}\boldsymbol{X}_2=1.145,\quad y_2=f(s_2)=\frac{2}{1+\mathrm{e}^{-1.145}}-1\approx 0.517$$

$$\boldsymbol{W}_3=\boldsymbol{W}_2+f(s_2)\boldsymbol{X}_1=(2.422\ \ -1.776\ \ 1.422\ \ 0)^{\mathrm{T}}$$

$$s_3=\boldsymbol{W}_3^{\mathrm{T}}\boldsymbol{X}_3=-3.198,\quad y_3=f(s_3)\approx -0.921$$

$$\boldsymbol{W}_4=\boldsymbol{W}_3+f(s_3)\boldsymbol{X}_3=\boldsymbol{W}_3-0.921\boldsymbol{X}_3=(2.422\ \ -2.697\ \ 2.343\ \ -0.921)^{\mathrm{T}}$$

比较上述两种情况的权值变化结果，双极性符号函数调整权值较快，但两种情况的变化趋势是一致的。

（2）感知机学习规则

感知机学习规则是一种监督学习，其学习过程如图 4.15 所示。

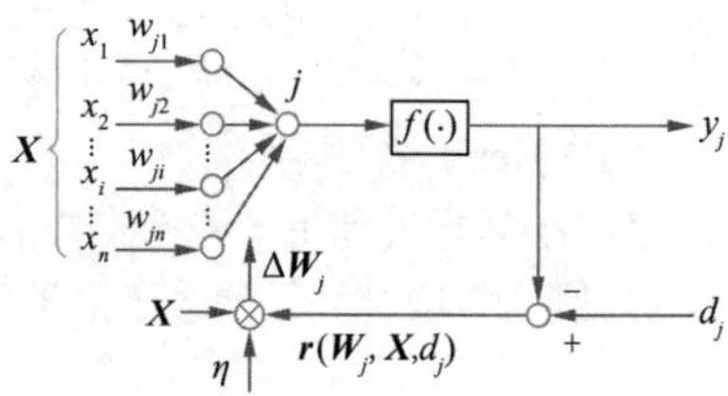

图 4.15　感知机学习规则

在感知机学习规则中，学习信号为 $r=d_j-y_j$，$f(\cdot)$ 为符号函数。

感知机学习规则的权向量变化为

$$\Delta\boldsymbol{W}_j=\eta[d_j-\mathrm{sgn}(\boldsymbol{W}_j\boldsymbol{X})]\boldsymbol{X} \tag{4.13}$$

式中，第 i 个权值变化 $\Delta w_{ji}=\eta[d_j-\mathrm{sgn}(\boldsymbol{W}_j\boldsymbol{X})]x_i$。

（3）Delta 学习规则

Delta 学习规则是一种监督学习，其学习过程如图 4.16 所示。

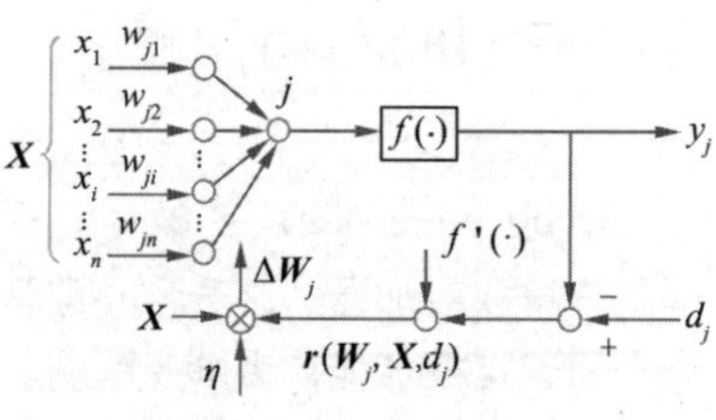

图 4.16　Delta 学习规则

在 Delta 学习规则中，$f(\cdot)$ 为连续可微的激活函数，学习信号为 $r=(d_j-y_j)f'(\boldsymbol{W}_j^{\mathrm{T}}\boldsymbol{X})$。

定义最小方差为

$$E \triangleq \frac{1}{2}(d_j - y_j)^2 = \frac{1}{2}[d_j - f(\boldsymbol{W}_j^{\mathrm{T}}\boldsymbol{X})]^2 \tag{4.14}$$

误差梯度矢量为

$$\nabla E = -(d_j - y_j) f'(\boldsymbol{W}_j^{\mathrm{T}}\boldsymbol{X})\boldsymbol{X} \tag{4.15}$$

式中，梯度矢量第 i 个分量为 $\frac{\partial E}{\partial w_{ji}} = -(d_j - y_j) f'(\boldsymbol{W}_j^{\mathrm{T}}\boldsymbol{X}) x_i$。

由于最小方差要求权向量变化沿负梯度方向，$\Delta \boldsymbol{W}_j \propto \eta \nabla E$ 且权向量调整使得 E 减小，因此 $\Delta \boldsymbol{W}_j = -\eta \nabla E$，权向量调整的基本思想是使输出方差最小。

Delta 学习规则的权向量变化为

$$\Delta \boldsymbol{W}_j = \eta (d_j - y_j) f'(\boldsymbol{W}_j^{\mathrm{T}}\boldsymbol{X})\boldsymbol{X} \tag{4.16}$$

式中，第 i 个权值变化 $\Delta w_{ji} = \eta (d_j - y_j) f'(\boldsymbol{W}_j^{\mathrm{T}}\boldsymbol{X}) x_i$。

【例 4.2】 已知初始权向量 $\boldsymbol{W}_1 = (w_1 \ \ w_2 \ \ w_3 \ \ w_4)^{\mathrm{T}} = (1 \ \ -1 \ \ 0 \ \ 0.5)^{\mathrm{T}}$，模式样本向量 $\boldsymbol{X}_1 = (1 \ \ -3 \ \ 0 \ \ -1)^{\mathrm{T}}$，$\boldsymbol{X}_2 = (0 \ \ -1 \ \ 1 \ \ 1)^{\mathrm{T}}$，$\boldsymbol{X}_3 = (1 \ \ -1 \ \ 0 \ \ 1)^{\mathrm{T}}$，期望输出 $d_1 = d_2 = -1$，$d_3 = 1$，学习率 $\eta = 0.5$。利用 Delta 学习规则计算经过 3 次学习后的权向量，其中激活函数为连续双极性函数 $f(s) = \frac{2}{1+\mathrm{e}^{-s}} - 1$。

解：

$y = f(s)$，$f'(s) = \frac{1}{2}(1 - y^2)$。

输入 $\boldsymbol{X}_1$：

$$s_1 = \boldsymbol{W}_1^{\mathrm{T}}\boldsymbol{X}_1 = 3.5$$

$$y_1 = f(s_1) = \frac{2}{1+\mathrm{e}^{-3.5-1}} = 0.942$$

$$f'(s_1) = \frac{1}{2}(1 - y_1^2) = 0.056$$

$$\boldsymbol{W}_2 = \boldsymbol{W}_1 + \eta(d_1 - y_1) f'(s_1)\boldsymbol{X}_1 = (0.946 \ \ -0.946 \ \ 0 \ \ 0.473)^{\mathrm{T}}$$

输入 $\boldsymbol{X}_2$：

$$s_2 = \boldsymbol{W}_2^{\mathrm{T}}\boldsymbol{X}_2 = -1.419$$

$$y_2 = f(s_2) = \frac{2}{1+\mathrm{e}^{-1.419}} - 1 = 0.61$$

$$f'(s_2) = \frac{1}{2}(1 - y_2^2) = 0.314$$

$$\boldsymbol{W}_3 = \boldsymbol{W}_2 + \eta(d_2 - y_2) f'(s_2)\boldsymbol{X}_2 = (0.946 \ \ -0.693 \ \ 0.253 \ \ 0.22)^{\mathrm{T}}$$

输入 $\boldsymbol{X}_3$：

$$s_3 = \boldsymbol{W}_3^{\mathrm{T}}\boldsymbol{X}_3 = 1.859$$

$$y_3 = f(s_3) = \frac{2}{1+\mathrm{e}^{-1.859}} - 1 = 0.73$$

$$f'(s_3) = \frac{1}{2}(1 - y_3^2) = 0.234$$

$$\boldsymbol{W}_4 = \boldsymbol{W}_3 + \eta(d_3 - y_3) f'(s_3)\boldsymbol{X}_3 = (0.978 \ \ -0.725 \ \ 0.253 \ \ 0.252)^{\mathrm{T}}$$

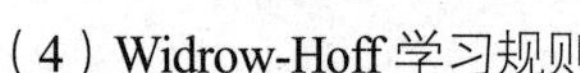
（4）Widrow-Hoff 学习规则

Widrow-Hoff 学习规则也是一种监督学习，又称为最小二乘法（Least Mean Square，LMS）。在 Widrow-Hoff 学习规则中，$f(\cdot)$ 为线性函数，学习信号为 $r = d_j - \boldsymbol{W}_j^{\mathrm{T}}\boldsymbol{X}$ 。

Widrow-Hoff 学习规则的权向量变化为

$$\Delta\boldsymbol{W}_j = \eta(d_j - \boldsymbol{W}_j^{\mathrm{T}}\boldsymbol{X})\boldsymbol{X} \tag{4.17}$$

式中，第 i 个权值变化 $\Delta w_{ji} = \eta(d_j - \boldsymbol{W}_j^{\mathrm{T}}\boldsymbol{X})x_i$ 。

由于 $y_j = f(s_j) = s_j$ ，$f'(s_j) = f'(\boldsymbol{W}_j^{\mathrm{T}}\boldsymbol{X}) = 1$ ，$s_j = \sum_{i=1}^{n} w_{ji}x_i$ 。它是 Delta 学习规则在激活函数为线性函数 $f(s_j) = s_j$ 的特例。

（5）竞争学习规则

竞争学习规则是一种无监督学习，其学习过程如图 4.17 所示。

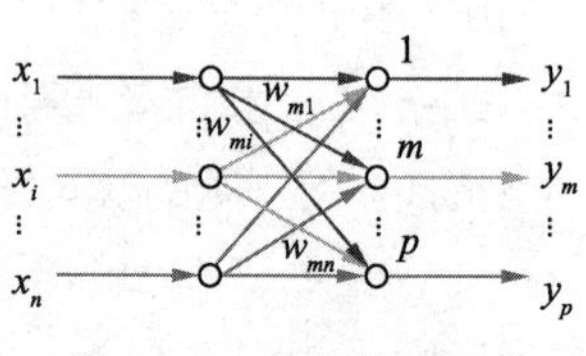

图 4.17　竞争学习规则

图 4.17 所示的网络结构由输入层和竞争层构成。对于输入向量 $\boldsymbol{X} = (x_1 \cdots x_i \cdots x_n)^{\mathrm{T}}$ ，总存在一个神经元的输出响应最大，假定在竞争层的第 m 个神经元满足

$$\|\boldsymbol{X} - \boldsymbol{W}_m\| = \min_{j=1,2,\cdots,p} \|\boldsymbol{X} - \boldsymbol{W}_j\| = \min_{j=1,2,\cdots,p} \sqrt{\sum_{i=1}^{N}(x_i - w_{ji})^2}$$

其中，权向量 $\boldsymbol{W}_j = (w_{j1}\ \cdots\ w_{ji}\ \cdots\ w_{jn})^{\mathrm{T}}$ 。

在全部参与竞争的 p 个神经元中，输出响应最大者为

$$y_m = \boldsymbol{W}_m^{\mathrm{T}}\boldsymbol{X} = \max(\boldsymbol{W}_j^{\mathrm{T}}\boldsymbol{X}),\quad j = 1,2,\cdots,p$$

只有获胜神经元才有权调整其权向量，即

$$\Delta\boldsymbol{W}_m = \eta(\boldsymbol{X} - \boldsymbol{W}_m)$$

式中，$\eta \in (0,1]$ 是学习常数，第 i 个权值变化 $\Delta w_{mi} = \eta(x_i - w_{mi})$ 。

其余神经元的权向量保持不变，竞争学习规则是寻找权向量，使得其最接近输入 $\boldsymbol{X}$ ，即获胜的神经元表示输入模式的所属类别。

7. 神经网络输入数据的尺度变换

神经网络输入数据的物理量纲不同或数据样本之间的数量级差别较大，会导致某些样本数据在神经网络的训练中占主导作用。为了避免这种情况的发生，输入数据必须重新进行尺度变换，从而使得在全部训练集上每个样本的均值为 0，并且具有相同的方差。如样本的统计特征服从标准(0,1)正态分布，这样经过标准化处理的所有样本在输入神经网络时具有同等重要的地位。此外，还可以对输入数据进行归一化处理，将数据的变化范围限制在某一区间，如在[0,1]或[−1,1]。当神经网络的节点采用 Sigmoid 函数时，经过数据变换处理后可以防止因净输入的绝对值过大而使神经元输出达到饱和。下面介绍神经网络输入数据的处理方法。

（1）输入样本的归一化处理

将输入样本 x_i 变换到[0,1]中

$$\overline{x}_i = \frac{x_i - x_{\min}}{x_{\max} - x_{\min}}$$

将输入样本 x_i 变换到[−1,1]中

$$\overline{x}_i = \frac{x_i - x_{\mathrm{mid}}}{0.5(x_{\max} - x_{\min})}$$

其中，$\overline{x}_i$ 为变换后的样本，$x_{\max}$ 、$x_{\min}$ 分别为原始样本的最大值和最小值，$x_{\mathrm{mid}} = (x_{\max} + x_{\min})/2$

为 x_{max} 与 x_{min} 间的中值。

（2）输入样本的标准化处理

$$\mu = \frac{1}{N}\sum_{i=1}^{N} x_i$$

$$\sigma^2 = \frac{1}{N-1}\sum_{i=1}^{N}(x_i - \mu)^2$$

$$\bar{x}_i = \frac{x_i - \mu}{\sigma}$$

其中，$\bar{x}_i$ 为标准化后的样本，N 为样本数，μ，σ^2 分别为原始样本的均值和方差。

4.3 感知机

感知机模型是模拟人的视觉，接收环境信息，并由神经冲动进行信息传递的神经网络，是一种具有学习能力的神经网络，分为单层与多层感知机。感知机的学习规则在前面已介绍过，其学习规则如图 4.15 所示。

1. 单层感知机

单层感知机由输入层和输出层组成前向网络，每层可由多个处理单元（神经元或称为“节点”）构成。图 4.18 给出了一个具有单层处理单元的感知机结构。

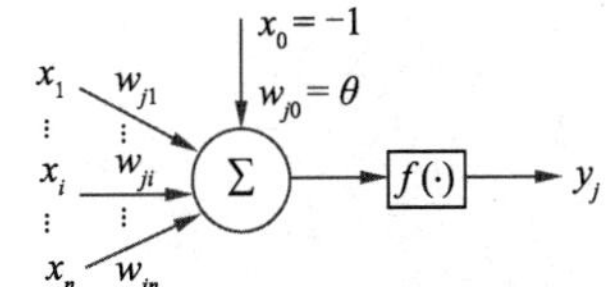

图 4.18　单层感知机结构

在图 4.18 中，$\boldsymbol{X}=\left(x_1 \ x_2 \ \cdots \ x_i \ \cdots \ x_n\right)^{\mathrm{T}}$ 为输入模式向量，$\boldsymbol{W}_j=\left(w_{j1} \ \cdots \ w_{ji} \ \cdots \ w_{jn}\right)^{\mathrm{T}}$ 为第 j 个神经元的权向量，$w_{j0}=\theta$ 为阈值，$f(\cdot)$ 为符号函数。

感知机的输出为

$$y_j = f(\sum_{i=1}^{n} w_{ji}x_i - \theta) = f(\sum_{i=0}^{n} w_{ji}x_i) \tag{4.18}$$

式中，x_i 为感知机的第 i 个输入，$x_0=-1$，$f(\cdot)$ 为符号函数。

单层感知机学习结构如图 4.19 所示。它与 MP 神经元模型的不同之处是权值可由学习算法进行调整，学习算法采用监督学习，学习率 η 满足 $0<\eta\leqslant 1$。

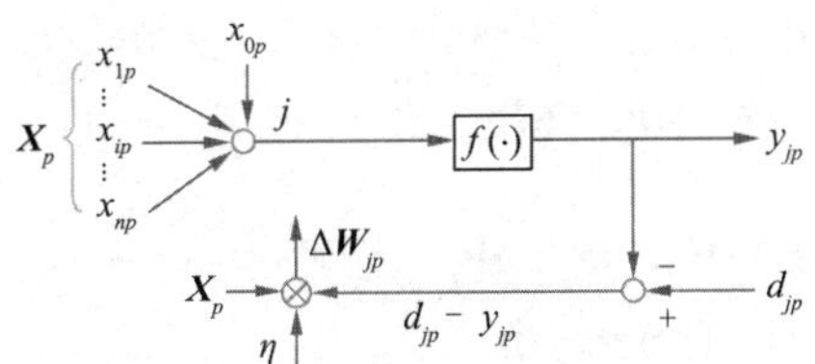

图 4.19　单层感知机学习结构

感知机的学习算法为 $\Delta w_{ji}=\eta(d_{jp}-y_{jp})x_{ip}$，$i=1,2,\cdots,n$，$p=1,2,\cdots,P$。$x_{ip}$ 是第 p 个输入模式 $\boldsymbol{X}_p$ 的第 i 个分量，$\boldsymbol{X}_p=\left(x_{0p} \ x_{1p} \cdots x_{ip} \cdots x_{np}\right)^{\mathrm{T}}$。$y_{jp}$ 和 d_{jp} 分别取值 +1、−1 或 1、0，$f(\cdot)$ 选择双极性或单极性符号函数。

感知机学习算法的向量形式为 $\Delta\boldsymbol{W}_{jp}=\eta(d_{jp}-y_{jp})\boldsymbol{X}_p$，$j=1,2,\cdots,n$。在 $y_{jp}=d_{jp}$ 的情况下，$\Delta\boldsymbol{W}_{jp}=\boldsymbol{0}$，权值保持不变。在 $y_{jp}\neq d_{jp}$ 的情况下，当 d_{jp} 为 ± 1 时，$\Delta\boldsymbol{W}_{jp}=\pm 2\eta\boldsymbol{X}_p$；当 d_{jp} 为 1

或 0 时，$\Delta \boldsymbol{W}_{jp} = \pm\eta \boldsymbol{X}_p$。

学习算法步骤如下。

① 设置权系数的初值 $w_{ji}(0)(i=0,1,2,\cdots,n)$ 为较小的随机非零值（-1～1），$\Delta \boldsymbol{W}_{jp} = \left(\Delta w_{1p} \ \ \Delta w_{2p} \ \ \cdots \ \ \Delta w_{np}\right)^{\mathrm{T}}$。

② 给定输入输出样本对 $(\boldsymbol{X}_p, d_{jp})$，$p=1,2,\cdots$，$\boldsymbol{X}_p = [x_{0p} \ \ x_{1p} \ \ \cdots \ \ x_{np}]^{\mathrm{T}}$，$d_{jp}$ 为 ± 1。

③ 求出感知机的输出 $y_{jp} = f(\sum_{i=0}^{n} w_{ji}(t) x_{ip})$。

④ 计算 $\Delta \boldsymbol{W}_{jp}$，权值调整 $\boldsymbol{W}_{jp}(t+1) = \boldsymbol{W}_{jp}(t) + \Delta \boldsymbol{W}_{jp}$，$t$ 表示第 t 次调整权值。

⑤ 若 $y_{jp} = d_{jp}$，则学习结束，否则返回步骤②。

感知机学习算法常用于模式分类。如果两类样本可用直线、平面或超平面分开，则称为线性可分，否则称为线性不可分。因此当 $\boldsymbol{X}_p$ 线性可分时，感知机学习算法一定收敛。

【例 4.3】在一个单层感知机中，设输入模式向量 $\boldsymbol{X}_1 = \left(1 \ \ -2 \ \ 0 \ \ -1\right)^{\mathrm{T}}$，$\boldsymbol{X}_2 = \left(0 \ \ 1 \ \ -1 \ \ -1\right)^{\mathrm{T}}$，$\boldsymbol{X}_3 = \left(-1 \ \ 1 \ \ 0 \ \ -1\right)^{\mathrm{T}}$，期望的输出 $d_1 = -1$，$d_2 = 1$，$d_3 = 1$，初始权向量 $\boldsymbol{W}_1 = \left(1 \ \ -1 \ \ 0 \ \ -1\right)^{\mathrm{T}}$，$\eta = 0.1$，$f(\cdot)$ 为选择双极性符号函数。采用感知机学习算法求权值的调整。

解：

① 输入 $\boldsymbol{X}_1$。

$$
\begin{gathered}
s_1 = \boldsymbol{W}_1^{\mathrm{T}} \boldsymbol{X}_1 = \left(1 \ \ -1 \ \ 0 \ \ 1\right)\left(1 \ \ -2 \ \ 0 \ \ 1\right)^{\mathrm{T}} = 4 \\
y_1 = \operatorname{sgn}(4) = 1 \\
\Delta \boldsymbol{W}_1 = \eta(d_1 - y_1)\boldsymbol{X}_1 = \left(-0.2 \ \ 0.4 \ \ 0 \ \ 0.2\right)^{\mathrm{T}} \\
\boldsymbol{W}_2 = \boldsymbol{W}_1 + \Delta \boldsymbol{W}_1 = \left(0.8 \ \ -0.6 \ \ 0 \ \ -0.8\right)^{\mathrm{T}}
\end{gathered}
$$

② 输入 $\boldsymbol{X}_2$。

$$
\begin{gathered}
s_2 = \boldsymbol{W}_2^{\mathrm{T}} \boldsymbol{X}_2 = \left(0.8 \ \ -0.6 \ \ 0 \ \ -0.8\right)\left(0 \ \ 1 \ \ -1 \ \ -1\right)^{\mathrm{T}} = 0.2 \\
y_2 = \operatorname{sgn}(0.2) = 1 \\
\Delta \boldsymbol{W}_2 = \eta(d_2 - y_2)\boldsymbol{X}_2 = 0 \\
\boldsymbol{W}_3 = \boldsymbol{W}_2 + \Delta \boldsymbol{W}_2 = \boldsymbol{W}_2
\end{gathered}
$$

③ 输入 $\boldsymbol{X}_3$。

$$
\begin{gathered}
s_3 = \boldsymbol{W}_3^{\mathrm{T}} \boldsymbol{X}_3 = \left(0.8 \ \ -0.6 \ \ 0 \ \ -0.8\right)\left(-1 \ \ 1 \ \ 0 \ \ -1\right)^{\mathrm{T}} = -0.6 \\
y_3 = \operatorname{sgn}(-0.6) = -1 \\
\Delta \boldsymbol{W}_3 = \eta(d_3 - y_3)\boldsymbol{X}_3 = \left(-0.2 \ \ 0.2 \ \ 0 \ \ -0.2\right)^{\mathrm{T}} \\
\boldsymbol{W}_4 = \boldsymbol{W}_3 + \Delta \boldsymbol{W}_3 = \left(0.6 \ \ -0.4 \ \ 0 \ \ -1\right)^{\mathrm{T}}
\end{gathered}
$$

④ 重复以上 3 个步骤。

重新输入 $\boldsymbol{X}_1$、$\boldsymbol{X}_2$、$\boldsymbol{X}_3$，修正 $\boldsymbol{W}_1$、$\boldsymbol{W}_2$、$\boldsymbol{W}_3$，直到 $d_p - y_p = 0\,(p=1,2,3)$ 为止。

图 4.20 所示为单层感知机用于模式分类。

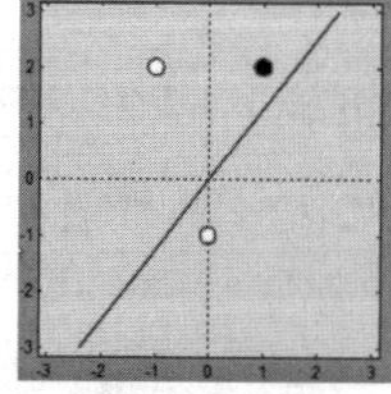

（a）初始权值

（b）训练过程（扫码观看）

图 4.20 单层感知机用于模式分类

下面讨论使用单层感知机解决逻辑运算问题。

① 单层感知机的逻辑“与”运算。

单层感知机逻辑“与”运算结构如图 4.21 所示。

图中，$s = w_1x_1 + w_2x_2 - \theta$，$y = f(s) = f(w_1x_1 + w_2x_2 - \theta)$，$y = \text{sgn}(s) = \begin{cases} 1, & s \geqslant 0 \\ 0, & s < 0 \end{cases}$。

由方程 $s = w_1x_1 + w_2x_2 - \theta = 0$，可以定义在一个二维平面上的分区直线 $x_2 = \dfrac{\theta}{w_2} - \dfrac{w_1}{w_2}x_1$。

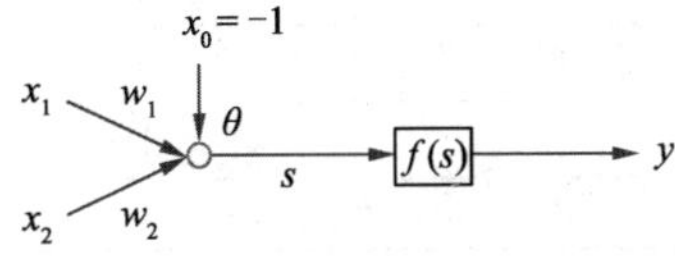

图 4.21　单层感知机逻辑“与”运算结构

当 $w_1 = w_2 = 1$，$\theta = 1.5$ 时，单层感知机可以实现逻辑“与”运算功能，如表 4.1 所示。分区直线 $x_2 = 1.5 - x_1$ 将“*”与“●”样本点分开，如图 4.22 所示，该直线不是唯一解。

表 4.1　单层感知机逻辑“与”运算功能表

$x_1 \wedge x_2$	x_1	x_2	s	y	符号
0	0	0	−1.5	0	●
0	0	1	−0.5	0	●
0	1	0	−0.5	0	●
1	1	1	0.5	1	*

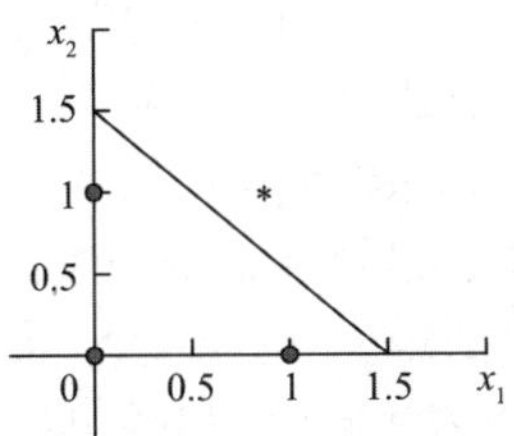

图 4.22　单层感知机逻辑“与”运算实现分类

② 单层感知机的逻辑“或”运算。

当 $w_1 = w_2 = 1$，$\theta = 0.5$ 时，单层感知机可以实现逻辑“或”运算功能，如表 4.2 所示。分区直线 $x_2 = \dfrac{\theta}{w_2} - \dfrac{w_1}{w_2}x_1 = 0.5 - x_1$ 将“*”与“●”样本点分开，如图 4.23 所示。

表 4.2　单层感知机逻辑“或”运算功能表

$x_1 \vee x_2$	x_1	x_2	s	y	符号
0	0	0	−0.5	0	●
1	0	1	0.5	1	*
1	1	0	0.5	1	*
1	1	1	1.5	1	*

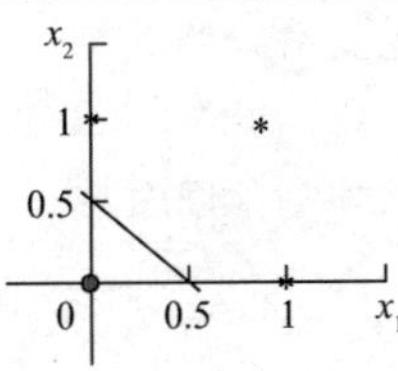

图 4.23　单层感知机逻辑“或”运算实现分类

③ “异或”运算（线性不可分）。

表 4.3 所示为逻辑“异或”运算功能。对于图 4.21 给出的单层感知机，不能利用一条分区直线将“*”与“●”样本点分开，如图 4.24 所示。

表 4.3 逻辑“异或”运算功能表

$x_1 \oplus x_2$	x_1	x_2	y	符号
0	0	0	0	●
1	0	1	1	*
1	1	0	1	*
0	1	1	0	●

在图 4.24 中，因为单层感知机输出的判别函数是一条直线，而改变 w_1、w_2 与 θ 只能改变直线的位置与斜率，因此单层感知机只能解决线性可分问题，而无法解决线性不可分的“异或”问题，这是它的局限性。

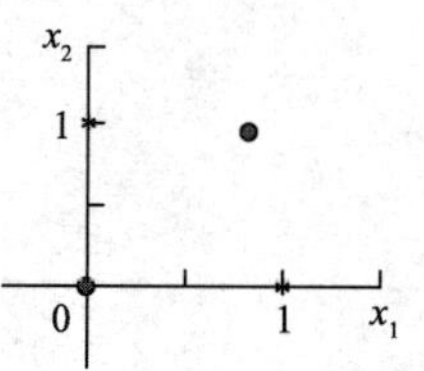

图 4.24 逻辑“异或”问题

2. 多层感知机

多层感知机由输入层、隐层和输出层组成，是一种多层前馈神经网络。图 4.25 所示为一个由二输入节点、单隐层和单输出节点组成的多层感知机结构。

图 4.25 中标注了网络节点的权值和阈值，阈值的输入为 −1，则隐层节点的输出 $z_1 = f(1 \cdot x_1 + 1 \cdot x_2 - 0.5)$，$z_2 = f((-1) \cdot x_1 + (-1)x_2 - (-1.5))$，输出节点的输出 $y = f(1 \cdot z_1 + 1 \cdot z_2 - 2)$，其中 $f(\cdot)$ 选择单极性符号函数。

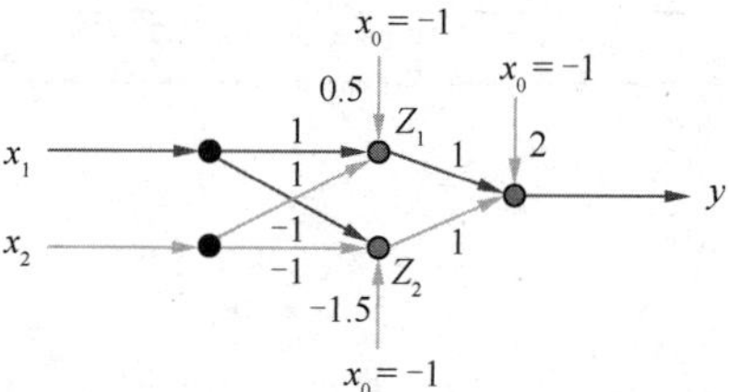

图 4.25 二输入单输出多层感知机结构

表 4.4 所示为图 4.25 所示的多层感知机逻辑“异或”运算功能。多层感知机利用两条分区直线将“*”与“●”样本点分开，分区直线方程分别为 $x_1 = -x_2 + 0.5$ 和 $x_1 = -x_2 + 1.5$，如图 4.26 所示。

表 4.4 多层感知机逻辑“异或”运算功能表

$x_1 \oplus x_2$	x_1	x_2	z_1	z_2	y	符号
0	0	0	0	1	0	●
1	0	1	1	1	1	*
1	1	0	1	1	1	*
0	1	1	1	0	0	●

多层感知机是对单层感知机的推广，它能够成功解决单层感知机不能解决的线性不可分问题。

3. 感知机的 MATLAB 程序设计

给定样本输入向量 ***P***=(−0.4 −0.5 0.3 −0.1 0.2 0.1 0.6 0.8 0.2 0.7; −0.5 0.5 −0.5 1.0 0.5 −0.7 0.8 −0.4 0.6 0.5)，目标向量 ***T***=(1 1 0 1 1 0 1 0 1 0)以及待分类的向量 ***Q***=(0.5 0.4 −0.7 0.4 −0.1 0.2 −0.6 0.8 0.1 −0.4; −0.3 −0.8 −0.4 0.8 0.4 −0.6 0.1 0.3 −0.5 0.3)。设计一个单层感知机进行分类。

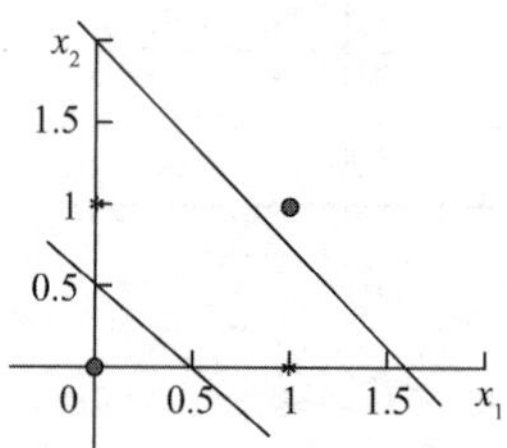

图 4.26 多层感知机“异或”运算实现分类

MATLAB 程序如下。

```
clear all
P=[-0.4 -0.5 0.3 -0.1 0.2 0.1 0.6 0.8 0.2 0.7; -0.5 0.5 -0.5 1.0 0.5 -0.7 0.8 -0.4 0.6 0.5];
T=[1 1 0 1 1 0 1 0 1 0]; %输入样本点及其相应的类别
plotpv(P,T); %在坐标图上绘出样本点
net=newp([-1,1;-1,1],1); %建立一个感知机网络
handle=plotpc(net.iw{1},net.b{1});
net.trainParam.epochs=10; %设置最大训练次数
net=train(net,P,T);
Q=[0.5 0.4 -0.7 0.4 -0.1 0.2 -0.6 0.8 0.1 -0.4; -0.3 -0.8 -0.4 0.8 0.4 -0.6 0.1 0.3 -0.5 0.3]; %待分类向量
Y=sim(net,Q);
figure;
plotpv(Q,Y);
plotpc(net.iw{1},net.b{1},handle); %绘制分类线
```

运行结果如图 4.27 所示。由图可见，所设计的感知机对输入向量 ***Q*** 成功地进行了分类。

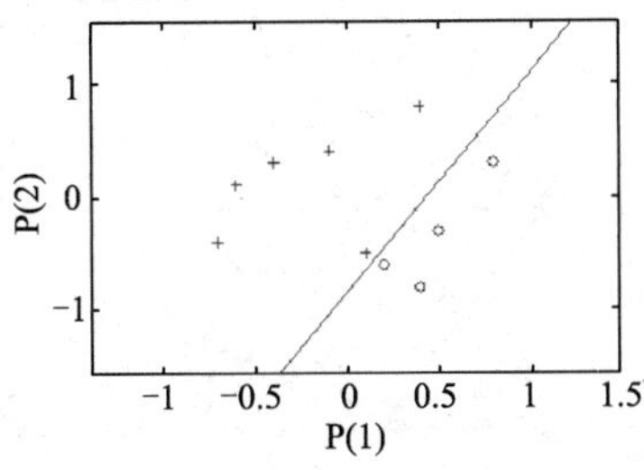

图 4.27　输入向量及分类线

图 4.28 所示为感知机的训练结果，经过 4 次训练后，网络目标误差达到要求。

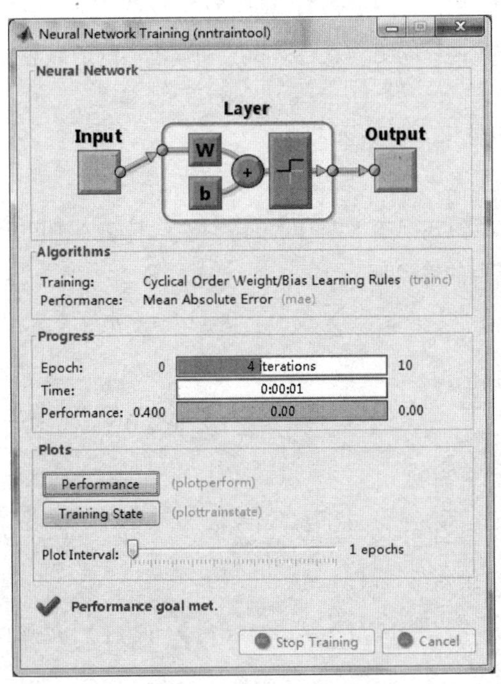

图 4.28　感知机训练结果

4.4 BP 神经网络

4.4.1 BP 神经网络原理

BP 神经网络是一种单向传播的多层前馈网络，其结构如图 4.29 所示。其中，$\boldsymbol{X}=\left(x_1\ \ x_2\ \ \cdots\ \ x_n\right)^{\mathrm{T}}$ 和 $\boldsymbol{Y}=\left(y_1\ \ y_2\ \ \cdots\ \ y_m\right)^{\mathrm{T}}$ 分别是输入向量和输出向量，$\boldsymbol{d}=\left(d_1\ \ d_2\ \ \cdots\ \ d_m\right)^{\mathrm{T}}$ 为期望的输出信号。每一个神经元用一个节点表示，网络由输入层、隐层和输出层组成。隐层可以是一层，也可以是多层。图 4.29 所示的 BP 神经网络是单隐层。BP 算法的特点是正向传播和反向传播的结合。正向传播是模式样本作用于输入层，经隐层传向输出层，若输出层的输出与期望的输出相等，则学习算法结束，否则反向传播。反向传播将输出误差按梯度下降法通过隐层向输入层返回，并调整各层神经元的权值与阈值，使误差不断减小。

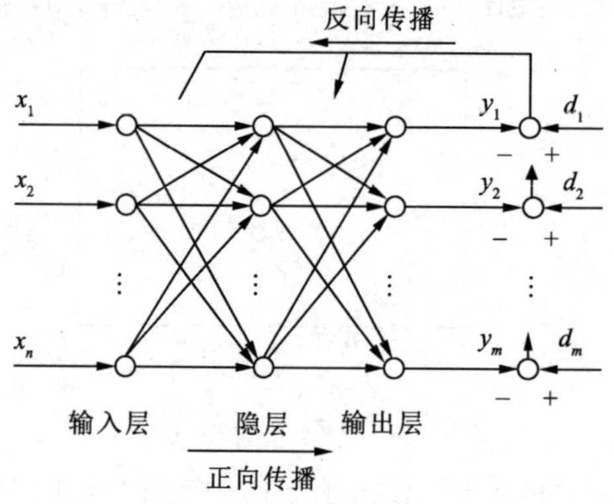

图 4.29 BP 神经网络结构

在图 4.29 中，假设 BP 神经网络输入层、隐层和输出层的节点数分别 n 、q 和 m ，输入层到隐层的权值为 $w_{hi}(i=1,2,\cdots,n;\ h=1,2,\cdots,q)$，隐层到输出层的权值为 $w_{jh}(h=1,2,\cdots,q;\ j=1,2,\cdots,m)$ 。BP 神经网络学习步骤如下。

（1）正向传播

当第 $p\,(p=1,2,\cdots,P)$ 组模式样本 $\boldsymbol{X}^p=\left(x_1^p\ \ x_2^p\ \ \cdots\ \ x_n^p\right)^{\mathrm{T}}$ 输入 BP 神经网络时（下面的推导先不考虑 p ），隐层第 h 个节点的输入为

$$s_h=\sum_i w_{hi}x_i,\quad i=1,2,\cdots,n \tag{4.19}$$

则隐层第 h 个节点的输出为

$$z_h=f(s_h)=f(\sum_i w_{hi}x_i) \tag{4.20}$$

输出层第 j 个节点的输入为

$$s_j=\sum_h w_{jh}z_h=\sum_h w_{jh}f(\sum_i w_{hi}x_i),\quad h=1,2,\cdots,q \tag{4.21}$$

输出层第 j 个节点的输出为

$$y_j=f(s_j)=f(\sum_h w_{jh}z_h)=f(\sum_h w_{jh}f(\sum_i w_{hi}x_i)) \tag{4.22}$$

其中，$f(\cdot)$ 是激活函数，采用 Sigmoid 函数

$$f(s)=\frac{1}{1+\mathrm{e}^{-\lambda s}} \tag{4.23}$$

当 $\lambda=1$ 时，令 $f(s)=\frac{1}{1+\mathrm{e}^{-s}}=y$，则

$$f'(s)=\frac{\mathrm{e}^{-s}}{(1+\mathrm{e}^{-s})^2}=\frac{1}{1+\mathrm{e}^{-s}}(1-\frac{1}{1+\mathrm{e}^{-s}})=f(s)\big(1-f(s)\big)=y(1-y) \tag{4.24}$$

（2）权值调整（反向传播）

① 定义目标函数。

$$E(w)=\frac{1}{2}\sum_p\sum_j(d_{jp}-y_{jp})^2 \tag{4.25}$$

即

$$E(w)=\frac{1}{2}\sum_p\sum_j[d_{jp}-f(\sum_h w_{jh}f(\sum_i w_{hi}x_{jp}))]^2 \tag{4.26}$$

调整 w 的原则是使得 $E(w)$ 最小，采用梯度下降法求出优化的权值，即

$$\Delta w=-\eta\frac{\partial E}{\partial w}\quad(1>\eta>0) \tag{4.27}$$

若 w 增大，E 减小，$\frac{\partial E}{\partial w}<0$，则 $\Delta w>0$；若 w 减小，E 减小，$\frac{\partial E}{\partial w}>0$，则 $\Delta w<0$。

② 输出层权值调整。

$$\Delta w_{jh}=-\eta\frac{\partial E}{\partial w_{jh}}=-\eta\frac{\partial E}{\partial y_j}\frac{\partial y_j}{\partial s_j}\frac{\partial s_j}{\partial w_{jh}}=\eta(d_j-y_j)f'(s_j)z_h=\eta\delta_j z_h \tag{4.28}$$

其中，δ_j 为输出层节点的误差信号。

$$\delta_j=f'(s_j)(d_j-y_j)=f'(s_j)e_j \tag{4.29}$$

其中，$e_j=d_j-y_j$。

③ 隐层权值调整。

$$\begin{aligned}\Delta w_{hi}&=-\eta\frac{\partial E}{\partial w_{hi}}=-\eta\frac{\partial E}{\partial y_j}\frac{\partial y_j}{\partial s_j}\frac{\partial s_j}{\partial z_h}\frac{\partial z_h}{\partial s_h}\frac{\partial s_h}{\partial w_{hi}}=\eta\sum_j(d_j-y_j)f'(s_j)w_{jh}f'(s_h)x_i\\&=\eta\sum_j\delta_j w_{jh}f'(s_h)x_i=\eta\delta_h x_i\end{aligned} \tag{4.30}$$

其中，$\delta_h=f'(s_h)\sum_j w_{jh}\delta_j$ 是隐层节点的误差信号。BP 神经网络的隐层节点误差信号调整过程如图 4.30 所示。

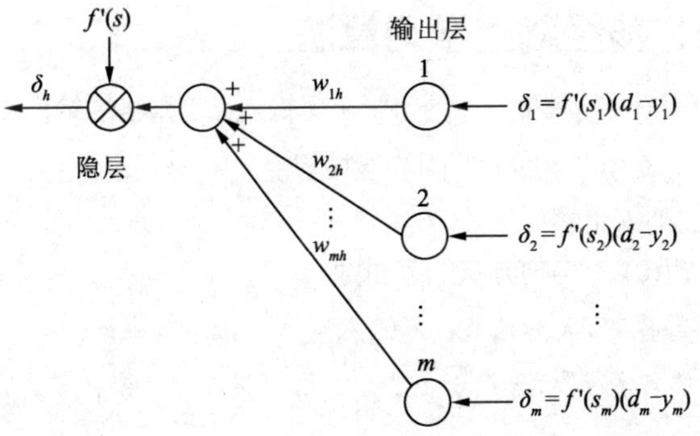

图 4. 30　BP 神经网络的隐层节点误差信号调整过程

④ 向量形式。

假设 δ_j^y 为输出层第 j 个节点的误差信号，δ_h^z 为隐层第 h 个节点的误差信号，$\boldsymbol{z}$ 为隐层输出向量，$\boldsymbol{X}$ 为输入向量，BP 神经网络权向量形式如下。

a．隐层-输出层权向量。

$$\Delta \boldsymbol{w}_y = \eta \boldsymbol{\delta}_y \boldsymbol{z}^{\mathrm{T}} \tag{4.31}$$

其中，$\boldsymbol{\delta}_y = \begin{pmatrix} \delta_1^y \\ \vdots \\ \delta_j^y \\ \vdots \\ \delta_m^y \end{pmatrix} = \begin{pmatrix} f_y'(s_1)(d_1 - y_1) \\ \vdots \\ f_y'(s_j)(d_j - y_j) \\ \vdots \\ f_y'(s_m)(d_m - y_m) \end{pmatrix}$，$\delta_j^y = f_y'(s_j)(d_j - y_j)$，$\boldsymbol{z} = \begin{pmatrix} z_1 \\ z_2 \\ \vdots \\ z_h \\ \vdots \\ z_q \end{pmatrix}$。

b．输入层-隐层权向量。

$$\Delta \boldsymbol{w}_z = \eta \boldsymbol{\delta}_z \boldsymbol{X}^{\mathrm{T}} \tag{4.32}$$

其中，$\boldsymbol{\delta}_z = \begin{pmatrix} \delta_1^z \\ \vdots \\ \delta_h^z \\ \vdots \\ \delta_q^z \end{pmatrix} = \begin{pmatrix} \sum_{j=1}^{m} w_{j1}\delta_j^y f_z'(s_1) \\ \vdots \\ \sum_{j=1}^{m} w_{jh}\delta_j^y f_z'(s_h) \\ \vdots \\ \sum_{j=1}^{m} w_{jq}\delta_j^y f_z'(s_q) \end{pmatrix}$，$\delta_h^z = \sum_{j=1}^{m} w_{jh}\delta_j^y f_z'(s_h)$，$\boldsymbol{X} = \begin{pmatrix} x_1 \\ x_2 \\ \vdots \\ x_n \end{pmatrix}$。

图 4.31 所示为 BP 神经网络各层权向量调整过程，其中 y 为输出层的输出，d 为期望输出。

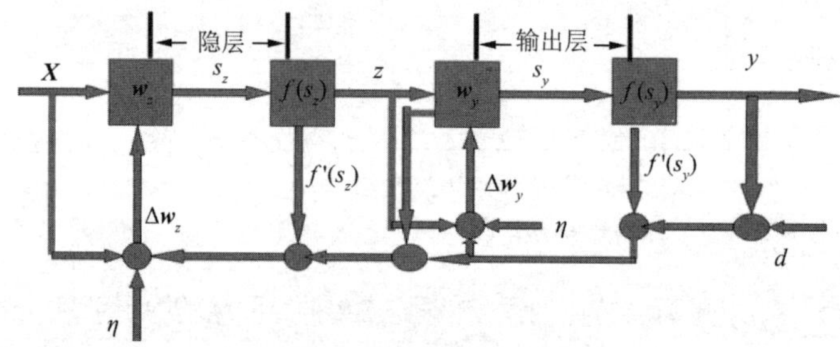

图 4.31　BP 神经网络权值调整过程

4.4.2　BP 神经网络学习算法

设网络的输入层为第 0 层，其输出 $y_j^{(0)}$ 为第 j 个输入 x_j；网络的输出层共 L 层，$y_j^{(m)}$ 为第 m 层中第 j 个节点输出；$w_{ji}^{(m)}$ 是 $y_i^{(m-1)}$ 到 $y_j^{(m)}$ 间的连接权。

BP 神经网络算法的训练步骤如下。

（1）设置初值：$w_{ji}^{(m)}(0)$ 为均匀分布的随机数。

（2）选取一组训练数据对 $(\boldsymbol{X},\boldsymbol{d})$，$\boldsymbol{X}$ 是输入层，使得 $y_i^{(0)} = x_i$。

（3）正向计算：$y_j^{(m)} = f(s_j^{(m)}) = f(\sum_i w_{ji}^{(m)} y_i^{(m-1)})$，其中 $s_j^{(m)}$ 是各节点的输入。

（4）计算输出层中每个节点的误差：$\delta_j^{(m)} = f'(s_j^{(m)})(d_j - y_j^{(m)}) = y_j^{(m)}(1 - y_j^{(m)})(d_j - y_j^{(m)})$，$f(\cdot)$

是 S 型函数，$y_j = f(s_j)$。

（5）计算前层每个节点误差：$\delta_j^{(m-1)} = f'(s_j^{(m-1)})\sum_i w_{ji}^{(m)}\delta_i^{(m)}$，反向计算时，$m = L, L-1, \cdots, 2, 1$。

（6）加权修正：$w_{ji}(t+1) = w_{ji}(t) + \Delta w_{ji}(t)$，$\Delta w_{ji}^{(m)} = \eta\delta_j^{(m)} y_i^{(m-1)}$，其中学习率 η 的取值范围为 $0.01 \sim 1$。

（7）$t \to t+1$，返回。

（8）直到误差 $E < e_0$（$E = \frac{1}{2}\sum_p\sum_j (d_j^p - y_j^p)^2$，$e_0$ 为给定值）。

有几点说明：η 越大，权值调整越快，一般在不导致振荡情况下，η 可大一些；为了使学习率足够大，又不易产生振荡，加入阻尼项

$$w_{ji}(t+1) = w_{ji}(t) + \Delta w_{ji}(t) + \alpha[w_{ji}(t) - w_{ji}(t-1)] \tag{4.33}$$

其中，α 是动量因子，一般 $0 < \alpha < 0.9$。加入阻尼项后能够记忆上一次连接权的变化方向，具有惯性效应，并能抑制可能出现的振荡，还起到平滑作用。

BP 神经网络算法的主要功能如下。

（1）非线性映射：能够学习、存储大量的输入输出模式映射关系，且无须这种关系的数学描述。

（2）泛化：当向网络输入未曾训练过的非样本数据时，网络也能完成由输入空间向输出空间的正确映射。

（3）容错：允许输入样本中带有较大的误差甚至个别错误。个别样本中的错误不能左右对权矩阵的调整。

BP 神经网络的泛化能力是指用较少的样本进行训练，使网络对未经训练的输入样本也能给出正确的输出，即 BP 神经网络对受污染或带噪声的训练样本也能进行正确的映射。因为 BP 神经网络具有泛化能力，所以它能解决各种实际问题。欲使 BP 神经网络具有良好的泛化性，首先要使输入输出函数关系保持平滑，或函数的一阶导数存在；其次，训练集要足够大，使样本具有代表性。为了得到较好的泛化能力，除训练集外，还需测试集。图 4.32 所示为 BP 神经网络学习过程。随着学习时间的增加，训练误差减小，测试误差也逐渐减小；当达到极小点后，尽管训练误差继续减小，测试误差反而增大，出现了所谓的过学习，这说明网络的泛化能力减弱，影响了神经网络性能的推广。因此在设计神经网络时，可取测试误差的极小点所对应的训练权值，使网络具有较好的泛化能力。

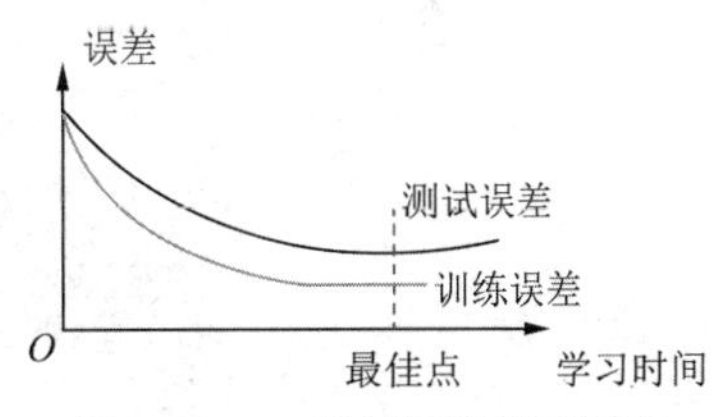

图 4.32　BP 神经网络学习过程

BP 算法的不足：在优化非线性函数时，不可避免存在局部极小问题；此外，BP 学习算法的收敛速度较慢，而且与初始权值选择有关，网络节点与层数的选择无理论方法。

4.4.3　BP 神经网络的 MATLAB 程序设计

采用 BP 神经网络逼近一个正弦函数的波形。

MATLAB 程序如下。

```
%定义采样频率为 50Hz 的正弦函数
k=1;
P=[0:0.02:4];%输入向量
T=sin(k*pi*P);%目标向量
plot(P,T);
%生成 BP 神经网络，隐层神经元数目为 10，采用 tansig（S 型正切函数）；输出层采用 purelin（线性函数）；学
```

```
习算法为 trainlm（Levenberg-Marquardt BP 训练函数）
    net=newff(minmax(P),[10,1],{'tansig','purelin'},'trainlm');%创建一个 BP 神经网络
    y1=sim(net,P); %产生网络的初始值
    %设定学习率为 0.05，最大迭代次数为 200，训练均方误差目标为 1e-6
    net.trainParam.lr=0.05;%设定学习率
    net.trainParam.epochs=200;%设定最大迭代次数
    net.trainParam.goal=1e-6;%训练均方误差目标
    [net,tr]=train(net,P,T);%训练神经网络
    y2=sim(net,P);%求神经网络的输出
    plot(P,T,P,y2,'o');
    xlabel('P');
    ylabel('T');
```

训练过程、训练结果和函数逼近结果分别如图 4.33、图 4.34 和图 4.35 所示（注：图 4.34 中 Train 曲线与 Best 曲线几乎重合）。由图 4.33 和图 4.34 可以看出，网络训练经过 56 次迭代就达到了设定的目标要求。训练均方误差在前 15 次的迭代中变化比较显著，达到了一个较低的数量级。

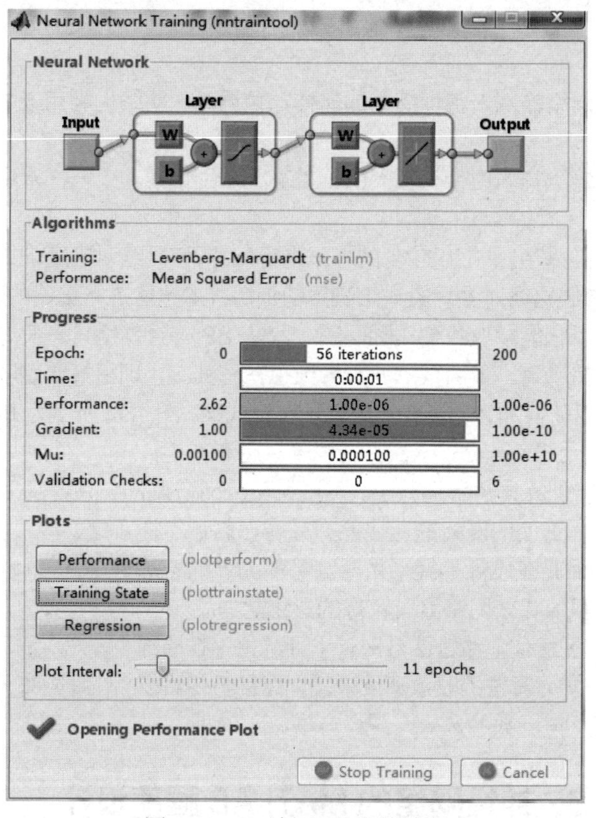

图 4. 33　BP 神经网络训练过程

在这里采用函数 trainlm 对网络进行训练。该函数的学习算法为 Levenberg-Marquardt BP 算法。它是一种非线性最小二乘算法，利用梯度求最大（小）值，优点在于收敛速度快。由图 4.35 可以看出，经过训练后，网络的输出可以逼近原始函数，表明了 BP 神经网络对于非线性函数有着良好的逼近能力。

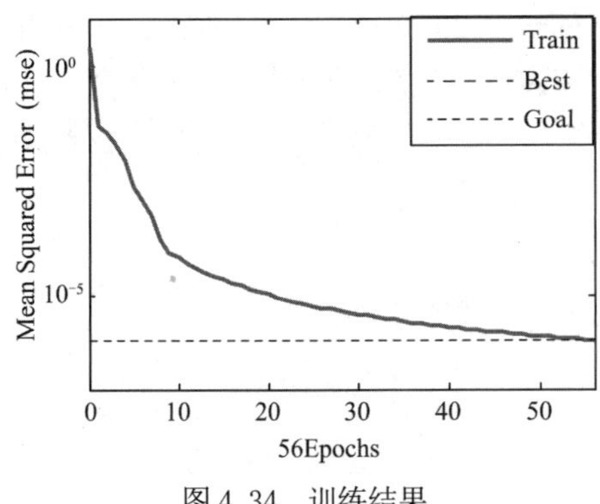

图 4.34 训练结果

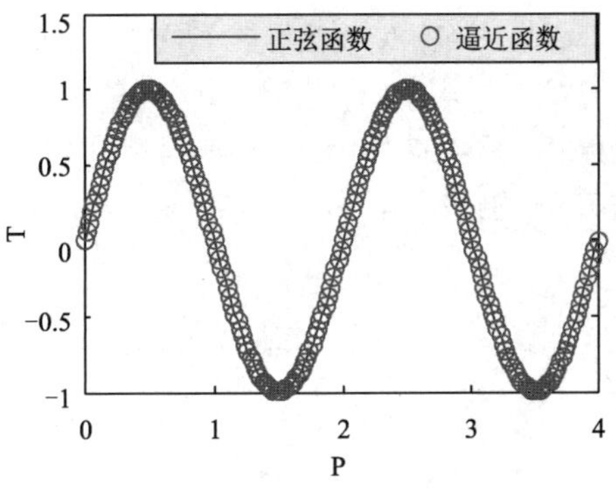

图 4.35 函数逼近结果

4.5 RBF 神经网络

径向基函数（Radial Basis Function，RBF）神经网络是一种针对 BP 神经网络存在局部极小值和收敛速度慢而提出的一种改进的神经网络，其结构如图 4.36 所示。

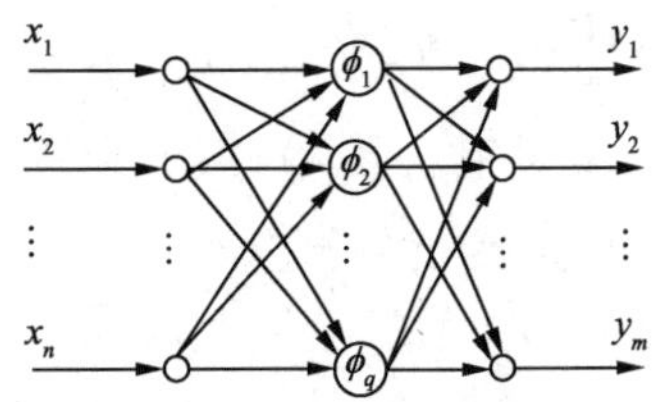

图 4.36 RBF 神经网络结构

RBF 神经网络结构中只有一个隐层，输出层节点采用线性函数，隐层的每个节点都有一个径向基函数，中心向量 $\boldsymbol{C}_h=\begin{pmatrix}c_{h1} & c_{h2} & \cdots & c_{hi} & \cdots & c_{hn}\end{pmatrix}^{\mathrm{T}}$，$h=1,2,\cdots,q$。

设输入模式样本为 $\boldsymbol{X}=\begin{pmatrix}x_1 & x_2 & \cdots & x_n\end{pmatrix}^{\mathrm{T}}$，隐层节点输入定义为

$$\delta_h \triangleq \|\boldsymbol{X}-\boldsymbol{C}_h\|_2=\left(\sum_{i=1}^{n}(x_i-c_{hi})^2\right)^{1/2}, \quad h=1,2,\cdots,q \tag{4.34}$$

式中，c_{hi} 是隐层节点径向基函数的中心向量 $\boldsymbol{C}_h$ 的第 i 个分量，则隐层输出

$$z_h \triangleq \phi_h(\delta_h), \quad h=1,2,\cdots,q \tag{4.35}$$

式中，ϕ_h 是隐层节点的非线性径向基函数。

在 RBF 神经网络中，各隐层节点的输出 z_h 实际上代表输入向量 $\boldsymbol{X}$ 离开隐层节点所代表的径向基函数中心 $\boldsymbol{C}_h$ 的程度。

输出层第 j 个节点的输出为

$$y_j=\sum_{h=1}^{q}w_{jh}z_h+w_{j0}=\boldsymbol{W}_j^{\mathrm{T}}\boldsymbol{Z} \tag{4.36}$$

其中，$\boldsymbol{W}_j=\begin{pmatrix}w_{j0} & w_{j1} & w_{j2} & \cdots & w_{jq}\end{pmatrix}^{\mathrm{T}}$ 是隐层-输出层权向量，$\boldsymbol{Z}=\begin{pmatrix}1 & z_1 & z_2 & \cdots & z_q\end{pmatrix}^{\mathrm{T}}$ 是隐层输出向量。

当 RBF 神经网络隐层节点采用高斯函数时，其输出为

$$z_h=\phi_h(\delta_h)=\exp(-\delta_h^2/2\sigma^2) \tag{4.37}$$

式中，σ 为常数，它可以改变高斯函数的形状。

因此，当输入 $\boldsymbol{X}$ 恰好位于隐层节点 h 的中心 $\boldsymbol{C}_h$，即 $x_i - c_{hi} = 0$ 时，$z_h = \phi_h(\delta_h) = 1$；随着 $\boldsymbol{X}$ 远离 $\boldsymbol{C}_h$，δ_h 增大，z_h 减小。因此 z_h 的大小表明了 $\boldsymbol{X}$ 离开该隐层节点所代表的径向基函数中心 $\boldsymbol{C}_h$ 的程度。图 4.37 所示为一个具有单输入 $\boldsymbol{X} = x'$、3 个隐层节点的 RBF 神经网络学习过程，RBF 隐层节点输出为 z_1、z_2、z_3，径向基中心分别为 c_1、c_2、c_3。

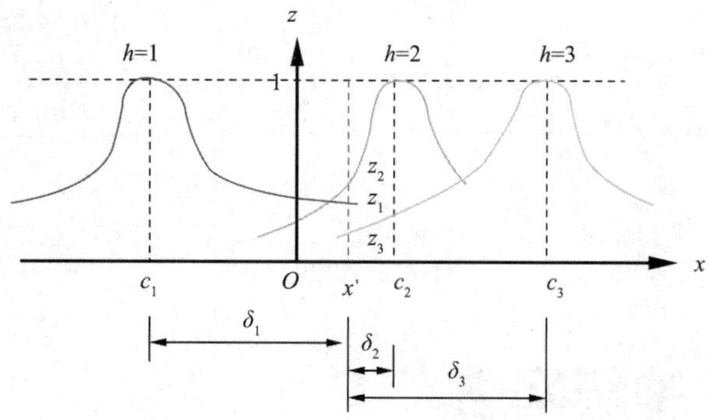

图 4.37 RBF 神经网络学习过程

RBF 神经网络学习中，隐层的训练任务不是调整权值，而是为每个隐层节点选择其中心向量，具体算法如下。

（1）随机选择初始径向基中心 $c_h^k(0)$（$h = 1,2,\cdots,q$）和初始学习率 $\eta(0)$（$0 < \eta(0) < 1$），输入样本为 $\boldsymbol{X}^{(k)} = \left(x_1^{(k)} \ \ x_2^{(k)} \ \ \cdots \ \ x_n^{(k)}\right)^{\mathrm{T}}$，即输入 $\boldsymbol{X}(k)$，$k = 1,2,\cdots,p$。

（2）找出与样本 $\boldsymbol{X}(k)$ 距离最小的中心优先调整。

$\delta_h(k) = \|\boldsymbol{X}(k) - \boldsymbol{C}_h(k-1)\|_2$，$h = 1,2,\cdots,q$，$k = 1,2,\cdots,p$

其中 k 是样本号，p 是样本总数。则径向基中心向量与样本 $\boldsymbol{X}(k)$ 距离最近的隐层节点序号 $l = \arg[\min\{\delta_h(k), h = 1,2,\cdots,q\}]$，其中 $\arg[\cdot]$ 是 $[\cdot]$ 项中的序号。

（3）调整径向基中心。

① $\boldsymbol{C}_l(k) = \boldsymbol{C}_l(k-1) + \eta(k-1)(\boldsymbol{X}(k) - \boldsymbol{C}_l(k-1))$，其中学习率 $\eta(k) = \eta(k-1)/(1 + \mathrm{int}(k/p))$，$\mathrm{int}[\cdot]$ 是取整运算。

其他径向基向量中心不变，$\boldsymbol{C}_h(k) = \boldsymbol{C}_h(k-1)$，$h = 1,2,\cdots,q$，$h \neq l$。

② 计算 $\delta_l(k) = \|\boldsymbol{X}(k) - \boldsymbol{C}_l(k)\|_2$。

（4）调整输出层权矩阵 $\boldsymbol{W}$。

当 $\boldsymbol{C}_h (h = 1,2,\cdots,q)$ 确定后，RBF 神经网络输出层第 j 个节点的输出为隐层节点的线性组合，即

$$y_j(k) = \sum_{h=1}^{q} w_{jh}\phi_h(\delta_h(k)) + w_{j0} = \sum_{h=1}^{q} w_{jh}\phi_h(\|\boldsymbol{X}(k) - \boldsymbol{C}_h(k)\|) + w_{j0},\ j = 1,2,\cdots,m \tag{4.38}$$

将式（4.38）写成如下向量与矩阵的形式，并省略下标 j：

$$\boldsymbol{Y} = \boldsymbol{\Phi}\boldsymbol{W} \tag{4.39}$$

式中，$\boldsymbol{Y} = \left(\boldsymbol{y}_1^{\mathrm{T}} \ \ \boldsymbol{y}_2^{\mathrm{T}} \ \ \cdots \ \ \boldsymbol{y}_m^{\mathrm{T}}\right)^{\mathrm{T}}$，$\boldsymbol{y}_j = \begin{pmatrix} y_j(1) \\ y_j(2) \\ \vdots \\ y_j(p) \end{pmatrix}$，$\boldsymbol{\Phi} = \begin{pmatrix} 1 & \phi_1(\delta_1(1)) & \phi_2(\delta_2(1)) & \cdots & \phi_q(\delta_q(1)) \\ 1 & \phi_1(\delta_1(2)) & \phi_2(\delta_2(2)) & \cdots & \phi_q(\delta_q(2)) \\ \vdots & \vdots & \vdots & & \vdots \\ 1 & \phi_1(\delta_1(p)) & \phi_2(\delta_2(p)) & \cdots & \phi_q(\delta_q(p)) \end{pmatrix}$，$\boldsymbol{W} = \left(\boldsymbol{W}_1 \ \ \boldsymbol{W}_2 \ \ \cdots \ \ \boldsymbol{W}_m\right)$。

选取 $\boldsymbol{W}$ 目标函数为

$$J(\boldsymbol{W})=\frac{1}{2}\sum_{k}^{p}[\boldsymbol{d}(k)-\boldsymbol{y}(k)]^{2}=\frac{1}{2}(\boldsymbol{d}-\boldsymbol{y})^{\mathrm{T}}(\boldsymbol{d}-\boldsymbol{y}) \tag{4.40}$$

并将式（4.39）代入式（4.40），可得

$$\begin{aligned}J(\boldsymbol{W})&=\frac{1}{2}(\boldsymbol{d}-\boldsymbol{y})^{\mathrm{T}}(\boldsymbol{d}-\boldsymbol{y})=\frac{1}{2}(\boldsymbol{d}-\boldsymbol{\Phi W})^{\mathrm{T}}(\boldsymbol{d}-\boldsymbol{\Phi W})\\&=\frac{1}{2}(\boldsymbol{d}^{\mathrm{T}}\boldsymbol{d}-2\boldsymbol{d}^{\mathrm{T}}\boldsymbol{\Phi W}+\boldsymbol{W}^{\mathrm{T}}\boldsymbol{\Phi}^{\mathrm{T}}\boldsymbol{\Phi W})\end{aligned} \tag{4.41}$$

令 $\frac{\partial J(\boldsymbol{W})}{\partial \boldsymbol{W}}=0$，可得

$$-\boldsymbol{\Phi}^{\mathrm{T}}\boldsymbol{d}+\boldsymbol{\Phi}^{\mathrm{T}}\boldsymbol{\Phi W}=0 \tag{4.42}$$

最后求出

$$\boldsymbol{W}=\boldsymbol{\Phi}^{+}\boldsymbol{d}=(\boldsymbol{\Phi}^{\mathrm{T}}\boldsymbol{\Phi})^{-1}\boldsymbol{\Phi}^{\mathrm{T}}\boldsymbol{d} \tag{4.43}$$

其中，$\boldsymbol{\Phi}^{+}=(\boldsymbol{\Phi}^{\mathrm{T}}\boldsymbol{\Phi})^{-1}$ 为 $\boldsymbol{\Phi}$ 伪逆矩阵。

根据梯度下降最优化算法对权值和阈值进行调整：

$$w_{jh}(t+1)=w_{jh}(t)-\eta\frac{\partial J(\boldsymbol{W})}{\partial w_{jh}}=w_{jh}(t)+\eta\sum_{k=1}^{p}(d_j(k)-y_j(k))\phi_h(\delta_h(k))$$

$$w_{j0}(t+1)=w_{j0}(t)-\eta\frac{\partial J(\boldsymbol{W})}{\partial w_{j0}}=w_{j0}(t)+\eta\sum_{k=1}^{p}(d_j(k)-y_j(k))$$

其中，$\eta\in(0,1]$ 为学习率。据此可对权值 $w_{jh}(j=1,2,\cdots,m;h=1,2,\cdots,q)$ 和阈值 $w_{j0}(j=1,2,\cdots,m)$ 进行训练。

BP 神经网络与 RBF 神经网络的比较如下。

BP 神经网络隐层节点采用 Sigmoid 函数，其函数值在输入空间中无限大的范围内为非零值，即激活函数为全局的，是全局逼近神经网络。

RBF 神经网络的隐层节点采用高斯函数，它的激活函数是局部的，因此 RBF 是局部逼近神经网络。

【例 4.4】 两输入单输出 RBF 神经网络结构如图 4.38 所示。输入向量 $\boldsymbol{X}=(x_1\quad x_2)^{\mathrm{T}}=(0.4\quad 0.8)^{\mathrm{T}}$，初始径向基中心向量为 $\boldsymbol{C}_1(0)=(c_{11}(0)\quad c_{12}(0))^{\mathrm{T}}=(0.25\quad 0.6)^{\mathrm{T}}$，$\boldsymbol{C}_2(0)=(c_{21}(0)\quad c_{22}(0))^{\mathrm{T}}=(0.35\quad 0.58)^{\mathrm{T}}$，隐层与输出层的权值为 $w_1=w_2=w$。试分析该网络的径向基中心调整过程。

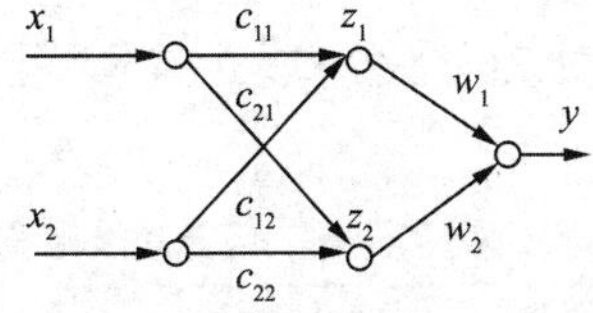

图 4.38　两输入单输出 RBF 神经网络结构

解：

$$\delta_1(1)=\|\boldsymbol{X}(1)-\boldsymbol{C}_1(0)\|_2=\sqrt{(0.4-0.25)^2+(0.8-0.6)^2}\approx 0.18$$

$$\delta_2(1)=\|\boldsymbol{X}(1)-\boldsymbol{C}_2(0)\|_2=\sqrt{(0.4-0.35)^2+(0.8-0.58)^2}\approx 0.13$$

$l=\arg[\min\delta_h，h=1,2]=2$

又设 $k=1$，$\eta(0)=0.5$，$p=1000$。z_1 节点中心保持不变，$c_{11}(1)=c_{11}(0)$，$c_{12}(1)=c_{12}(0)$；z_2

节点中心调整：

$$c_{21}(1)=c_{21}(0)+\eta(0)(x_1-c_{21}(0))=0.35+0.5\times(0.4-0.35)=0.375$$

$$c_{22}(1)=c_{22}(0)+\eta(0)(x_2-c_{22}(0))=0.58+0.5\times(0.8-0.58)=0.64$$

$$\eta(1)=\eta(0)/(1+\text{int}(1/p))=0.5/(1+\text{int}(1/1000))=0.5$$

计算 $k=2$ 时，$\delta_1(2)\approx 0.18$，$\delta_2(2)=\sqrt{(0.4-0.375)^2+(0.8-0.64)^2}\approx 0.33$。

【例 4.5】 一个两输入 RBF 神经网络结构如图 4.39 所示，设 $\boldsymbol{C}_1=\begin{pmatrix}c_{11} & c_{12}\end{pmatrix}^{\mathrm{T}}=\begin{pmatrix}1 & 1\end{pmatrix}^{\mathrm{T}}$，$\boldsymbol{C}_2=\begin{pmatrix}c_{21} & c_{22}\end{pmatrix}^{\mathrm{T}}=\begin{pmatrix}0 & 0\end{pmatrix}^{\mathrm{T}}$，输入样本为 $\boldsymbol{X}_1=\begin{pmatrix}1 & 1\end{pmatrix}^{\mathrm{T}}$，$\boldsymbol{X}_2=\begin{pmatrix}0 & 1\end{pmatrix}^{\mathrm{T}}$，$\boldsymbol{X}_3=\begin{pmatrix}0 & 0\end{pmatrix}^{\mathrm{T}}$，$\boldsymbol{X}_4=\begin{pmatrix}1 & 0\end{pmatrix}^{\mathrm{T}}$。隐层非线性函数为高斯函数，$z_h=\Phi(\delta_h)=\Phi(\|\boldsymbol{X}-\boldsymbol{C}_h\|_2)=\exp(-\|\boldsymbol{X}-\boldsymbol{C}_h\|^2/2\sigma^2)$，$\sigma=1/\sqrt{2}$，$w_1=w_2=w$，期望输出为 $\boldsymbol{d}=\begin{pmatrix}d_1 & d_2 & d_3 & d_4\end{pmatrix}^{\mathrm{T}}=\begin{pmatrix}0 & 1 & 0 & 1\end{pmatrix}^{\mathrm{T}}$，试用 RBF 神经网络求解"异或"问题。

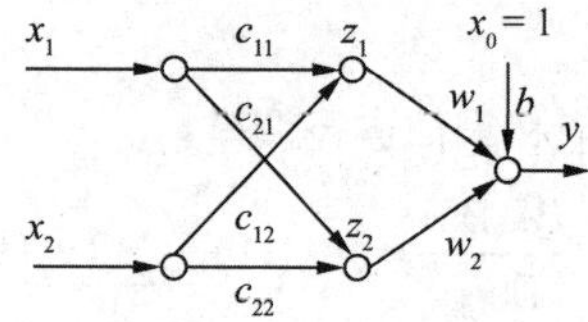

图 4.39　RBF 神经网络实现逻辑"异或"功能

解：

RBF 神经网络实际输出为

$$y=\sum_{h=1}^{2}w_h z_h+b$$

由于 $\phi_{jh}=\exp(-\|\boldsymbol{X}_j-\boldsymbol{C}_h\|^2)$，$j=1,2,3,4$；$h=1,2$，可计算出

$$\boldsymbol{\Phi}=\begin{pmatrix}\phi_{11} & \phi_{12} & 1\\ \phi_{21} & \phi_{22} & 1\\ \phi_{31} & \phi_{32} & 1\\ \phi_{41} & \phi_{42} & 1\end{pmatrix}=\begin{pmatrix}1 & 0.1353 & 1\\ 0.3678 & 0.3678 & 1\\ 0.1353 & 1 & 1\\ 0.3678 & 0.3678 & 1\end{pmatrix}\quad \boldsymbol{\Phi}^+=\begin{pmatrix}1.8292 & -1.2509 & 0.6727 & -1.2509\\ 0.6727 & -1.2509 & 1.8292 & -1.2509\\ -0.9202 & 1.4202 & -0.9202 & 1.4021\end{pmatrix}$$

令 $\boldsymbol{W}=\begin{pmatrix}w_1 & w_2 & b\end{pmatrix}^{\mathrm{T}}$，则 $\boldsymbol{\Phi W}=\boldsymbol{d}$。又有 $\boldsymbol{W}=\boldsymbol{\Phi}^+\boldsymbol{d}=\left(\boldsymbol{\Phi}^{\mathrm{T}}\boldsymbol{\Phi}\right)^{-1}\boldsymbol{\Phi}^{\mathrm{T}}\boldsymbol{d}$，则 $\boldsymbol{W}=\begin{pmatrix}-2.5018\\ -2.5018\\ 2.8404\end{pmatrix}$。

根据上述求出的权矩阵，通过对该网络输入模式样本，验证网络的逻辑"异或"运算功能，如表 4.5 所示。

表 4.5　逻辑"异或"运算功能检测结果

输入	期望输出	实际输出
(1 1)	0	−0.01
(0 1)	1	0.901
(0 0)	0	−0.01
(1 0)	1	0.901

4.6 Hopfield 神经网络

Hopfield 神经网络是一种单层反馈网络，通过引入“能量函数”的概念，判断神经网络的稳定性。Hopfield 神经网络分为离散型和连续型，用于 A/D 网络、求解组合优化问题和旅行商问题。

4.6.1 离散型 Hopfield 神经网络

离散型 Hopfield 神经网络（Discrete Hopfield Neural Network，DHNN）的拓扑结构是一个单层网络，有 n 个神经元节点，每个神经元的输出连接到其他神经元的输入，各节点没有自反馈，每个节点都有一个阈值，其结构如图 4.40 所示。

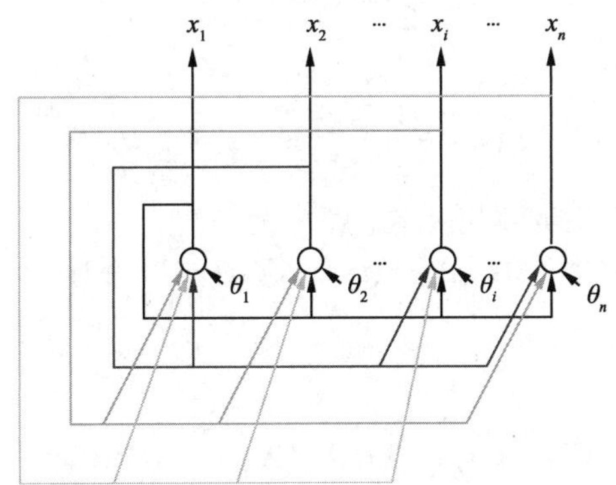

图 4.40 离散型 Hopfield 神经网络结构

离散型 Hopfield 神经网络的网络状态可以表示为 $\boldsymbol{X}=(x_1\ \ x_2\ \ \cdots\ \ x_i\ \ \cdots\ \ x_n)^{\mathrm{T}}$，初始状态为 $\boldsymbol{X}(0)=(x_1(0)\ \ x_2(0)\ \ \cdots\ \ x_i(0)\ \ \cdots\ \ x_n(0))^{\mathrm{T}}$。反馈网络在外界输入的激励下，从初始状态进入动态演变过程，其间网络中每个神经元的状态不断变化：$x_j=f(s_j)$，$j=1,2,\cdots,n$。其中 $f(\cdot)$ 是激活函数。

$$x_j=\mathrm{sgn}(s_j)=\begin{cases}1, & s_j\geqslant 0\\ -1, & s_j<0\end{cases} \tag{4.44}$$

网络的净输入为

$$s_j=\sum_{i=1}^{n}(w_{ji}x_i-\theta_i)\text{，}\quad j=1,2,\cdots,n$$

对于离散型 Hopfield 神经网络，一般 $w_{jj}=0$，$w_{ji}=w_{ij}$。

离散型 Hopfield 神经网络有串行和并行两种工作方式。在串行工作方式中，每次只有一个神经元调整状态，其他神经元状态不变，即

$$x_j(t+1)=\begin{cases}\mathrm{sgn}(s_j(t)), & j=i\\ x_j(t), & j=1,2,\cdots n,\ j\neq i\end{cases} \tag{4.45}$$

在并行工作方式中，所有神经元同时调整状态，即

$$x_j(t+1)=\mathrm{sgn}(s_j(t))\text{，}\quad j=1,2,\cdots,n \tag{4.46}$$

从上述内容可知，离散型 Hopfield 神经网络实质上是一个离散的非线性动力学系统。如果系统稳定，则它经过记忆过程，从初始状态达到稳定状态；如果系统不稳定，则节点的输出为 1 和 -1 两种状态，形成自持振荡或极限环。利用离散型 Hopfield 神经网络的稳定状态可实现联想记忆

功能，若将稳定状态作为记忆信息，$\boldsymbol{X}(t_0)$ 为初始状态，只给定部分信息，$\boldsymbol{X}_e$ 为稳定状态，即要从部分信息中找出全部信息。若神经网络从某一状态 $\boldsymbol{X}(0)$ 开始经过有限时间后，它的状态不再发生变化，即离散型 Hopfield 神经网络的稳定状态，而该稳定状态是离初始状态 $\boldsymbol{X}(0)$ 最接近的吸引子。

定义 4.1 n 阶离散型 Hopfield 神经网络 $N=(\boldsymbol{w},\theta)$ 的一个状态 $\boldsymbol{X}=(x_1\ \ x_2\ \ \cdots\ \ x_n)$ 满足 $\boldsymbol{X}=f(\boldsymbol{wX}-\theta)$，则称 $\boldsymbol{X}$ 为神经网络的稳定点或吸引子。

定理 4.1 对于离散型 Hopfield 神经网络，若按串行工作方式调整状态，且连接权 $\boldsymbol{w}$ 为对称阵，即 $w_{jj}=0$，$w_{ij}=w_{ji}$，对于任意初值，神经网络都最终收敛到一个吸引子。

采用神经网络能量函数的变化来证明。

证明：定义神经网络的能量函数为

$$E(t)=-\frac{1}{2}\boldsymbol{X}^{\mathrm{T}}(t)\boldsymbol{wX}(t)+\boldsymbol{X}^{\mathrm{T}}(t)\theta \tag{4.47}$$

或

$$E(t)=-\frac{1}{2}\sum_{i=1}^{N}\sum_{j=1}^{N}w_{ij}x_ix_j+\sum_{i=1}^{N}\theta_ix_i \tag{4.48}$$

分别定义神经网络能量和神经网络状态的变化为

$$\Delta E(t)=E(t+1)-E(t)\text{，}\quad \Delta\boldsymbol{X}(t)=\boldsymbol{X}(t+1)-\boldsymbol{X}(t)$$

则

$$\begin{aligned}\Delta E(t)&=E(t+1)-E(t)\\&=-\frac{1}{2}[\boldsymbol{X}(t)+\Delta\boldsymbol{X}(t)]^{\mathrm{T}}\boldsymbol{w}[\boldsymbol{X}(t)+\Delta\boldsymbol{X}(t)]+[\boldsymbol{X}(t)+\Delta\boldsymbol{X}(t)]^{\mathrm{T}}\theta-[-\frac{1}{2}\boldsymbol{X}^{\mathrm{T}}(t)\boldsymbol{wX}(t)+\boldsymbol{X}^{\mathrm{T}}(t)\theta]\\&=-\Delta\boldsymbol{X}^{\mathrm{T}}(t)\boldsymbol{wX}(t)-\frac{1}{2}\Delta\boldsymbol{X}^{\mathrm{T}}(t)\boldsymbol{w}\Delta\boldsymbol{X}(t)+\Delta\boldsymbol{X}^{\mathrm{T}}(t)\theta\\&=-\Delta\boldsymbol{X}^{\mathrm{T}}(t)[\boldsymbol{wX}(t)-\theta]-\frac{1}{2}\Delta\boldsymbol{X}^{\mathrm{T}}(t)\boldsymbol{w}\Delta\boldsymbol{X}(t)\end{aligned}$$

按串行工作方式，可设第 t 时刻的第 j 个神经元调整状态，即

$$\Delta\boldsymbol{X}(t)=\begin{pmatrix}0 & \cdots & 0 & \Delta x_j(t) & 0 & \cdots & 0\end{pmatrix}^{\mathrm{T}}$$

因此 $\Delta E(t)=-\Delta x_j(t)[\sum_{i=1}^{n}w_{ji}x_i(t)-\theta_j]-\frac{1}{2}\Delta x_j^2(t)w_{jj}=-\Delta x_j(t)[\sum_{i=1}^{n}w_{ji}x_i(t)-\theta_j]$

令 $s_j(t)=\sum_{i=1}^{n}w_{ji}x_i(t)-\theta_j$，则有 $\Delta E(t)=-\Delta x_j(t)s_j(t)$。

设神经元节点取1和−1两种状态，则

$$x(t+1)=f[s(t)]=\begin{cases}+1 & s(t)\geqslant 0\\-1 & s(t)<0\end{cases}$$

随着 $\Delta x_i(t)$ 改变，神经网络能量变化的情况如下。

① 若 $x_j(t)=-1$，$x_j(t+1)=1$，则 $\Delta x_j(t)=2$，$s_j(t)\geqslant 0$，因此 $\Delta E(t)\leqslant 0$。

② 若 $x_j(t)=1$，$x_j(t+1)=-1$，则 $\Delta x_j(t)=-2$，$s_j(t)<0$，因此 $\Delta E(t)<0$。

③ 若 $x_j(t+1)=x_j(t)$，则 $\Delta x_j(t)=0$，因此 $\Delta E(t)=0$。

综上，神经网络能量的变化 $\Delta E\leqslant 0$，即在神经网络动态变化的过程中，能量总是在不断下降或保持不变。由于各节点的状态只能取1和−1，$E(t)$ 有下界，因此神经网络能量函数达到常数0时是网络的稳定状态。

下面再进一步分析神经网络的稳定状态。

第一种情况：$x_j(t)=x_j(t+1)=1$ 或 $x_j(t)=x_j(t+1)=-1$，此时神经元 j 的状态不再改变，神经网络已进入稳定状态。

第二种情况：$x_j(t)=-1$，$x_j(t+1)=1$，$s_j(t)\geqslant 0$，此时神经网络继续演变，$x_j(t+2)=1$ 将不再变化。如果再由 $x_j(t+2)=1$ 推出 $x_j(t+3)=-1$，$\Delta E(t)<0$，这与 $E(t)$ 收敛常数的情况相矛盾，所以神经网络最终将收敛到吸引子。

定理 4.2 对于离散型 Hopfield 神经网络，若按并行工作方式调整状态，且连接权 $\boldsymbol{w}$ 为非负定对称阵，即 $w_{jj}=0$，$w_{ij}=w_{ji}$，对于任意初值，神经网络都最终收敛到一个吸引子。

采用神经网络能量函数的变化来证明。

证明： 定义神经网络的能量函数为

$$\Delta E(t)=E(t+1)-E(t)=-\Delta \boldsymbol{X}^{\mathrm{T}}(t)\left[\boldsymbol{w}\boldsymbol{X}(t)-\theta\right]-\frac{1}{2}\Delta \boldsymbol{X}^{\mathrm{T}}(t)\boldsymbol{w}\Delta \boldsymbol{X}(t)$$

其中 $s(t)=\boldsymbol{w}\boldsymbol{X}(t)-\theta$，则

$$\Delta E(t)=-\Delta \boldsymbol{X}^{\mathrm{T}}(t)s(t)-\frac{1}{2}\Delta \boldsymbol{X}^{\mathrm{T}}(t)\boldsymbol{w}\Delta \boldsymbol{X}(t)=-\sum_{j=1}^{n}\Delta x_j(t)s_j(t)-\frac{1}{2}\Delta \boldsymbol{X}^{\mathrm{T}}(t)\boldsymbol{w}\Delta \boldsymbol{X}(t)$$

前面已证明 $-\Delta x_j(t)s_j(t)\leqslant 0$，此时要求 $\boldsymbol{w}$ 为非负定对称阵，即 $-\frac{1}{2}\Delta \boldsymbol{X}^{\mathrm{T}}(t)\boldsymbol{w}\Delta \boldsymbol{X}(t)\leqslant 0$，因此 $\Delta E(t)\leqslant 0$，$E(t)$ 收敛至常数，神经网络达到稳定状态，收敛到吸引子。

如果 $\boldsymbol{w}$ 不是非负定对称阵，神经网络会出现自振荡。因此串行工作方式比并行工作方式有较好的稳定性，应用较多，但会使神经网络失去并行处理的优势。

4.6.2 连续型 Hopfield 神经网络

连续型 Hopfield 神经网络（Continuous Hopfield Neural Network，CHNN）的结构是一种单层反馈非线性网络，每一个节点的输出反馈至其他节点的输入，无自反馈，其结构如图 4.41 所示。

连续型 Hopfield 神经网络可用电阻、电容和运算放大器等模拟电路来实现。在第 i 个运算放大器中，设 u_i 为神经元的内部膜电位状态，v_i 为输出，C_i 为细胞膜输入电容，R_i 为细胞膜的传递电阻，I_i 为外部输入。R_i 与 C_i 并联，模拟生物神经元的延时特性，$1/R_{ij}$ 模拟神经元间的突触特性，运算放大器模拟神经元的非线性特性，偏置电流 I_i 相当于阈值。

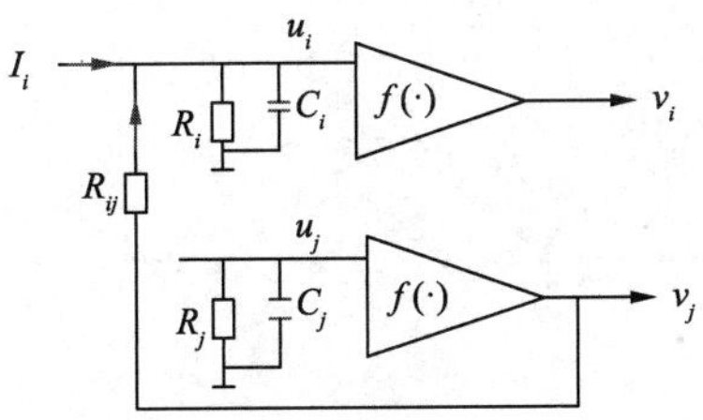

图 4.41 连续型 Hopfield 神经网络结构

设连续型 Hopfield 神经网络由 n 个节点组成，根据图 4.41 所示的网络结构，其中第 i 个节点的方程为

$$\begin{cases} C_i\dfrac{\mathrm{d}u_i}{\mathrm{d}t}=\displaystyle\sum_{j=1}^{n}\frac{v_j-u_i}{R_{ij}}-\frac{u_i}{R_i}+I_i，\ j\neq i \\ v_i=f(u_i) \end{cases} \tag{4.49}$$

设

$$\begin{cases}\dfrac{1}{R'_j}=\dfrac{1}{R_i}+\sum_{j}^{n}\dfrac{1}{R_{ij}}\\ w_{ij}=\dfrac{1}{R_{ij}}\end{cases} \tag{4.50}$$

因此

$$\begin{cases}C_i\dfrac{\mathrm{d}u_i}{\mathrm{d}t}=-\dfrac{1}{R_i'}u_i+\sum_{j}w_{ij}v_j+I_i,\quad i\neq j\\ v_i=f(u_i)\end{cases} \tag{4.51}$$

设 $x_i=u_i$，$y_i=v_i$，$\tau_i=R_i'C_i$，$\theta_i=I_i/C_i$。则

$$\begin{cases}\dfrac{\mathrm{d}x_i}{\mathrm{d}t}=-\dfrac{1}{\tau_i}x_i+\dfrac{1}{C_i}\sum_{j}w_{ij}y_j+\theta_i\\ y_i=f(x_i)\end{cases} \tag{4.52}$$

式中，$f(x)=\dfrac{1-\mathrm{e}^{-x}}{1+\mathrm{e}^{-x}}$，$w_{ij}=w_{ji}$，$w_{ii}=0$。

为了证明连续型 Hopfield 神经网络的稳定性，定义能量函数为

$$E=-\frac{1}{2}\sum_{i=1}^{n}\sum_{j=1}^{n}w_{ij}v_iv_j-\sum_{i=1}^{n}v_iI_i+\sum_{i=1}^{n}\frac{1}{R_i'}\int_0^{v_i}f^{-1}(v)\mathrm{d}v \tag{4.53}$$

式中，$f^{-1}(v)$ 是神经元激活函数 $f(v)$ 的逆函数，将式（4.53）写成向量形式：

$$E=-\frac{1}{2}\boldsymbol{V}^{\mathrm{T}}\boldsymbol{W}\boldsymbol{V}-\boldsymbol{I}^{\mathrm{T}}\boldsymbol{V}+\sum_{i=1}^{n}\frac{1}{R_i'}\int_0^{v_i}f^{-1}(v)\mathrm{d}t \tag{4.54}$$

定理 4.3 若神经元的激活函数 $f(\cdot)$ 存在逆函数 $f^{-1}(\cdot)$，且 $f^{-1}(\cdot)$ 是单调连续递增的，同时 $w_{ij}=w_{ji}$（权值对称网络），则由任意初始状态开始，E 总是单调递减的，即 $\dfrac{\mathrm{d}E}{\mathrm{d}t}\leqslant 0$，当且仅当 $\dfrac{\mathrm{d}v_i}{\mathrm{d}t}=0$ 时，有 $\dfrac{\mathrm{d}E}{\mathrm{d}t}=0$，因而网络最终能够达到稳定状态。

证明：

$$\frac{\mathrm{d}E}{\mathrm{d}t}=\sum_{i=1}^{n}\frac{\mathrm{d}E}{\mathrm{d}v_i}\frac{\mathrm{d}v_i}{\mathrm{d}t} \tag{4.55}$$

又因为 $u_i=f^{-1}(v_i)$ 及网络的对称性，对某神经元 i 有

$$\frac{\mathrm{d}E}{\mathrm{d}v_i}=-\frac{1}{2}\sum_{j=1}^{n}w_{ij}v_j-I_i+\frac{1}{R_i'}u_i-\frac{1}{2}\sum_{j}^{n}w_{ji}v_j \tag{4.56}$$

由于 $w_{ij}=w_{ji}$，则有

$$\frac{\mathrm{d}E}{\mathrm{d}v_i}=-\sum_{j}^{n}w_{ij}v_j-I_i+\frac{1}{R_i'}u_i \tag{4.57}$$

$$\frac{\mathrm{d}E}{\mathrm{d}v_i}=-C_i\frac{\mathrm{d}u_i}{\mathrm{d}t}=-C_i\frac{\mathrm{d}u_i}{\mathrm{d}v_i}\frac{\mathrm{d}v_i}{\mathrm{d}t}=-C_i(\frac{\mathrm{d}v_i}{\mathrm{d}t})\frac{\mathrm{d}}{\mathrm{d}v_i}f^{-1}(v_i) \tag{4.58}$$

因此

$$\frac{\mathrm{d}E}{\mathrm{d}t}=-\sum_{i=1}^{n}C_i(\frac{\mathrm{d}v_i}{\mathrm{d}t})^2\dot{f}^{-1}(v_i) \tag{4.59}$$

由于 $C_i>0$，$f(u_i)$ 单调递增，$f^{-1}(v_i)$ 单调递增。因此

$$\dot{f}^{-1}(v_i) \geqslant 0\text{，}\frac{\mathrm{d}E}{\mathrm{d}t} \leqslant 0\text{。}$$

且当 t 趋向于 ∞ 时，$\frac{\mathrm{d}v_i}{\mathrm{d}t} = 0$，$\frac{\mathrm{d}E}{\mathrm{d}t} = 0$。

根据李雅普诺夫（Lyapunov）稳定性理论可知，网络渐近稳定。

上述结果表明，随着时间的演变，在状态空间中，网络总是朝着 E 减小的方向运动，其稳定平衡状态就是 E 的极小点，即记忆样本。

当对反馈网络应用能量函数后，从任意初始状态开始，因为在每次迭代后都能满足 $\Delta E \leqslant 0$，所以网络的能量将会越来越小，最后趋于稳定点 ΔE=0 。

Hopfield 能量函数的物理意义为，在那些渐近稳定点的吸引域内，离吸引子越远的状态具有的能量越大。能量函数的单调下降特性，能保证状态的运动方向从远离吸引子处不断地趋于吸引子，直到达到稳定点。

现有几点说明如下。

（1）当对反馈网络应用能量函数后，可根据能量函数判断系统稳定性。

（2）能量函数与李雅普诺夫函数的区别在于，李雅普诺夫函数被限定在大于零的范围内，且要求在零点值为零。

（3）Hopfield 神经网络选择能量函数，只是保证系统稳定和渐近稳定的充分条件，而不是必要条件，其能量函数也不是唯一的。

Hopfield 神经网络的应用如下。

（1）组合优化问题：在给定约束条件下，求出使目标函数极小（或极大）的变量组合问题。当 Hopfield 神经网络应用于求解组合优化问题时，通过将目标函数转化为网络的能量函数，将问题的变量对应于网络的状态。这样当网络的能量函数收敛于极小值时，问题的最优解也随之求出。

（2）旅行商问题（Traveling Salesman Problem，TSP）：设有 N 个城市 $c_1, c_2, \cdots, c_N$，记为 $\boldsymbol{C} = \{c_1, c_2, \cdots, c_N\}$，用 d_{ij} 表示 c_i 和 c_j 之间的距离，$d_{ij} > 0\,(i, j = 1, 2, \cdots, n)$。

有一旅行商从某一城市出发，访问各城市一次且仅一次后再回到原出发城市，要求找出一条最短的巡回路线。设 N=5，并用字母 A、B、C、D、E 分别代表这 5 个城市。任选一条路径，如 $\mathrm{B} \to \mathrm{D} \to \mathrm{E} \to \mathrm{A} \to \mathrm{C}$，则其总路径长度可表示为 $S = d_{\mathrm{BD}} + d_{\mathrm{DE}} + d_{\mathrm{EA}} + d_{\mathrm{AC}} + d_{\mathrm{CB}}$。

将问题映射到一个神经网络。假定每个神经元的放大器有很高的放大倍数，神经元的输出限制在 0 和 1 上，则映射问题可以用一个置换矩阵（Permutation Matrix）来表示，如表 4.6 所示。

表 4.6　求解旅行商问题的置换矩阵

城市	次序				
	1	2	3	4	5
A	0	0	0	1	0
B	1	0	0	0	0
C	0	0	0	0	1
D	0	1	0	0	0
E	0	0	1	0	0

表 4.6 中，矩阵的每个元素对应于神经网络中的每个神经元，则这个问题可用 N^2=5^2=25 个神经元组成的 Hopfieldp 神经网络来求解。

旅行商问题的约束条件和最优条件如下。

① 一个城市只能被访问一次，表示为置换矩阵每行只有一个“1”。

② 一次只能访问一个城市，表示为置换矩阵每列只有一个“1”。

③ 总共有 N 个城市，表示为置换矩阵元素之和为 N。

④ 求巡回路径最短，表示为网络能量函数的最小值对应于旅行商问题的最短路径。

用 v_{ij} 表示置换矩阵第 i 行、第 j 列的元素，显然只能取 1 或 0。同时，v_{ij} 也是网络神经元的状态。构成最短路径的置换矩阵一定是形成网络能量函数极小点的网络状态。

【例 4.6】 在一个离散型 Hopfield 神经网络中，网络节点数 $n=4$，$\theta_i=0\,(i=1,2,3,4)$，已知权矩阵和两个网络状态如下。检验 $\boldsymbol{X}^{\mathrm{a}}$ 和 $\boldsymbol{X}^{\mathrm{b}}$ 是否为网络的吸引子。

$$\boldsymbol{w}=\begin{pmatrix}0&3&3&3\\3&0&3&3\\3&3&0&3\\3&3&3&0\end{pmatrix},\quad \boldsymbol{X}^{\mathrm{a}}=\begin{pmatrix}1\\1\\1\\1\end{pmatrix},\quad \boldsymbol{X}^{\mathrm{b}}=\begin{pmatrix}-1\\-1\\-1\\-1\end{pmatrix}$$

解：

由吸引子的定义可知，若 $\boldsymbol{X}$ 满足 $\boldsymbol{X}=f(\boldsymbol{w}\boldsymbol{X}-\theta)$，则 $\boldsymbol{X}$ 为网络的吸引子。

由于 $f(\boldsymbol{w}\boldsymbol{X}^{\mathrm{a}})=f\begin{pmatrix}9\\9\\9\\9\end{pmatrix}=\begin{pmatrix}1\\1\\1\\1\end{pmatrix}=\boldsymbol{X}^{\mathrm{a}}$，$f(\boldsymbol{w}\boldsymbol{X}^{\mathrm{b}})=f\begin{pmatrix}-9\\-9\\-9\\-9\end{pmatrix}=\begin{pmatrix}-1\\-1\\-1\\-1\end{pmatrix}=\boldsymbol{X}^{\mathrm{b}}$，所以 $\boldsymbol{X}^{\mathrm{a}}$ 和 $\boldsymbol{X}^{\mathrm{b}}$ 均为该网络的吸引子。实际上，若 $\boldsymbol{X}$ 是网络的一个吸引子，且阈值 $\theta=0$，则 $-\boldsymbol{X}$ 也一定是网络的吸引子。这是因为 $\boldsymbol{X}$ 是网络的一个吸引子，则 $\boldsymbol{X}=f(\boldsymbol{w}\boldsymbol{X})$，从而有 $f(\boldsymbol{w}(-\boldsymbol{X}))=f(-\boldsymbol{w}\boldsymbol{X})=-f(\boldsymbol{w}\boldsymbol{X})=-\boldsymbol{X}$，所以 $-\boldsymbol{X}$ 也是网络的吸引子。

【例 4.7】 给定目标向量 $\boldsymbol{T}$=(1 −1;−1 1)，利用 MATLAB 程序设计一个具有两个神经元节点的 Hopfield 神经网络，随机产生 8 个数据点测试输出结果，验证这 8 个数据点是否稳定在目标向量点上。

```
T=[1 -1;-1 1];  %给定目标向量 T=[1 -1;-1 1]
plot(T(1,:),T(2,:),'r*');
axis([-1.1 1.1 -1.1 1.1]);
xlabel('a(1)');
ylabel('a(2)');
[w,b]=solvehop(T); 设计一个 Hopfield 神经网络
y=simuhop(T,w,b);
color = 'rgbmy';
for i=1:8
   a = {rands(2,1)}; %随机产生 8 个数据点
   [y,Pf,Af] = sim(net,{1 20},{},a); %对网络仿真 20 次，测试输出结果
   record=[cell2mat(a) cell2mat(y)];
   start=cell2mat(a);
   hold on;
  plot(start(1,1),start(2,1),'kx',record(1,:),record(2,:),color(rem(i,5)+1)); %绘制达到稳定点的轨迹
  end
```

运行结果如图 4.42 所示。权向量和阈值向量分别为

$$\boldsymbol{w}=\begin{pmatrix}0.6925&-0.4694\\-0.4694&0.6925\end{pmatrix},\quad \boldsymbol{b}=\begin{pmatrix}0\\0\end{pmatrix}$$

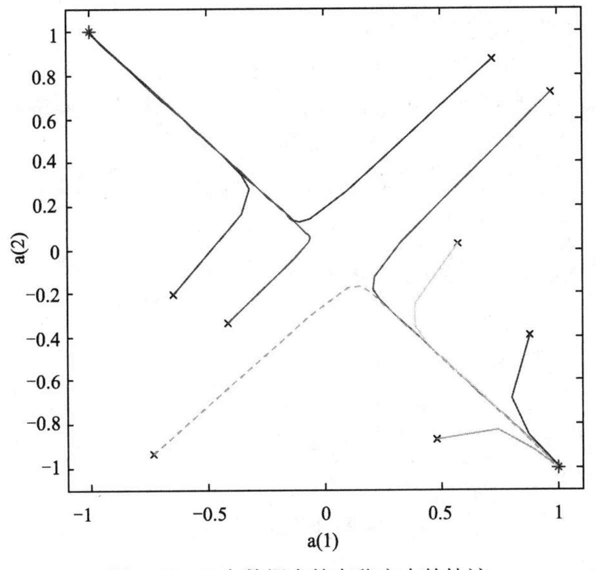

图 4.42　8 个数据点趋向稳定点的轨迹

上述运行结果表明，随机产生的 8 个数据点最终趋向该网络的稳定点(1,−1)和(−1,1)。

4.7　支持向量机

支持向量机（SVM）是贝尔（AT&T Bell）实验室的瓦普尼克针对分类和回归问题提出的统计学习理论（Statistical Learning Theory，STL）。它是感知机的推广，适用于小样本情况。SVM 是一种基于结构风险最小化的二元分类器，其本质思想就是寻找最优超平面，将属于两个类别的样本无误地分开，且分类间隙最大。所谓分类间隙，是指两类中离分类超平面最近的样本且平行于分类超平面的两个超平面间的距离。支持向量决定最优分类超平面。对于线性可分问题，SVM 建立一个超平面使可分的两类中的样本到该平面的距离最小。对于非线性分类问题，通过非线性映射把原始数据映射到高维特征空间的新数据集上，使数据在该空间上线性可分。

4.7.1　线性支持向量机

设线性可分样本集为$(\boldsymbol{x}_i, y_i)$，$i=1,2,\cdots,N$，$\boldsymbol{x}_i \in \mathbf{R}^d$，$y_i \in \{1,-1\}$是类别标号。$d$ 维空间中线性判别函数的一般形式为

$$g(\boldsymbol{x}_i) = \boldsymbol{w} \cdot \boldsymbol{x}_i + b \tag{4.60}$$

式中，$\boldsymbol{w}$ 为权向量，b 为阈值。

分类面方程为

$$H: \quad \boldsymbol{w} \cdot \boldsymbol{x}_i + b = 0 \tag{4.61}$$

由于两类线性可分，则有

$$\boldsymbol{w} \cdot \boldsymbol{x}_i + b > 0, \quad y_i = 1 \tag{4.62}$$

$$\boldsymbol{w} \cdot \boldsymbol{x}_i + b < 0, \quad y_i = -1 \tag{4.63}$$

对于所有的$\boldsymbol{x}_i$（$i=1,2,\cdots,N$），有

$$y_i(\boldsymbol{w} \cdot \boldsymbol{x}_i + b) \geqslant 0 \tag{4.64}$$

当取H_1、H_2上的点时，式（4.64）取等号。

若使

$$y_i(\boldsymbol{w}\cdot\boldsymbol{x}_i+b)\geqslant\delta \quad (4.65)$$

其中，$\delta>0$，为H_1、H_2之间的间隔余量。不失一般性，取$\delta=1$，并定义

$$H_1:\quad \boldsymbol{w}\cdot\boldsymbol{x}_i+b=1 \quad (4.66)$$

$$H_2:\quad \boldsymbol{w}\cdot\boldsymbol{x}_i+b=-1 \quad (4.67)$$

于是有

$$\boldsymbol{w}\cdot\boldsymbol{x}_i+b>1,\ y_i=1 \quad (4.68)$$

$$\boldsymbol{w}\cdot\boldsymbol{x}_i+b<-1,\ y_i=-1 \quad (4.69)$$

将式（4.68）、式（4.69）写成

$$y_i(\boldsymbol{w}\cdot\boldsymbol{x}_i+b)\geqslant 1 \quad (4.70)$$

这样分类间隔就等于$d=2/\|\boldsymbol{w}\|$，因此使间隔最大等价于使$\|\boldsymbol{w}\|$(或$\|\boldsymbol{w}\|^2$)最小。而要求分类线对所有样本正确分类，就是要求它满足

$$y_i\left(\boldsymbol{w}\cdot\boldsymbol{x}_i+b\right)-1\geqslant 0,\ i=1,2,\cdots,N \quad (4.71)$$

因此，满足上述条件且使$\|\boldsymbol{w}\|^2$最小的分类面就是最优分类面。这两类样本中离分类面最近的点且平行于最优分类面的超平面H_1、H_2上的训练样本就是式（4.71）中使等号成立的那些样本，它们被称为支持向量，如图4.43所示。

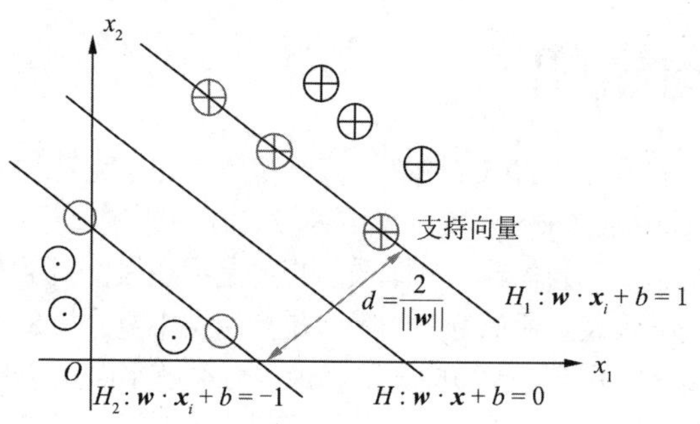

图4.43　SVM机最优分类面

根据上面的讨论，最优分类面问题可以表示成如下约束优化问题，即在式（4.71）的约束下，求函数$\phi(\boldsymbol{w})=\frac{1}{2}\|\boldsymbol{w}\|^2=\frac{1}{2}(\boldsymbol{w}\cdot\boldsymbol{w})$的最小值。

$$\begin{cases}\min\limits_{\boldsymbol{w},b}\phi(\boldsymbol{w})=\frac{1}{2}\|\boldsymbol{w}\|^2\\ \text{s.t. }\ y_i(\boldsymbol{w}\cdot\boldsymbol{x}_i+b)-1\geqslant 0,\ i=1,2,\cdots,N\end{cases} \quad (4.72)$$

为此，可以定义如下的拉格朗日函数：

$$L(\boldsymbol{w},b,\boldsymbol{a})=\frac{1}{2}(\boldsymbol{w}\cdot\boldsymbol{w})-\sum_{i=1}^{N}a_i\left\{y_i\left(\boldsymbol{w}\cdot\boldsymbol{x}_i+b\right)-1\right\} \quad (4.73)$$

式中，$a_i\ (i=1,2,\cdots,N)$为拉格朗日乘子。于是上面讨论的问题是对$\boldsymbol{w}$和b求拉格朗日函数的极小值。

上述最优化问题存在唯一解，相应的最优性条件即KKT（Karush Kuhn Tucker）条件如下。

$$\frac{\partial L(\boldsymbol{w},b,\boldsymbol{a})}{\partial\boldsymbol{w}}=\boldsymbol{w}-\sum_{i=1}^{N}a_i y_i\boldsymbol{x}_i=0 \quad (4.74)$$

$$\frac{\partial L(\boldsymbol{w},b,\boldsymbol{a})}{\partial b}=-\sum_{i=1}^{N}a_i y_i=0 \quad (4.75)$$

以及

$$y_i\left(\boldsymbol{w}\cdot\boldsymbol{x}_i+b\right)-1\geqslant 0，\ i=1,2,\cdots,N \tag{4.76}$$

$$a_i(y_i\left(\boldsymbol{w}\cdot\boldsymbol{x}_i+b\right)-1)=0，\ i=1,2,\cdots,N \tag{4.77}$$

$$a_i\geqslant 0,\ \ i=1,2,\cdots,N \tag{4.78}$$

分析上述的最优性条件，当 $a_i>0$ 时，由式（4.77）可知，$y_i(\boldsymbol{w}\cdot\boldsymbol{x}_i+b)-1=0$，而满足 $y_i(\boldsymbol{w}\cdot\boldsymbol{x}_i+b)-1>0$ 的样本点，其拉格朗日乘子 $a_i=0$。因此，$a_i>0$ 的点 $\boldsymbol{x}_i$ 为支持向量（通常只有少量样本数据）。

如果将不为零的 a_i 表示成 a_i^*，则最优权向量可表示为

$$\boldsymbol{w}^*=\sum_{i=1}^{N}a_i^*y_i\,\boldsymbol{x}_i \tag{4.79}$$

通常不是直接求解式（4.72）得到最优分类面，而是通过它的对偶问题来求解。考虑式（4.72）的对偶问题：

$$\begin{cases}\max\ L(\boldsymbol{w},b,\boldsymbol{a})\\ \text{s.t.}\ \dfrac{\partial L(\boldsymbol{w},b,\boldsymbol{a})}{\partial \boldsymbol{w}}=0\\ \qquad\dfrac{\partial L(\boldsymbol{w},b,\boldsymbol{a})}{\partial b}=0\\ a_i\geqslant 0,\ \ i=1,2,\cdots,N\end{cases} \tag{4.80}$$

将 $\boldsymbol{w}=\sum_{i=1}^{N}a_iy_i\boldsymbol{x}_i$ 代入拉格朗日函数式（4.73），就可以将上述最优化问题转化为如下的对偶问题：

$$L(\boldsymbol{w},b,\boldsymbol{a})=\sum_{i=1}^{N}a_i-\frac{1}{2}\sum_{i,j=1}^{N}a_ia_jy_iy_j\left(\boldsymbol{x}_i\cdot\boldsymbol{x}_j\right) \tag{4.81}$$

将式（4.81）求极大问题改为求极小问题：

$$\begin{cases}\min\ L(\boldsymbol{w},b,\boldsymbol{a})=-\sum_{i=1}^{N}a_i+\dfrac{1}{2}\sum_{i,j=1}^{N}a_ia_jy_iy_j\left(\boldsymbol{x}_i\cdot\boldsymbol{x}_j\right)\\ \text{s.t.}\ \sum_{i=1}^{N}y_ia_i=0\\ a_i\geqslant 0,\ \ i=1,2,\cdots,N\end{cases} \tag{4.82}$$

得到对偶问题的最优解 a_i^* 后，就可以计算出最优分类面的参数 $\boldsymbol{w}^*$ 和 b^*。

求解上述问题后得到的最优分类函数为

$$f\left(\boldsymbol{x}\right)=\operatorname{sgn}\left\{\left(\boldsymbol{w}^*\cdot\boldsymbol{x}\right)+b\right\}=\operatorname{sgn}\left\{\sum_{i=1}^{N}a_i^*y_i\left(\boldsymbol{x}_i\cdot\boldsymbol{x}\right)+b^*\right\} \tag{4.83}$$

式中，$\operatorname{sgn}(\cdot)$ 为符号函数。由于非支持向量对应的 a_i^* 均为 0，因此式（4.83）中的求和实际上只对支持向量有效。

最优分类面是在样本线性可分的前提下讨论的。如果训练样本近似线性可分，则个别样本不能满足式（4.71）的条件，可以在该条件中增加一个松弛变量 $\xi_i\geqslant 0$，即

$$y_i\left(\boldsymbol{w}\cdot\boldsymbol{x}_i+b\right)+\xi_i\geqslant 1,\ \ i=1,2,\cdots,N \tag{4.84}$$

并将 $\frac{1}{2}\|\boldsymbol{w}\|^2$ 最小改为 $\frac{1}{2}\|\boldsymbol{w}\|^2+C\left(\sum_{i=1}^{n}\xi_i\right)$ 最小，即折中考虑最少错分样本和最大分类间隔，就得到广义最优分类面。其中，$C>0$ 是一个常数，它控制对错分样本惩罚的程度，称为惩罚因子。广义最优分类面的对偶问题与线性可分情况下的几乎完全相同，只是式（4.78）的条件变为

$$0 \leqslant a_i \leqslant C, \quad i = 1,2,\cdots,N \tag{4.85}$$

4.7.2 支持向量机的高维映射

前面讨论的是线性可分样本的最优分类面求解方法。如果训练样本是非线性可分，则可以先选择适当的映射函数将它们转换到高维特征空间，使之成为线性可分，然后求解最优分类面。

假设选择 m 个非线性映射函数 $\{\varphi_j(\boldsymbol{x})\}$（$j=1,2,\cdots,m$）将样本转换到高维特征空间，则在高维特征空间中的分类面方程为

$$\sum_{j=0}^{m} w_j \varphi_j(\boldsymbol{x}) = \boldsymbol{w}^{\mathrm{T}} \varphi(\boldsymbol{x}) = 0 \tag{4.86}$$

式中，$\varphi(\boldsymbol{x}) = \left(\varphi_0(\boldsymbol{x}) \ \varphi_1(\boldsymbol{x}) \ \varphi_2(\boldsymbol{x}) \ \cdots \ \varphi_m(\boldsymbol{x})\right)^{\mathrm{T}}$，$\varphi_0(\boldsymbol{x}) = 1$。

由于样本在高维特征空间线性可分，则最优权向量可表示为

$$\boldsymbol{w}^* = \sum_{i=1}^{N} a_i y_i \varphi(\boldsymbol{x}_i) \tag{4.87}$$

将式（4.87）代入式（4.86），可得到分类面方程为

$$\sum_{i=1}^{N} a_i y_i \varphi^{\mathrm{T}}(\boldsymbol{x}_i) \varphi(\boldsymbol{x}) = \sum_{i=1}^{N} a_i y_i K(\boldsymbol{x}, \boldsymbol{x}_i) = 0 \tag{4.88}$$

式中，$K(\boldsymbol{x}, \boldsymbol{x}_i) = \varphi^{\mathrm{T}}(\boldsymbol{x}_i)\varphi(\boldsymbol{x}) = \sum_{j=0}^{m} \varphi_j(\boldsymbol{x}_i)\varphi_j(\boldsymbol{x})$ 为核函数，且 $K(\boldsymbol{x}, \boldsymbol{x}_i) = K(\boldsymbol{x}_i, \boldsymbol{x})$。

核函数的选择有多种形式，包括 RBF 函数 $K(\boldsymbol{x}, \boldsymbol{x}_i) = \exp(-\|\boldsymbol{x} - \boldsymbol{x}_i\|^2 / \sigma^2)$、多项式函数 $K(\boldsymbol{x}, \boldsymbol{x}_i) = (1 + \boldsymbol{x}^{\mathrm{T}} \boldsymbol{x}_i)^m$（其中 m 为整数）、线性函数 $K(\boldsymbol{x}, \boldsymbol{x}_i) = \boldsymbol{x} \cdot \boldsymbol{x}_i$。

在高维特征空间中最优分类函数为

$$f(\boldsymbol{x}) = \operatorname{sgn}\left\{\sum_{i=1}^{N} a_i^* y_i K(\boldsymbol{x}_i \cdot \boldsymbol{x}) + b^*\right\} \tag{4.89}$$

式中，$\operatorname{sgn}(\cdot)$ 表示为双极性符号函数。

图 4.44 所示为在高维特征空间中 SVM 网络结构，该网络由输入层、隐层和输出层组成，是一种多输入、单输出的网络结构形式。

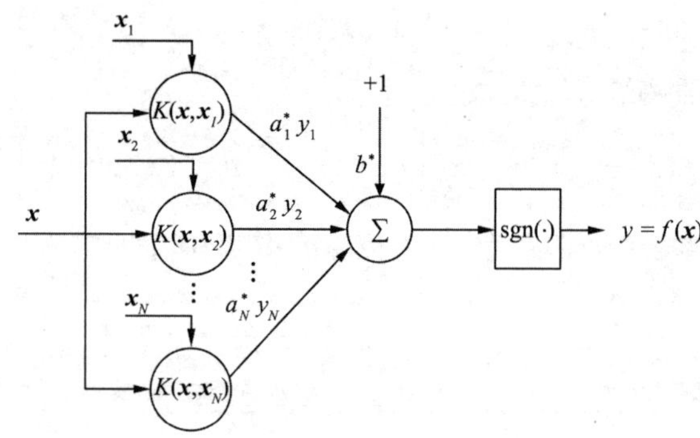

图 4.44 SVM 网络结构

非线性映射函数 $\varphi(\boldsymbol{x})$ 的选取方法如下。

① 在一维输入空间中，$\boldsymbol{x}$ 为数值 x，$\varphi(\boldsymbol{x}) = \left(1 \ x \ x^2 \ \cdots \ x^m\right)$，则有

$$\varphi(\boldsymbol{x})\cdot\varphi(\boldsymbol{y})=\left(1\ \ x\ \ x^2\ \ \cdots\ \ x^m\right)^{\mathrm{T}}\left(1\ \ y\ \ y^2\ \ \cdots\ \ y^m\right)$$
$$=1+xy+(xy)^2+\cdots+(xy)^m \tag{4.90}$$

② 在二维输入空间中，$\boldsymbol{x}=\left(x_1\ \ x_2\right)^{\mathrm{T}}$，$\varphi(\boldsymbol{x})=\left(1\ \ \sqrt{2}x_1\ \ \sqrt{2}x_2\ \ x_1^2\ \ x_2^2\ \ \sqrt{2}x_1x_2\right)$，则有

$$\begin{aligned}\varphi(\boldsymbol{x})\cdot\varphi(\boldsymbol{y})&=\left(1+2x_1y_1+2x_2y_2+x_1^2y_1^2+x_2^2y_2^2+2x_1x_2y_1y_2\right)\\&=\left(1+x_1y_1+x_2y_2\right)^2\\&=\left(1+\boldsymbol{x}\cdot\boldsymbol{y}\right)^2\\&=K(\boldsymbol{x},\boldsymbol{y})\end{aligned} \tag{4.91}$$

在上述分析中，核函数必须能在特征空间中表达为内积的形式，因此必须满足 Mercer 条件，即当且仅当$K(\boldsymbol{x},\boldsymbol{y})=K(\boldsymbol{y},\boldsymbol{x})$，有

$$\int K(\boldsymbol{x},\boldsymbol{y})g(\boldsymbol{x})g(\boldsymbol{y})\mathrm{d}\boldsymbol{x}\mathrm{d}\boldsymbol{y}\geqslant 0 \tag{4.92}$$

其中对于所有的$g(\boldsymbol{x})$，满足

$$\int g^2(\boldsymbol{x})\mathrm{d}\boldsymbol{x}<\infty \tag{4.93}$$

此时，核函数$K(\boldsymbol{x},\boldsymbol{y})$是特征空间上的一个内积，即$K(\boldsymbol{x},\boldsymbol{y})=\varphi^{\mathrm{T}}(\boldsymbol{x})\varphi(\boldsymbol{y})$。也就是说，$K(\boldsymbol{x},\boldsymbol{y})$可以被展开为级数

$$K(\boldsymbol{x},\boldsymbol{y})=\sum_{i=1}^{\infty}\lambda_i\varphi_i(\boldsymbol{x})\varphi_i(\boldsymbol{y}) \tag{4.94}$$

其中，λ_i与$\varphi_i(\boldsymbol{x})$是满足式（4.95）的特征函数和特征值。

$$\int K(\boldsymbol{x},\boldsymbol{y})\varphi_i(\boldsymbol{x})\mathrm{d}\boldsymbol{x}=\lambda_i\varphi_i(\boldsymbol{y}) \tag{4.95}$$

【例 4.8】异或问题的 SVM 分类。

异或问题是一种无法直接对样本特征采用线性判别函数来解决的问题，假设有如下两类样本。ω_1：$\boldsymbol{x}_1=\left(0\ \ 0\right)^{\mathrm{T}}$，$\boldsymbol{x}_2=\left(1\ \ 1\right)^{\mathrm{T}}$。$\omega_2$：$\boldsymbol{x}_3=\left(0\ \ 1\right)^{\mathrm{T}}$，$\boldsymbol{x}_4=\left(1\ \ 0\right)^{\mathrm{T}}$。通过 SVM 方法，将这些样本映射到一个更高维的空间，在这个空间中，它们是线性可分的。

解：

设$\boldsymbol{x}_i=\left[x_{i1}\ \ x_{i2}\right]^{\mathrm{T}}$，$i=1,2,3,4$，将这些样本变换到三维空间，选取非线性映射函数为

$$\varphi(\boldsymbol{x}_i)=\left(x_{i1}^2\ \ \sqrt{2}x_{i1}x_{i2}\ \ x_{i2}^2\right)^{\mathrm{T}}\triangleq\left(y_1\ \ y_2\ \ y_3\right)^{\mathrm{T}}$$

则

$$K(\boldsymbol{x}_1,\boldsymbol{x}_2)=\varphi^{\mathrm{T}}(\boldsymbol{x}_1)\varphi(\boldsymbol{x}_2)=\left(x_{11}^2\ \ \sqrt{2}x_{11}x_{12}\ \ x_{12}^2\right)\begin{pmatrix}x_{21}^2\\\sqrt{2}x_{21}x_{22}\\x_{22}^2\end{pmatrix}$$
$$=x_{11}^2x_{21}^2+2x_{11}x_{12}x_{21}x_{22}+x_{12}^2x_{22}^2=\left(\boldsymbol{x}_1\cdot\boldsymbol{x}_2\right)^2$$

当输入$\boldsymbol{x}_1=\left(0\ \ 0\right)^{\mathrm{T}}$，$\boldsymbol{x}_2=\left(1\ \ 1\right)^{\mathrm{T}}$，$\boldsymbol{x}_3=\left(0\ \ 1\right)^{\mathrm{T}}$，$\boldsymbol{x}_4=\left(1\ \ 0\right)^{\mathrm{T}}$时，分别求出$\varphi(\boldsymbol{x}_1)=\left(0\ \ 0\ \ 0\right)^{\mathrm{T}}$，$\varphi(\boldsymbol{x}_2)=\left(1\ \ \sqrt{2}\ \ 1\right)^{\mathrm{T}}$，$\varphi(\boldsymbol{x}_3)=\left(0\ \ 0\ \ 1\right)^{\mathrm{T}}$，$\varphi(\boldsymbol{x}_4)=\left(1\ \ 0\ \ 0\right)^{\mathrm{T}}$，那么在三维空间中，样本分布和分类面如图 4.45 所示，其中图 4.45（a）所示为原始数据空间，图 4.45（b）所示为三维特征空间。可以看出，经过非线性变换后，在三维特征空间中，两类样本线性可分。需要注意的是，与同一个核函数$K(\boldsymbol{x}_1,\boldsymbol{x}_2)=\left(\boldsymbol{x}_1\cdot\boldsymbol{x}_2\right)^2$对应的映射函数可能不唯一，如选择$\varphi(\boldsymbol{x}_i)=\left(x_{i1}^2\ \ x_{i1}x_{i2}\ \ x_{i1}x_{i2}\ \ x_{i2}^2\right)^{\mathrm{T}}$。

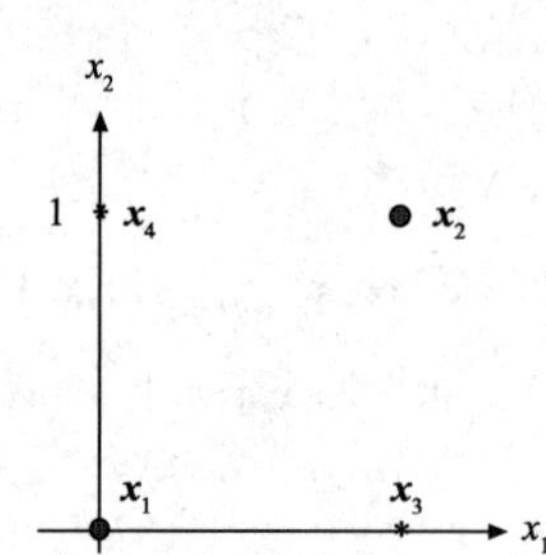

（a）原始数据空间线性不可分

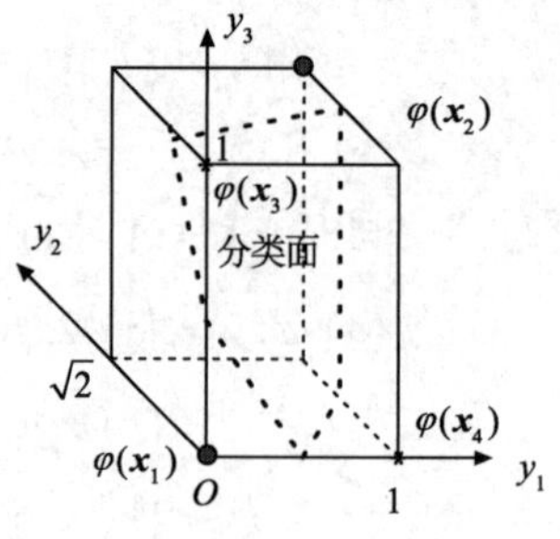

（b）高维特征空间线性可分

图 4.45　SVM 高维映射

4.7.3　支持向量回归

SVM 也可以用来解决线性回归和非线性回归问题。假设有一组数据$\{(\boldsymbol{x}_k, y_k), k=1,2,\cdots,N\}$，$\boldsymbol{x}_k \in \mathbf{R}^n$是输入向量，其中 n 为输入向量的维数，$y_k \in \mathbf{R}$ 是期望输出。如果高维特征空间的非线性回归函数为

$$f(\boldsymbol{x}) = \boldsymbol{w}^{\mathrm{T}}\varphi(\boldsymbol{x}) + b \tag{4.96}$$

式中，$\boldsymbol{w} \in \mathbf{R}^n$，$b \in \mathbf{R}$ 为阈值，$\varphi(\cdot)$ 是高维特征空间的非线性映射函数，那么采用 ε-SVR（Support Vector Regression，支持向量回归）不敏感损失函数：

$$|y_k - f(\boldsymbol{x})|_\varepsilon = \begin{cases} 0, & |y_k - f(\boldsymbol{x})|_\varepsilon \leqslant \varepsilon \\ |y_k - f(\boldsymbol{x})| - \varepsilon, & 其他 \end{cases} \tag{4.97}$$

式中，ε 是容忍误差的最大值。

引入松弛因子 ξ_k 和 ξ_k^*，求解上述最优化问题的拉格朗日函数原始形式为

$$\min_{w,b,\xi,\xi^*} J(\boldsymbol{w},\xi,\xi^*) = \frac{1}{2}(\boldsymbol{w}\cdot\boldsymbol{w}) + C\sum_{k=1}^{N}\left(\xi_k + \xi_k^*\right) \tag{4.98}$$

$$\text{s.t}\begin{cases} y_k - \boldsymbol{w}\cdot\varphi(\boldsymbol{x}_k) - b \leqslant \varepsilon + \xi_k^* \\ -y_k + \boldsymbol{w}\cdot\varphi(\boldsymbol{x}_k) + b \leqslant \varepsilon + \xi_k \\ \xi_k, \xi_k^* \geqslant 0, \quad k=1,2,\cdots,N \end{cases} \tag{4.99}$$

式中，C 是惩罚因子。

将上述最优化问题转换成下面拉格朗日函数的对偶问题。

$$\min_{a,a^*} L(a,a_i^*) = -\frac{1}{2}\sum_{k=1}^{N}\sum_{l=1}^{N}\left(a_k - a_k^*\right)\left(a_l - a_l^*\right)K(\boldsymbol{x}_k,\boldsymbol{x}_l) - \varepsilon\sum_{k=1}^{N}(a_k + a_k^*) + \sum_{k=1}^{N} y_k(a_k - a_k^*) \tag{4.100}$$

$$\text{s.t} \sum_{k=1}^{N}\left(a_k - a_k^*\right) = 0,\ a_k, a_k^* \in [0, C] \tag{4.101}$$

式中，a_k 和 a_k^* 是拉格朗日乘子，并且 $K(\boldsymbol{x}_k,\boldsymbol{x}_l) = \varphi^{\mathrm{T}}(\boldsymbol{x}_k)\cdot\varphi(\boldsymbol{x}_l)$ 为核函数，核函数选取如下 RBF 函数：

$$K(\boldsymbol{x}_k,\boldsymbol{x}_l) = \exp\left(-\frac{(\boldsymbol{x}_k - \boldsymbol{x}_l)^{\mathrm{T}}(\boldsymbol{x}_k - \boldsymbol{x}_l)}{2\sigma^2}\right) \tag{4.102}$$

式中，σ 是该函数的形状参数。

求解上述具有不等式约束的二次最优化问题，可以得到

$$\boldsymbol{w} = \sum_{k=1}^{N}\left(a_k - a_k^*\right)\varphi(\boldsymbol{x}_k) \tag{4.103}$$

$$b = y_k - \sum_{l}^{N}\left(a_l - a_l^*\right)K(\boldsymbol{x}_k, \boldsymbol{x}_l) - \varepsilon,\ a_k \in (0, C) \tag{4.104}$$

则非线性 SVR 函数表示如下。

$$f(\boldsymbol{x}) = \sum_{k=1}^{N}\left(a_k - a_k^*\right)K(\boldsymbol{x}, \boldsymbol{x}_k) + b \tag{4.105}$$

【例 4.9】采用 SVR 网络实现如下非线性函数的逼近。

$$f\left(\boldsymbol{x}\right) = x_2 + a\left(10\sin x_1 - 2x_2\right) \tag{4.106}$$

其中，$\boldsymbol{x} = \left(x_1\ \ x_2\right)^{\mathrm{T}}$，$a = 0.05$。

解：

为了检验 SVR 网络对函数 $f(\boldsymbol{x})$ 的逼近能力，当 $x_1 = 0.5\pi$ 和 $x_2 = 0$ 时，分别对该函数进行逼近，分析 SVR 对非线性函数的逼近能力与逼近速度。

采用台湾大学林智仁教授开发的 libsvm-mat 工具箱，设计的 MATLAB 程序如下。

```
x1=rands(400,1)*pi;
x2=rands(300,1)*pi;
x3=zeros(100,1)*pi;
p1=x1;
p2=[x2;x3];
P=[p1 p2];
deltatt=0.05;
T=p2+deltatt*(10*sin(p1)-2*p2);%T=x2+0.5*sin(x1)-0.1*x2
%建立回归模型，选取ε-SVR，RBF 函数，C=2.2，σ=2.8，ε=0.01
model = svmtrain(T,P,'-s 3 -t 2 -c 2.2 -g 2.8 -p 0.01');
%利用 x2=0 的测试样本求网络的仿真输出
a=0:0.1:3.9;
x1=a';
b=zeros(1,40);
x2=b';%x2=0
P_test=[a;b];
T=x2+deltatt*(10*sin(x1)-2*x2);%T=0.5*sin(x1)
%预测网络的输出
[py,mse] = svmpredict(T,P_test',model);
plot(a,py);
hold on
plot(a,T,'*');
ylabel('f(x)');
xlabel('x1');
legend('预测','实际')
hold off
figure;
%利用 x1=0.5π 的测试样本求网络的仿真输出
T=p2+deltatt*(10*sin(p1)-2*p2);
%建立回归模型，选取ε-SVR，线性函数，C=2.2，σ=2.8，ε=0.01
model = svmtrain(T,P,'-s 3 -t 0 -c 2.2 -g 2.8 -p 0.01');
a=ones(1,40)*0.5*pi;
b=-10:0.5:9.5;
x1=a';% x1=0.5π
x2=b';
P_test=[a;b];
```

04 神经网络原理

```
T=x2+deltatt*(10*sin(x1)-2*x2);%T=0.5+0.9*x2
%预测网络的输出
[py,mse] = svmpredict(T,P_test',model);
plot(b,py);
hold on
plot(b,T,'*');
ylabel('f(x)');
xlabel('x2');
legend('预测','实际')
hold off
```

仿真结果如图 4.46 所示。

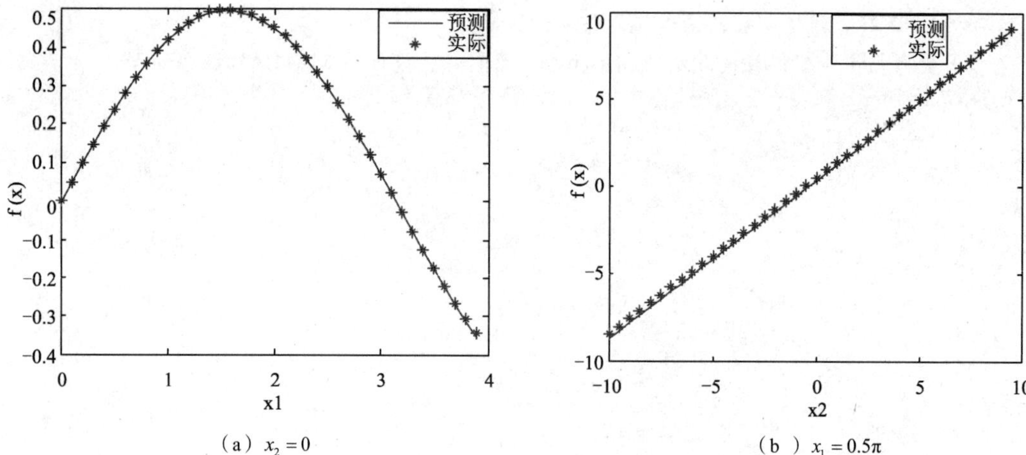

（a）$x_2=0$　　（b）$x_1=0.5\pi$

图 4.46　SVR 的非线性函数逼近性能

在图 4.46（a）和图 4.46（b）中，采用 SVR 逼近非线性函数的均方误差分别为 0.0640276 和 1.48552×10^{-5}。

4.8　本章小结

本章介绍了感知机、BP 神经网络、RBF 神经网络、Hopfield 神经网络和 SVM，这些神经网络算法可以解决模式分类、线性与非线性回归，以及组合优化等问题。神经网络的泛化性能是指经过训练后的神经网络对未经训练的样本也能给出正确的映射。在神经网络训练过程中，需要对输入样本数据进行归一化和标准化处理，避免某些物理量纲不同的数据样本在神经网络的训练中占主导作用。激活函数的作用是提升神经网络模型的非线性映射能力。

习　题

4.1　神经元的激活函数有哪几种？描述各自的表达形式。

4.2　人工神经网络有哪些特点？其优越性表现在哪些方面？

4.3　常见的神经网络结构有哪些？简述各自的特点。

4.4　神经网络有哪些学习规则？分别适用于哪些环境？

4.5 试用感知机学习训练一分类器，$\boldsymbol{X}=(x_0\ x_1\ x_2)^{\mathrm{T}}$，$x_0=-1$，学习算法中$\eta=1$，初始权值$\boldsymbol{W}_0=(w_0\ w_1\ w_2)^{\mathrm{T}}=(0.3\ 0.5\ 0.5)^{\mathrm{T}}$，使感知机能将以下4种样本分成两类。

A类：$\boldsymbol{X}_1=(-1\ \ 0\ \ 0)^{\mathrm{T}}$，$\boldsymbol{X}_2=(-1\ \ 0\ \ 1)^{\mathrm{T}}$，$d_1=d_2=1$。

B类：$\boldsymbol{X}_3=(-1\ \ 1\ \ 0)^{\mathrm{T}}$，$\boldsymbol{X}_4=(-1\ \ 1\ \ 1)^{\mathrm{T}}$，$d_3=d_4=0$。

4.6 有一单层感知机如图4.47所示。在输入端有4批单输入样本，分别为$\boldsymbol{X}_1=(-1\ \ 2\ \ 2)^{\mathrm{T}}$，$\boldsymbol{X}_2=(-1\ \ 1\ \ -2)^{\mathrm{T}}$，$\boldsymbol{X}_3=(-1\ \ -2\ \ 2)^{\mathrm{T}}$，$\boldsymbol{X}_4=(-1\ \ -1\ \ 1)^{\mathrm{T}}$；其中$\boldsymbol{X}_1$和$\boldsymbol{X}_3$的期望输出$d_1=d_3=0$，$\boldsymbol{X}_2$和$\boldsymbol{X}_4$的期望输出$d_2=d_4=1$，非线性函数采用单极性符号函数$f(s)=\begin{cases}1,\ s\geqslant 0\\0,\ s<0\end{cases}$。设学习率$\eta=1$，初始权向量为$\boldsymbol{W}_0=(w_0\ w_1\ w_2)^{\mathrm{T}}=(0\,0\,0)^{\mathrm{T}}$，输入向量为$\boldsymbol{X}_p=(x_0\ x_1\ x_2)^{\mathrm{T}}$，$p=1,2,3,4$。

（1）利用感知机学习算法求经过4次样本学习后的加权向量，并画图分析；

（2）分析经过样本$\boldsymbol{X}_1$、$\boldsymbol{X}_2$、$\boldsymbol{X}_3$、$\boldsymbol{X}_4$、$\boldsymbol{X}_1$、$\boldsymbol{X}_2$的6次学习后对$\boldsymbol{X}_1$、$\boldsymbol{X}_3$与$\boldsymbol{X}_2$、$\boldsymbol{X}_4$这两类样本集的线性可分情况，并画图分析。

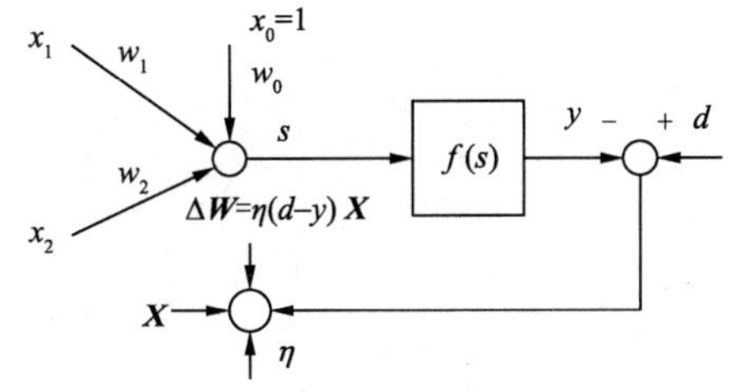

图4.47 单层感知机

4.7 设某一BP神经网络结构如图4.48所示，网络的输入样本为$\boldsymbol{X}=(-1\ \ x_1\ \ x_2)^{\mathrm{T}}=(-1\ \ 1\ \ 3)^{\mathrm{T}}$，期望输出为$\boldsymbol{d}=(d_1\ \ d_2)^{\mathrm{T}}=(0.95\ \ 0.05)^{\mathrm{T}}$，试分析初始化网络前向传播和反向传播步骤，包括：

（1）求权矩阵$\boldsymbol{W}_z$与$\boldsymbol{W}_y$；

（2）求各层的净输入和输出；

（3）计算各误差信号δ_z与δ_y；

（4）计算$\Delta\boldsymbol{W}_z$与$\Delta\boldsymbol{W}_y$（其中$f(s)=\dfrac{1}{1+\mathrm{e}^{-s}}$，$\eta=1$）。

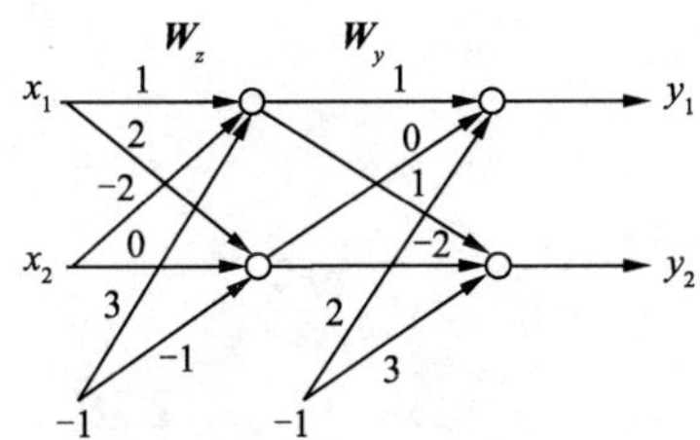

图4.48 BP神经网络结构

4.8 采用RBF神经网络实现如下非线性函数的逼近：

$$f(\boldsymbol{x})=x_2+a(10\sin x_1-2x_2)$$

其中，$\boldsymbol{x}=(x_1\ \ x_2)^{\mathrm{T}}$，$a=0.05$。当$x_1=0.5\pi$和$x_2=0$时，分别对该函数进行逼近，分析RBF

神经网络对非线性函数的逼近能力与逼近速度。

4.9 离散型 Hopfield 神经网络的两种不同工作方式的区别在哪里?

第 4 章部分习题答案

05

神经网络控制

神经网络是由大量处理单元组成的非线性自适应系统，具有非线性、自学习、自组织、大规模并行处理等特点，已广泛应用于复杂对象的控制，可以有效地解决控制系统的不确定性、非线性以及系统建模与参数辨识等问题。本章将介绍神经网络控制结构、神经网络自校正控制、神经网络 PID 控制，以及神经网络参考模型自适应控制的 MATLAB 仿真。要求掌握神经网络控制器的设计方法、神经网络非线性控制的学习算法和神经网络控制系统的设计与仿真。

5.1 神经网络控制结构

1. 神经网络直接自校正控制

直接自校正控制也称直接逆动态控制。图 5.1 所示为两种采用神经网络实现的直接自校正控制结构，假设图 5.1（a）中被控对象 P 的逆动态为 P^{-1} 存在，NNC（Neural Network Controller，神经网络控制器）可以实现被控对象的逆模型 $\hat{P}^{-1}$，且通过 NN（Neural Network，神经网络）在线调整权值；NNC 和 NN 具有相同的网络结构和学习算法。图 5.1（b）中采用了一种误差评价函数来调整神经网络控制器的权值。

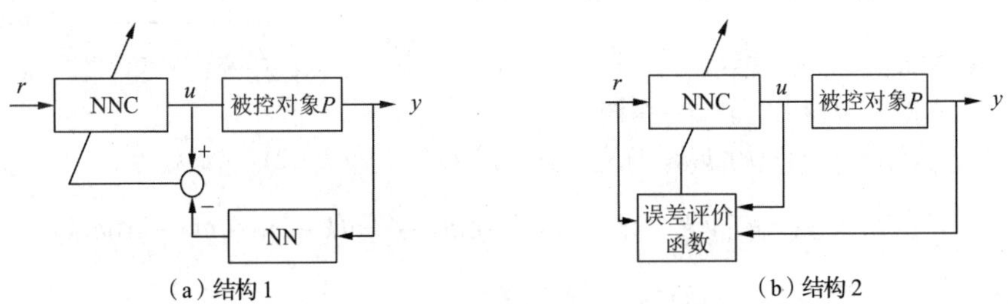

图 5.1　神经网络直接自校正控制结构

2. 神经网络间接自校正控制

图 5.2 所示为神经网络间接自校正控制结构，其中 NNI（Neural Network Identifier，神经网络辨识器）为被控对象的神经网络在线辨识器。

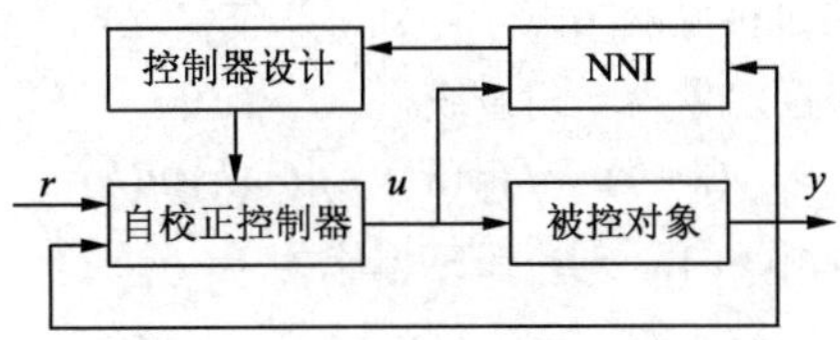

图 5.2　神经网络间接自校正控制结构

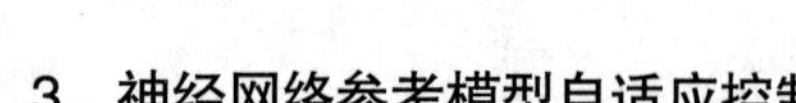

3. 神经网络参考模型自适应控制

图 5.3 所示为神经网络直接参考模型自适应控制结构和神经网络间接参考模型自适应控制结构。

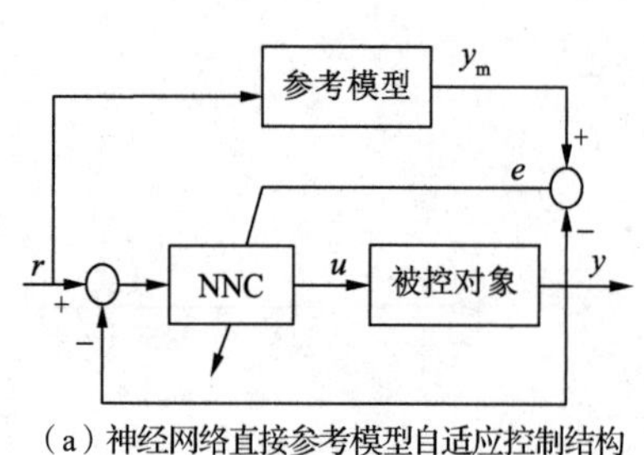

（a）神经网络直接参考模型自适应控制结构

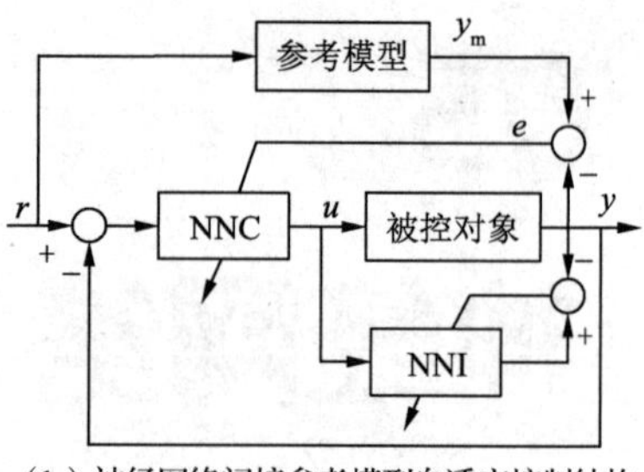

（b）神经网络间接参考模型自适应控制结构

图 5.3　神经网络参考模型自适应控制

在图 5.3（a）所示的神经网络直接参考模型自适应控制结构中，NNC 的权值修正目标是使误差 $e = y_m - y \to 0$；在图 5.3（b）所示的神经网络间接参考模型自适应控制结构中，引入 NNI，离线辨识未知的被控对象，建立正向模型，为 NNC 提供学习信息。

4. 神经网络内模控制

图 5.4 所示为神经网络内模控制系统结构，NNC 实现被控对象的逆模控制，NNI 实现被控对象的正向建模，滤波器用来提高控制系统的鲁棒性。

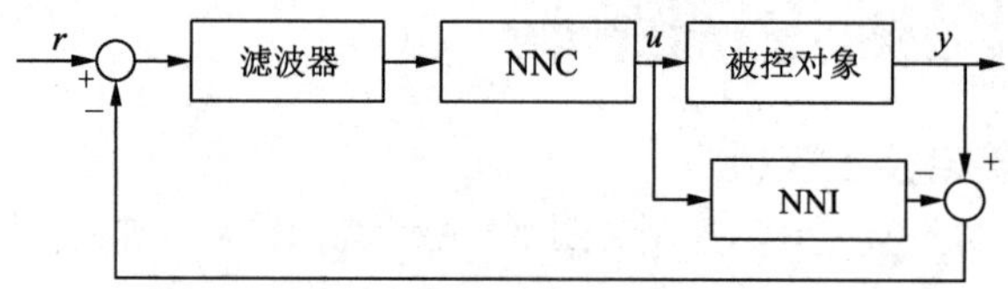

图 5.4　神经网络内模控制系统结构

5.2　神经网络自校正控制

神经网络的非线性函数映射能力，可以使它在自校正控制系统中充当未知系统函数逼近器。

考虑一个单输入单输出的非线性系统：

$$y(k+1) = f(y(k), y(k-1), \cdots, y(k-p), u(k-1), u(k-2), \cdots, u(k-p)) + \\ g(y(k), y(k-1), \cdots, y(k-p), u(k-1), u(k-2), \cdots, u(k-p))u(k) \qquad (5.1)$$

其中，$y(k+1)$ 为系统的输出，$u(k)$ 为系统的输入。

若在上述函数 $f(\cdot)$ 和 $g(\cdot)$ 已知的条件下，根据确定性等价原则，采用如下的自校正控制规律

$$u(k) = -\frac{f(\cdot)}{g(\cdot)} + \frac{y_d(k+1)}{g(\cdot)} \qquad (5.2)$$

则可以使系统的输出 $y(k+1)$ 精确跟踪期望输出 $y_d(k+1)$。

若 $f(\cdot)$ 和 $g(\cdot)$ 未知，则通过神经网络的学习训练来估计这两个函数。

为了简化推导过程，设被控对象为一阶系统

$$y(k+1) = f(y(k)) + g(y(k))u(k) \qquad (5.3)$$

通过神经网络的训练估计 $f(\cdot)$ 和 $g(\cdot)$，则系统的输出为

$$\hat{y}(k+1) = \hat{f}(y(k), \boldsymbol{w}(k)) + \hat{g}(y(k), \boldsymbol{v}(k)) \cdot u(k) \qquad (5.4)$$

其中，$\hat{f}(\cdot)$，$\hat{g}(\cdot)$ 分别为 $f(\cdot)$ 和 $g(\cdot)$ 的函数估计，$\boldsymbol{w}=\begin{pmatrix}w_0 & w_1 & \cdots & w_{2p}\end{pmatrix}^{\mathrm{T}}$，$\boldsymbol{v}=\begin{pmatrix}v_0 & v_1 & \cdots & v_{2q}\end{pmatrix}^{\mathrm{T}}$，$p$ 和 q 分别为这两个函数逼近的神经网络隐层节点数，且有 $\hat{f}(0\ \ \boldsymbol{w})=w_0$，$\hat{g}(0\ \ \boldsymbol{v})=v_0$。

假设 $\hat{f}(y(k),\boldsymbol{w}(k))$，$\hat{g}(y(k),\boldsymbol{v}(k))$ 可以以任意精度逼近 $f(y(k))$ 和 $g(y(k))$，则控制器的输出为

$$u(k)=-\frac{\hat{f}(y(k),\boldsymbol{w}(k))}{\hat{g}(y(k),\boldsymbol{v}(k))}+\frac{y_{\mathrm{d}}(k+1)}{\hat{g}(y(k),\boldsymbol{v}(k))} \tag{5.5}$$

故

$$y(k+1)=f(y(k))+g(y(k))\left(-\frac{\hat{f}(y(k),\boldsymbol{w}(k))}{\hat{g}(y(k),\boldsymbol{v}(k))}+\frac{y_{\mathrm{d}}(k+1)}{\hat{g}(y(k),\boldsymbol{v}(k))}\right) \tag{5.6}$$

令 $e(k+1)=y_{\mathrm{d}}(k+1)-y(k+1)$，并定义输出误差

$$E(k+1)=\frac{1}{2}e^2(k+1) \tag{5.7}$$

神经网络的权值调整过程如下。

$$\frac{\partial E(k+1)}{\partial \boldsymbol{w}(k)}=\frac{\partial E(k+1)}{\partial y(k+1)}\frac{\partial y(k+1)}{\partial \boldsymbol{w}(k)}=\frac{g(y(k))}{\hat{g}(y(k),\boldsymbol{v}(k))}\left\{\frac{\partial \hat{f}(y(k),\boldsymbol{w}(k))}{\partial \boldsymbol{w}(k)}\right\}e(k+1) \tag{5.8}$$

$$\begin{aligned}\frac{\partial E(k+1)}{\partial \boldsymbol{v}(k)}&=\frac{\partial E(k+1)}{\partial y(k+1)}\frac{\partial y(k+1)}{\partial \boldsymbol{v}(k)}\\&=-e(k+1)g(y(k))\left\{\frac{\hat{f}(y(k),\boldsymbol{w}(k))}{\hat{g}^2(y(k),\boldsymbol{v}(k))}-\frac{y_{\mathrm{d}}(k+1)}{\hat{g}^2(y(k),\boldsymbol{v}(k))}\right\}\frac{\partial \hat{g}(y(k),\boldsymbol{v}(k))}{\partial \boldsymbol{v}(k)}\\&=\frac{g(y(k))}{\hat{g}(y(k),\boldsymbol{v}(k))}\left\{\frac{\partial \hat{g}(y(k),\boldsymbol{v}(k))}{\partial \boldsymbol{v}(k)}\right\}e(k+1)u(k)\end{aligned} \tag{5.9}$$

则 BP 学习规则如下

$$\boldsymbol{w}(k+1)=\boldsymbol{w}(k)-\eta\frac{\partial E(k+1)}{\partial \boldsymbol{w}(k)} \tag{5.10}$$

$$\boldsymbol{v}(k+1)=\boldsymbol{v}(k)-\mu\frac{\partial E(k+1)}{\partial \boldsymbol{v}(k)} \tag{5.11}$$

其中，η 和 μ 为学习率。

根据上述推导，可以得到神经网络自校正控制结构如图 5.5 所示。

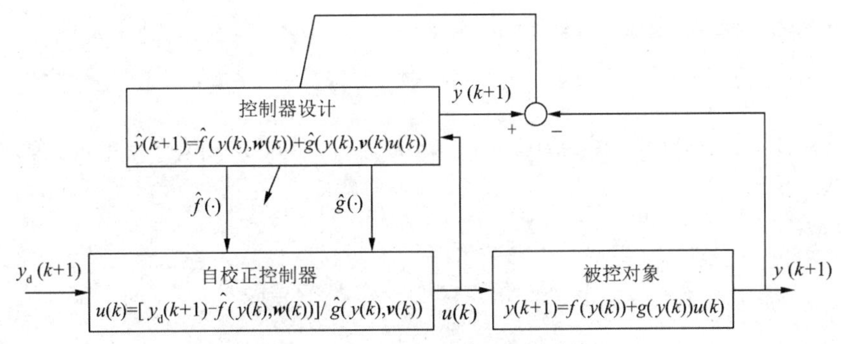

图 5.5　神经网络自校正控制结构

5.3 神经网络 PID 控制

神经网络 PID 控制结构如图 5.6 所示，采用 NNI 和 NNC 分别实现对被控对象的辨识和 PID 控制功能。

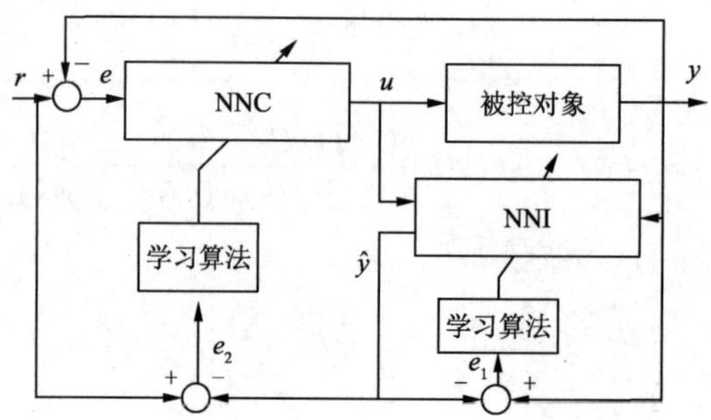

图 5.6　神经网络 PID 控制结构

在图 5.6 中，设被控对象为

$$y(k+1)=g[y(k),\cdots,y(k-n+1),u(k),\cdots,u(k-m+1)],\quad n\geqslant m \tag{5.12}$$

其中 $g(\cdot)$ 未知，通过 NNI 在线辨识。采用三层 BP 神经网络，输入输出序列为 $\{u(k),y(k)\}$。下面分别介绍 NNI 和神经网络 PID 控制器的设计。

1. NNI

BP 神经网络的输入为

$$\begin{aligned}\boldsymbol{X}(k)&=\left(x_1(k)\ \ x_2(k)\ \ \cdots\ \ x_N(k)\right)^{\mathrm{T}}\\&=\left(y(k)\ \ y(k-1)\ \ \cdots\ \ y(k-n+1)\ \ u(k)\ \ u(k-1)\ \ \cdots\ \ u(k-m+1)\right)^{\mathrm{T}}\end{aligned} \tag{5.13}$$

式中，$u(k)=x_{n+1}(k)$，输入层有 $N(N=n+m)$ 个神经元节点。

神经网络隐层第 h 个节点的输出为

$$z_h(k)=f(s_h(k)),\quad h=1,2,\cdots,q \tag{5.14}$$

式中，$s_h(k)=\sum_{i=0}^{N}w_{hi}x_i(k)\ (h=1,2,\cdots,q)$，$q$ 为隐层节点数，$x_0(k)=1$，w_{h0} 为隐层的阈值，w_{hi} 为输入层到隐层的权值，输入 $u(k)$ 到第 h 个隐层节点的权值为 $w_{h(n+1)}$，$f(\cdot)$ 为非线性激活函数。

神经网络输出层为单节点，其输出为

$$\hat{y}(k+1)=\sum_{h=0}^{q}w_h z_h(k) \tag{5.15}$$

式中，$z_0(k)=1$，w_0 为输出节点的阈值，$w_h(h=1,2,\cdots,q)$ 为隐层到输出节点的权值，输出节点采用线性激活函数。

设准则函数为

$$\begin{aligned}E_1(k+1)&=\frac{1}{2}[y(k+1)-\hat{y}(k+1)]^2\\&=\frac{1}{2}e_1^2(k+1)\end{aligned} \tag{5.16}$$

式中，$e_1(k+1)=y(k+1)-\hat{y}(k+1)$。

隐层-输出节点权值调整过程如下。

$$\Delta w_h(k) = w_h(k) - w_h(k-1) \tag{5.17}$$

$$\Delta w_h(k) = -\eta_1 \frac{\partial E_1(k+1)}{\partial w_h(k)} = \eta_1 e_1(k+1) z_h(k) + \alpha \Delta w_h(k) \tag{5.18}$$

输入层-隐层权值调整过程如下。

$$\Delta w_{hi}(k) = w_{hi}(k) - w_{hi}(k-1) \tag{5.19}$$

$$\Delta w_{hi}(k) = -\eta_1 \frac{\partial E_1(k+1)}{\partial w_{hi}(k)} = \eta_1 e_1(k+1) w_h(k) f'(s_h(k)) x_i(k) + \alpha \Delta w_{hi}(k) \tag{5.20}$$

其中，η_1 为学习率，α 为动量因子。

2. 神经网络 PID 控制器

设输入输出采样序列为 $\{r(k), y(k)\}$，PID 控制算法为

$$u(k) = K_{\mathrm{p}} e(k) + K_{\mathrm{i}} \sum_{k=0}^{k} e(k) + K_{\mathrm{d}}[e(k) - e(k-1)] \tag{5.21}$$

其中，$e(k) = r(k) - y(k)$，K_{p}、K_{i}、K_{d} 分别为比例系数、积分系数和微分系数。

若采用线性神经元设计控制器，其输入为

$$c_1(k) = e(k),\quad c_2(k) = \sum_{k=0}^{k} e(k),\quad c_3(k) = \Delta e(k) = e(k) - e(k-1)$$

则神经网络 PID 控制器的输出为

$$u(k) = v_1 c_1(k) + v_2 c_2(k) + v_3 c_3(k) = \sum_{i=1}^{3} v_i c_i(k) \tag{5.22}$$

式中，v_i（$i = 1,2,3$）为神经网络的权值。

设准则函数为

$$\begin{aligned} E_2(k+1) &= \frac{1}{2}[r(k+1) - \hat{y}(k+1)]^2 \\ &= \frac{1}{2} e_2^2(k+1) \end{aligned} \tag{5.23}$$

式中，$e_2(k+1) = r(k+1) - \hat{y}(k+1)$。

则神经网络权值调整过程如下。

$$\begin{aligned} \Delta v_i(k) &= -\eta_2 \frac{\partial E_2(k+1)}{\partial v_i(k)} = \eta_2 e_2(k+1) \frac{\partial \hat{y}(k+1)}{\partial v_i(k)} \\ &= \eta_2 e_2(k+1) \frac{\partial \hat{y}(k+1)}{\partial u(k)} \frac{\partial u(k)}{\partial v_i(k)} \\ &= \eta_2 e_2(k+1) c_i(k) \frac{\partial \hat{y}(k+1)}{\partial u(k)} \end{aligned} \tag{5.24}$$

式中，η_2 为学习率。

根据式（5.13）、式（5.14）、式（5.15），又有

$$\begin{aligned} \frac{\partial \hat{y}(k+1)}{\partial u(k)} &= \sum_h \frac{\partial \hat{y}(k+1)}{\partial z_h(k)} \cdot \frac{\partial z_h(k)}{\partial s_h(k)} \cdot \frac{\partial s_h(k)}{\partial u(k)} \\ &= \sum_h w_h(k) f'(s_h(k)) w_{h(n+1)}(k) \end{aligned} \tag{5.25}$$

【例 5.1】 设被控对象为

$$G(s) = \frac{20}{8s^2 + 4s + 1} \mathrm{e}^{-0.2s}$$

采用 BP 神经网络学习算法，分别设计 NNC 和神经网络 PID 控制器，对系统进行控制。

解：

① NNC 训练样本获取

通过模糊控制器获取 NNC 的样本值，如图 5.7 所示。其中，量化因子选取 $K_e = 2$，$K_{ec} = 1$；比例因子选取 $K_u = 0.05$，采用表 3.4 所示的模糊控制规则。

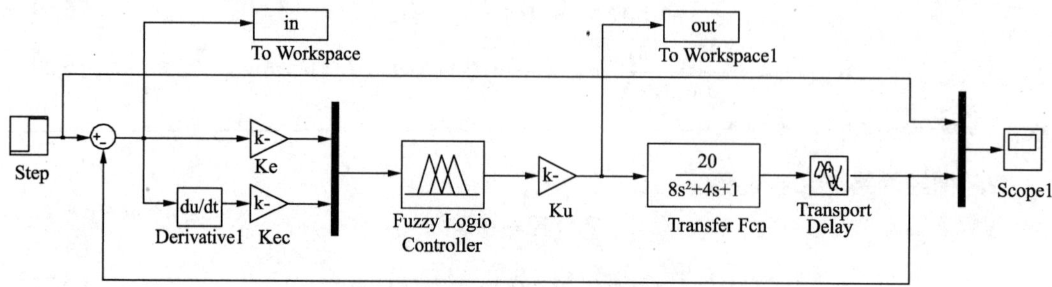

图 5.7　通过模糊控制器获取 NNC 的样本值

② NNC 设计

在模糊控制器获取训练样本的基础上分别设计和训练 BP 神经网络，NNC 的仿真结构采用三层 BP 神经网络，每层神经元个数分别为 16、4、1。训练得到图 5.8 所示的神经网络训练模块，将该模块添加到神经网络控制系统中，得到的神经网络控制仿真结构如图 5.9 所示。运行程序可以得到神经网络控制响应曲线，如图 5.10 所示。

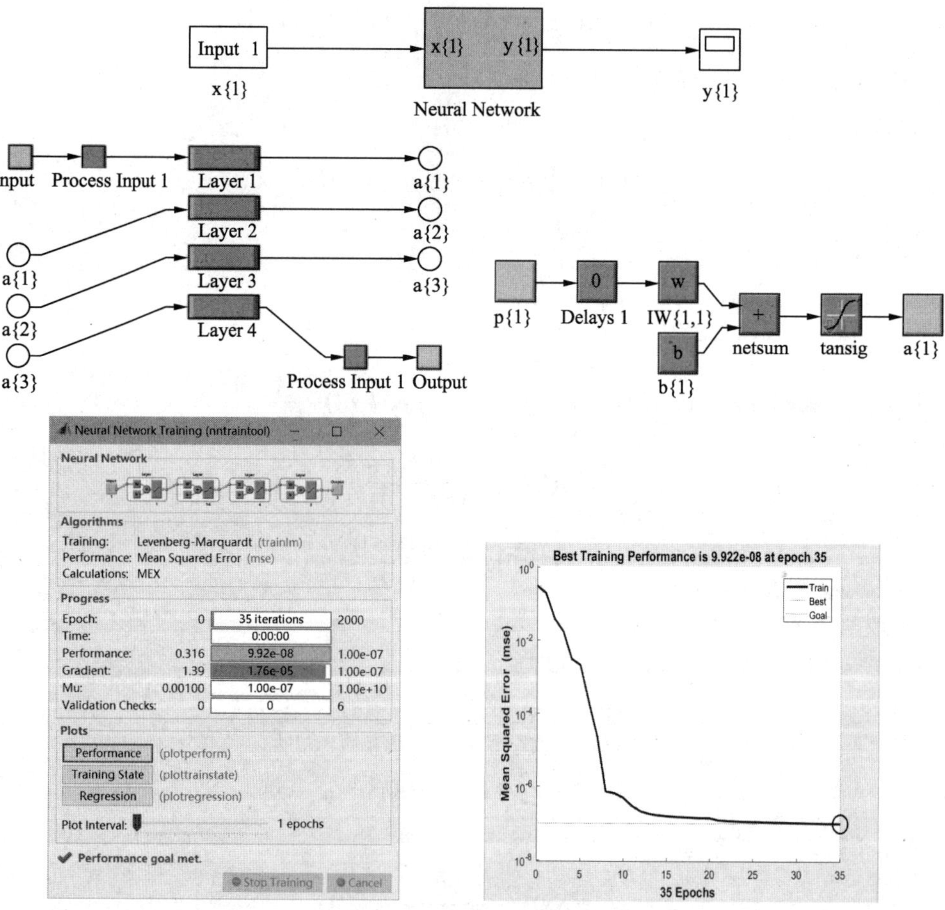

图 5.8　神经网络训练模块

神经网络控制程序如下。

```
P=[in'];
T=[out'];
net=newff([-2 2],[16 4 1],{'tansig','logsig','purelin'});%创建 BP 神经网络
net.trainparam.epochs=9000;
net.trainparam.goal=0.0000001;
net=train(net,P,T);
gensim(net,-1)
```

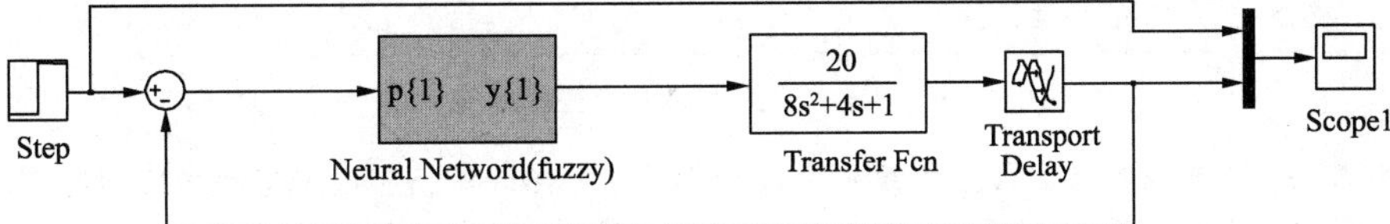

图 5.9　神经网络控制仿真结构

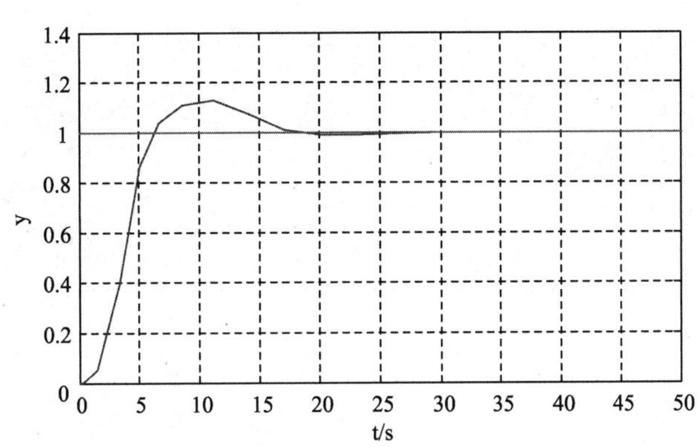

图 5.10　神经网络控制响应曲线

③ 神经网络 PID 控制

通过 PID 控制获取神经网络 PID 控制训练样本，其结构如图 5.11 所示。

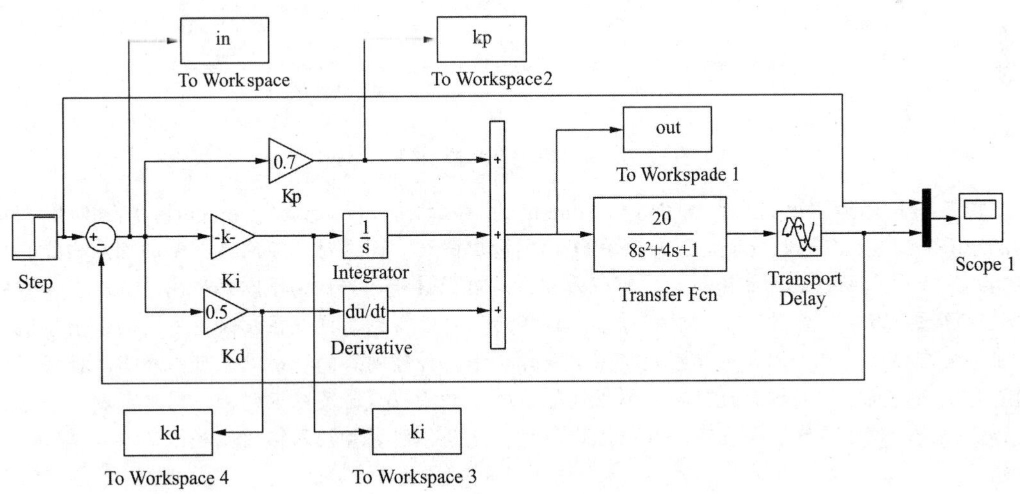

图 5.11　通过 PID 控制获取训练样本

其中 PID 控制器参数选取为 $K_p=0.7$，$K_i=0.05$，$K_d=0.5$。神经网络 PID 控制结构如图 5.12 所示。

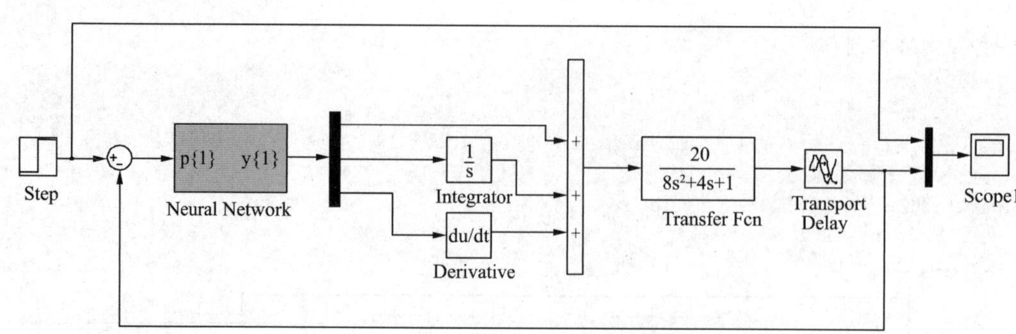

图 5.12 神经网络 PID 控制结构

采用四层 BP 神经网络，每层神经元个数分别为 1、16、4、3。训练得到神经网络训练模块，将该模块添加到神经网络控制系统中，运行程序可以得到神经网络控制响应曲线，如图 5.13 所示。

神经网络 PID 控制程序如下。

```
P=[in'];
T=[kp';ki';kd'];
net=newff([-1 2],[1 16 4 3]); %创建 BP 神经网络，神经元节点的激活函数默认为 tansig
net.trainparam.epochs=2000;
net.trainparam.goal=0.0000001;
[net,y]=train(net,P,T);
gensim(net,-1);
```

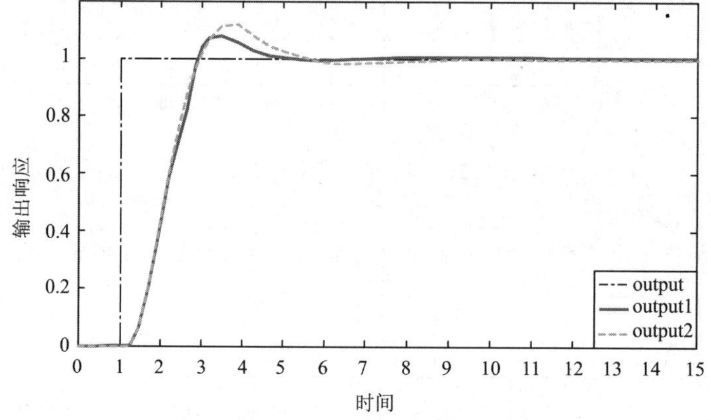

图 5.13 神经网络 PID 控制响应曲线

图 5.13 所示为输出响应曲线的对比。output 为输入的阶跃响应曲线，output1 为采用 BP 整定后的 PID 控制输出曲线，output2 为原 PID 控制输出曲线。通过对神经网络控制的响应曲线与神经网络 PID 控制的仿真曲线进行比较可以看出，后者的性能更好。由于初始权向量随机，得到的神经网络系统具有一定的随机性。经过多次训练后，可以得到与样本系统误差不同的映射系统，输出的响应曲线甚至可以与原曲线几乎完全重合。根据神经网络的训练结果可以看出，神经网络 PID 控制经过几十次的训练就可以获得性能较好的控制响应。这足以说明神经网络可以以任意精度逼近任意非线性函数，并具有较强的泛化能力，充分体现了神经网络的优越性。

5.4 神经网络参考模型自适应控制的 MATLAB 仿真

下面结合 MATLAB 的神经网络工具箱中提供的一个实例，介绍神经网络控制器的训练过程。

1. 问题的描述

图 5.14 所示为单连杆机械臂。采用神经网络参考模型自适应控制方法设计控制器，通过训练神经网络控制器，使得机械臂能够跟踪参考模型的输出。

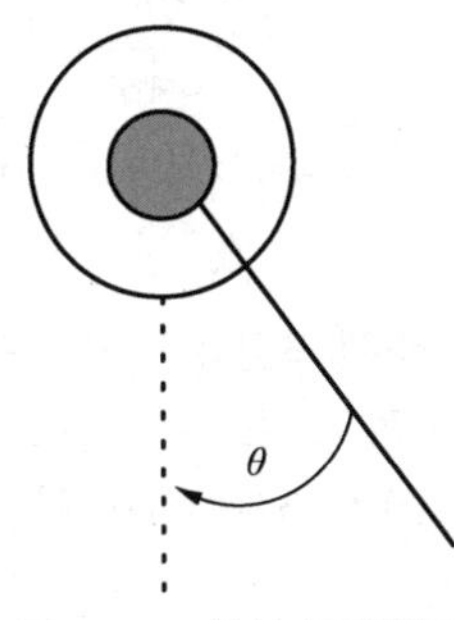

图 5.14 单连杆机械臂

该机械臂系统的动力学方程为

$$\frac{d^2\theta}{dt^2}=-10\sin\theta-2\frac{d\theta}{dt}+u \tag{5.26}$$

式中，θ 代表机械臂的旋转角度，u 代表直流电机的输入转矩。

系统的参考模型为

$$\frac{d^2 y}{dt^2}=-9y_r-6\frac{dy_r}{dt}+9r \tag{5.27}$$

式中，y 代表系统的输出，y_r 代表参考模型的输出，r 代表参考模型的输入信号。

2. 系统的 Simulink 仿真结构

MATLAB 的神经网络工具箱中提供了这个演示实例。控制器的输入包含 2 个延迟参考输入、2 个延迟系统输出和 1 个延迟控制器输出，采样间隔为 0.05s。

在 MATLAB 命令行窗口中输入 "mrefrobotarm"，便会自动地调用 Simulink，并且出现图 5.15 所示的仿真结构。参考模型控制器（Model Reference Controller）模块和机械臂系统模块已被放置在这个结构中。其中，参考模型控制器模块是从神经网络工具箱复制过来的。

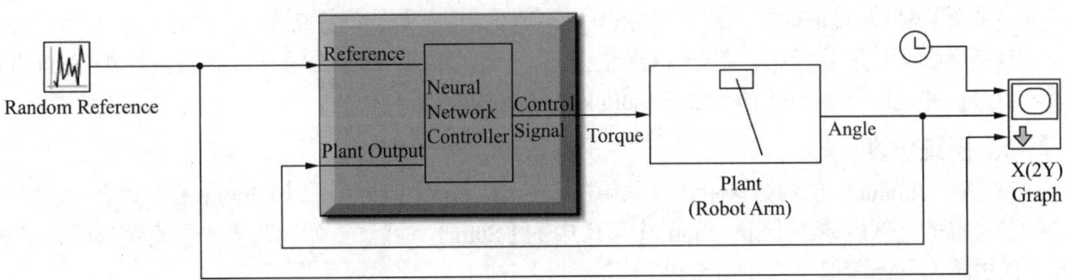

图 5.15 系统的 Simulink 仿真结构

参考模型控制器模块的 Control Signal 端连接到机械臂系统模块的 Torque 输入端，机械臂系统模块的 Angle 输出端连接到参考模型控制器模块的 Plant Output 端，参考信号连接到参考模型控制器模块的 Reference 端。机械臂系统的 Simulink 模型如图 5.16 所示。

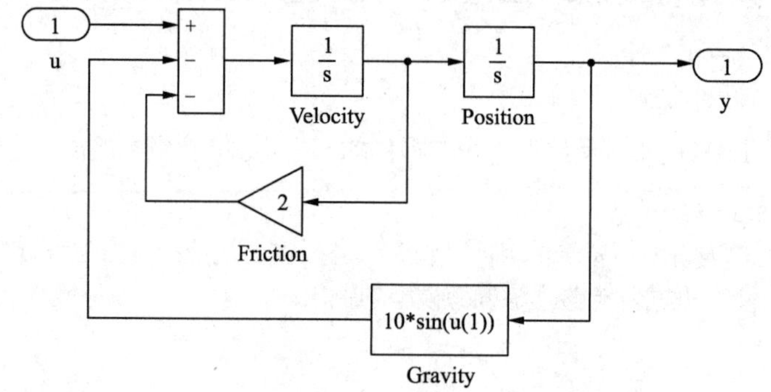

图 5.16　机械臂系统的 Simulink 模型

3. 系统辨识

神经网络参考模型控制系统使用两个神经网络：参考模型控制器的神经网络和机械臂系统的神经网络。首先，对机械臂系统进行神经网络辨识；然后，对参考模型控制器进行神经网络训练，使得系统输出跟踪参考模型输出。

神经网络系统辨识的目的是根据系统提供的测量信息（输入输出数据），在某种准则条件下，估计出模型的未知参数，其原理如图 5.17 所示。

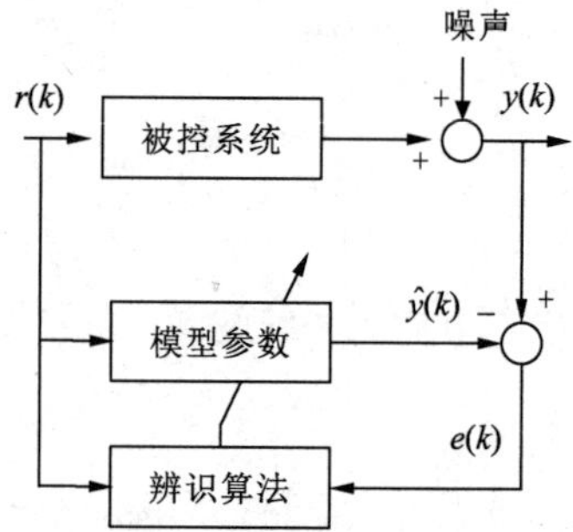

图 5.17　神经网络系统辨识原理

（1）对机械臂系统进行神经网络辨识

在图 5.15 中，双击参考模型控制器模块，将会打开一个参考模型控制（Mode Reference Control）窗口。此窗口用于训练参考模型神经网络。

在参考模型控制窗口中，单击【Plant Identification】按钮，将会弹出一个系统辨识参数设置窗口。在系统辨识结束后，单击【Accept Data】按钮，返回参考模型控制窗口。

（2）对参考模型控制器进行神经网络训练

在机械臂系统神经网络辨识完成后，在参考模型控制窗口中，单击【Train Controller】按钮对参考模型控制器进行训练。

训练过程误差曲线如图 5.18 所示。训练结束后，返回参考模型控制窗口。若参考模型控制器的性能不准确，则可以再次单击【Train Controller】按钮，这样就会继续使用同样的数据对参考模型控制器进行训练。若需要使用新的数据继续训练，则可以在单击【Train Controller】按钮之前单击【Generate Training Data】按钮或者【Import Data】按钮（注意，要确认【Use Current Weights】被选中）。机械臂系统的模型不够准确会影响参考模型控制器的训练结果。

在参考模型控制窗口中，单击【OK】按钮，将训练好的神经网络控制器权值导入 Simulink 模型窗口，并返回到图 5.15 所示的 Simulink 仿真结构中。

4. 系统仿真

在上述 Simulink 仿真结构中，首先单击【Simulation】菜单中的【Parameter】命令，设置相应的仿真参数，然后单击【Simulation】菜单中的【Start】命令，开始仿真。当仿真结束时，会显示系统的输出和参考信号，如图 5.19 所示。

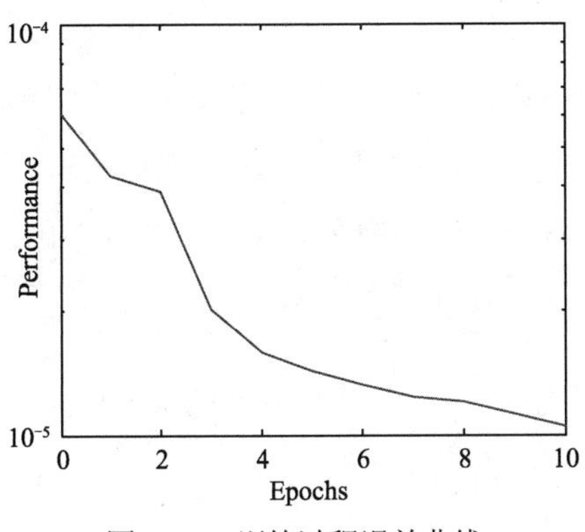

图 5.18 训练过程误差曲线

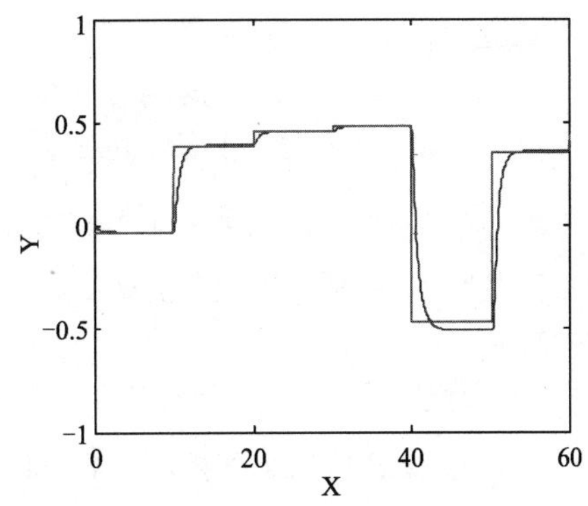

图 5.19 系统的输出和参考信号（部分）

系统的输出和参考信号变化（扫码观看）

从上述设计过程可以看出，对于参考模型控制，首先要建立一个神经网络系统模型，然后采用这个模型训练神经网络控制器，并使得机械臂系统的输出跟踪参考模型的输出。

5.5 基于 SVM 非线性估计的空间机械臂自适应滑模控制

针对空间机械臂非线性系统的轨迹跟踪控制问题，下面给出一种基于 SVM 非线性估计的自适应滑模控制方法。该方法通过采集系统的样本数据来训练 SVM，对空间机械臂动力学中存在的不确定与非线性模型进行逼近并补偿，可以有效改善空间机械臂动力学控制的性能。

1. 自由浮动空间机器人动力学方程

图 5.20 所示为自由浮动平面 3 连杆空间机械臂，该机械臂由航天器基座、机械臂和末端执行器组成。基座半径为 L_b，各连杆长度分别为 L_1，L_2，L_3，连杆附体坐标系根据迪纳维特–哈登伯格（Denavit-Hartenberg，D-H）参数建立。在图 5.20 中，Σ_0-$O_0X_0Y_0$ 为惯性坐标系，Σ_b-$O_bX_bY_b$ 为固定于基座质心的基座坐标系，Σ_i-$O_iX_iY_i(i=1,2,3)$ 为固定于机械臂第 i 连杆的附体坐标系，Σ_c-$O_cX_cY_c$ 为固定于机械臂末端执行器的坐标系，θ_i 为各连杆转角，r_b、r_i、r_c 分别为惯性坐标系原点到本体坐标系原点、各连杆质心和末端执行器坐标系原点的位置矢量。

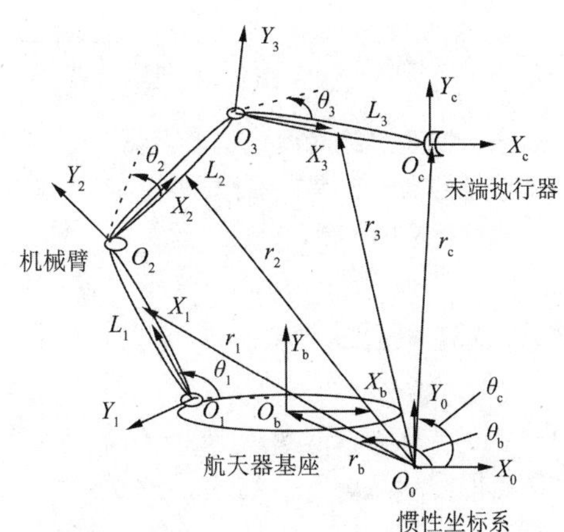

图 5.20 自由浮动平面 3 连杆空间机械臂

针对图 5.20 所示的 3 连杆空间机械臂，考虑摩擦力的影响，基座位置、姿态均不受控，其动力学

方程可以表示为

$$\boldsymbol{M}(\boldsymbol{\theta})\ddot{\boldsymbol{\theta}}+\boldsymbol{V}(\boldsymbol{\theta},\dot{\boldsymbol{\theta}})\dot{\boldsymbol{\theta}}+\boldsymbol{F}(\dot{\boldsymbol{\theta}})+\boldsymbol{G}(\boldsymbol{\theta})=\boldsymbol{\tau} \tag{5.28}$$

其中，$\boldsymbol{\theta}=\left(\theta_1\ \ \theta_2\ \ \theta_3\right)^{\mathrm{T}}$，$\dot{\boldsymbol{\theta}}$，$\ddot{\boldsymbol{\theta}}$ 分别表示连杆转角的位置、速度和加速度矢量；$\boldsymbol{M}(\boldsymbol{\theta})\in\mathbf{R}^{3\times3}$ 为对称正定的惯性矩阵；$\boldsymbol{V}(\boldsymbol{\theta},\dot{\boldsymbol{\theta}})\in\mathbf{R}^{3\times3}$ 为科氏力和离心力矩阵；$\boldsymbol{F}(\dot{\boldsymbol{\theta}})\in\mathbf{R}^{3\times1}$ 为摩擦力矢量；$\boldsymbol{G}(\boldsymbol{\theta})\in\mathbf{R}^{3\times1}$ 为重力矢量，太空中机械臂为失重状态，可以忽略重力的影响；$\boldsymbol{\tau}\in\mathbf{R}^{3\times1}$ 为连杆转矩输入矢量。

由于空间机械臂处于自由浮动状态，不受外力和外力矩的作用，因此其动量是守恒的，则连杆转角的速度矢量 $\dot{\boldsymbol{\theta}}$ 与末端速度矢量 $\dot{\boldsymbol{X}}_{\mathrm{c}}=\left(\dot{X}_{\mathrm{cx}}\ \ \dot{X}_{\mathrm{cy}}\ \ \dot{\theta}_{\mathrm{c}}\right)^{\mathrm{T}}$ 存在如下关系。

$$\dot{\boldsymbol{X}}_{\mathrm{c}}=\boldsymbol{J}\dot{\boldsymbol{\theta}} \tag{5.29}$$

式中，$\boldsymbol{J}\in\mathbf{R}^{3\times3}$ 为连杆空间到机械臂末端位置空间的广义雅可比矩阵。将式（5.29）及其二阶导数代入式（5.28），整理得

$$\boldsymbol{D}\ddot{\boldsymbol{X}}_{\mathrm{c}}+\boldsymbol{C}\dot{\boldsymbol{X}}_{\mathrm{c}}+\boldsymbol{g}=\boldsymbol{u}_r \tag{5.30}$$

式中，$\dot{\boldsymbol{X}}_{\mathrm{c}}$ 和 $\ddot{\boldsymbol{X}}_{\mathrm{c}}\in\mathbf{R}^{3\times1}$ 为机械臂末端速度、加速度矢量；$\boldsymbol{D}\in\mathbf{R}^{3\times3}$ 为系统正定惯性矩阵；$\boldsymbol{C}\in\mathbf{R}^{3\times3}$ 为包含广义离心力和科氏力的系数矩阵；$\boldsymbol{g}\in\mathbf{R}^{3\times1}$ 为摩擦力矩等未建模动态及扰动总和；$\boldsymbol{u}_r\in\mathbf{R}^{3\times1}$ 为控制输入量。

2. 基于SVM不确定非线性补偿的自适应滑模控制器设计

假设 $\boldsymbol{X}_{\mathrm{c}}^{\mathrm{d}}=\left(X_{\mathrm{cx}}^{\mathrm{d}}\ \ X_{\mathrm{cy}}^{\mathrm{d}}\ \ \theta_{\mathrm{c}}^{\mathrm{d}}\right)^{\mathrm{T}}\in\mathbf{R}^{3\times1}$ 为末端期望轨迹，$\boldsymbol{e}=\boldsymbol{X}_{\mathrm{c}}^{\mathrm{d}}-\boldsymbol{X}_{\mathrm{c}}=\left(e_1\ \ e_2\ \ e_3\right)^{\mathrm{T}}\in\mathbf{R}^{3\times1}$，其中 $e_1=X_{\mathrm{cx}}^{\mathrm{d}}-X_{\mathrm{cx}}$，$e_2=X_{\mathrm{cy}}^{\mathrm{d}}-X_{\mathrm{cy}}$ 为运动平面上的位置跟踪误差，$e_3=\theta_{\mathrm{c}}^{\mathrm{d}}-\theta_{\mathrm{c}}$ 为姿态跟踪误差；$\boldsymbol{f}=\left(f_1\ \ f_2\ \ f_3\right)^{\mathrm{T}}\in\mathbf{R}^{3\times1}$ 为系统的参数不确定非线性项。$\dot{\boldsymbol{X}}_{\mathrm{c}}$、$\boldsymbol{f}$ 经采样后得到训练样本，将样本输入 SVM 非线性补偿器进行训练，得到不确定非线性项 $\boldsymbol{f}$ 的估计 $\hat{\boldsymbol{f}}=\left(\hat{f}_1\ \ \hat{f}_2\ \ \hat{f}_3\right)^{\mathrm{T}}\in\mathbf{R}^{3\times1}$，最后将不确定非线性的估计值反馈给滑模控制器，对空间机械臂进行控制，其结构如图 5.21 所示。

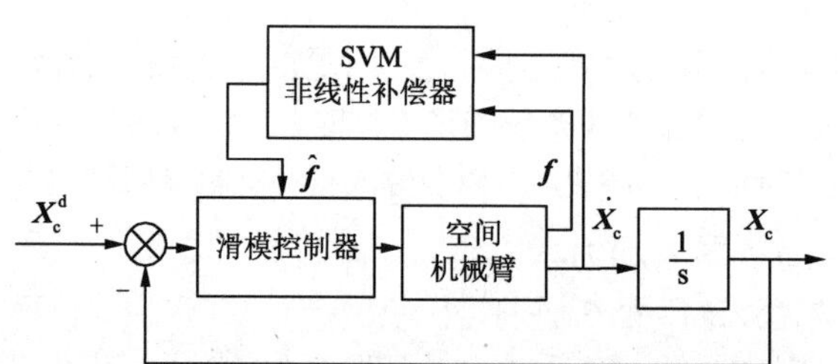

图 5.21　基于 SVM 不确定非线性补偿的自适应滑模控制器结构

采用快速终端滑模控制来实现机械臂末端的轨迹跟踪控制，即在滑动模态超平面的设计中引入非线性函数，使得在滑模面上的跟踪误差在有限时间内收敛到零。

由式（5.30）得

$$\ddot{\boldsymbol{X}}_{\mathrm{c}}=-\boldsymbol{D}^{+}(\boldsymbol{C}\dot{\boldsymbol{X}}_{\mathrm{c}}+\boldsymbol{g}-\boldsymbol{u}_r) \tag{5.31}$$

将式（5.31）整理后得

$$\ddot{\boldsymbol{X}}_{\mathrm{c}}=-\boldsymbol{f}+\boldsymbol{u}_s \tag{5.32}$$

其中，$\boldsymbol{f}=\boldsymbol{D}^{+}(\boldsymbol{C}\dot{\boldsymbol{X}}_{\mathrm{c}}+\boldsymbol{g})$，$\boldsymbol{u}_s=\boldsymbol{D}^{+}\boldsymbol{u}_r$，$\boldsymbol{D}^{+}$ 为 $\boldsymbol{D}$ 的伪逆，$\boldsymbol{u}_s$ 为控制输入。

选取控制律 $\boldsymbol{u}_s$ 为

$$\boldsymbol{u}_s=\hat{\boldsymbol{f}}+\ddot{\boldsymbol{X}}_{\mathrm{c}}^{\mathrm{d}}+\boldsymbol{\varLambda}(q/p)\boldsymbol{e}^{q/p-1}\dot{\boldsymbol{e}}+\boldsymbol{K}_v\cdot\mathrm{sgn}(\boldsymbol{s}) \tag{5.33}$$

式（5.33）中，$\hat{\boldsymbol{f}}\in\mathbf{R}^{3\times1}$ 为 SVM 对参数不确定非线性项 $\boldsymbol{f}$ 的估计；$\ddot{\boldsymbol{X}}_{\mathrm{c}}^{\mathrm{d}}\in\mathbf{R}^{3\times1}$ 为期望的末端加速

度向量；对角阵 $\boldsymbol{\Lambda}=\mathrm{diag}(\lambda_1,\lambda_2,\lambda_3)$，$\lambda_i>0(i=1,2,3)$ 为常数，$p<q$ 为正奇数；$\boldsymbol{s}=[s_1\ \ s_2\ \ s_3]^{\mathrm{T}}$ 为滑模变量，$\mathrm{sgn}(\boldsymbol{s})=[\mathrm{sng}(s_1)\ \ \mathrm{sng}(s_2)\ \ \mathrm{sng}(s_3)]^{\mathrm{T}}$ 为符号函数，K_v 为正的常数，选取滑模面

$$\boldsymbol{s}=\dot{\boldsymbol{e}}+\boldsymbol{\Lambda}\boldsymbol{e}^{q/p}=0 \tag{5.34}$$

式中，$\dot{\boldsymbol{e}}=\dot{\boldsymbol{X}}_{\mathrm{c}}^{\mathrm{d}}-\dot{\boldsymbol{X}}_{\mathrm{c}}$。假设 $\boldsymbol{f}=\hat{\boldsymbol{f}}+\Delta\boldsymbol{f}$，$\Delta\boldsymbol{f}\in\mathbf{R}^{3\times1}$ 为 SVM 对不确定非线性项的估计误差。

$\boldsymbol{F}$ 是 $\Delta\boldsymbol{f}$ 的上界函数，即 $\|\Delta\boldsymbol{f}\|\leqslant\boldsymbol{F}$，且假定 $\boldsymbol{F}\leqslant\boldsymbol{K}_v$。

对式（5.34）求导可得

$$\begin{aligned}\dot{\boldsymbol{s}}&=\ddot{\boldsymbol{e}}+\boldsymbol{\Lambda}(q/p)\boldsymbol{e}^{q/p-1}\dot{\boldsymbol{e}}\\&=\ddot{\boldsymbol{X}}_{\mathrm{c}}-\ddot{\boldsymbol{X}}_{\mathrm{c}}^{\mathrm{d}}+\boldsymbol{\Lambda}(q/p)\boldsymbol{e}^{q/p-1}\dot{\boldsymbol{e}}\\&=\boldsymbol{f}+\boldsymbol{u}_s-\ddot{\boldsymbol{X}}_{\mathrm{c}}^{\mathrm{d}}+\boldsymbol{\Lambda}(q/p)\boldsymbol{e}^{q/p-1}\dot{\boldsymbol{e}}\end{aligned} \tag{5.35}$$

将式（5.33）代入式（5.35），得

$$\dot{\boldsymbol{s}}=\Delta\boldsymbol{f}-K_v\,\mathrm{sgn}(\boldsymbol{s}) \tag{5.36}$$

令 SVM 逼近函数为

$$\hat{\boldsymbol{f}}(\boldsymbol{x},\boldsymbol{w})=\boldsymbol{w}^{\mathrm{T}}\varphi(\boldsymbol{x}) \tag{5.37}$$

式中，$\boldsymbol{x}$ 为 SVM 网络输入样本向量，$\boldsymbol{w}$ 为 SVM 网络的连接权向量，$\varphi(\boldsymbol{x})$ 为核函数。

假定：（1）SVM 网络输出 $\hat{\boldsymbol{f}}(\boldsymbol{x},\boldsymbol{w})$ 连续；（2）SVM 网络输出 $\hat{\boldsymbol{f}}(\boldsymbol{x},\boldsymbol{w})$ 逼近不确定非线性项 $\boldsymbol{f}(\boldsymbol{x})$，且存在一个非常小的正数 ε_0，使得

$$\max\left\|\boldsymbol{f}(\boldsymbol{x})-\hat{\boldsymbol{f}}(\boldsymbol{x},\boldsymbol{w})\right\|\leqslant\varepsilon_0 \tag{5.38}$$

采用基于核函数为高斯径向基函数的 SVM 网络，其连接权值 $\boldsymbol{w}$ 是可调的。选取 SVM 网络的最佳逼近函数为 $\boldsymbol{f}^*(\boldsymbol{x},\boldsymbol{w}^*)$，其中 $\boldsymbol{w}^*$ 为最佳 SVM 网络的权值，并满足如下条件

$$\left\|\boldsymbol{f}(\boldsymbol{x})-\boldsymbol{f}^*(\boldsymbol{x},\boldsymbol{w}^*)\right\|=\min\left\|\boldsymbol{f}(\boldsymbol{x})-\hat{\boldsymbol{f}}(\boldsymbol{x},\boldsymbol{w})\right\| \tag{5.39}$$

因为不确定非线性项 $\boldsymbol{f}(\boldsymbol{x})$ 有界且核函数 $\varphi(\boldsymbol{x})$ 有界，由式（5.39）可知 $\boldsymbol{w}$ 有界。令

$$\boldsymbol{f}(\boldsymbol{x})=\boldsymbol{f}^*(\boldsymbol{x},\boldsymbol{w}^*)+\boldsymbol{\zeta} \tag{5.40}$$

式中，$\boldsymbol{\zeta}=\left(\zeta_1\ \ \zeta_2\ \ \zeta_3\right)^{\mathrm{T}}$，$\|\boldsymbol{\zeta}\|\leqslant\zeta_0$，$\zeta_0\geqslant0$ 为 $\boldsymbol{\zeta}$ 的上界。则式（5.36)可以表示为

$$\begin{aligned}\dot{\boldsymbol{s}}&=\boldsymbol{f}^*(\boldsymbol{x},\boldsymbol{w}^*)-\hat{\boldsymbol{f}}(\boldsymbol{x},\hat{\boldsymbol{w}})-K_v\,\mathrm{sgn}(\boldsymbol{s})+\boldsymbol{\zeta}\\&=\boldsymbol{w}^{*\mathrm{T}}\varphi(\boldsymbol{x})-\hat{\boldsymbol{w}}^{\mathrm{T}}\varphi(\boldsymbol{x})-K_v\,\mathrm{sgn}(\boldsymbol{s})+\boldsymbol{\zeta}\\&=\tilde{\boldsymbol{w}}^{\mathrm{T}}\varphi(\boldsymbol{x})-K_v\,\mathrm{sgn}(\boldsymbol{s})+\boldsymbol{\zeta}\end{aligned} \tag{5.41}$$

式中，$\tilde{\boldsymbol{w}}=\boldsymbol{w}^*-\boldsymbol{w}$，$\tilde{\boldsymbol{w}}$ 为最佳 SVM 逼近模型和一般 SVM 逼近模型之间的误差。

定义李雅普诺夫函数为

$$V=\frac{1}{2}\boldsymbol{s}^{\mathrm{T}}\boldsymbol{s}+\frac{1}{2\gamma}\tilde{\boldsymbol{\omega}}^{\mathrm{T}}\tilde{\boldsymbol{\omega}} \tag{5.42}$$

式中，$\gamma>0$，$\tilde{\boldsymbol{w}}^{\mathrm{T}}\tilde{\boldsymbol{w}}=\mathrm{tr}(\tilde{\boldsymbol{w}}\tilde{\boldsymbol{w}}^{\mathrm{T}})$，$\mathrm{tr}(\cdot)$ 表示矩阵的迹。

将式（5.42）两边求导，得

$$\begin{aligned}\dot{V}&=\boldsymbol{s}^{\mathrm{T}}\dot{\boldsymbol{s}}+\frac{1}{\gamma}\tilde{\boldsymbol{w}}^{\mathrm{T}}\dot{\tilde{\boldsymbol{w}}}\\&=\boldsymbol{s}^{\mathrm{T}}(\tilde{\boldsymbol{w}}^{\mathrm{T}}\varphi(\boldsymbol{x})-K_v\,\mathrm{sgn}(\boldsymbol{s})+\boldsymbol{\zeta})+\frac{1}{\gamma}\tilde{\boldsymbol{w}}^{\mathrm{T}}\dot{\tilde{\boldsymbol{w}}}\\&=\boldsymbol{s}^{\mathrm{T}}\tilde{\boldsymbol{w}}^{\mathrm{T}}\varphi(\boldsymbol{x})-\boldsymbol{s}^{\mathrm{T}}K_v\,\mathrm{sgn}(\boldsymbol{s})+\boldsymbol{s}^{\mathrm{T}}\boldsymbol{\zeta}+\frac{1}{\gamma}\tilde{\boldsymbol{w}}^{\mathrm{T}}\dot{\tilde{\boldsymbol{w}}}\\&=\boldsymbol{s}^{\mathrm{T}}(\boldsymbol{\zeta}-K_v\,\mathrm{sgn}(\boldsymbol{s}))+\mathrm{tr}(\frac{1}{\gamma}\dot{\tilde{\boldsymbol{w}}}\tilde{\boldsymbol{w}}^{\mathrm{T}}+\varphi(\boldsymbol{x})\boldsymbol{s}^{\mathrm{T}}\tilde{\boldsymbol{w}}^{\mathrm{T}})\end{aligned}$$

$$= \boldsymbol{s}^{\mathrm{T}}(\boldsymbol{\zeta} - K_v \operatorname{sgn}(\boldsymbol{s})) + \frac{1}{\gamma}\operatorname{tr}(\dot{\tilde{\boldsymbol{w}}}\tilde{\boldsymbol{w}}^{\mathrm{T}} + \gamma\varphi(\boldsymbol{x})\boldsymbol{s}^{\mathrm{T}}\tilde{\boldsymbol{w}}^{\mathrm{T}}) \quad (5.43)$$

选取参数自适应律

$$\dot{\tilde{\boldsymbol{w}}} = -\gamma\varphi(\boldsymbol{x})\boldsymbol{s}^{\mathrm{T}} \quad (5.44)$$

可得

$$\dot{V} = \boldsymbol{s}^{\mathrm{T}}(\boldsymbol{\zeta} - K_v \operatorname{sgn}(\boldsymbol{s})) \quad (5.45)$$

由式（5.45）可知，只要取$K_v \geqslant \zeta_0$，就可以使$\dot{V} \leqslant 0$。因为$\|\boldsymbol{\zeta}\| \leqslant \zeta_0$，所以当取$K_v \geqslant \zeta_0$，有

$$\begin{aligned}\dot{V} &= \boldsymbol{s}^{\mathrm{T}}(\boldsymbol{\zeta} - K_v \operatorname{sgn}(\boldsymbol{s})) \\ &= \sum_{i=1}^{3} s_i\zeta_i - K_v\sum_{i=1}^{3}|s_i| \\ &\leqslant \zeta_0\sum_{i=1}^{3} s_i - K_v\sum_{i=1}^{3}|s_i| \leqslant 0\end{aligned} \quad (5.46)$$

由式（5.46）可知，上述算法保证了 SVM 网络权值 $\tilde{\boldsymbol{w}} = \boldsymbol{w}^* - \hat{\boldsymbol{w}}$ 的有界性和系统的稳定性。

3. 仿真算例及分析

以自由浮动 3 连杆空间机械臂为仿真模型，验证上述控制方法的有效性。系统仿真参数如下：航天器基座质量、半径和转动惯量分别为 $m_{\mathrm{b}} = 2000\mathrm{kg}$，$l_{\mathrm{b}} = 2\mathrm{m}$，$I_{\mathrm{b}} = 1000\mathrm{kg}\cdot\mathrm{m}^2$；各连杆的质量、转动惯量和长度分别为 $m_1 = 4\mathrm{kg}$，$l_1 = 2.2\mathrm{m}$，$I_1 = 2\mathrm{kg}\cdot\mathrm{m}^2$，$m_2 = 4\mathrm{kg}$，$l_2 = 2.2\mathrm{m}$，$I_2 = 2\mathrm{kg}\cdot\mathrm{m}^2$，$m_3 = 4\mathrm{kg}$，$l_3 = 2.2\mathrm{m}$，$I_3 = 2\mathrm{kg}\cdot\mathrm{m}^2$；航天器基座的初始位姿为 $(2\mathrm{m}, 0\mathrm{m}, 0\mathrm{rad})$；机械臂连杆转角初始值为 $\theta_1 = \pi/6$，$\theta_2 = \pi/3$，$\theta_3 = \pi/2$；机械臂末端的初始位姿为 $(2\mathrm{m}, 2\mathrm{m}, 0\mathrm{rad})$。设定机械臂末端期望轨迹为一个圆：

$$\begin{cases} X_{\mathrm{cx}}^{\mathrm{d}}(t) = 2 + 0.1\cos(2t)(\mathrm{m}) \\ X_{\mathrm{cy}}^{\mathrm{d}}(t) = 2 + 0.1\sin(2t)(\mathrm{m}) \\ \theta_{\mathrm{c}}^{\mathrm{d}}(t) = 0.1\cos(2t)(\mathrm{rad}) \end{cases}$$

采集 1000 对不确定非线性项的输入、输出数据，作为 SVM 的训练样本和测试样本，其中 700 对数据用来训练，300 对数据用来测试。选择 ε-SVR 类型的 SVM，核函数类型为 RBF 函数，惩罚因子为 2.2，核参数为 0.1，松弛变量因子为 0.01。选取 $\boldsymbol{\varLambda} = 3\boldsymbol{E}_3$，$p = 5$，$q = 3$。其中，$\boldsymbol{E}_3$ 为单位矩阵，仿真时间为 5s。仿真实验结果如图 5.22 和图 5.23 所示。从仿真实验结果可以看出，经样本训练的 SVM 可以很好地逼近实际模型，取得了较好的末端轨迹跟踪动态性能。

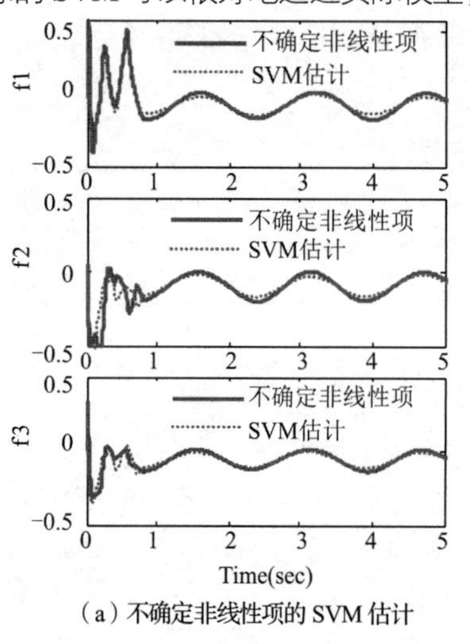

（a）不确定非线性项的 SVM 估计

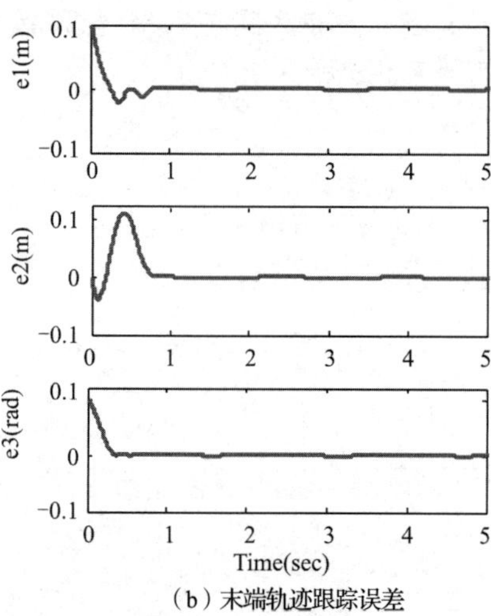

（b）末端轨迹跟踪误差

图 5.22　不确定非线性项的 SVM 估计与末端轨迹跟踪误差

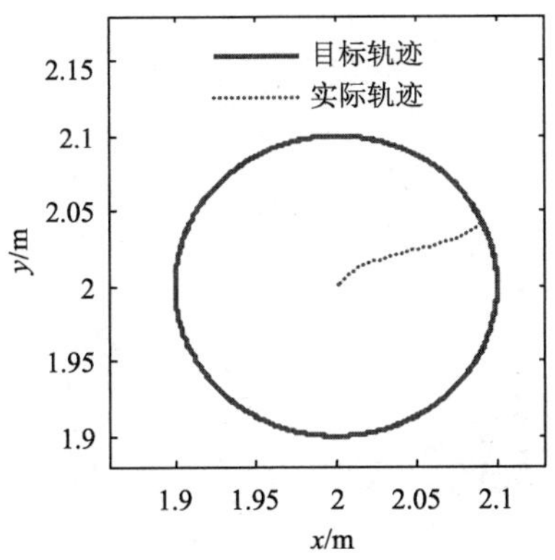

图 5. 23　末端轨迹跟踪曲线

5.6　本章小结

人工神经网络由于其独特的模拟生物神经元结构和固有的非线性逼近能力，以及高度的自适应和容错性等特点，在控制系统中获得了广泛的应用。在各类控制器结构的基础上，引入神经网络的非线性自适应学习机制，可使控制器具有更好的性能。本章介绍了神经网络自校正控制器和神经 PID 控制器的设计方法，通过对非线性系统的 Simulink 仿真分析，结果表明神经网络可以逼近任意的非线性函数，改善控制效果。

习　　题

5.1　神经网络控制有哪几种结构，各有什么特点？

5.2　假设被控对象为一个 2 阶非线性系统：

$$G(s)=\frac{20}{8s^2+4s+1}\mathrm{e}^{-0.2s}$$

采用 RBF 神经网络控制该系统，并与 BP 神经网络控制进行比较。

5.3　在图 5.3（a）所示的神经网络直接参考模型自适应控制结构中，假设被控对象的非线性模型为 $y(k)=0.6\sin(y(k-1))+u(k-1)$ 参考模型为 $y_{\mathrm{m}}(k)=0.5y_{\mathrm{m}}(k-1)+r(k)$，其中 $r(k)=\sin(2\pi k)$，设计神经网络控制器对被控对象进行跟踪控制。

5.4　采用 RBF 神经网络实现神经网络 PID 控制，画出神经网络 PID 控制响应曲线，并进行分析。

06 计算智能

计算智能是模拟人的智能机制、生命的演化过程和人的智能行为而进行信息获取、处理、利用的理论和方法，本章介绍遗传算法、粒子群优化算法、量子进化算法和蜂群优化算法这 4 种计算智能算法的基本概念和基本原理。通过本章的学习，读者可以掌握遗传算法、粒子群优化算法、量子进化算法和蜂群优化算法的基本操作和实现方法，并将这 4 种计算智能算法应用于 PID 控制参数的自调整，神经网络权值的调整，模糊控制器中量化因子、比例因子和模糊控制规则的优化以及无人机的任务规划。

6.1 遗传算法

6.1.1 遗传算法的基本原理

遗传算法（Genetic Algorithm，GA）起源于对生物系统所进行的计算机模拟研究，是模拟生物的遗传和长期进化过程发展起来的一种搜索和优化算法。它模拟生物界“生存竞争、优胜劣汰、适者生存”的机理，用逐次迭代法搜索寻优。遗传算法是 20 世纪 60 年代由美国密歇根大学的霍兰教授首先提出的。1975 年，霍兰教授出版了第一本系统论述遗传算法和人工智能自适应系统的专著《自然系统和人工智能的自适应性》（*Adaptation in Natural and Artificial Systems*），标志着遗传算法的诞生。1980 年，霍兰教授实现了第一个基于遗传算法的机器学习系统——分类系统（Classifier System，CS），提出了基于遗传算法的机器学习新概念。1985 年，第一届国际遗传算法学术会议召开。近年来，遗传算法已成为人工智能和信息处理技术研究的一个重要算法，在很多领域得到了应用。例如，其在自动化领域中的应用有非线性、多模型、多目标的函数优化、参数辨识、人工神经网络结构优化、模糊控制规则学习以及机器人最优路径规划等。

基本遗传算法（Simple Genetic Algorithm，SGA）是一种群体型操作，该操作以群体中的所有个体为对象，通过选择算子、交叉算子和变异算子这 3 种基本遗传算子，对生物遗传和进化过程中选择、交叉、变异机理进行模拟，完成对问题最优解的自适应搜索过程。

基本遗传算法的操作如下。

（1）染色体编码

基本遗传算法使用固定长度的二进制字符串来表示群体中的个体，其等位基因是由二进制符号集{0,1}所组成的。初始群体中各个个体的基因值可采用均匀分布的随机数来生成，如

$$x = 1001011$$

它表示一个个体，其基因位的长度 $n = 7$。

（2）个体适应度评价

基本遗传算法按与个体适应度成正比的概率来判断当前群体中每个个体遗传到下一代群体中的可能性。个体适应度大则概率大，那么遗传到下一代的群体的可能性就大。

（3）遗传运算

基本遗传算法采用 3 种遗传运算：比例选择运算、单点交叉运算和基本位变异运算。

（4）运行参数设定

基本遗传算法有下述 5 个运行参数需要提前设定。

① 编码串长度l。使用二进制编码表示个体时，编码串长度l的选取与问题所要求的求解精度有关；使用浮点数编码表示个体时，编码串长度l在数值上与决策变量的个数n相等。

② 群体大小M，即群体中所含个体的数量。当M取值较小时，可提高遗传算法的运算速度，但降低了群体的多样性，有可能会引起遗传算法的早熟现象；当M取值较大时，又会使得遗传算法的运行效率降低。一般M取值范围为 20～100。

③ 终止进化代数T。终止进化代数T是表示遗传算法运行结束条件的一个参数，它表示遗传算法运行到指定的进化代数值后就停止运行，并将当前群体中的最佳个体作为所求问题的最优解输出。一般T取值范围为 100～500。

④ 交叉概率P_c。交叉运算是遗传算法中产生新个体的主要方法，所以交叉概率一般应取较大值。但若取值过大，会破坏群体中的优良模式，对进化运算反而产生不利影响；若取值过小，产生新个体的速度又较慢。一般P_c取值范围为 0.4～0.99。

⑤ 变异概率P_m。若变异概率P_m取值较大，虽然能够产生较多的新个体，但也有可能破坏很多较好的模式，使得遗传算法的性能近似于随机搜索算法的性能；若变异概率P_m取值太小，则变异运算产生新个体的能力和抑制早熟现象的能力就会变差。P_m一般取值范围为 0.0001～0.01。

下面将使用基本遗传算法求解一个简单函数优化问题来阐述遗传算法的操作过程。

求$\max f(x)=x^2$，$x\in[0,31]$。

由简单代数运算可得$x=31$。

采用遗传算法求上述函数优化问题的步骤如下。

① 编码：遗传算法用字符串表达所研究的问题，即编码，在遗传学中对应于染色体。每个字符串称为个体。每一个遗传代次中个体的组合称为组成群体。字符串用二进制码“0”或“1”组成。如$x=31$，用 5 位二进制数表示最大值，则有

$$11111 \Rightarrow 2^5-1=31$$

变量x的变化范围为

$$\left.\begin{array}{l} 00000 \Rightarrow 0 \\ 00001 \Rightarrow 1 \\ \quad\vdots \\ 11111 \Rightarrow 31 \end{array}\right\} x$$

② 形成初始群体：随机产生一组任意排列的字符，它构成遗传算法的第 0 代，如表 6.1 所示。

表 6.1　初始群体及对应的适应度（第 0 代）

个体编号	初始群体	x_i	适应度 $f(x_i)$	$\dfrac{f(x_i)}{\sum f(x_i)}$	$\dfrac{f(x_i)}{\overline{f}}$
1	01101	13	169	0.14	0.58
2	11000	24	576	0.49	1.97
3	01000	8	64	0.06	0.22
4	10011	19	361	0.31	1.23

因此可以计算出适应度总的累加值 $\sum_{i=1}^{4} f(x_i)=1170$，平均适应度值 $\overline{f}\approx 293$，最大适应度值 $f_{\max}=576$，最小适应度值 $f_{\min}=64$。

③ 计算适应度：衡量染色体好坏的指标。它是基本遗传算法的目标函数，是优胜劣汰的依据。

④ 复制：自然选择，适者生存，从旧群体中选择优良个体进行复制，进入下一代群体。它的依据是适应度值大的个体被复制，适应度值小的个体被删除，然后死亡。

根据这个原则，产生的新一代群体为 01101、11000、11000、10011。

⑤ 交叉：通过复制产生的新群体，其总体性能得到改善，然而不能产生新的个体。为了产生新的个体，对染色体的某些部分进行交叉换位。被交换的母体都选自经过复制后产生的新一代个体（优胜者）。

利用随机配对方法，对如下的父代 1 和父代 2 在后两位进行交叉操作，得到

父代 1：11000　　⇒　　子代 1：11011

父代 2：10011　　　　　子代 2：10000

经过遗传算法的复制与交叉形成第 1 代群体，如表 6.2 所示。

表 6.2　复制和交叉后的群体（第 1 代）

编号	复制初始群体	x_i	复制后适应度 $f(x_i)$	交叉对象	交叉位置	交叉后群体	交叉后适应度 $f(x_i)$
1	01101	13	169	2	3	01100	144
2	11000	24	576	1	3	11001	625
3	11000	24	576	4	2	11011	729
4	10011	19	361	3	2	10000	256

比较复制后的适应度和交叉后的适应度，其变化如表 6.3 所示。

表 6.3　适应度的变化

适应度	复制后	交叉后
$\sum f(x_i)$	1682	1754
$\overline{f}$	421	439
$f_{\max}$	576	729
$f_{\min}$	169	144

从计算结果可知，复制和交叉后的群体朝优良方向发展。这个例子说明了遗传算法利用复制和交叉运算可以产生更高平均适应度值和更好个体的群体。

⑥ 变异：将个体字符串某位符号进行取反运算，即“1”变为“0”或“0”变为“1”。如下列字符串在第 3 位发生变异

$$10\mathit{0}00 \Rightarrow 10\mathit{1}00$$

通过变异运算产生新的个体，以增加群体的多样性。

⑦ 终止：反复执行步骤③～⑥，直到得到满意结果为止。

上面描述了遗传算法从第 0 代群体产生第 1 代群体的过程，然后遗传算法迭代地执行这个过程，直到满足某个停止准则。在进行遗传操作过程中，要注意以下几点。

① 选择：适应度高的个体被选中的概率大。

② 交叉：在生物的自然进化过程中，两个同源染色体通过交配而重组，形成新的染色体，从而产生新的个体甚至新的物种。

③ 变异：在生物的自然进化过程中，细胞分裂、复制环节有可能会因为某些偶然因素的影响而产生一些复制差错，导致生物的某些基因发生某种变异而产生新的染色体，表现出新的生物性状。图 6.1 所示为基本遗传算法求解问题流程图。

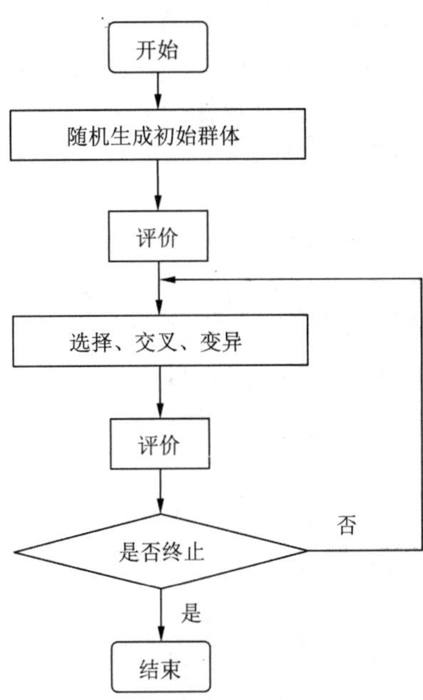

图 6.1　基本遗传算法求解问题流程图

6.1.2　遗传算法的实现过程

（1）编码

一般采用二进制字符编码，其编码和解码过程如下。

编码

x（十进制数）　⇄　y（二进制数）

解码

十进制数 x 与二进制数 y 有以下关系。

$$x = x_{\min} + \frac{x_{\max} - x_{\min}}{2^L - 1}\mathrm{DEC}(y) \tag{6.1}$$

式中，$x_{\min}$ 和 $x_{\max}$ 为最小与最大的十进制数，$x \in [x_{\min}, x_{\max}]$；$y$ 为对应于 x 的二进制数；DEC 表示将二进制数转换为十进制数；L 为二进制数码的位数。

在上述转换关系下，二进制表示法的精度为

$$\delta = \frac{x_{\max} - x_{\min}}{2^L - 1} \tag{6.2}$$

（2）产生初始群体 M

M 越大，搜索的范围越广，但每代的遗传操作时间越长；M 越小，搜索的范围越小，但每代的遗传操作时间越短。通常，M 取值范围为 20 ~ 100。初始群体中的每个个体通过随机方法产生，其长度为 L 个二进制字符。

（3）计算适应度

在遗传算法中，以个体适应度的大小来确定该个体被遗传到下一代的概率。基本遗传算法采用比例选择算子来确定群体中各个个体遗传到下一代群体中的数量。因此，为了比较每个个体的遗传概率，要求个体的适应度必须为正数或零，不能为负数。

最优化问题可分为两大类：一类为求目标函数的全局最大值；另一类为求目标函数的全局最小值。当最优化问题为求目标函数全局最大值问题时，$f(x)\geqslant 0$，个体的适应度 $F(x)=f(x)$。为了满足适应度非负值的要求，基本遗传算法采用下面两种方法之一将目标函数 $f(x)$ 转换为个体的适应度函数 $F(x)$。

方法一：对于求目标函数全局最大值的最优化问题，做如下转换。

$$F(x)=\begin{cases} f(x)+C_{\min}, & f(x)+C_{\min}>0 \\ 0, & f(x)+C_{\min}\leqslant 0 \end{cases} \tag{6.3}$$

其中，$C_{\min}$ 为预先给定的足够小的常数，$F(x)$ 为变换后的适应度。

方法二：对于求目标函数全局最小值的最优化问题，函数做如下转换。

$$F(x)=\begin{cases} C_{\max}-f(x), & f(x)<C_{\max} \\ 0, & f(x)\geqslant C_{\max} \end{cases} \tag{6.4}$$

其中，$C_{\max}$ 为预先给定的足够大的常数。

（4）复制

在遗传算法中通过复制将优良个体插入下一代新群体，体现“优胜劣汰”的原则。选择优良个体的方法通常采用霍兰教授推荐的轮盘法，其基本思想如下。

个体被选中的概率取决于个体的相对适应度。

$$P_i=\frac{f_i}{\sum f_i} \tag{6.5}$$

其中，P_i 为个体 i 被选中的概率，f_i 为个体 i 的适应度，$\sum f_i$ 为群体的累加适应度。

显然，个体的适应度越高，被选中的概率越大。但是适应度小的个体也有可能被选中，以便增加下一代群体的多样性。

复制操作有如下两种方法。

① 轮盘法（改进型）。

被选中的概率：

$$P_i=\frac{f_{\max}-f_i}{\sum f_i} \tag{6.6}$$

其中 $f_{\max}$ 为个体适应度的最大值。

② 择优选择法。

根据个体的相对适应度 $\frac{f_i}{\sum f_i}$，反复地从群体中选择 M 个个体组成下一代群体，f_i 越大，被选中的概率越大，其过程如下。

a．计算 f_i 和 $S_n=\sum f_i$。

b．计算 $P_i=f_i/S_n$。

c．计算累积概率 $Q_i=\sum_{j=1}^{i}P_j$。

d．产生一个 $[0,1]$ 的随机数 r。

e．将r与Q_i比较，若$Q_{i-1} \leqslant r \leqslant Q_i$，则选个体$i$进入下一代新群体。

反复执行步骤 d 与 e，直至新群体规模等于父代群体规模。

（5）单点交叉

在遗传算法中，交叉是产生新个体的主要手段，通过对不同个体的基因进行互相交换产生新个体。

单点交叉的具体执行过程如下。

a．对群体中的个体进行两两配对，当群体数为M时，共有$\lfloor M/2 \rfloor$对相互配对的个体组。（$\lfloor x \rfloor$是不大于x的最大整数。）

b．对于每一对相互配对的个体，随机设置某一基因座之后的位置为交叉点。若染色体的长度为L，则共有$(L-1)$个可能的交叉点。

c．对于每一对相互配对的个体，依设定的交叉概率P_c在其交叉点处相互交换两个个体的部分染色体，从而产生两个新的个体。

单点交叉运算的过程如下。

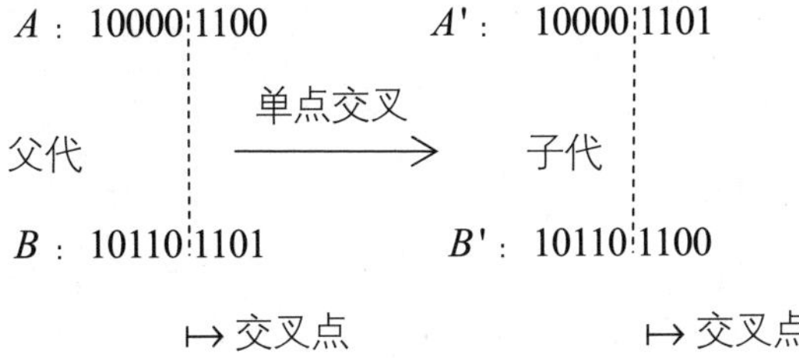

（6）基本位变异

基本位变异是最简单和最基本的变异运算之一。在基本遗传算法中采用二进制字符串来表示个体，若需要进行变异运算的某一基因座上的原有基因值为 0，则变异运算将该基因值变为 1；若原有基因值为 1，则变异运算将其变为 0。

基本位变异的具体执行过程如下。

① 对于个体的每一个基因座，依变异概率P_m指定其为变异点。

② 对于每一个指定的变异点，对其基因值进行取反运算或用其他等位基因值来代替，从而产生一个新的个体。

③ 变异位的确定。如设P_m=0.01，针对每个个体的每个字符产生一个[0,1]上具有 3 位有效数字的均匀随机数r，则随机数小于 0.01 的对应字符产生变异。基本位变异运算的过程如下。

A：1010**1**11　　　　A'：1010**0**11

↘ 变异点 ↙

（7）终止

遗传算法是一个反复迭代的过程，通过适应度计算、复制、交叉、变异等操作，直到终止。判别遗传算法终止有如下 3 种方法。

方法一：规定最大迭代次数N，N一般取值范围为 200～500，有时最后一代的结果不一定含有最优个体。

方法二：规定最小的误差δ，使得

$$\left| f_{\max} - f^* \right| \leqslant \delta \qquad (6.7)$$

其中，$f_{\max}$为每代最大适应度，f^*为已知的适应度目标。

方法三：观察适应度的变化趋势。在遗传算法初期，最优个体的适应度以及群体的平均适应度都较小，随着遗传算法操作增多，适应度增大。在遗传算法后期，适应度变化渐渐趋于缓和或停止。

6.1.3 遗传算法的实现方法

1. 编码

（1）二进制编码方法

二进制编码方法是遗传算法中常用的一种编码方法。该方法采用 0 和 1 构成二进制字符串。二进制字符串的长度与问题所要求的精度有关。

假设某一参数的取值范围是$[x_{\min}, x_{\max}]$，采用长度为 L 的二进制字符串来表示该参数，则它能够产生 2^L 种不同的编码，若是参数编码，对应关系如下。

$$\begin{array}{ll} 0000\cdots0000=0 & \to x_{\min} \\ 0000\cdots0001=1 & \to x_{\min}+\delta \\ \vdots & \vdots \\ 1111\cdots1111=2^L-1 & \to x_{\max} \end{array} \tag{6.8}$$

则二进制表示法的精度为

$$\delta = \frac{x_{\max}-x_{\min}}{2^L-1} \tag{6.9}$$

假设某一个体 x 的编码为

$$x: b_L b_{L-1} \cdots b_2 b_1$$

其解码公式为

$$x = x_{\min} + \frac{x_{\max}-x_{\min}}{2^L-1}\left(\sum_{i=1}^{L} b_i \times 2^{i-1}\right) \tag{6.10}$$

例如，对于$x \in [0,1023]$，若用 10 位的二进制编码来表示该参数，则字符串

$$x: 0010101111$$

就可以表示一个个体，它所对应的参数值$x = 175$。此时的编码精度δ =1。

二进制编码方法的优点：①编码、解码操作简单易行；②交叉、变异等操作便于实现；③符合最小字符集编码原则。

（2）浮点数编码方法

所谓浮点数编码，是指个体的每个基因值用某一范围内的一个浮点数表示，个体的编码长度在数值上等于决策变量的个数。

例如，某一优化问题含有 5 个变量$x_i(i=1,2,\cdots,5)$，每个变量$x_i \in [x_{\min}, x_{\max}]$。则浮点数编码如表 6.4 所示。

表 6.4 浮点数编码

x_1	x_2	x_3	x_4	x_5
1.80	6.70	3.60	2.80	9.00

可用$x = [1.80\ \ 6.70\ \ 3.60\ \ 2.80\ \ 9.00]^{\mathrm{T}}$表示这一个个体的基因型。

浮点数编码方法适合精度要求较高的遗传算法，便于加大空间的遗传搜索，改善遗传算法的计算复杂性，提高运算效率。

2. 适应度函数

在遗传算法中，采用适应度来度量群体中各个个体在优化计算中可能达到或接近找到最优解的程度，适应度较高的个体遗传到下一代群体的概率较大。度量个体适应度的函数被称为适应度函数（Fitness Function）。在遗传算法的操作过程中，必须保持群体内位串的多样性和位串之间的竞争机制，同时还需要对适应度进行适当的调整。

在遗传算法初期，各个个体的形态明显不同，其适应度差别很大，个别优良个体的适应度有可能远远高于其他个体的，从而增加了被复制的次数，并在下一代群体中占有较高的比例。个别适应度很低的个体，尽管本身含有部分有益的基因，也会过早被舍弃。这样会降低群体的多样性，导致遗传算法早熟，过早地收敛于局部最优解。为了避免这种现象，达到保持群体多样性的目的，通常在遗传算法初期，对一些适应度较高的个体进行控制，降低其适应度与其他个体适应度之间的差异程度，从而限制其复制次数。

在遗传算法后期，群体中所有个体的平均适应度可能会接近群体中最佳个体的适应度。各个个体的适应度差别不大，从而使得进化过程失去竞争性，影响遗传算法运行的效率。为了避免这种现象，通常在遗传算法后期，适当放大个体的适应度，突出个体之间的差别，提高个体之间的竞争性。

这种对个体适应度进行放大或缩小的变换称为适应度的缩放。目前常用的个体适应度尺度变换方法主要有 3 种：线性尺度变换、乘幂尺度变换和直属尺度变换。

3. 复制和选择

在遗传算法的搜索过程中，对生存环境适应度较高的个体将有更多的机会遗传到下一代群体，而对生存环境适应度较低的个体遗传到下一代的机会就相对较少。为了模拟这个过程，遗传算法利用选择算子或者复制算子对群体中的个体进行优胜劣汰操作，适应度较高的个体被遗传到下一代群体中的概率较大，适应度较低的个体被遗传到下一代群体的概率较小。遗传算法中的选择操作就是用来确定如何从父代群体中按某种方法选取哪些个体遗传到下一代群体中的一种遗传运算。下面介绍几种常用选择算子的操作方法。

（1）比例选择法

设群体大小为 M，个体 i 的适应度为 f_i，则个体 i 被选中的概率为

$$P_i = \frac{f_i}{\sum_{i=1}^{M} f_i}, \quad i = 1, 2, \cdots, M \tag{6.11}$$

由式（6.11）可见，在比例选择法中，适应度越高的个体被选中的概率越大，适应度越低的个体被选中的概率越小。

（2）随机联赛选择法

该方法通过相互竞争，使优胜者成为下一代群体中的个体。在每一代群体中，每次都随机选择 K 个个体构成一个小群体，然后从这 K 个个体中确定性地选取适应度最大的个体进行复制，进入下一代群体。

被复制后的个体仍返回父代群体中，并参加下一次 K 个个体的随机选择。这种随机选择重复 M 次，产生 M 个下一代个体。这里 K 为联赛规模，一般 K=2。

随机联赛选择法的基本操作过程如下：

① 从第 t 代个体中随机选择 K 个个体；

② 比较 K 个个体的适应度，复制适应度最大者进入第(t+1)代，被复制的个体仍保留在第 t 代；

③ 重复执行上面两步 M 次，得到第(t+1)代群体的 M 个个体。

4. 交叉运算

所谓交叉运算，是指对两个相互配对的染色体按某种方式相互交换其部分基因，从而形成两个新的个体。交叉运算的操作过程是先对群体中的个体进行配对，其配对策略是随机配对，即将群体中的 M 个个体以随机的方式组成 $\lfloor M/2 \rfloor$ 对配对个体组。交叉运算是在这些配对个体组中的两个个体之间进行的。

下面介绍几种常用的二进制编码个体和浮点数编码个体的交叉运算。

（1）单点交叉

单点交叉是指在个体编码串中只随机设置一个交叉点，然后在该点相互交换两个配对个体的部分基因。

（2）双点交叉

双点交叉是指在个体编码串中随机设置两个交叉点，然后进行部分基因交换，其操作过程如下。

A：xx ¦ xxxxx ¦ xx　　双点交叉 ⇒　　A'：xx ¦ yyyyy ¦ xx

B：yy ¦ yyyyy ¦ yy　　　　　　　　　B'：yy ¦ xxxxx ¦ yy

↑ 交叉点 1　↑ 交叉点 2

（3）均匀交叉

均匀交叉是指两个配对个体的每一个基因座上的基因都以相同的交叉概率进行交换，从而形成两个新的个体。其具体运算可通过设置一屏蔽字来确定新个体的各个基因由哪一个父代来提供。均匀交叉的主要操作过程如下。

① 随机产生一个与个体编码串等长的屏蔽字 $W = w_1 w_2 \cdots w_i \cdots w_L$，其中 L 为个体编码串的长度。

② 根据下述规则从 A、B 两个父代个体中产生两个新的子代个体 A'、B'。

若 $w_i = 0$，则 A' 在第 i 个基因座上的基因值继承 A 的对应基因值，B' 在第 i 个基因座上的基因值继承 B 的对应基因值。

若 $w_i =1$，则 A' 在第 i 个基因座上的基因值继承 B 的对应基因值，B' 在第 i 个基因座上的基因值继承 A 的对应基因值。

均匀交叉的具体操作过程如下。

A：xxxxxxxxxx　　均匀交叉 →　　A'：xyxyxyxyxy

B：yyyyyyyyyy　　$W = 0101010101$　　B'：yxyxyxyxyx

（4）算术交叉

算术交叉是指由两个个体的线性组合而产生两个新的个体。为了能够进行线性组合运算，算术交叉的操作对象一般为由浮点数编码所表示的个体。

设在两个个体 x_A^t 和 x_B^t 之间进行算术交叉，则交叉后的新个体是

$$\begin{aligned} x_A^{t+1} &= \alpha x_B^t + (1-\alpha) x_A^t \\ x_B^{t+1} &= \alpha x_A^t + (1-\alpha) x_B^t \end{aligned} \tag{6.12}$$

式中，t 为代数，α 为一参数。如果 α 为一个常数，此时所进行的交叉运算称为均匀算术交叉；如果 α 是一个由代数所决定的变量，此时所进行的交叉运算称为非均匀算术交叉。

5. 变异运算

遗传算法中的变异运算可以提高遗传算法的局部搜索能力，维持群体的多样性，防止早熟现象发生。通常变异运算是指将个体染色体编码串中的某些基因座上的基因值用该基因座上的其他等位基因值来替换，从而形成一个新的个体。例如，对于二进制编码的个体，其编码字符集为 $\{0,1\}$，

变异运算就是将个体在变异点上的基因值取反，即用 0 替换 1，或用 1 替换 0；对于浮点数编码的个体，若某一变异点处基因值的取值范围为 $[x_{\min}^k, x_{\max}^k]$，变异运算就是用该范围内的一个随机数去替换原基因值。

下面介绍其中较常用的几种变异运算方法。

（1）基本位变异

它是指对个体编码串中随机指定的某一位或某几位基因座上的基因值以变异概率 P_{m} 做变异运算。基本位变异运算改变的只是个体编码串中的几个基因座上的基因值，并且变异发生的概率 P_{m} 也很小，遗传操作效果不明显。

（2）均匀变异

均匀变异的具体操作过程如下。

① 依次指定个体编码串中的每个基因座为变异点。

② 对于每个变异点，以变异概率 P_{m} 从对应基因的取值范围内取一随机数代替原有基因值。

假设有一个个体为 $X = x_1 x_2 \cdots x_k \cdots x_L$，若 x_k 为变异点，取值范围为 $[x_{\min}^k, x_{\max}^k]$，在该点上对个体 X 进行均匀变异运算后，可得到一个新的个体：

$$X' = x_1 x_2 \cdots x_k' \cdots x_L$$

其中变异点的新基因值为

$$x_k' = x_{\min}^k + r(x_{\max}^k - x_{\min}^k) \tag{6.13}$$

式中，$r \in [0,1]$，为符合均匀概率分布的一个随机数。

均匀变异方法用于遗传算法的初期运行，使得搜索点可在整个搜索空间内自由移动，从而增加群体的多样性。

（3）边界变异

设在进行由 $X = x_1 x_2 \cdots x_k \cdots x_L$ 向 $X' = x_1 x_2 \cdots x_k' \cdots x_L$ 的边界变异运算时，若变异点 x_k 处的基因值取值范围为 $[x_{\min}^k, x_{\max}^k]$，则新的基因值 x_k' 由式（6.14）确定。

$$x_k' = \begin{cases} x_{\min}^k, & \mathrm{random}(0,1) = 0 \\ x_{\max}^k, & \mathrm{random}(0,1) = 1 \end{cases} \tag{6.14}$$

式中，random(0,1) 表示以均等的概率从 0 和 1 中任取其一。

（4）非均匀变异

设在进行由 $X = x_1 x_2 \cdots x_k \cdots x_L$ 向 $X' = x_1 x_2 \cdots x_k' \cdots x_L$ 的非均匀变异运算时，若变异点 x_k 处的基因值取值范围为 $[x_{\min}^k, x_{\max}^k]$，则新的基因值 x_k' 由式（6.15）确定。

$$x_k' = \begin{cases} x_k + \Delta(t, x_{\max}^k - x_k), & \mathrm{random}(0,1) = 0 \\ x_k - \Delta(t, x_k - x_{\min}^k), & \mathrm{random}(0,1) = 1 \end{cases} \tag{6.15}$$

式中，$\Delta(t, y) \in [0, y]$ 为符合非均匀分布的一个随机数，y 表示 $x_{\max}^k - x_k$ 或 $x_k - x_{\min}^k$。要求随着进化代数 t 的增加，$\Delta(t, y)$ 接近 0 的概率也逐渐增加。一般 $\Delta(t, y)$ 可按式（6.16）定义。

$$\Delta(t, y) = y \cdot (1 - r^{(1-t/T)b}) \tag{6.16}$$

式中，$r \in [0,1]$，为符合均匀概率分布的一个随机数；T 为最大进化代数；b 为系统参数，决定了随机扰动对进化代数 t 的依赖程度。

非均匀变异的特点：可以使得遗传算法在其初期运行阶段（t 较小时）进行均匀随机搜索，而在其后期运行阶段（t 较接近 T 时）进行局部搜索，所以它产生的新的基因值比均匀变异所产生的基因值更接近原有的基因值。

下面通过具体的例子介绍遗传算法的实际操作过程。

【例 6.1】 假设目标函数为

$$f(x) = x + 10\sin(5x) + 7\cos(4x),\ x \in [0,9] \tag{6.17}$$

采用遗传算法求 $\max f(x)$。

解：

采用浮点数编码，种群的个体数为 10，遗传操作为算术交叉和非均匀变异。图 6.2 所示为遗传算法迭代寻优结果，其中初始种群个体分布用“+”表示，第 1 次迭代后的个体分布用“o”表示，第 25 次迭代后的个体分布用“*”表示。

采用 MATLAB 遗传算法工具箱 GAdemo.m，运行步骤如下。

（1）初始化种群，产生 10 个初始种群：

```
initPop=initializega(10,[0,9],'gademoleval');
```

（2）第 1 次迭代寻优：

```
[x endPop] = ga([0 9],'gademoleval',[],initPop,[1e-6 1 1],'maxGenTerm',1,
'normGeomSelect',[0.08],['arithXover'],[2 0],'nonUnifMutation',[2 1 3]);
```

（3）第 25 次迭代寻优：

```
[x endPop] = ga([0 9],'gademoleval',[],initPop,[1e-6 1 1],'maxGenTerm',25,
'normGeomSelect',[0.08],['arithXover'],[2 0],'nonUnifMutation',[2 1 3]);
```

（4）计算适应度值：

```
gademoleval.m:
function[val,sol]=gademoleval(sol,options);
x=sol(1);
val=x+10*sin(5*x)+7*cos(4*x);
```

（5）经过 25 次迭代后求出最优解：$x = 7.8569$，$f(x) = 24.8554$。

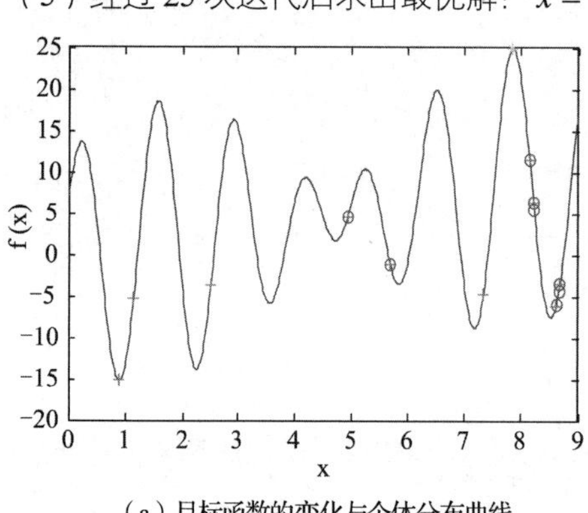

（a）目标函数的变化与个体分布曲线

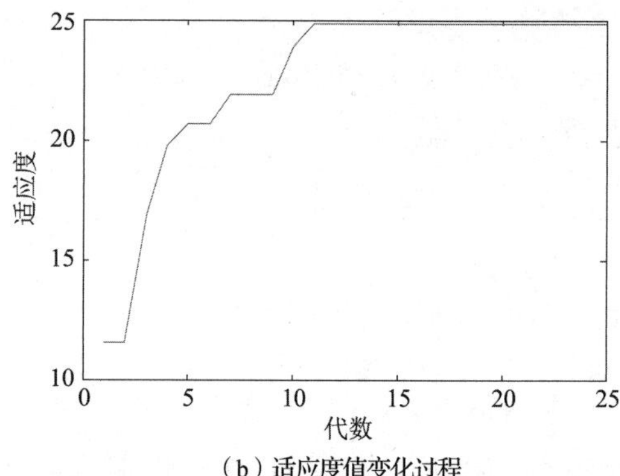

（b）适应度值变化过程

图 6.2 遗传算法迭代寻优结果

6.1.4 遗传算法的模式定理

遗传算法通过对群体中多个个体的迭代搜索来逐步求解问题的最优解。这个搜索过程是通过个体之间的优胜劣汰、交叉重组和变异等遗传操作实现的。遗传算法可看作对某一模式的各个样本进行选择运算、交叉运算、变异运算之后，得到新的样本和新的模式。

1. 模式

模式（Schema）表示一些相似的模块，它是描述在某些位置上具有相似结构特征的个体编码串的一个子集，即相似结构编码的字符串。

以二进制编码方式为例，个体是由二值字符集 $\boldsymbol{U} = \{0,1\}$ 组成的编码串，而模式是由三值字符集 $\boldsymbol{U}_+ = \{0,1,*\}$ 中的元素所组成的编码串，其中“*”表示通配符，它既可以是 1，也可以是 0。

例如，模式 H=11**1 描述了长度为 5，且在位置 1、2、5 取值为“1”的所有字符串的集合

$\{11001, 11011, 11101, 11111\}$。

引入模式概念后，遗传算法的本质是对模式进行一系列运算，即通过选择算子将当前群体中的优良模式遗传到下一代群体中，通过交叉算子进行模式的配对重组，通过变异算子进行模式的突变。经过这些遗传运算，一些较差的模式逐步被淘汰，而一些较好的模式逐步被遗传和进化，最终就可得到问题的最优解。

为定量地分析模式运算过程及其特点，下面给出模式阶和模式定义长度的定义。

定义 6.1 在模式 H 中具有确定基因值的位置数目称为模式阶（Schema Order），记为 $o(H)$。

对于二进制编码字符串而言，模式阶就是模式中所含有的 1 和 0 的数目。例如，$o(*0*0*)=2$，$o(0**1***1)=3$。当字符串的长度固定时，模式阶越高，能与该模式匹配的字符串（称为样本）数就越少，因而该模式的确定性也就越高。

定义 6.2 模式 H 中第一个确定基因值的位置和最后一个确定基因值的位置之间的距离称为该模式的模式定义长度（Schema Defining Length），记为 $\delta(H)$。

表 6.5 所示为某个模式 H 的模式阶和模式定义长度的计算。

表 6.5 模式阶和模式定义长度的计算

H	1***01	**1001	**10**
$o(H)$	3	4	2
$\delta(H)$	5	3	1

2. 模式定理

假设在进化过程中的第 t 代时，当前群体 $P(t)$ 中能与模式 H 匹配的个体数（样本数）记为 $m(H,t)$，下一代群体 $P(t+1)$ 中能与模式 H 匹配的个体数记为 $m(H,t+1)$。下面对基本遗传算法在选择算子、交叉算子和变异算子的连续作用下模式 H 的样本数 $m(H,t)$ 的变化情况进行分析。

（1）选择算子的作用

基本遗传算法中的选择运算使用的是比例选择算子。将当前群体中适应度总和记为 $f(t)=\sum_i f(A_i)$。在选择算子的作用下，与模式 H 所匹配的各个个体 A_i 能平均复制 $\frac{M\cdot f(A_i)}{f(t)}$ 个个体到下一代群体中，即

$$\begin{aligned} m(H,t+1) &= \sum_{A_i\in H\cap P(t)} \frac{M\cdot f(A_i)}{f(t)} \\ &= \sum_{A_i\in H\cap P(t)} \frac{M\cdot f(H,t)}{f(t)} \\ &= m(H,t)\frac{M\cdot f(H,t)}{f(t)} \\ &= m(H,t)\frac{f(H,t)}{\overline{f}(t)} \end{aligned} \quad (6.18)$$

其中，$f(H,t)$ 为第 t 代群体中模式 H 所隐含个体的平均适应度，$\overline{f}(t)=f(t)/M$ 为第 t 代群体的平均适应度。

若再假设模式 H 的平均适应度比群体平均适应度高 C 倍，则式（6.18）可改写为

$$m(H,t+1)=m(H,t)(1+C) \quad (6.19)$$

由此可见，$m(H,t)$ 为等比级数，其通用公式为

$$m(H,t)=m(H,0)(1+C)^t \quad (6.20)$$

若 $C>0$，则 $m(H,t)$ 呈指数级增加；若 $C<0$，则 $m(H,t)$ 呈指数级减少。

综上分析，得到下述结论：在选择算子的作用下，对于平均适应度高于群体平均适应度的模式，其样本数呈指数级增加；而对于平均适应度低于群体平均适应度的模式，其样本数将呈指数级减少。

（2）交叉算子的作用

假设有二进制编码的一个模式 H，其表达式如式（6.21）所示。隐含在该模式中的样本与其他个体进行交叉运算时，根据交叉点的位置不同，有可能破坏该模式，也有可能不破坏该模式而使其继续生存到下一代群体中。下面以单点交叉运算为例，估算该模式生存概率 P_s 的下界。

$$H = *****\underbrace{|1*0*11|}_{\delta(H)}****** \tag{6.21}$$

对于式（6.21）中的二进制编码的模式 H，当随机设置的交叉点在模式定义长度 $\delta(H)$ 之内时，将有可能破坏该模式；而当随机设置的交叉点在模式定义长度 $\delta(H)$ 之外时，肯定不会破坏该模式。因此，只有当交叉点落在模式定义长度 $\delta(H)$ 之外的个体才能生存，在单点交叉下模式的生存概率和破坏概率分别定义为

$$P_s = 1 - P_d \tag{6.22}$$

$$P_d = \frac{\delta(H)}{L-1} \tag{6.23}$$

例如，设长度 L=7 的位串 $A = 0111000$，隐含其中的两个模式为

$$H_1 = *1****0$$

$$H_2 = ****10*$$

则有 $\delta(H_1) = 5$，$P_{d1} = 5/(L-1) = \frac{5}{6}$，$\delta(H_2) = 1$，$P_{d2} = 1/(L-1) = \frac{1}{6}$。

再考虑到交叉运算本身是以交叉概率 P_c 发生的，所以模式 H 的生存概率下界为

$$P_s \geqslant 1 - \frac{P_c \cdot \delta(H)}{L-1} \tag{6.24}$$

这样，经过选择算子和交叉算子的作用之后，模式 H 的样本数满足

$$m(H,t+1) \geqslant m(H,t) \cdot (1+C) \cdot \left[1 - P_c \cdot \frac{\delta(H)}{L-1}\right] \tag{6.25}$$

由式（6.25）可知，在其他值固定的情况下（$C>0$），若 $\delta(H)$ 越小，则 $m(H,t)$ 越容易呈指数级增长；若 $\delta(H)$ 越大，则 $m(H,t)$ 越不容易呈指数级增长。

（3）变异算子的作用

设在基本位变异运算中，变异概率为 P_m，若某一模式被破坏，则必然是模式描述形式中通配符“*”处的某一基因发生了变化，其发生概率为

$$1-(1-P_m)^{o(H)} \tag{6.26}$$

当 $P_m << 1$ 时，有

$$1-(1-P_m)^{o(H)} \approx o(H) \cdot P_m \tag{6.27}$$

由此可知，在变异算子的作用下，模式 H 的生存概率为

$$P_s \approx 1 - o(H) \cdot P_m \tag{6.28}$$

因此，若 $o(H)$ 越小，模式 H 越容易生存；若 $o(H)$ 越大，模式 H 越容易被破坏。

综合式（6.18）、式（6.24）、式（6.28），并忽略一些极小项，在选择、交叉、变异这 3 个基本操作的连续作用下，群体模式 H 的子代即$(t+1)$代的样本数为

$$m(H,t+1) \geqslant m(H,t) \cdot \frac{f(H)}{\overline{F}}\left[1 - P_c \cdot \frac{\delta(H)}{L-1} - o(H) \cdot P_m\right] \tag{6.29}$$

由式（6.29）就可以得到下述模式定理。

模式定理：在选择、交叉和变异遗传算子的作用下，具有低阶、短阶的模式定义长度，并且平均适应度高于群体平均适应度的模式，其个体的个数在子代中呈指数级增长。

模式增加的规律表明，模式定理保证了较优的模式的数目将按照指数增长。

【例 6.2】设采用遗传算法对 $\max f(x)=x^2$，$x\in[0,31]$ 问题求最优解，x 采用 5 位二进制编码表示，且适应度函数 $F(x)=f(x)=x^2$，设在算法过程中第 t 代出现 $H=1{*}{*}01$ 这一模式。

（1）试求这一模式所有的字符集合；

（2）求这一模式的 $O(H)$ 和 $\delta(H)$；

（3）求模式 H 所包含的选择概率；

（4）如果采用比例选择方法，试求 $(t+1)$ 代复制后的群体。

解：

（1）字符集合 $\{10001,10101,11001,11101\}$。

（2）$O(H)=3$，$\delta(H)=4$。

（3）$H_1=10001=(17)_{\text{DEC}}$，$f_1(x)=289$；$H_2=10101=(21)_{\text{DEC}}$，$f_2(x)=441$；$H_3=11001=(25)_{\text{DEC}}$，$f_3(x)=625$；$H_4=11101=(29)_{\text{DEC}}$，$f_4(x)=841$，$P_i=\dfrac{f_i}{\sum f_i}$，$\sum f_i=2196$，$P_1=0.132$，$P_2=\dfrac{441}{2196}=0.2$，$P_3=\dfrac{625}{2196}=0.285$，$P_4=\dfrac{841}{2196}=0.383$。

（4）$(t+1)$ 代复制后的群体，H_4 被选中复制，H_1 被淘汰，新的群体为 $\{11101,10101,1101,11101\}$。

6.1.5 遗传算法的应用

以下示例为基于遗传算法的 PID 控制参数整定

假设被控对象为二阶传递函数

$$G(s)=\frac{400}{s^2+50s} \tag{6.30}$$

设计浮点数编码遗传算法对 PID 控制参数进行整定，采样时间为 1ms，系统的输入为单位阶跃信号。

利用遗传算法优化 PID 控制参数 K_{p}，K_{i}，K_{d} 的具体步骤如下。

① 确定每个参数的大致范围和编码长度，进行编码；

② 随机产生 n 个个体构成初始种群 $P(0)$；

③ 将种群中各个体解码成对应的参数值，用此参数求代价函数值 f 及适应度函数值 J，取 $f=\dfrac{1}{J+1}$；

④ 应用复制算子、交叉算子和变异算子对种群 $P(t)$ 进行操作，产生下一代种群 $P(t+1)$；

⑤ 重复步骤③和④，直至参数收敛或达到预定的指标。

在系统输出的上升阶段，为获取快速动态特性，采用误差绝对值时间积分性能指标作为参数选择的最小目标函数。当输出达到期望目标值时，为了防止控制作用过大，在目标函数中加入控制输入的平方项。采用如下的最优性能指标：

$$J=\int_0^{\infty}(w_1|e(t)|+w_2u^2(t))\mathrm{d}t+w_3t_u \tag{6.31}$$

式中，$e(t)$ 为系统误差，$u(t)$ 为控制器输出，t_u 为上升时间，w_1、w_2、w_3 为权值。

为了避免超调，采用惩罚约束功能，即一旦出现超调，将超调量作为最优指标的一项，此时

最优性能指标为

$$J=\int_0^{\infty}(w_1|e(t)|+w_2u^2(t)+w_4|e(t)|)\mathrm{d}t+w_3t_u\,,\quad e(t)<0 \tag{6.32}$$

式中，w_4 为权值，且 $w_4 \gg w_1$。

遗传算法中采用的样本个数 Size 为 30，交叉概率和变异概率分别为 $P_c=0.85$，$P_m=0.10-[1:1:Size]\times(0.01)/Size$。参数 K_p 的取值范围为 $[0,20]$，K_i、K_d 的取值范围为 $[0,1]$，取 $w_1=0.999$，$w_2=0.001$，$w_3=100$，$w_4=2.0$。采用浮点数编码方式，经过 100 代进化，获得的优化参数如下：PID 整定结果为 $K_p=19.6063$，$K_d=0.2462$，$K_i=0.7047$，性能指标 $J=24.1157$。适应度函数的变化过程和 PID 控制参数整定后的阶跃响应分别如图 6.3 和图 6.4 所示。

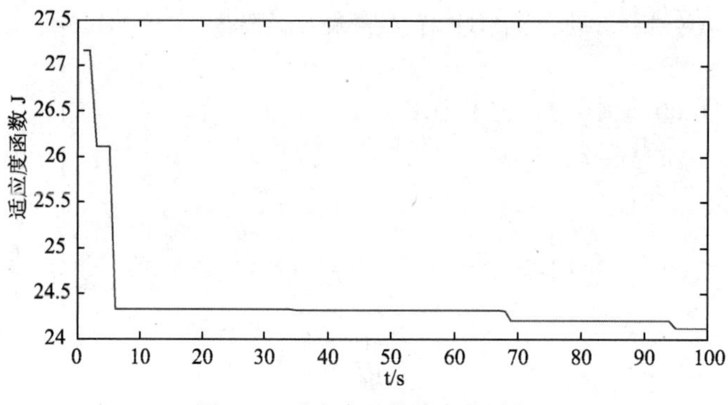

图 6.3 适应度函数的变化过程

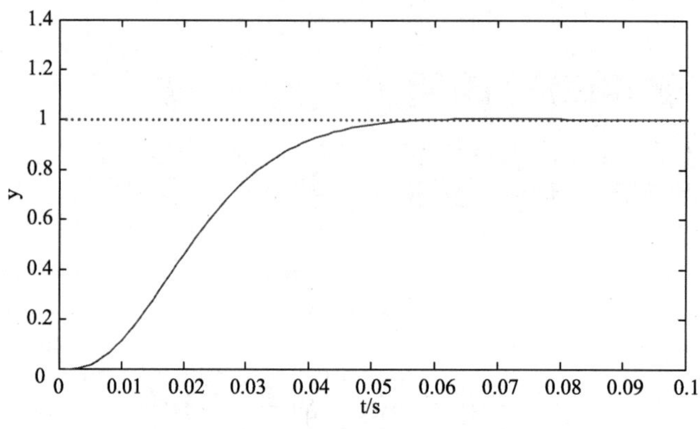

图 6.4 PID 控制参数整定后的阶跃响应

6.2 粒子群优化算法

6.2.1 粒子群优化算法的主要特点

粒子群优化（Particle Swarm Optimization，PSO）算法是 J.肯尼迪（J. Kennedy）和 E.R.埃伯哈特（E. R. Eberhart）受人工生命研究结果的启发，通过模拟鸟群觅食过程中的迁徙和群聚行为而提出的一种基于群体智能的全局随机搜索算法。它通过个体间的协作与竞争，实现复杂空间最优解的搜索。PSO 最初是用于求解连续优化问题的，但目前其应用已扩展到解决组合优化问题。

和遗传算法、蚁群优化算法等大多数进化算法一样，PSO 也是一种基于迭代的优化算法。但与其他进化算法相比，PSO 的主要特点如下。

① 将每一个个体称为一个粒子，并且在整个问题空间中移动时被赋予一个随机速度；

② 个体具有记忆功能；

③ 个体的进化是通过群体中个体之间的合作与竞争实现的。

作为一种高效并行优化算法，PSO 算法可用于求解非线性、不可微和多峰值的复杂优化问题，而且 PSO 算法的程序实现简洁，需要调整的参数少，因而应用广泛，可应用于如控制系统参数设计、非线性系统优化、数据挖掘及其机器人路径全局路径规划等方面。

6.2.2 粒子群优化算法的基本原理

设想有这样一个场景：一群鸟在一个只有一块食物的区域内随机搜索食物，所有的鸟都不知道食物在哪里，但是它们知道当前位置和食物的距离。那么最简单有效的寻找策略就是搜索目前和食物距离最短的鸟的周围区域，PSO 从这种模型中得到启示并用其解决优化问题。在 PSO 算法的基本操作中，将群体中的每个个体看成在多维搜索空间中搜索的一只鸟，并称为一个没有质量和体积的粒子，这些粒子在搜索空间中以一定的方向和速度飞行，所有粒子都有一个对环境的适应度值，并根据粒子本身的飞行经验以及同伴的飞行经验对自己的飞行速度进行动态调整，即每个粒子通过统计迭代过程中自身的最优值和群体的最优值，不断地修正自己的前进方向和速度大小。PSO 算法依据每个粒子对环境的适应度将个体逐步由初始随机区域移动到较优的区域，并最终搜索、寻找到问题的最优解。PSO 算法具有鲜明的生物社会背景：认知行为和社会行为。即在寻求一致的认知过程中，个体往往记住它们的信念，同时考虑其他同伴的信念，当个体察觉同伴的信念较好时，将进行适应性调整。

假设在一个 D 维搜索空间中，总粒子数为 n，种群 $\boldsymbol{X}=\left(X_1\ X_2 \cdots X_n\right)$，其中第 i 个粒子的位置表示为 $\boldsymbol{X}_i=\left(x_{i1}\ x_{i2} \cdots x_{iD}\right)^{\mathrm{T}}$；第 i 个粒子在“飞行”历史中的过去最优位置（该位置对应个体极值）为 $\boldsymbol{P}_i=\left(P_{i1}\ P_{i2} \cdots P_{iD}\right)^{\mathrm{T}}$，第 i 个粒子的速度 $\boldsymbol{V}_i=\left(V_{i1}\ V_{i2} \cdots V_{iD}\right)^{\mathrm{T}}$，种群的全局极值为 $\boldsymbol{P}_g=\left(P_{i1}\ P_{i2} \cdots P_{iD}\right)^{\mathrm{T}}$。PSO 算法的数学描述表示如下。

PSO 种群中任意粒子 i 在 k 时刻第 $d(1 \leqslant d \leqslant D)$ 维上的移动速度为

$$V_{id}(k+1)=\omega V_{id}(k)+c_1 r_1\left(P_{id}(k)-x_{id}(k)\right)+c_2 r_2\left(P_{gd}(k)-x_{id}(k)\right) \tag{6.33}$$

PSO 种群中任意粒子 i 在 k 时刻第 $d(1 \leqslant d \leqslant D)$ 维上的位置为

$$x_{id}(k+1)=x_{id}(k)+V_{id}(k+1) \tag{6.34}$$

其中，V_{id} 为粒子 i 在 k 时刻第 d 维上的速度，ω 称为惯性权重，x_{id} 为粒子 i 在 k 时刻第 d 维上的位置，c_1 和 c_2 为学习因子或加速常量，r_1 和 r_2 为(0,1)中均匀抽取的随机数，P_{id} 为个体最佳解位置，P_{gd} 为群体最佳解位置。为了防止粒子的盲目搜索，将其位置和速度限制在 $\left[-x_{\max}, x_{\max}\right]$ 和 $\left[-V_{\max}, V_{\max}\right]$ 内。

在式（6.33）中，$c_1 r_1\left(P_{id}(k)-x_{id}(k)\right)$ 为“个体认知”部分，它仅仅考虑粒子自身的认知；$c_2 r_2\left(P_{gd}(k)-x_{id}(k)\right)$ 为“社会认知”部分，表示粒子间的社会信息共享；惯性权重 ω 使粒子保持运动惯性，使粒子有扩展搜索空间的趋势，有能力探索新的区域。当 $\omega=1$ 时算法称为基本 PSO 算法。引入惯性权重 ω 后，可通过 ω 协调算法全局和局部搜索能力的平衡。而当 ω 减小时，可使得所需的迭代次数变少。一般 ω 的取值范围为[0,1.4]。

6.2.3 粒子群优化算法的流程

（1）初始化，设定加速常量 c_1 和 c_2，最大进化代数 $T_{\max}$，将当前进化代数置为 $k=1$，在定义空间 $\mathbf{R}^n$ 中随机产生 n 个粒子 X_1，$X_2, \cdots, X_n$，组成初始种群 $\boldsymbol{X}_k=\left(X_1\ X_2 \cdots X_n\right)$，随机产生各粒子初速度 V_1，$V_2, \cdots$，V_n，组成速度变化矩阵 $\boldsymbol{V}_k$。

（2）计算种群中所有粒子的适应度值，初始化每个粒子 $p^{\text{Best}}{}_k$ 为当前粒子，设定种群的 g_k^{Best} 为当前种群的最优粒子。

（3）种群 $\boldsymbol{X}_k$ 演化，对于种群中的每一个粒子，进行如下操作。

① 按式（6.33）、式（6.34）更新粒子的速度和位置。

② 计算粒子的适应度值。

③ 比较粒子的适应度值和自身的最优值 p_k^{Best}。如果当前值比 p_k^{Best} 更优，则更新 p_k^{Best} 为当前值，并更新 p_k^{Best} 位置到 n 维空间中的当前位置。

④ 比较粒子适应度值与种群最优值。如果当前值比 g_k^{Best} 更优，则更新当前种群最优粒子。

（4）检查结束条件，若结束条件满足，则结束寻优；否则，$k=k+1$，转至步骤（2）。结束条件为寻优达到最大进化代数 $T_{\max}$ 或评价值小于给定精度 ε。

6.2.4 粒子群优化算法的缺点

首先，在PSO算法的实施过程中，位置和速度更新公式的参数选取目前还没有理论方法，主要依赖设计者的经验。

其次，PSO算法应用于高维复杂问题优化时，当种群还没有达到全局最优解时已经聚集到一点且停滞不动，出现早熟收敛现象。例如，在式（6.33）中，当 V_{id} 较小，以及 $|P_{id}-x_{id}|$ 和 $|P_{gd}-x_{id}|$ 也很小时，粒子的速度就会受到抑制，从而导致算法搜索停滞不前。这种情况甚至会发生在搜索的初期，当粒子为当前全局最优解的时候，就会引起 $|P_{id}-x_{id}|$ 和 $|P_{gd}-x_{id}|$ 为零。这些早熟收敛点有可能是局部极小点，也有可能是局部极小点邻域的一个点，即早熟收敛并不能保证算法收敛到局部极小点。此外，PSO算法在接近或进入最优解区域时的收敛速度有可能比较缓慢，主要是由于算法收敛到局部极小点，缺乏有效的机制使算法保持多样性或逃离局部极小点。

6.2.5 算例

下面通过具体的例子介绍PSO算法的实际操作过程。

【例6.3】假设目标函数为

$$f(x)=x+10\sin(5x)+7\cos(4x),\ x\in[0,9] \tag{6.35}$$

利用PSO算法求 $\max f(x)$。

解：

（1）设置总粒子数为10，即随机产生10个粒子 X_1、X_2、…、X_{10}，组成初始种群 $\boldsymbol{X}=(X_1\ X_2\ \cdots\ X_{10})$；设置最大迭代次数为200，即 $T_{\max}=200$；设置加速常量 c_1 和 c_2 均为2，最大速度与最小速度分别为1与−1。

（2）将目标函数作为PSO算法中的适应度函数，即 $f(x)=x+10\sin(5x)+7\cos(4x)$，比较粒子适应度值的大小。本例中，适应度值越大，粒子越优；比较粒子适应度值与种群最优值，如果当前适应度值比 g_k^{Best} 更大，则更新当前种群最优粒子。

（3）初始化种群，使用initPop()产生10个初始种群。

x	$f(x)$
6.9799	−2.9392
6.5255	19.8484
⋮	⋮
1.4978	17.5675
3.0111	15.1803

一次迭代后的个体分布用“。”表示，图 6.5 所示为初始种群的适应度函数值。

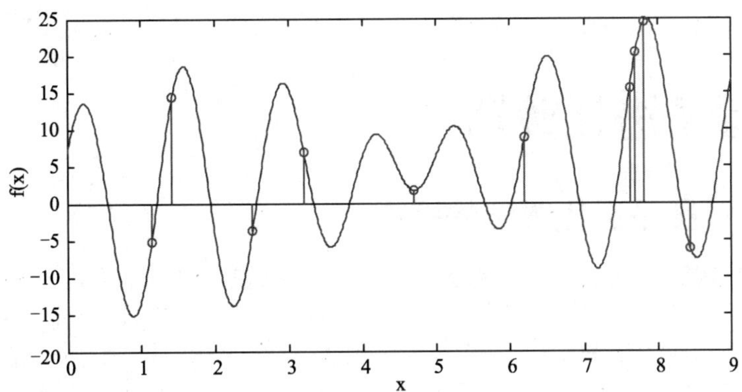

图 6.5　初始种群的适应度函数值

（4）按照式（6.33）和式（6.34）更新粒子。

粒子更新过程如图 6.6 所示。随着迭代次数的增多，粒子逐渐向适应度函数最大值点聚集。

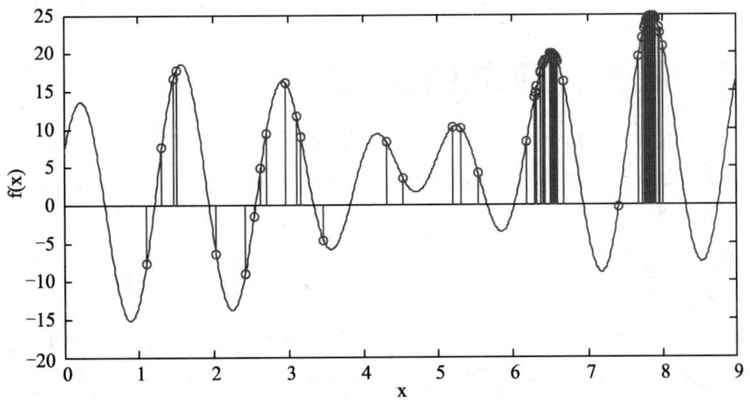

图 6.6　经过 200 次迭代后的 PSO 算法寻优结果

（5）随着迭代次数的增加，适应度函数即函数 $f(x)=x+10\sin(5x)+7\cos(4x)$ 取得最大值的过程如图 6.7 所示。

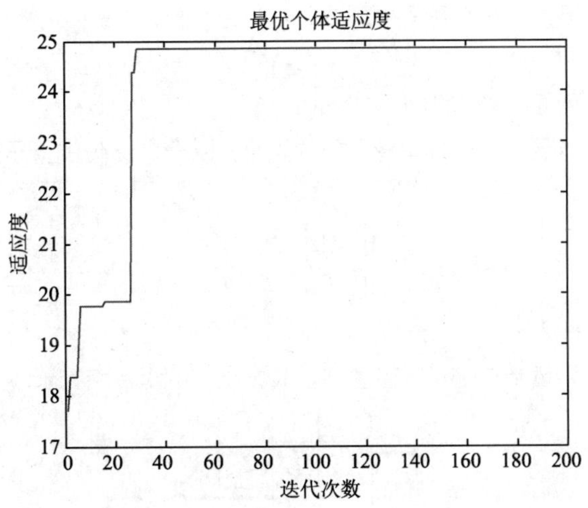

图 6.7　PSO 算法的适应度函数曲线变化

通过上述粒子群优化计算，最终获得式（6.35）目标函数的最优解为 $x = 7.8569$，$f(x) = 24.8554$。

6.3 量子进化算法

6.3.1 量子进化算法的提出

量子进化算法建立在量子态矢量表达基础上，将量子位的概率矢量表示为应用于染色体的编码，使得一条量子染色体可以表达多个态的叠加，并利用各种量子门实现染色体的更新操作，从而实现目标求解。2000 年，韩国铉将量子态矢量表达引入染色体编码中，通过量子门旋转实现染色体更新，提出了量子遗传算法（Quantum Genetic Algorithm，QGA），并通过对背包问题的优化计算，取得了比常规遗传算法更好的效果。针对量子遗传算法的不足，Han 在 2002 年通过改进量子门旋转角度策略和引入移民策略，提出了量子进化算法（Quantum Evolutionary Algorithm，QEA）。由于具有多样性，在参数优化计算的过程中可以获得更好的结果，量子进化算法目前已经应用到数值优化、组合优化、图形图像处理、电路设计、通信、多目标优化等领域。

6.3.2 量子进化算法的基本原理

量子进化算法采用量子位编码来表示染色体，通过量子门更新种群完成进化搜索。与传统进化算法相比，量子进化算法具有种群规模小、收敛速度较快、全局寻优能力强的特点。下面介绍量子进化算法的基本原理。

1. 量子进化算法基本操作

（1）量子染色体编码

在量子计算中，采用量子位表示最小的信息单元，一个量子位可以处于“1”态、“0”态或者是两者的任意叠加状态。一个量子位的状态可以表示为

$$|\Psi\rangle = \alpha|0\rangle + \beta|1\rangle \tag{6.36}$$

其中，$|0\rangle$ 和 $|1\rangle$ 分别是表示 0 态和 1 态的符号；α 与 β 都是复数，它们各自的模反映了量子位取对应状态的概率，如 $|\alpha|^2$ 表示量子位取 0 的概率，$|\beta|^2$ 表示量子位取 1 的概率，两者满足 $|\alpha|^2 + |\beta|^2 = 1$ 的关系。因此，一个量子位可以表示为

$$\begin{pmatrix} \alpha \\ \beta \end{pmatrix}$$

一个量子染色体可以表示为一连串量子位的组合，以一个 m 位的量子染色体为例，其结构表示如下。

$$\left(\begin{array}{c|c|c} \alpha_1 & \alpha_2 & \cdots \quad \alpha_m \\ \beta_1 & \beta_2 & \cdots \quad \beta_m \end{array}\right)$$

这里 $|\alpha_i|^2 + |\beta_i|^2 = 1$，$i = 1,2,\cdots,m$。

例如，一个包含 3 个量子位的量子染色体，其量子位的组合结构表示如下。

$$\left(\begin{array}{c|c|c} \dfrac{1}{\sqrt{2}} & \dfrac{1}{\sqrt{2}} & \dfrac{1}{2} \\ \dfrac{1}{\sqrt{2}} & \dfrac{-1}{\sqrt{2}} & \dfrac{\sqrt{3}}{2} \end{array}\right)$$

因此该染色体的所有状态可表示为

$$\frac{1}{4}|000\rangle+\frac{\sqrt{3}}{4}|001\rangle-\frac{1}{4}|010\rangle-\frac{\sqrt{3}}{4}|011\rangle+\frac{1}{4}|100\rangle+\frac{\sqrt{3}}{4}|101\rangle-\frac{1}{4}|110\rangle-\frac{\sqrt{3}}{4}|111\rangle$$

上式表示该染色体为 000、001、010、011、100、101、110、111 状态的概率分别为 1/16、3/16、1/16、3/16、1/16、3/16、1/16、3/16，由此可以看出，只需要一个包含 3 个量子位的量子染色体，就可把 8 种状态的信息全部表示出来。

（2）量子观测

在量子进化的编码方法中，一个量子染色体可以表示为多个二进制编码串，即多个问题解。将量子染色体与某个问题解即某个二进制编码串对应起来，这是通过量子观测实现的。例如，一个 m 位的量子染色体 $\left(\begin{array}{c|c|c|c|c}\alpha_1 & \alpha_2 & \cdots\alpha_i & \cdots\alpha_{m-1} & \alpha_m \\ \beta_1 & \beta & \cdots\beta_i & \cdots\beta_{m-1} & \beta_m\end{array}\right)$，对其进行量子观测的过程如下：生成一个 0 ~ 1 的随机数 $r=\text{rand}(0,1)$，如果 $r\leqslant\alpha_i^2$，则问题解个体第 i 位基因 $x_i=0$，否则 $x_i=1$，对其他各位进行同样的量子观测操作，便可以得到一个问题解个体 $X = x_1x_2\cdots x_i\cdots x_{m-1}x_m$。

（3）适应度评价

假设二进制问题解 $\boldsymbol{X}^t=\left(X_1^t\ X_2^t\cdots X_j^t\cdots X_{n-1}^t\ X_n^t\right)$，$j=1,2,\cdots,n$，对其中的第 j 个二进制问题解利用适应度函数计算其适应度，记为 f_j^t。对 $\boldsymbol{X}^t$ 中所有二进制问题解都评估完后，将所有适应度值组成一个适应度值集合 $\boldsymbol{F}^t=\left(f_1^t\ f_2^t\cdots f_j^t\cdots f_{n-1}^t\ f_n^t\right)$。

（4）最优解集保存

量子进化算法保存到当前代 t 为止，包括 n 个最优的二进制问题解的集合及其适应度值集合。假设上代 $(t-1)$ 保存的最优二进制问题解集合 $\boldsymbol{B}^{t-1}=\left(B_1^{t-1}\ B_2^{t-1}\cdots B_j^{t-1}\cdots B_{n-1}^{t-1}\ B_n^{t-1}\right)$，与其对应的适应度值集合 $B\boldsymbol{f}^{t-1}=\left(Bf_1^{t-1}\ Bf_2^{t-1}\cdots Bf_j^{t-1}\cdots Bf_{n-1}^{t-1}\ Bf_n^{t-1}\right)$，当前代经过量子观测得到的二进制问题解集合 $\boldsymbol{X}^t=\left(X_1^t\ X_2^t\cdots X_j^t\cdots X_{n-1}^t\ X_n^t\right)$，与其相对应的适应度值集合 $\boldsymbol{F}^t=\left(f_1^t\ f_2^t\cdots f_j^t\cdots f_{n-1}^t\ f_n^t\right)$，则确定当前代保存的最优二进制集合 $\boldsymbol{B}^t$ 的方法为：若 $f_j^t\geqslant Bf_j^{t-1}$，则 $Bf_j^t=Bf_j^t$，$B_j^t=B_j^t$；若 $f_j^t<Bf_j^{t-1}$，则 $Bf_j^t=Bf_j^{t-1}$，$B_j^t=B_j^{t-1}$。$\boldsymbol{B}^t=\left(B_1^t\ B_2^t\cdots B_j^t\cdots B_{n-1}^t\ B_n^t\right)$，$B\boldsymbol{f}^t=\left(Bf_1^t\ Bf_2^t\cdots Bf_j^t\cdots Bf_{n-1}^t\ Bf_n^t\right)$。当运行代数为 t=0 代时，$\boldsymbol{B}^0=\boldsymbol{F}^0$。

（5）量子更新

在量子进化算法中，将量子门作用于各叠加态，使其相互干涉，相位发生改变，从而改变各基态的概率。子代量子染色体的产生不是由父代群体决定的，而是由父代最优个体及其状态的概率决定的。

量子进化算法采用量子旋转门 $\boldsymbol{U}_R(\theta)=\begin{pmatrix}\cos\theta & -\sin\theta \\ \sin\theta & \cos\theta\end{pmatrix}$。量子旋转门为一位门，通过改变量子位的相位实现量子位更新，相应的操作为 $\begin{pmatrix}\alpha_i' \\ \beta_i'\end{pmatrix}=\boldsymbol{U}_R(\theta_i)\begin{pmatrix}\alpha_i \\ \beta_i\end{pmatrix}=\begin{pmatrix}\cos\theta_i & -\sin\theta_i \\ \sin\theta_i & \cos\theta_i\end{pmatrix}\begin{pmatrix}\alpha_i \\ \beta_i\end{pmatrix}$。量子旋转门 $\boldsymbol{U}_R(\theta_i)$ 通过在极坐标上 θ_i 的旋转改变量子位的状态。如图 6.8 所示，其中 $(\alpha_i,\beta_i)^{\mathrm{T}}$ 表示旋转前的第 i 位量子位状态，$(\alpha_i',\beta_i')^{\mathrm{T}}$ 表示旋转后的第 i 位量子位状态。θ_i 表示旋转角大小，θ_i 的符号表示旋转方向，为正表示逆时针方向旋转，为负表示顺时针方向旋转。θ_i 太大，进化容易进入早熟状态或者不收敛；θ_i 太小，进化容易陷入停滞状态。一般 θ_i 的选取采用具有通用性的量子旋转角查找方法，通常选取 θ_i 的范围为 $0.001\pi\sim0.05\pi$。

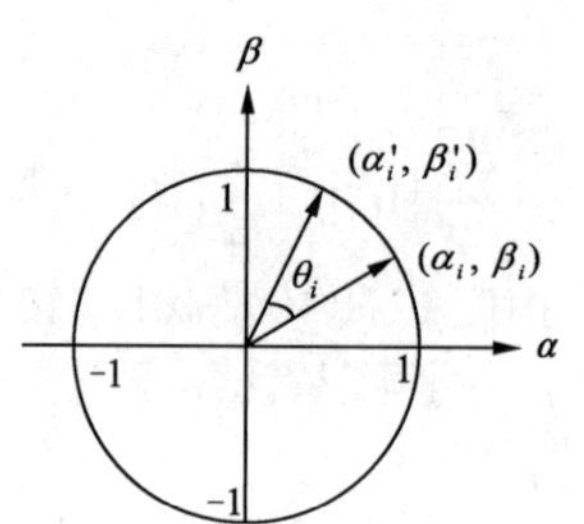

图 6.8　量子旋转门极坐标示意

（6）移民策略

为提高算法收敛速度，量子进化算法引入移民策略。移民策略分为全局移民和局部移民两种。

全局移民是指当全局移民条件满足时，用 $\boldsymbol{Bf}^t$ 中最大值更换 $\boldsymbol{Bf}^t$ 所有的元素，相应地，$\boldsymbol{B}^t$ 中所有个体都更换为相应的 $\boldsymbol{Bf}^t$ 中最大值所对应的二进制问题解。

局部移民是指将整个种群划分为若干个组，当局部移民条件满足时，每个组中的适应度值和问题解个体都被此组中的最大适应度值及其对应的二进制问题解替换。

2. 量子进化算法流程图

量子进化算法流程图如图 6.9 所示。

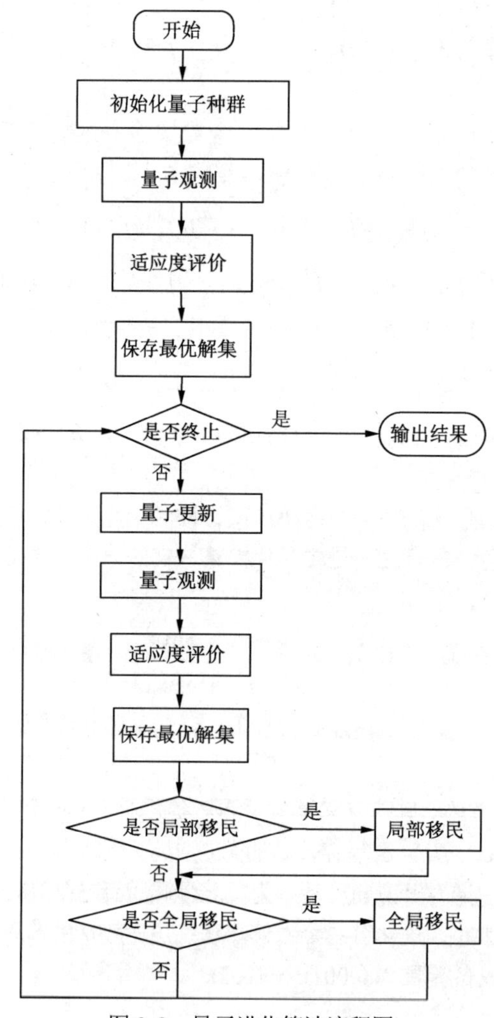

图 6.9　量子进化算法流程图

6.3.3 量子进化算法的设计

组合优化（Combinatorial Optimization）在很多工业场合有广泛应用，其目标是从组合问题的可行解集合中求出最优解，提高有限资源的利用率。下面以0-1背包问题为例说明量子进化算法的设计。

0-1 背包问题可以被描述为：给定一定数量的物品和一个背包，假设背包容量限重为 C ，物品数量为 m ，物品质量分别为 $w_1, w_2, \cdots, w_i, \cdots, w_{m-1}, w_m, i=1,2,\cdots,m$ ，相应物品价格分别为 $p_1, p_2, \cdots, p_i, \cdots, p_{m-1}, p_m$，$i=1,2,\cdots,m$，求解如何将物品放进背包中，使得在物品总重量 W 不超过 C 的情况下，物品总价值最高。用数学公式表示为

$$\begin{cases} \max(\sum_{i=1}^{m} p_i x_i) & i=1,2,\cdots,m \\ \sum_{i=1}^{m} w_i x_i \leqslant C & i=1,2,\cdots,m \end{cases} \tag{6.37}$$

其中，x_i 的值为 0 或 1，0 表示背包中没有该物品，1 表示背包中有该物品。

在采用量子进化算法求解背包问题时，由于物品的总质量不能超过 C，因此需要一个修正的过程。令物品质量 w_i 由 $0\sim1$ 的均匀分布随机函数产生，与 w_i 相对应的物品价格为(w_i+5)，背包限重为 $C=\frac{1}{2}\sum_{i=1}^{m} w_i$ ，物品数量 $m=100$ 。

0-1 背包问题的量子进化算法求解过程如下。

（1）物品数量 $m=100$ ，则量子染色体位数为 m ，经过量子观测得到一个 m 位二进制编码串 $X = x_1 x_2 \cdots x_i \cdots x_{m-1} x_m$ ，其中对应的 $x_i=1$ ，表示物品 i 被选中， $x_i=0$ 表示物品 i 未被选中。种群数 $n=20$ ，则量子染色体种群 $\boldsymbol{Q}(t)=\{\boldsymbol{q}_1^t, \boldsymbol{q}_2^t, \cdots, \boldsymbol{q}_j^t, \cdots, \boldsymbol{q}_n^t\}$ ， q_j^t 表示第 t 代的第 j 个量子染色体，$\boldsymbol{q}_j^t = \begin{pmatrix} \alpha_{j1}^t & \alpha_{j2}^t & \cdots & \alpha_{jm}^t \\ \beta_{j1}^t & \beta_{j2}^t & \cdots & \beta_{jm}^t \end{pmatrix}$（$j=1,2,\ldots,n$）， m 表示量子染色体位数。

（2）第 0 代量子染色体种群要进行初始化，$\boldsymbol{Q}(0)=\{\boldsymbol{q}_1^0, \boldsymbol{q}_2^0, \cdots, \boldsymbol{q}_n^0\}$，令 $\boldsymbol{q}_j^0 = \begin{pmatrix} \frac{1}{\sqrt{2}} & \frac{1}{\sqrt{2}} & \cdots & \frac{1}{\sqrt{2}} \\ \frac{1}{\sqrt{2}} & \frac{1}{\sqrt{2}} & \cdots & \frac{1}{\sqrt{2}} \end{pmatrix}$，其中 $j=1,2,\cdots,n$，这表示每一个量子染色体的每一位取“1”与“0”的概率都是相同的。

（3）量子观测算法描述如下。

```
Procedure Make (x)
begin
        i =0;
        while (i < m) do
    begin
        i=i+1;
        if  random[0 ;1] < =|α_i|^2
        then   x_i = 0 ;
        else   x_i = 1 ;
    end
end
```

（4）当物品总质量超过 C 时，应进行修正。修正过程描述如下。

```
Procedure Repair (x)
begin
      knapsack-overfilled=false;
      if $\sum_{i=1}^{m} w_i x_i > C$
      then knapsack-overfilled=true;
      while (knapsack-overfilled) do
   begin
      select an ith item from the knapsack
      $x_i = 0$;
      if $\sum_{i=1}^{m} w_i x_i \leqslant C$
      then knapsack-overfilled=false;
   end
   while (not knapsack-overfilled) do
   begin
      select a jth item from the knapsack
      $x_j = 1$;
      if $\sum_{i=1}^{m} w_i x_i > C$
      then knapsack-overfilled=true;
   end
   $x_j = 0$;
end
```

（5）评价函数的选取：因为 0-1 背包问题中搜索目标是物品总价值最高的物品组合，因此评价函数为物品的总价值 $f = \sum_{i=1}^{m} p_i x_i$，其中 p_i 为第 i 件物品的价值。

（6）算法的终止条件采用最大进化代数，$t < \text{MAXGEN}$，MAXGEN 设为 1000，即算法运行到第 1000 代后停止。

（7）量子更新过程描述如下。

```
Procedure Update (q)
begin
      i=0;
      while (i < m) do
   begin
      i=i+1;
      determine $\Delta\theta_i$ with the lookup table
      obtain $q = (\alpha_i', \beta_i')$ from the following:
      if (q is located in the first/third quadrant)
      then $(\alpha_i' \ \beta_i')^{\mathrm{T}} = \boldsymbol{U}(\Delta\theta_i)(\alpha_i \ \beta_i)^{\mathrm{T}}$
      else $(\alpha_i' \ \beta_i')^{\mathrm{T}} = \boldsymbol{U}(-\Delta\theta_i)(\alpha_i \ \beta_i)^{\mathrm{T}}$
   end
      $q = q'$;
end
```

上述算法中，量子旋转门 $\Delta\theta_i$ 的确定需要查询量子旋转角表（可查阅参考文献[36]），其中，设 $\theta_3 = 0.01\pi$，$\theta_5 = -0.01\pi$。

（8）全局移民条件为每隔 30 代进行一次移民，即当 t 对 30 取余数为 0 时，进行全局移民。本例中不对其做局部移民。

由于进化算法具有一定的随机性，因此每次运行算法搜索出的最优解可能不相同。采用上面的算法，当物品数量 $m=100$，种群规模 $n=20$，连续运行 50 次时，可以得到 50 个最优解的结果，其中 best（最大适应度值）=605.2370、mean（平均适应度值）=601.2314、worst（最小适应度值）=595.2376 和 e（均方差）=2.3748。

6.3.4 量子进化算法在苹果糖度漫透射近红外光谱分析中的应用

苹果漫透射近红外光谱可以反映苹果内部信息，并且适用于在线检测，因此苹果漫透射近红外光谱分析有很大的实用价值。

在建立苹果糖度预测模型前，选取有效的漫透射近红外光谱波长变量，可以极大地提高光谱测量灵敏度和光谱信噪比，有效提高模型预测精度。量子进化算法将量子理论中的量子态矢量表达引入进化算法中的染色体编码，利用量子门更新染色体，实现了比遗传算法更好的优选效果。

采集苹果漫透射近红外光谱，在对原始光谱进行预处理后，采用反向间隔偏最小二乘法对光谱区域进行波段选择，采用遗传算法和量子进化算法分别进行变量优选，建立苹果糖度预测模型，并将两种预测模型进行比较。采用量子进化算法变量优选后建立的预测模型，其预测精度优于遗传算法所建模型的。

1. 实验材料和方法

（1）实验材料

实验样品为市售苹果，样品总数为 110。将 110 个样品用湿布擦拭干净，自然风干，室温下放置 8h 以上。

（2）光谱采集

漫透射近红外光谱采集示意如图 6.10 所示，4 盏近红外光源位于苹果上方，照向苹果不同面；苹果置于密封垫圈上。密封垫圈采用柔性材料，苹果与其紧密贴合，防止光源直接照射到光纤探头。近红外光源采用 150W 卤钨灯，近红外光谱仪采用 USB2000+微型光谱仪，积分时间设为 100ms，波长范围为 340.77～1021.34nm。光谱检测结果用透射比表示。分别对 110 个苹果进行光谱采集，按照 3∶1 的比例，选取其中 83 个为校正集，27 个为预测集。

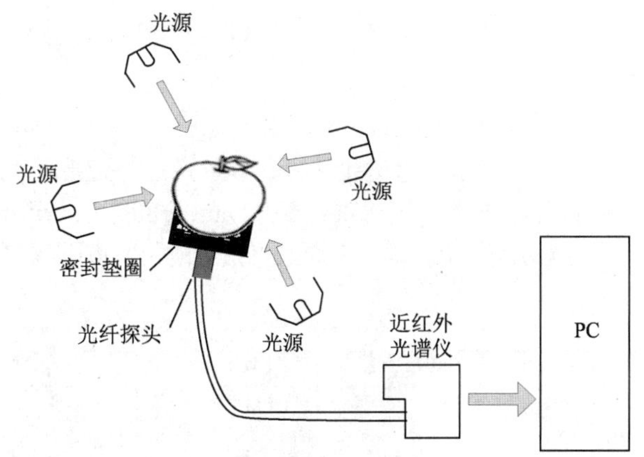

图 6.10 漫透射近红外光谱采集示意

（3）标准值测定

苹果糖度标准值测定仪器选用数字式糖度折射仪 PAL-1 型，测量过程如下：首先将苹果榨汁，通过滤纸、烧杯等过滤；将过滤好的果汁滴在糖度折射仪测量处，即可读出该苹果糖度值。110 个苹果样品糖度值分布如图 6.11 所示。可见，样品的糖度分布范围较广，近似于正态分布，是较理想的建模样本。

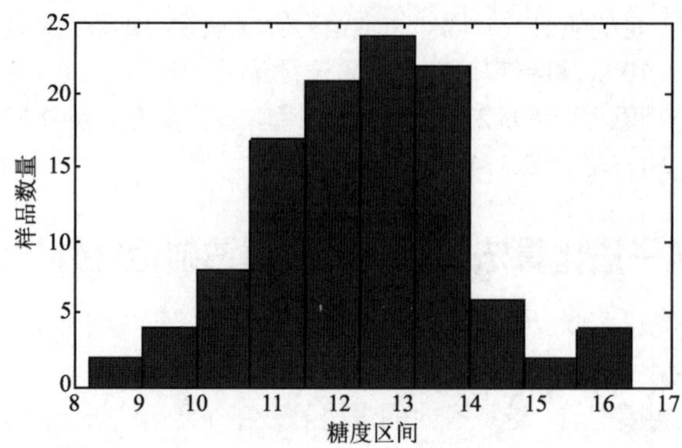

图 6.11　110 个苹果样品糖度值分布

2. 苹果漫透射近红外光谱分析

（1）原始光谱预处理

USB2000+微型光谱仪采集到的近红外光谱波长范围是 340.77 ~ 1021.34nm，考虑到光谱仪检测范围的两端噪声比较大，因此取 400 ~ 1000nm 范围的光谱用来建模。经过试验，本批苹果样品采用 13 点 S-G 卷积平滑和一阶导数预处理的效果较好。图 6.12（a）所示为原始光谱图，图 6.12（b）所示为预处理后的光谱图。

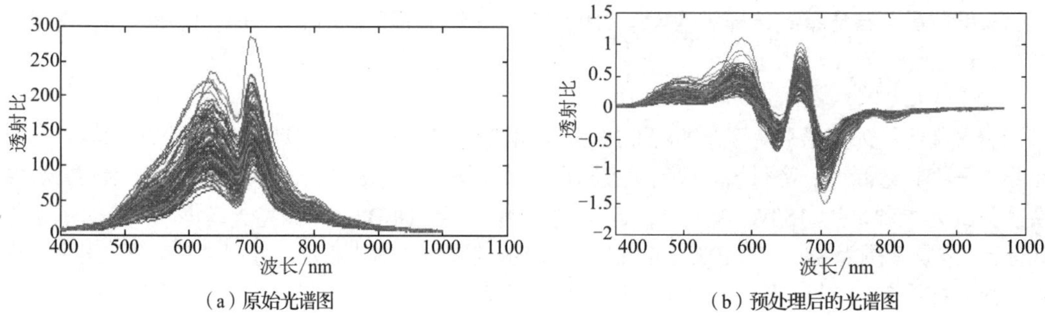

（a）原始光谱图　　（b）预处理后的光谱图

图 6.12　苹果漫透射近红外光谱图

（2）光谱区域初步选择

由于原始光谱的变量较多，采用反向间隔偏最小二乘法（Backward interval Partial Least Squares，BiPLS），通过剔除信息量较差的光谱区间，可以对近红外光谱区间进行初步定位。BiPLS 算法间隔数设为 25，运行后选择的谱区为 585.6 ~ 661.2 nm、686.3 ~ 710.5 nm、735.1 ~ 758.8 nm、851.0 ~ 873.0nm，波长变量数为 437 个。谱区在原始光谱上的位置如图 6.13 所示，可见选择的谱区主要集中在光谱的吸收峰处。

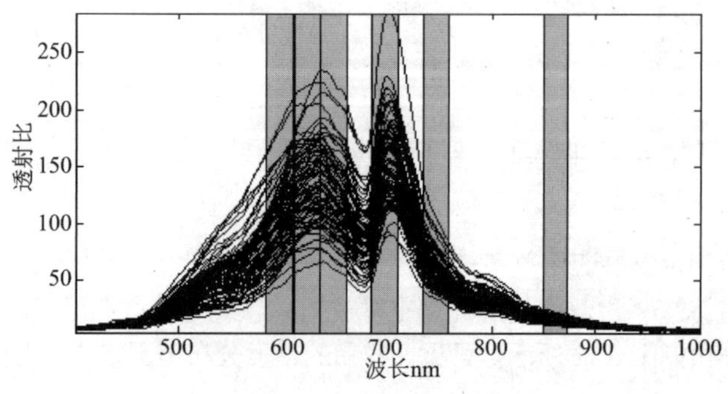

图 6.13　BiPLS 选择谱区

建立全谱模型（Full Spectroscopy PLS，FS-PLS）和 BiPLS 模型，最佳因子数采用交叉验证的预测残差平方和最小来确定。模型评价结果如表 6.6 所示，其中 R_c（校正集相关系数）、RMSEC（Root Mean Stantard Error of Calibration，校正均方根误差）、RMSEP（Root Mean Square Error of Prediction，预测均方根误差）的计算公式如下。

$$R_c = \frac{\sum_{i=1}^{n}(z_i - \bar{z})(y_i - \bar{y})}{\sqrt{\sum_{i=1}^{n}(z_i - \bar{z})^2}\sqrt{\sum_{i=1}^{n}(y_i - \bar{y})^2}} \tag{6.38}$$

$$\text{RMSEC} = \sqrt{\frac{\sum_{i=1}^{n}(z_i - y_i)^2}{n}} \tag{6.39}$$

$$\text{RMSEP} = \sqrt{\frac{\sum_{i=1}^{m}(z_i - y_i)^2}{m}} \tag{6.40}$$

其中，n 为校正集样品个数，m 为预测集样品个数，z_i 为糖度预测值，$\bar{z} = \frac{\sum_{i=1}^{n} z_i}{n}$，$y_i$ 为糖度标准方法测量值，$\bar{y} = \frac{\sum_{i=1}^{n} y_i}{n}$。

表 6.6　FS-PLS 和 BiPLS 模型评价结果

建模方法	变量数	R_c	RMSEC	RMSEP
FS-PLS	1814	0.8627	0.7039	0.7360
BiPLS	437	0.8928	0.6131	0.6830

由表 6.6 可见，经过 BiPLS 进行初步的谱区选择后，RMSEP 有所减小，说明一些对建模结果干扰较大的变量得到了剔除，但变量数仍然较多，需要对建模变量做进一步优选。

3. 量子进化算法优选波长变量

（1）量子进化算法参数设置

经过 BiPLS 谱区选择后，波长变量数为 437，因此量子染色体位数 $n = 437$；二进制位 0 表示此位对应的波长变量未被选择，1 表示被选择。

初始化时，种群数 $m = 40$；将 0 代种群中的每个量子染色体都设为 $\begin{pmatrix} \frac{1}{\sqrt{2}} & \frac{1}{\sqrt{2}} & \cdots & \frac{1}{\sqrt{2}} \\ \frac{1}{\sqrt{2}} & \frac{1}{\sqrt{2}} & \cdots & \frac{1}{\sqrt{2}} \end{pmatrix}$，表示每一位取 0 和 1 的概率都是相同的；适应度评价函数为 $r/(1+\text{RMSECV})$，其中 r 表示交叉验证预测值与标准值的相关系数，RMSECV（Root Mean Square Error of Cross Validation）表示交叉验证均方根误差。

全局移民条件是每进化 30 代后就进行一次全局移民；每代进行局部移民，局部移民中种群以 5 个为一组进行分组。量子更新旋转门的角度 θ 选为 0.05π，进化代数为 500 代。

（2）量子进化算法优选结果

运行量子进化算法，对 BiPLS 选出的 437 个波长变量进行优选，其过程如图 6.14 所示，横坐标是进化代数，纵坐标是各代最优解适应度的平均值。可见当进化到 400 代以后，适应度基本上不再变化，算法收敛。

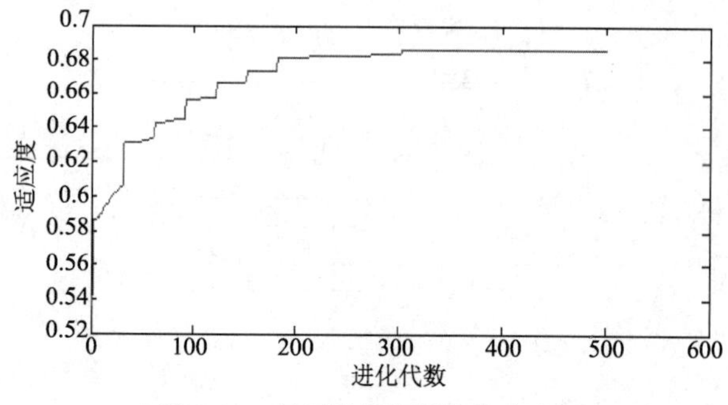

图 6.14　量子进化算法的优选过程

对采用量子进化算法优选出的变量建立 QEA-PLS 苹果糖度预测模型，模型的评价结果如表 6.7 所示。

表 6.7　QEA-PLS 模型评价结果

建模方法	变量数	R_c	RMSEC	RMSEP
QEA-PLS	180	0.9226	0.5252	0.5490

由表 6.7 可见，与 BiPLS 模型相比，变量数减少了约 59%，而预测均方根误差 RMSEP 却降低了 0.1340。因此，采用量子进化算法优选苹果漫透射近红外光谱变量，对苹果糖度进行预测，大大减少了建模变量数，并有效提高了预测精度。

（3）量子进化算法与遗传算法的比较

对经过 BiPLS 初步选择的 437 个变量采用遗传算法进行优选，建立 GA-PLS 模型。其中，遗传算法采用的种群数、进化代数、评价函数与量子进化算法的相同。由于量子进化算法存在一定的随机性，因此遗传算法运行 10 次，对 10 个 GA-PLS 模型进行评价并对评价参数取平均值。

同理，量子进化算法运行 10 次，对得到的 10 个 QEA-PLS 模型进行评价，对评价参数取平均值。两种模型的评价结果如表 6.8 所示。

表 6.8　GA-PLS 和 QEA-PLS 模型的评价结果

建模方法	变量数平均值	R_c 平均值	RMSEC 平均值	RMSEP 平均值
GA-PLS	107	0.9020	0.5968	0.6221
QEA-PLS	190	0.9218	0.5330	0.5648

从 10 个 GA-PLS 模型中选取结果最优的模型，其评价参数如表 6.9 所示，并得到预测集样品的预测值与标准值的相关图，如图 6.15（a）所示。

从 10 个 QEA-PLS 模型中选取预测结果最优的模型，其评价参数如表 6.9 所示，并得到预测集样品的预测值与标准值的相关图，如图 6.15（b）所示。

表 6.9 最优 GA-PLS 和最优 QEA-PLS 模型评价参数

建模方法	变量数	R_c	RMSEC	RMSEP
GA-PLS	110	0.9080	0.5820	0.6123
QEA-PLS	194	0.9322	0.4927	0.5260

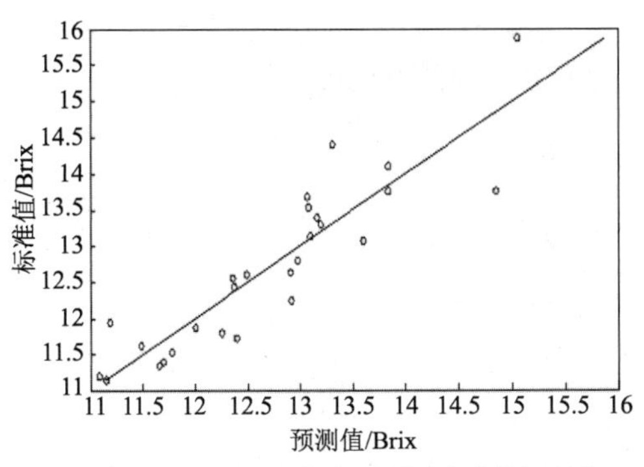

（a）GA-PLS 模型预测集的预测值与标准值相关图

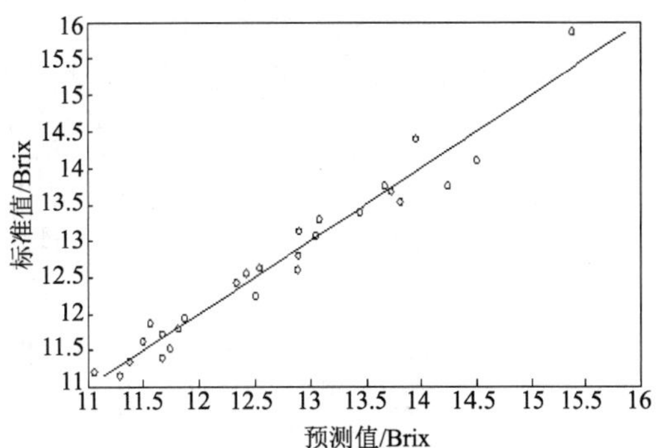

（b）QEA-PLS 模型预测集的预测值与标准值相关图

图 6.15 GA-PLS 模型与 QEA-PLS 模型预测值与标准值的相关图比较

由表 6.8、表 6.9 和图 6.15 可以看出，量子进化算法的全局寻优能力要高于遗传算法的，多次运行后模型的 R_c 平均值高于遗传算法的，RMSEC 和 RMSEP 均低于遗传算法的；通过量子进化算法选出的最优模型的 R_c 也高于通过遗传算法选出的最优模型的，RMSEC 和 RMSEP 均低于遗传算法的最优模型的。可见，量子进化算法的全局寻优能力要高于遗传算法的，通过量子进化算法能够建立比通过遗传算法所建立的模型更优的苹果糖度漫透射近红外光谱预测模型。

6.4 人工蜂群算法

人工蜂群（Artificial Bee Colony，ABC）算法由 D.卡拉伯加（D.Karaboga）于 2005 年提出。ABC 算法是一种模拟蜂群的全局优化算法，其结构创新的灵感来源于蜂群的采蜜行为，算法主要由引领蜂寻找蜜源、跟随蜂优选并开采新的蜜源、侦察蜂放弃不好的蜜源并发现新的蜜源这 3 个阶段组成。当采用 ABC 算法求解优化问题时，每个蜜源个体对应优化问题的一个候选解，目标函数的适应度值的大小表明蜜源的优劣，适应度值越高，蜜源质量越好。

6.4.1 人工蜂群算法的基本原理

$\boldsymbol{X}_i=(x_{i1}\ x_{i2}\ \cdots\ x_{iD})$ 表示第 i（$i=1,2,\cdots,\mathrm{SN}$）个蜜源，其中，SN 表示蜜源个体数量，即解的数量，D 表示搜索空间的解向量维数。

算法的具体实施步骤如下。

（1）设蜂群蜜源的规模为 SN，蜂群包含引领蜂和跟随蜂，且引领蜂数量与跟随蜂数量均为 SN；限定采蜜次数为 $k_{\lim\mathrm{it}}$，最大进化代数为 $k_{\max}$。

（2）引领蜂首先对蜜源进行领域搜索，蜜源位置更新公式为

$$x'_{ij}=x_{ij}+\phi_{ij}(x_{ij}-x_{kj}) \tag{6.41}$$

其中，x'_{ij} 代表新生成第 i 个蜜源 $\boldsymbol{X}'_i$ 的第 j 个分量，i 代表引领蜂所在的蜜源，i 为 $\{1,2,\cdots,\mathrm{SN}\}$ 的随机数，j 为 $\{1,2,\cdots,D\}$ 的随机数；x_{ij} 代表第 i 个蜜源 $\boldsymbol{X}_i$ 的第 j 个分量，x_{kj} 代表第 k 个领域蜜源 $\boldsymbol{X}_k$ 的第 j 个分量，k 为 $\{1,2,\cdots,\mathrm{SN}\}$ 的随机数且 $k \neq i$；ϕ_{ij} 为[-1,1]的随机数。

如果新蜜源含蜜量高于或等于旧蜜源含蜜量，则引领蜂接收新蜜源位置；否则，引领蜂仍开采旧蜜源，即采用贪婪选择机制确定蜜源。

（3）引领蜂完成所有搜索后，计算出蜜源信息传递给跟随蜂的适应度，为

$$F_i = \begin{cases} \dfrac{1}{1+f_i}, & f_i \geqslant 0 \\ 1+|f_i|, & f_i < 0 \end{cases} \tag{6.42}$$

其中，F_i 为第 i 个蜜源位置的适应度值，f_i 为优化问题的目标函数。

跟随蜂根据蜜源的含蜜量来选择蜜源的概率为

$$P_i = \frac{F_i}{\sum_{i=1}^{\mathrm{SN}} F_i} \tag{6.43}$$

其中，P_i 是第 i 个蜜源（即解）被选择的概率。

（4）若某个蜜源在引领蜂连续 k_{limit} 次迭代下得到的解都没有改善，且该蜜源的适应度值也不是全局最优，则表明该解陷入局部最优。因此，引领蜂抛弃该蜜源，转化为侦察蜂，通过式（6.44）在搜索空间内随机发现新的蜜源。

$$x_{ij} = x_{\min}^j + \mathrm{rand}(0,1)(x_{\max}^j - x_{\min}^j) \tag{6.44}$$

其中，x_{ij} 表示第 i 个蜜源 $\boldsymbol{X}_i$ 的第 j 个分量，$x_{\min}^j$ 表示该蜜源第 j 个分量的最小值，$x_{\max}^j$ 表示该蜜源第 j 个分量的最大值，rand(0,1)表示在[0,1]均匀分布的随机数。

（5）判断是否达到最大迭代次数，否则重复步骤（2）至（4）。

ABC 算法的 MATLAB 程序

6.4.2 仿真实例

针对复杂环境下多无人机任务分配方案，由于其决策变量多且约束复杂，需要用智能优化算法对其进行求解，采用改进的 ABC 算法与 PSO 算法相结合，进行异构多无人机层次化任务分配的 ABC-PSO 算法设计。图 6.16 所示为一种城市环境下多无人机层次化执行任务示意，图 6.16 中有 1 架主无人机（Main Unmanned Aerial Vehicle，MUAV）、3 架从无人机（Slave Unmanned Aerial Vehicle，SUAV）。

（1）ABC-PSO 算法设计

基本 PSO 算法可分为全局 PSO 算法与局部 PSO 算法。全局 PSO 算法收敛快却容易陷入局部最优，局部 PSO 算法不易陷入局部最优却收敛慢，因此需要将 PSO 算法进行改进。PSO 算法的改进包括改变搜索过程、认知过程以及获得最优解时的引导搜索。为了更快得到最优解，现对 PSO 算法做如下改进。

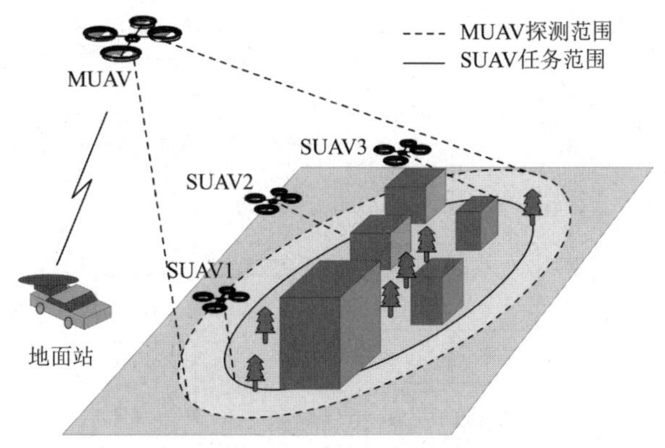

图 6.16　城市环境下多无人机层次化执行任务示意

① 改变惯性权重。

在式（6.33）中，$\omega V_{id}(k)$ 表示速度受到当前粒子速度的影响，ω 的取值通常决定了全局和局部的搜索能力，标准 PSO 算法中惯性权重保持不变。PSO 算法的搜索过程的非线性使得惯性权重不变以及线性递减策略不能正确反映实际的搜索过程，因此采用凹函数递减策略，采用的惯性权重如下。

$$\omega(k)=\omega_{\text{start}}-(\omega_{\text{start}}-\omega_{\text{end}})(\frac{k}{T_{\max}})^2 \tag{6.45}$$

式中，$\omega_{\text{start}}=0.9$，$\omega_{\text{end}}=0.3$，$k$ 为当前迭代次数，$T_{\max}$ 为最大迭代次数。惯性权重由 0.9 递减至 0.3，前期维持较好的全局搜索能力，后期较大地提高了算法的局部搜索能力，从而取得较好的结果。

② 改变学习因子。

在 PSO 算法中，$c_1r_1(P_{id}(k)-X_{id}(k))$ 表示粒子与自身最优经验的关系，表示粒子的自我认知，使得粒子具有全局搜索能力；$c_2r_2(P_{gd}(k)-X_{id}(k))$ 表示粒子受到群体经验的影响和对整个群体的认知，说明粒子之间有信息交流。这里采用自适应线性调整学习因了取值，即 c_1 先大后小、c_2 先小后大的思想。学习因子调整表达式为

$$c_1=2.5-2k/T_{\max} \tag{6.46}$$

$$c_2=0.5+2k/T_{\max} \tag{6.47}$$

③ 对历史最优解加入引导搜索。

ABC 算法的搜索算子具有不易陷入最优的搜索能力，在解决复杂多峰值问题时具有较好的优化性能。ABC 算法的搜索算子侧重于提高探索能力，却以牺牲算法的开发能力为代价。下面给出一种搜索算子表达式：

$$v_{ij}=x_{ij}+\phi_{ij}(x_{ij}-x_{kj})+\psi_{ij}(p_{gj}-x_{ij}) \tag{6.48}$$

式中，i、k、j 和 ϕ_{ij} 的选取与式（6.41）相同，ψ_{ij} 为 [0,1.5] 的随机数。由式（6.48）可知，新的搜索算子中加入了最优位置 p_{gj} 的引导，这既保证了算法的搜索能力，又提高了运算速度。

为进一步提高运算速度及精度，在 PSO 算法的迭代中，引入式（6.48）所示的 ABC 算法搜索算子，对粒子搜索到的历史最优位置进行引导搜索，引导粒子尽快跳出局部最优，避免算法的早熟。ABC-PSO 算法流程图如图 6.17 所示。

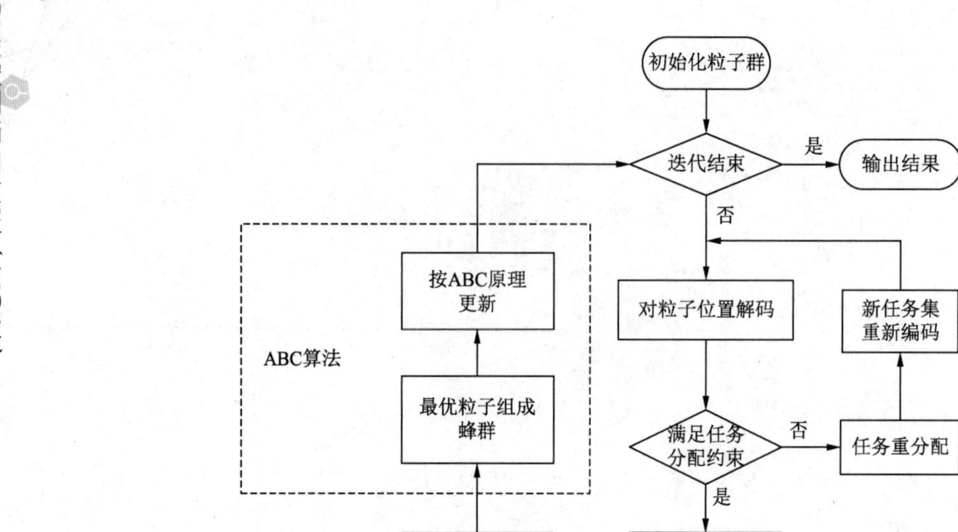

图 6.17　ABC-PSO 算法流程图

将 ABC-PSO 算法应用于无人机任务分配时，首先需要确定各无人机执行目标任务的优先级，如表 6.10 所示。

表 6.10　无人机执行目标任务的优先级

任务类型	目标编号		
	T_1	T_2	T_3
K_1	1.9	0	3.6
K_2	0	2.5	1.3
K_3	3.7	2.8	0

表 6.10 中的行表示目标编号，列表示任务类型。用 $T_{i,j}$ 表示第 i （i=1,2,3）个目标的第 j（j=1,2,3）个类型任务。表 6.10 中元素 x 的整数部分 $[x]$ 表示执行任务的无人机序号，小数部分 $\{x\}$ 表示该任务在对应无人机任务序列中的优先级。

在表 6.10 中，3 架从无人机执行目标任务所对应的信息如下。

① SUAV1 执行 T_1 目标的 K_1 类型任务与 T_3 目标的 K_2 类型任务，执行任务顺序为 $T_{1,1} \to T_{3,2}$。

② SUAV2 执行 T_2 目标的 K_3 类型任务与 T_2 目标的 K_2 类型任务，执行任务顺序为 $T_{2,3} \to T_{2,2}$。

③ SUAV3 执行 T_3 目标的 K_1 类型任务与 T_1 目标的 K_3 类型任务，执行任务顺序为 $T_{3,1} \to T_{1,3}$。

ABC-PSO 算法具体步骤如下。

① 初始化粒子群。设定学习因子 c_1，c_2；惯性权重 ω；初始化粒子速度、位置以及最大迭代次数。

② 对位置进行解码，判断约束条件是否满足。若满足，则转去执行步骤③；若不满足，则进行任务协调，将调整后的任务进行重新编码，更新粒子位置。

③ 按照目标函数计算每个粒子的适应度值，将当前各个粒子的最优位置和适应度值存储在 P_{best} 中，将现有 P_{best} 中适应度值最优的个体位置和适应度值存储在 G_{best} 中。

④ 根据式（6.45）更新惯性权重，根据式（6.46）和式（6.47）调整学习因子，利用 PSO 算法更新粒子速度和位置。

⑤ 利用式（6.48）在 P_{best} 周围搜索候选解 v_{ij}，若候选解最优，则用候选解取代步骤③中的最优解。

⑥ 判断算法收敛准则是否满足，如果满足则输出 G_{best}，并由 G_{best} 经解码操作得到最佳目标分配方案，算法结束；否则，转步骤②继续搜索。

（2）多无人机任务分配仿真分析

设定 1 架 MUAV、3 架 SUAV 和 6 个地面目标，所有地面目标任务类型一致且 3 架 SUAV 均符合任务资源载荷约束，所有的 SUAV 与目标都在 MUAV 监控范围内，目标及无人机的参数设置如表 6.11 和表 6.12 所示。算法参数设置：粒子群体规模为 30，粒子维度为 6，最大迭代次数为 100。

表 6.11 SUAV 信息

SUAV 编号	横坐标	纵坐标	价值	成功率
U_1	10	45	50	0.6
U_2	20	50	60	0.7
U_3	15	55	40	0.8

表 6.12 任务目标信息

目标编号	横坐标	纵坐标	目标价值	目标编号	横坐标	纵坐标	目标价值
T_1	50	50	20	T_4	75	20	100
T_2	60	70	20	T_5	80	50	40
T_3	65	55	40	T_6	78	70	50

该算例对 3 架 SUAV 执行 6 个目标任务进行了仿真，图 6.18 所示为算法迭代过程中目标函数值的变化曲线，当迭代次数达到 10 次时，得到最优解，目标函数最优值为 2.0219。

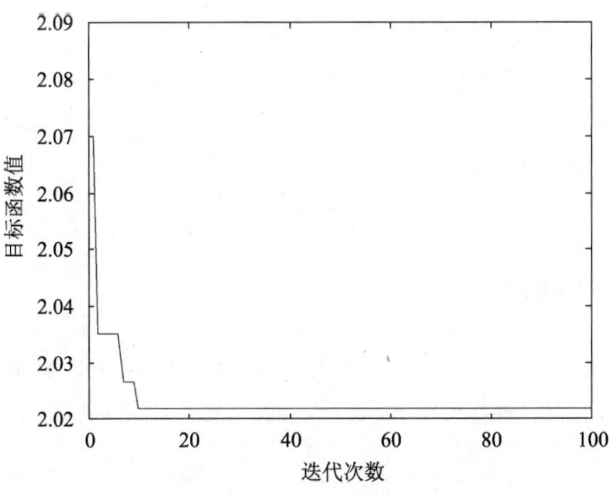

图 6.18 目标函数值的变化曲线

仿真得到最优粒子的位置矢量为 $(1.5\ \ 3.2\ \ 2.6\ \ 2.4\ \ 3.7\ \ 1.7)^{\mathrm{T}}$，对其进行解码，对应的任务分配方案如表 6.13 所示，任务分配态势如图 6.19 所示。

表 6.13　最优任务分配方案

SUAV 编号	任务分配方案
U_1	$T_1 \to T_6$
U_2	$T_4 \to T_3$
U_3	$T_2 \to T_5$

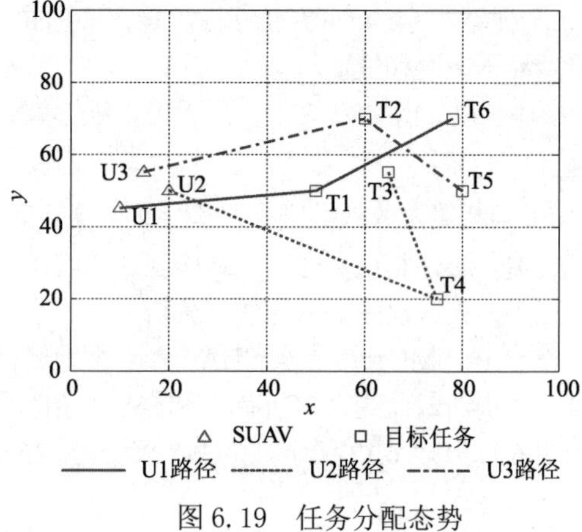

图 6.19　任务分配态势

将 ABC-PSO 算法与标准的 PSO 算法进行对比，这两种算法独立运算 100 次，取每一次迭代的目标函数均值，算法性能对比如图 6.20 所示。

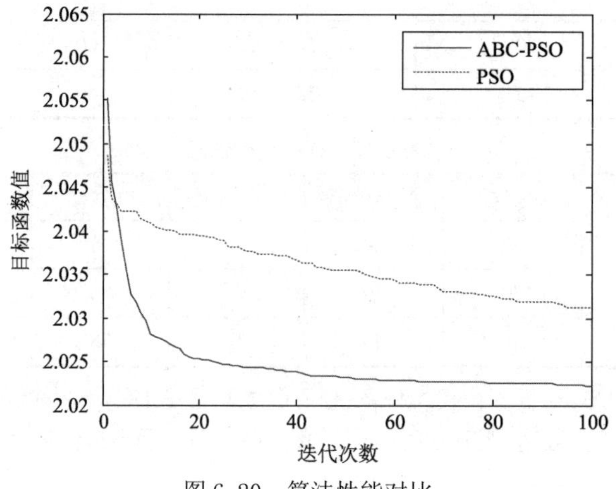

图 6.20　算法性能对比

由图 6.20 可以看出，ABC-PSO 算法收敛速度较快，且未发生陷入局部最优的情况；而基本 PSO 算法收敛速度较慢，且有时未能找到最优解。由此可见，采用 ABC-PSO 算法可以有效地解决城市环境下的异构多无人机任务分配。

6.5　本章小结

本章介绍了遗传算法、PSO 算法、量子进化算法和 ABC 算法这 4 种计算智能算法。在 PSO 算法的实施过程中，粒子的位置和速度更新公式的参数选取目前还没有理论方法，主要依赖设计者的经验。PSO 算法应用于高维复杂问题优化时，当种群还没有达到全局最优解时已经聚集到一点且停滞不动，出现早熟收敛现象；量子进化算法将量子理论中的量子态矢量表达引入进化算法中的染色体编码，利用量子门更新染色体，实现了比遗传算法更好的优选效果；ABC 算法在搜索过程中不易陷入局部极值点，即使在非连续和含有噪声的情况下，也能以较大的概率收敛到最优解，具有大范围全局搜索和并行性等特点，适用于并行计算，因而执行效率高。此外，ABC 算法的搜索以群体为基本单元，不受初始选择的影响。在实际应用中常常将多种智能算法相结合。

习　题

6.1　设被控对象为

$$G(s)=\frac{20}{8s^2+4s+1}\mathrm{e}^{-0.2s}$$

通过编程设计基于遗传算法的神经网络控制器，并对被控对象进行仿真实验。

6.2　在遗传算法中，二进制编码与浮点数编码有什么区别，各有什么优缺点?

6.3　比较遗传算法、PSO 算法、量子进化算法和 ABC 算法的优缺点，将这 4 种算法应用于一个智能 PID 控制器的优化设计，并对仿真结果进行分析。

07

深度学习

随着深度学习技术的飞速发展，智能控制的研究被注入了全新的活力，其中卷积神经网络（Convolutional Neural Network，CNN）是一种基于视觉神经感受野而提出的深度前馈神经网络，被广泛应用于图像理解、语音识别、姿态估计、目标跟踪等领域。本章介绍深度学习中卷积神经网络的基本结构和训练过程，以及卷积神经网络的实际应用。

7.1 卷积神经网络

卷积神经网络可分为输入层、隐层和输出层这几个部分，隐层中又有卷积层、池化层和全连接层等常见的结构。下面对几种主要的卷积神经网络结构进行简单介绍。

7.1.1 卷积神经网络的结构

从数学上讲，卷积就是一种运算。对于实数域上的两个可积函数 f 和 g ，两者的卷积运算可表示为

$$(f*g)(n)=\int_{-\infty}^{\infty}f(\tau)g(n-\tau)\mathrm{d}\tau \tag{7.1}$$

式中，符号“*”代表卷积运算。其离散形式为

$$(f*g)(n)=\sum_{\tau=-\infty}^{\infty}f(\tau)g(n-\tau) \tag{7.2}$$

卷积神经网络通常以层级结构进行搭建，主要分为以下 5 种结构。

（1）输入层

输入层严格意义上来说并不属于卷积神经网络结构，它的作用是对输入网络的数据图像进行预处理，即在这一层完成图像增强、归一化、标准化等操作。

（2）卷积层

卷积层作为主干层级结构，通过卷积核和图像之间的卷积操作，实现特征图的提取，随着层级的加深，提取的特征等级越高。卷积核为以特定方式进行初始化的矩阵，常用尺寸有 3×3、5×5、7×7，卷积核的参数通过网络训练更新。卷积操作为卷积核和其在源图像（特征图）上进行滑动时所对应的窗口矩阵进行矩阵内积计算，得到的数值为下一层特征图的像素值。为了有效减少网络参数个数，防止模型过拟合，单个卷积核以相同的参数完成整幅图的卷积。每一层卷积层常用不同的卷积核提取不同的特征，比如卷积层具有 N 个卷积核，则输出深度为 N 的特征图。图 7.1 所示为使用一幅图像进行 1 个卷积核的卷积操作。

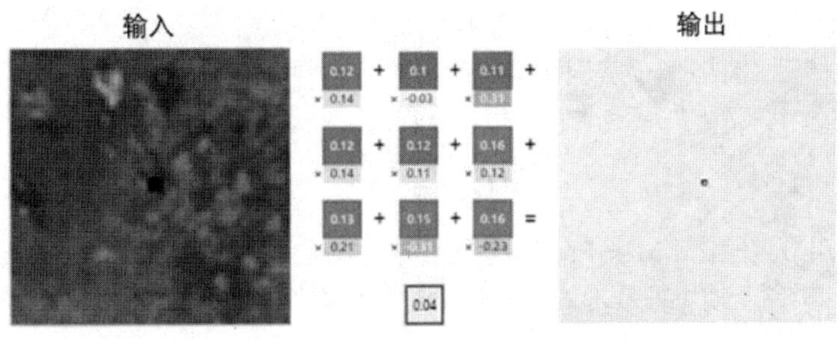

图 7.1　卷积层计算过程可视化

在卷积层中，卷积操作的实质就是使用一定尺寸、按步长滑动的卷积核来对局部的数据进行加权求和，并将计算得到的结果保存在对应位置，其过程如图 7.2 所示。通常情况下，一些简单的特征只需要几层卷积层就能够提取，而较为复杂的特征则需要使用更多的卷积层来提取。

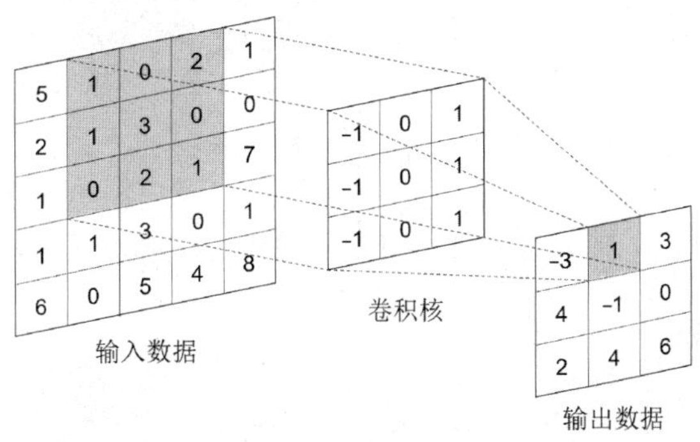

图 7.2　卷积过程示意

通常，卷积核呈方形，以便实现两个维度上的等比例采样。设卷积网络的输入图像尺寸为 $W \times W$，卷积核的尺寸为 $F \times F$，步长为 S，补零数为 P。那么经过卷积运算后输出图像的尺寸为

$$Q = \frac{W - F + 2P}{S} + 1 \qquad (7.3)$$

根据式（7.3），取 $W = 5$、$S = 1$、$F = 3$、$P = 0$，对一输入图像进行卷积操作，获取其输出 Q 值，如图 7.3 所示。

1	2	3	0	0
8	1	0	1	4
0	3	5	9	0
0	2	4	0	1
0	0	0	0	1

⊗

1	0	1
−2	0	1
0	1	0

⇨

−9	6	16
15	9	−6
9	8	−2

图 7.3　卷积操作

在卷积层对输入样本数据进行卷积操作后，所提取的特征维数依然较大，此时直接对特征进行分类会产生较大的计算量，计算过程也会相对复杂。因此，在使用特征训练分类器之前，要将所得到的特征进行降维操作，此时就需要使用降采样层，即映射层或池化层。

（3）池化层

池化层可以看作一种特殊的卷积层，主要作用是通过压缩图像（特征图）来减少训练参数数量。

在进行特征压缩的同时，也能提取具有尺度不变性的主要特征。

通常，池化核呈方形，以便实现两个维度上的等比例采样。设卷积网络的输入图像尺寸为 $I \times I$，池化核的尺寸为 $K \times K$，池化步长为 S。那么经过池化运算后输出图像的尺寸为

$$Q = \frac{I - K}{S} + 1 \tag{7.4}$$

池化层常采用最大池化（Max Pooling）层和平均池化（Mean Pooling）层，图 7.4 所示为两种池化层的原理。图 7.5 所示为最大池化层计算过程可视化。

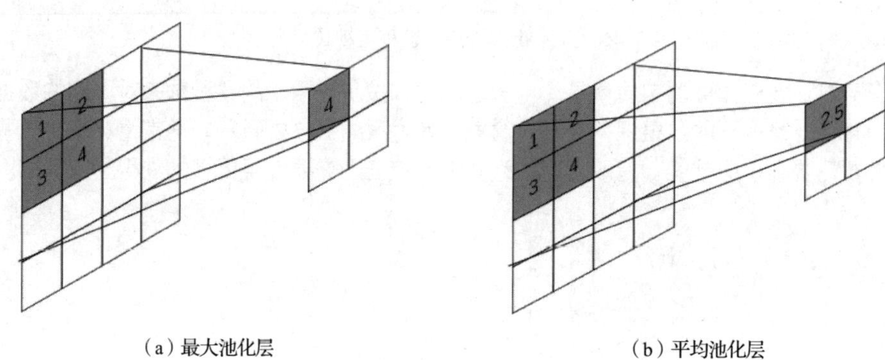

（a）最大池化层　　（b）平均池化层

图 7.4　最大池化层和平均池化层的原理

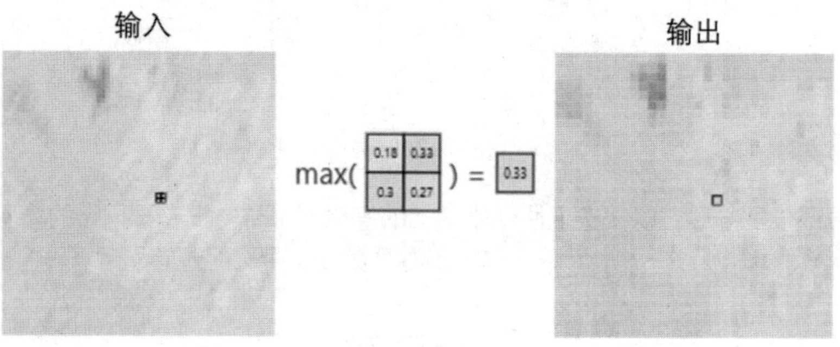

图 7.5　最大池化层计算过程可视化

最大池化：在池化操作中，最大池化是被用得最多的一种操作。在前向传播过程中，选取上一层中每一个池化核范围内最大的特征值作为本次池化操作的结果；在反向传播的过程中，梯度通过前向传播时的最大值进行反向传播，而其他位置则保持梯度为 0。该方法的最大优点是可以学习到图像的边缘和纹理结构。最大池化的操作过程如图 7.6 所示。

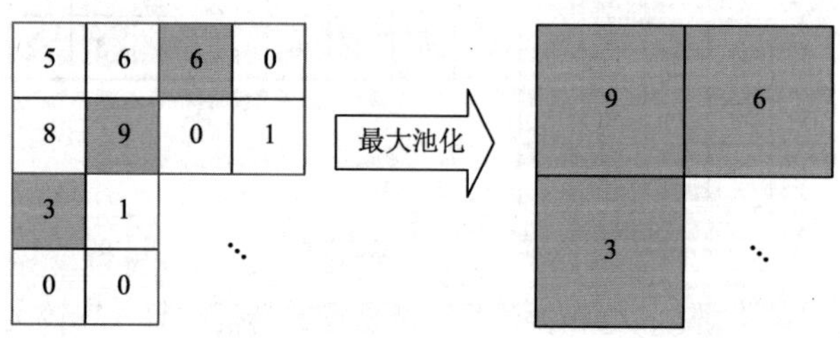

图 7.6　最大池化的操作过程

平均池化：在前向传播的过程中，选择上层图像区域中所有特征值的平均值作为该区域池化后的特征值。平均池化的最大优点是可以减少估计均值的偏移，其操作过程如图 7.7 所示。

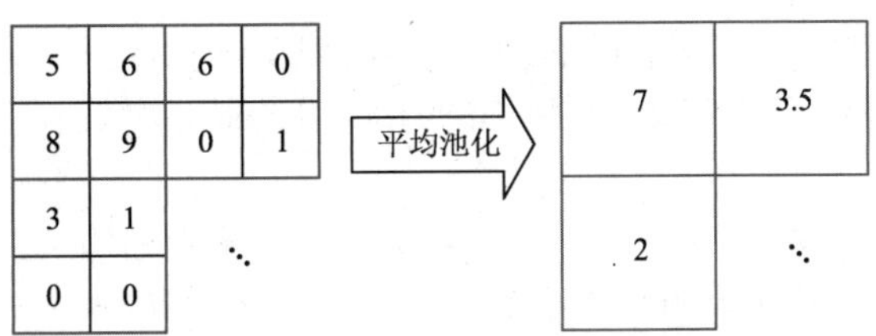

图 7.7　平均池化的操作过程

（4）全连接层

在卷积神经网络中，除了卷积层和池化层，还有全连接层，其主要起到特征整合的作用，即将卷积层和池化层提取到的特征映射到样本类别中。

全连接层一般用于构建卷积神经网络的输出网络，任意两层之间的神经元都分配权重。图 7.8 所示为全连接层结构示意。具体实现是将上一层卷积层（池化层）得到的二维矩阵压平为一维向量，经过多层全连接层后得到计算损失函数需要的输出。

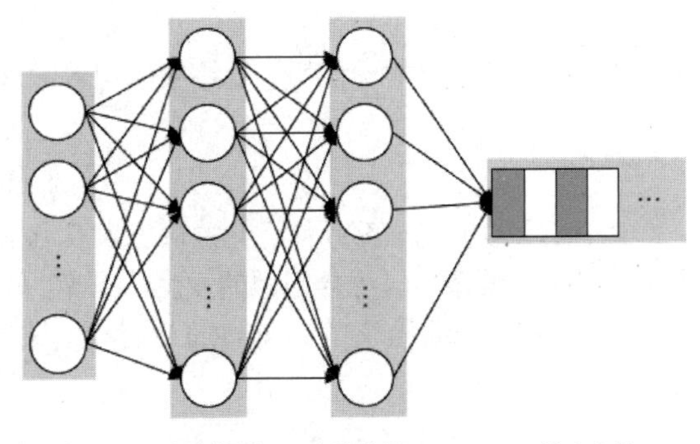

图 7.8　全连接层结构示意

（5）激活函数层

激活函数层通常添加在卷积层和全连接层之后，对它们的输出进行非线性变化。常用的激活函数有 Sigmoid、Tanh、ReLU 和 LeakyReLU 函数，它们的函数曲线如图 7.9 所示。

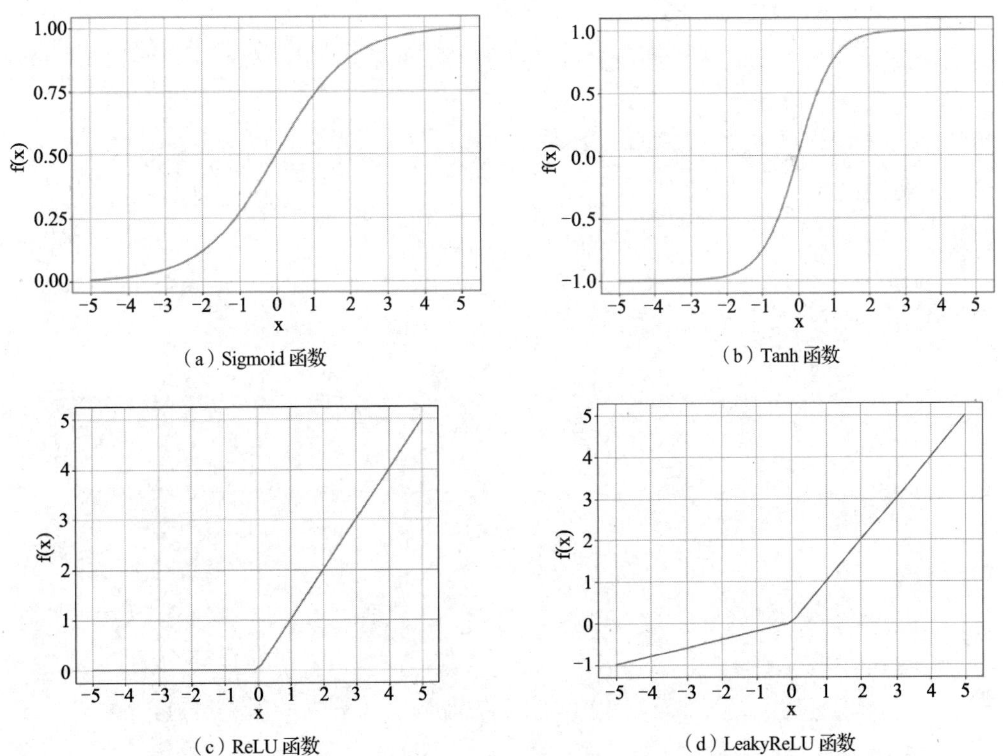

（a）Sigmoid 函数

（b）Tanh 函数

（c）ReLU 函数

（d）LeakyReLU 函数

图 7.9　常用激活函数曲线

Sigmoid 函数是传统神经网络中最常用的激活函数之一，被广泛用于二分类问题，其作用是将实数映射到(0,1)，但该函数在接近饱和区时，变换缓慢，导数趋于 0，很容易出现梯度消失的情况，造成信息丢失，从而无法完成深层网络的训练。Sigmoid 函数的表达式如下。

$$f(x)=\frac{1}{1+\mathrm{e}^{-x}} \tag{7.5}$$

Tanh 函数是 Sigmoid 函数的变形，它以零为中心，优化模型的收敛过程，常被用于全卷积网络的最后一层，其表达式如下。

$$f(x)=\frac{1-\mathrm{e}^{-2x}}{1+\mathrm{e}^{-2x}} \tag{7.6}$$

ReLU 函数是目前卷积神经网络中使用最频繁的激活函数之一，其表达式如下。

$$f(x)=\begin{cases}x，x\geqslant 0\\0，x<0\end{cases} \tag{7.7}$$

ReLU 函数会使一部分神经元的输出为 0，这样就造成了网络的稀疏性，并且减少了参数的相互依存关系，缓解了过拟合问题的发生。因此，学习率设置不合理会造成神经元"死亡"。为了解决这个问题，可选择改进的 LeakyReLU 函数，该函数在负值输入处增加了非零斜率，如图 7.9（d）所示。

LeakyReLU 函数的表达式如下。

$$f(x)=\begin{cases}x， & x\geqslant 0\\\alpha x， & x<0\end{cases} \tag{7.8}$$

其中α 为常数，这样，在$x<0$时，该函数的梯度就不再是 0，从而避免出现神经元"坏死"现象。

绘制上述 4 种激活函数曲线的 MATLAB 程序如下。

```
clc
clear
x = linspace(-5,5);
sigmoid = 1./(1.0+exp(-1.0*x));
plot(x,sigmoid,'b');
legend('sigmoid');
grid on;
figure
x = linspace(-5,5);
tanh1 = (1.0-exp(-2*x))/(1.0+exp(-2*x));
tanh = 2./(1+exp(-2*x))-1;
plot(x,tanh,'b');
legend('tanh');
grid on;
figure
x = linspace(-5,5);
relu = max(x,0);
plot(x,relu,'b');
legend('relu');
grid on;
figure
x = linspace(-5,5);
leakyrelu = x.*(x>=0)+(0.2*x).*(x<0);
plot(x,leakyrelu,'b');
legend('leakyrelu');
grid on;
```

图 7.10 所示为 ReLU 激活函数计算的可视化过程。在输入为正数时，不会造成梯度消失，且因为映射只有线性关系，前向传播和反向传播的计算速度都比 Sigmoid、Tanh 函数快得多。

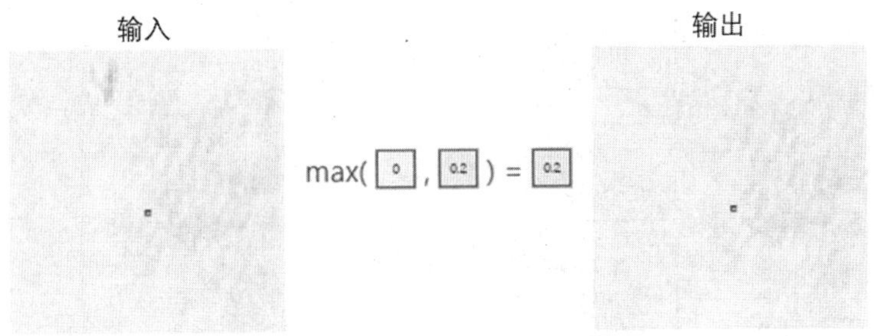

图 7.10 ReLU 激活函数计算的可视化过程

对于深度卷积神经网络，参数越多，学习能力越强，不过也容易产生模型过拟合。一旦产生过拟合，所训练的网络模型就无法用于实际分类。为了解决这个问题，采用 Dropout，其原理是在前向传播时，设置一定的概率，使得某些神经元停止工作，从而达到提高模型泛化能力的目的，同时减少参数的训练时间。

Dropout 的工作原理如图 7.11 所示。一般来说，神经元的失活概率设为 0.5。首先将网络中 50%的神经元使用随机的方法删除，并且在删除的同时保持输入、输出层的神经元个数不发生变化。然后使用前向传播的方式，在修改后的网络中输入样本的特征值信息，将得到的损失值再经该网络反向传播。通过一批样本的训练后，在初始网络上采取随机梯度下降法更新网络中的权重，最后不断重复上述过程。

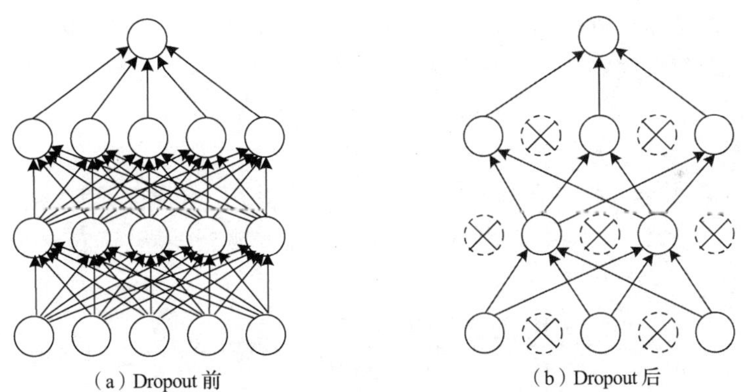

图 7.11 Dropout 的工作原理

神经网络中参数的更新算法有多种，其中自适应矩估计（Adaptive Moment Estimation，Adam）算法在深度学习中最为广泛。与其他更新算法相比，Adam 算法的计算效率较高，需要内存少，可以适应较大的数据集和较好地处理稀疏集，拥有更好的自适应学习率。

7.1.2 卷积神经网络的训练

卷积神经网络的训练过程分为两个阶段：前向传播和反向传播。其训练流程图如图 7.12 所示。首先对网络的权值进行初始化，然后将输入图像经过输入层、中间层和输出层得到实际输出，建立相应的损失函数，表示实际输出和期望输出之间的误差 e，当误差高于设置的阈值时，将误差反向传回网络，计算误差相对于各参数的梯度，并依据相关优化算法进行参数的更新，再次进行前向传播的计算。循环以上操作直到误差低于阈值，训练结束，保存模型。

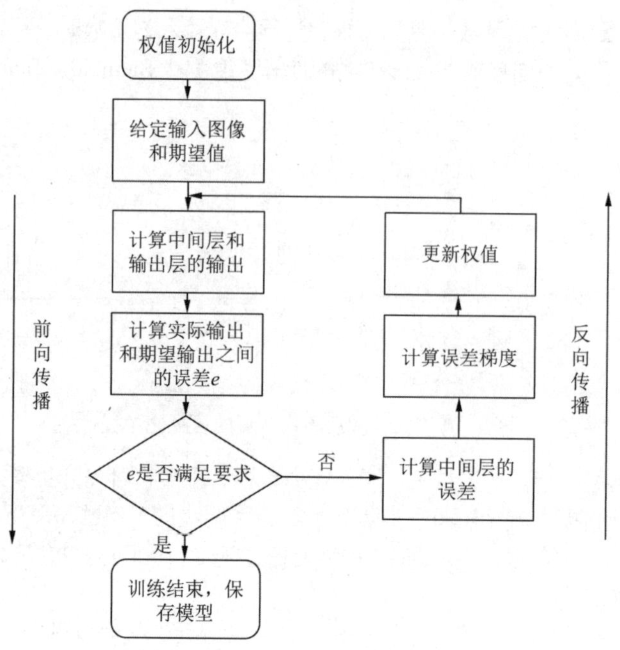

图 7.12　卷积神经网络训练流程图

（1）前向传播

卷积神经网络的前向传播除了最后的全连接层，多数是在二维图像（无论是输入图像还是中间层得到的特征图）上进行卷积计算。用 $\boldsymbol{W}^l$ 和 $\boldsymbol{b}^l$ 分别表示第 l 层的权值向量和偏置向量，z^l 表示第 l 层的输入，$l = L$ 表示网络的最后一层，σ 表示激活函数，$\boldsymbol{y}^l$ 表示 z^l 经过激活函数后的输出向量，前向传播计算过程如下。

$$\boldsymbol{y}^l = \sigma(z^l) = \sigma(\boldsymbol{W}^l \boldsymbol{y}^{l-1} + \boldsymbol{b}^l) \tag{7.9}$$

（2）反向传播

在卷积神经网络的全连接层反向传播计算中，定义第 l 层的梯度误差为 $\boldsymbol{\delta}^l$，目标函数为 $J(\boldsymbol{W},\boldsymbol{b})$，若将 $\partial J / \partial z^l$ 记为 $\boldsymbol{\delta}^l$，而 $z^l = \boldsymbol{W}^l \boldsymbol{y}^{l-1} + \boldsymbol{b}^l$，根据矩阵与向量求导规则，有 $\partial z^l / \partial \boldsymbol{W}^l = (\boldsymbol{y}^{l-1})^{\mathrm{T}}$，又有 $\partial z^l / \partial \boldsymbol{b}^l = 1$。因此，可得

$$\frac{\partial J(\boldsymbol{W},\boldsymbol{b})}{\partial \boldsymbol{W}^l} = \frac{\partial J(\boldsymbol{W},\boldsymbol{b})}{\partial z^l}\frac{\partial z^l}{\partial \boldsymbol{W}^l} = \boldsymbol{\delta}^l (\boldsymbol{y}^{l-1})^{\mathrm{T}} \tag{7.10}$$

$$\frac{\partial J(\boldsymbol{W},\boldsymbol{b})}{\partial \boldsymbol{b}^l} = \frac{\partial J(\boldsymbol{W},\boldsymbol{b})}{\partial z^l}\frac{\partial z^l}{\partial \boldsymbol{b}^l} = \boldsymbol{\delta}^l \tag{7.11}$$

J 层的输出值是标量，而 z^l 是向量，根据标量对向量求导规则及链式法则，可得

$$\boldsymbol{\delta}^l = \frac{\partial J(\boldsymbol{W},\boldsymbol{b})}{\partial z^l} = \frac{\partial J(\boldsymbol{W},\boldsymbol{b})}{\partial z^{l+1}}\frac{\partial z^{l+1}}{\partial z^l} = \left(\frac{\partial z^{l+1}}{\partial z^l}\right)^{\mathrm{T}} \frac{\partial J(\boldsymbol{W},\boldsymbol{b})}{\partial z^{l+1}} = \left(\frac{\partial z^{l+1}}{\partial z^l}\right)^{\mathrm{T}} \boldsymbol{\delta}^{l+1} \tag{7.12}$$

由于 $z^{l+1} = \boldsymbol{W}^{l+1}\boldsymbol{y}^l + \boldsymbol{b}^{l+1} = \boldsymbol{W}^{l+1}\sigma\left(z^l\right) + \boldsymbol{b}^{l+1}$，根据求导规则及链式法则，可得

$$\frac{\partial z^{l+1}}{\partial z^l} = \frac{\partial z^{l+1}}{\sigma(z^l)}\frac{\sigma(z^l)}{\partial z^l} = \boldsymbol{W}^{l+1}\mathrm{diag}(\boldsymbol{\sigma}'(z^l)) \tag{7.13}$$

其中，$\boldsymbol{\sigma}'$ 表示激活函数的导数。将式（7.12）代入式（7.11）后，可得

$$\boldsymbol{\delta}^l = \mathrm{diag}(\sigma'(z^l))(\boldsymbol{W}^{l+1})^{\mathrm{T}}\boldsymbol{\delta}^{l+1} = (\boldsymbol{W}^{l+1})^{\mathrm{T}}\boldsymbol{\delta}^{l+1} \odot \boldsymbol{\sigma}'(z^l) \tag{7.14}$$

其中，⊙ 称为阿达马（Hadamard）乘积，表示按元素相乘。例如

$$\begin{pmatrix}2\\3\end{pmatrix}\odot\begin{pmatrix}4\\2\end{pmatrix}=\begin{pmatrix}2\times4\\3\times2\end{pmatrix}=\begin{pmatrix}8\\6\end{pmatrix}$$

式（7.14）表明了 $\boldsymbol{\delta}^l$ 和 $\boldsymbol{\delta}^{l+1}$ 之间存在递推关系。因此，只要获得网络最后一层的 $\boldsymbol{\delta}^L$ 就可以递推出第 l 层的 $\boldsymbol{\delta}^l$，进而求得 $\partial J/\partial \boldsymbol{W}^l$ 和 $\partial J/\partial \boldsymbol{b}^l$。

（3）参数更新

通过反向传播得到 $\boldsymbol{W}^l$ 和 $\boldsymbol{b}^l$ 的梯度后，下面将通过梯度下降法等优化算法进行参数更新，以达到减小目标函数 $J(\boldsymbol{W},\boldsymbol{b})$ 的训练目的。梯度在几何意义上可以理解为函数在该点变化最大的方向，因此为了找到目标函数的最小值，参数需要往梯度的负方向变化，其计算过程如下。

$$\begin{aligned}\boldsymbol{W}&=\boldsymbol{W}-\beta\frac{\partial J(\boldsymbol{W},\boldsymbol{b})}{\partial \boldsymbol{W}}\\ \boldsymbol{b}&=\boldsymbol{b}-\beta\frac{\partial J(\boldsymbol{W},\boldsymbol{b})}{\partial \boldsymbol{b}}\end{aligned}\tag{7.15}$$

式中，β 表示学习率。

7.2 典型卷积神经网络

7.2.1 LeNet 模型结构

LeNet 模型是早期的经典卷积神经网络结构，与其他大多数卷积神经网络模型一样，都包括处理输入的输入层和处理模型分类结果的输出层，以及进行特征提取的卷积层、池化层和全连接层，其结构如图 7.13 所示。

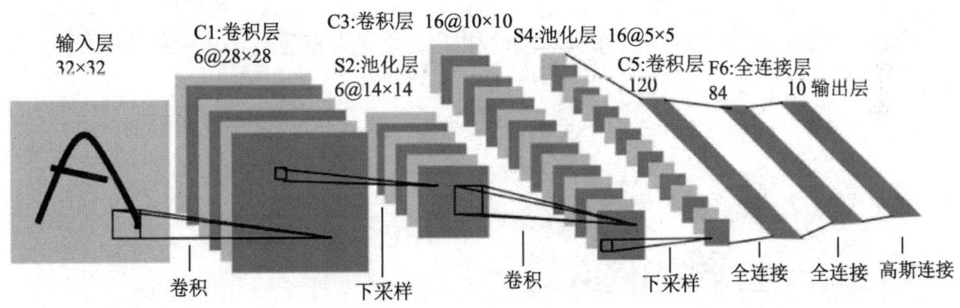

图 7.13 LeNet 模型结构

由图 7.13 可知，LeNet 对输入数据进行了两次卷积操作和两次池化操作，得到 16 个尺寸为 5×5 的特征图，再经过两个全连接层实现对 10 个手写字母的识别、分类。

在卷积神经网络中，卷积层的作用是提取样本中的特征值；池化层则对这些样本特征按照一定的规律进行选取，以缩减分类过程中的特征处理计算量。卷积层的卷积核在与上层进行卷积操作时，每次都按一定的步长依次进行，得到的卷积值再通过激活函数运算，并作为下一层网络的特征值。如图 7.13 所示，一幅输入时尺寸为 32×32 的二维灰度图像在经过第一层卷积层后转化为 6 个尺寸为 28×28 的特征图，第 j 个特征图计算公式为

$$\boldsymbol{x}_j^l=f\left(\boldsymbol{x}_j^{l-1}*\boldsymbol{w}_j^{l-1,l}+\boldsymbol{b}_j^l\right)\tag{7.16}$$

其中，$\boldsymbol{x}_j^l$ 为经过卷积之后的第 l 层的第 j 个特征图，$\boldsymbol{x}_j^{l-1}$ 为第$(l-1)$层的第 j 个特征图，$\boldsymbol{w}_j^{l-1,l}$ 为第$(l-1)$层和第 l 层之间的第 j 个卷积核，$\boldsymbol{b}_j^l$ 为偏置项，“$*$”表示卷积核与上层特征图之间的卷积操作，$f(\cdot)$ 为激活函数。

池化操作求取某个区域内的最大特征值或平均特征值。通过对输入图像进行两次卷积和池化操作后，得到 16 个尺寸为 5×5 的特征图，共计 400 个特征点，将其拉平之后作为全连接层的输入。全连接层对所有输入特征进行最后的分类，并将识别结果与输入样本图像对应的标签进行比较，再经反向传播算法更新神经网络内部的各个参数，以达到训练神经网络的目的。

在图 7.13 所示的 LeNet 模型结构中，输出层采用没有激活函数的高斯连接，对来自全连接层 F6 的输出 x_j（$j=0,1,2,\cdots,83$）与其各个节点上的权值 w_{ij}（$i=0,1,2,\cdots,9;\ j=0,1,2,\cdots,83$）进行欧式径向基函数（Euclidean Radial Basis Function）运算，最后从 10 个输出层节点输出结果。

$$y_i=\sum_{j=0}^{83}(x_j-w_{ij})^2,\quad i=0,1,2,\cdots,9$$

在常规的深度学习网络中，输出层的作用是输出模型的分类结果，在多分类的输出层中，分类器常采用 Softmax。假设有 k 个类别，其表达式如下。

$$\begin{pmatrix} p(y=1\mid \boldsymbol{X};\boldsymbol{W}_1) \\ p(y=2\mid \boldsymbol{X};\boldsymbol{W}_2) \\ \vdots \\ p(y=k\mid \boldsymbol{X};\boldsymbol{W}_k) \end{pmatrix}=\frac{1}{\sum_{i=1}^{k}\mathrm{e}^{\boldsymbol{W}_i^{\mathrm{T}}\boldsymbol{X}}}\begin{pmatrix} \mathrm{e}^{\boldsymbol{W}_1^{\mathrm{T}}\boldsymbol{X}} \\ \mathrm{e}^{\boldsymbol{W}_2^{\mathrm{T}}\boldsymbol{X}} \\ \vdots \\ \mathrm{e}^{\boldsymbol{W}_k^{\mathrm{T}}\boldsymbol{X}} \end{pmatrix} \tag{7.17}$$

式中，$\boldsymbol{X}$ 表示由全连接层输出的特征值向量，$\boldsymbol{W}_k$ 表示分类模型参数向量，k 表示分类的类别数。最后的输出结果累加和为 1，每个输出值 $p(y=k\mid \boldsymbol{X};\boldsymbol{W}_k)$ 都代表输入样本归于对应类别的概率，其中输出值越大，代表样本属于本类的可能性越大。

由于模型不可能与实际完全相符，实际与期望的输出之间会存在差值，训练卷积神经网络的目的就是减少差值，使得模型尽可能地与实际相符合。交叉熵表示两个概率分布之间的相似度，可以用来衡量一个深度神经网络实际输出和期望输出的接近程度。下面定义一种交叉熵损失函数为

$$L=-\sum_{k=1}^{K}y\ln p(y=k\mid \boldsymbol{X};\boldsymbol{W}_k) \tag{7.18}$$

式中，y 为标签，p 为实际计算概率。

7.2.2 生成对抗网络

1. 生成对抗网络的结构

生成对抗网络（Generative Adversarial Network，GAN）的原理来源于博弈论的纳什均衡，它设定参与游戏双方分别为一个生成器 G（Generator）和一个判别器 D（Discriminator），生成器的目的是尽量学习真实的数据分布，而判别器的目的是尽量正确判别输入数据是来自真实数据还是来自生成器。生成对抗网络自从 2014 年由兰·古德费洛（Lan Goodfellow）提出后，因为其强大的图像生成性能，引起了深度学习和图像处理领域的极大关注。生成对抗网络的结构如图 7.14 所示，它包含生成器 G 和判别器 D。

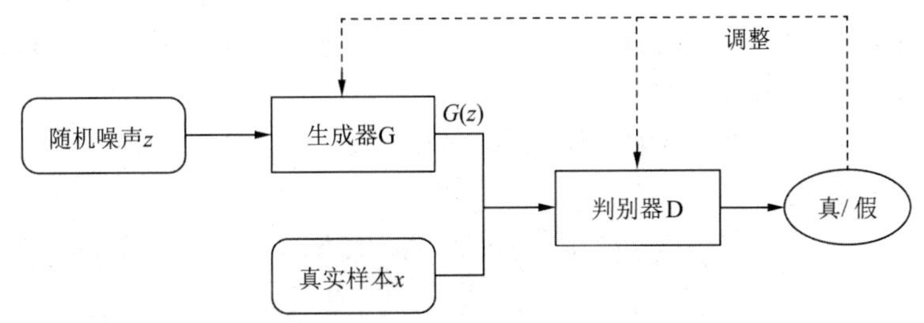

图 7. 14　生成对抗网络的模型结构

生成器 G 的作用是学习真实样本的分布，并在训练过程中将随机噪声 z 映射到真实样本空间中，尽可能生成符合真实样本分布的伪造样本 $G(z)$。判别器 D 的作用则是对输入其中的样本进行真假判断，判断样本的来源是来自真实的还是来自伪造的，并输出真假概率值。生成器 G 的训练目的便是依靠其网络权重的更新来生成伪造样本，最大化判别器 D 将伪造样本判断为真的概率。而判别器 D 的训练目的则相反，其更新网络权重的目的是提高将伪造样本判断为假、将真实样本判断为真的概率。换句话说，生成器 G 和判别器 D 的训练可以看作对价值函数 $V(D,G)$ 进行极大极小博弈的问题，最终目的是两者达成纳什均衡。价值函数 $V(D,G)$ 的定义如下。

$$\min_{G}\max_{D}V(D,G)=E_{x\sim p_{\text{data}}(x)}[\ln D(x)]+E_{z\sim p_z(z)}[\ln(1-D(G(z)))] \tag{7.19}$$

式中，x 表示真实样本，z 为随机噪声，$E_{x\sim p_{\text{data}}(x)}$ 为真实样本分布的期望，$E_{z\sim p_z(z)}$ 为噪声分布的期望，通常满足高斯分布或正态分布，$D(x)$ 表示判别器判断真实样本是否真实的概率，$D(G(z))$ 表示判别器判断伪造样本是否真实的概率。

由式（7.19）可以推断，判别器 D 最大化 $V(D,G)$，则需最大化 $D(x)$ 以及最小化 $D(G(z))$；生成器 G 最小化 $V(D,G)$，则需最大化 $D(G(z))$。

2. 生成对抗网络的训练过程

图 7.15 所示为生成对抗网络的训练过程。

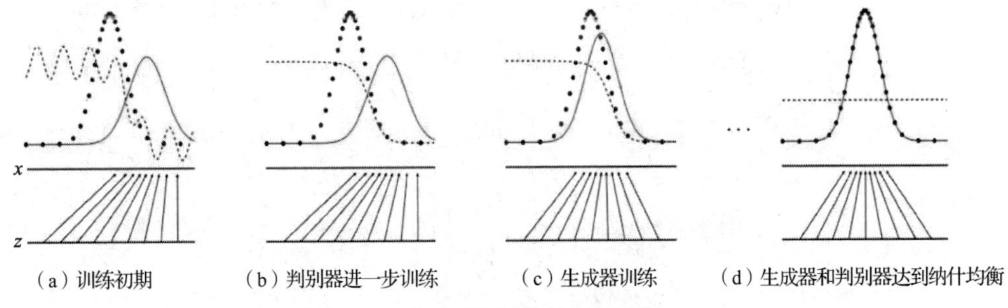

图 7. 15　生成对抗网络的训练过程

在图 7.15 中，黑粗虚线表示真实样本 $p_{\text{data}}(x)$ 的分布，实线表示生成样本（伪造样本）$p_{\text{g}}(x)$ 的分布，黑浅虚线表示判别器输出概率的分布，中间的黑色实线表示真实样本 x 的域空间，底部的黑色实线表示随机噪声 z 的域空间，两条线之间的箭头簇表示对随机噪声进行采样并施加映射。图 7.15（a）表示训练初期，$p_{\text{g}}(x)$ 的分布与 $p_{\text{data}}(x)$ 的分布相似，但并不完全一致，判别器还是一个局部准确的分类器。图 7.15（b）表示随着对判别器进行进一步训练后，判别器的判断能力提高，其输出逐渐收敛到 $D^*(x)$，其表达式如下。

$$D^*(x)=\frac{p_{\text{data}}(x)}{p_{\text{data}}(x)+p_{\text{g}}(x)} \tag{7.20}$$

图 7.15（c）表示在性能提高的判别器的引导下，生成器的训练迫使 $p_{g}(x)$ 进一步往 $p_{data}(x)$ 靠近。图 7.15（d）表示经过循环训练后，生成器和判别器达到纳什均衡，最理想的情况便是 $p_{g}(x)=p_{data}(x)$，判别器的输出 $D(x)=0.5$。

综合以上介绍可以得出生成对抗网络的训练算法，其伪代码如下。

使用小批量随机梯度下降法训练。n 表示迭代次数，k 表示每训练 k 次后更新判别器。

```
for n do
    for k do
    从生成样本 p_g(z) 中采样 m 个样本 {z^(1),…,z^(m)}。
    从真实样本 p_data(x) 中采样 m 个样本 {x^(1),…,x^(m)}。
    使用随机梯度上升法更新判别器：
    ∇_{θ_d} (1/m) Σ_{i=1}^{m} [ lnD(x^(i)) + ln(1 - D(G(z^(i)))) ]。
    End for
    从生成样木 p_g(z) 中采样 m 个样本 {z^(1),…,z^(m)}。
    使用梯度下降法更新生成器（最小化价值函数）：
    ∇_{θ_g} (1/m) Σ_{i=1}^{m} ln(1 - D(G(z^(i))))。
End for
```

3. 生成对抗网络的损失函数

从以上训练过程可以看出生成器和判别器的训练目的都是调整价值函数 $V(D,G)$。价值函数在神经网络训练时有一个更普遍的称呼——损失函数，因此损失函数的设计与选择对模型的收敛以及性能至关重要。

① JS 散度损失函数。

最小化损失函数的目的可以认为是最小化 $p_{g}(x)$ 分布和 $p_{data}(x)$ 分布之间的距离，原始生成对抗网络采用交叉熵损失，使用JS（Jensen-Shannon，詹森-香农）散度来衡量两个分布之间的距离，为简化后续公式，用 P 表示 $p_{data}(x)$ 分布，用 Q 表示 $p_{g}(x)$ 分布。JS 散度的表达式如下。

$$\mathrm{JS}(P\|Q)=\frac{1}{2}\mathrm{KL}\left(P\|\frac{P+Q}{2}\right)+\frac{1}{2}\mathrm{KL}\left(Q\|\frac{P+Q}{2}\right) \tag{7.21}$$

式中，KL 表示两个分布的 KL（Kullback–Leibler，库尔贝克-莱布勒）散度，其连续分布表达式如下。

$$D_{\mathrm{KL}}(P\|Q)=\mathbb{E}_{x\sim P}\left[\ln\frac{P(x)}{Q(x)}\right]=\int P(x)\ln\frac{P(x)}{Q(x)}\mathrm{d}x \tag{7.22}$$

式中，$P(x)$ 和 $Q(x)$ 分别是 x 对应的概率函数。从 KL 散度公式中可以看到 Q 的分布越接近 P，散度值越小，即损失值越小。

② 最小二乘损失函数。

由 Mao X 等人提出的最小二乘生成对抗网络（LSGAN），则采用 F 散度（F-divergence）来衡量不同分布之间的距离，给定分布 P 和 Q，$P(x)$ 和 $Q(x)$ 分别是 x 对应的概率函数，F 散度表达式如下。

$$D_{f}(P\|Q)=\int Q(x)f\left(\frac{P(x)}{Q(x)}\right)\mathrm{d}x \tag{7.23}$$

式中，f为凸函数且满足 $f(1)=0$ 。

当取f为 $f(t)=(t-1)^2$ 时，便可以得到最小二乘损失函数，其表达式如下。

$$\min_D V_{\text{LSGAN}}(D)=\frac{1}{2}\mathbb{E}_{x\sim p_{\text{data}}(x)}\left[(D(x)-b)^2\right]+\frac{1}{2}\mathbb{E}_{z\sim p_z(z)}\left[(D(G(z))-a)^2\right]$$
$$\min_G V_{\text{LSGAN}}(G)=\frac{1}{2}\mathbb{E}_{z\sim p_z(z)}\left[(D(G(z))-c)^2\right] \tag{7.24}$$

式中，a、b、c 有两种取值方式：一种是满足等式$b-c=1$和$b-a=2$，常设置为 $a=-1$，$b=1$，$c=0$；另一种是满足等式$b=c$，常设置为 $a=0$，$b=1$，$c=1$。

使用最小二乘损失函数可以解决传统生成对抗网络训练时出现的梯度饱和问题，以及依靠惩罚远离判别器决策边界的生成样本来改善样本生成质量。

7.2.3 残差网络结构

残差网络由何恺明等人提出，其通过引入残差块和跳跃连接（Skip Connection）来解决深层网络的退化问题。该问题是指随着网络深度的增加，训练损失函数先逐渐下降趋于饱和，然后又反向增加的现象，引入残差块可以提高网络的深度上限，对于同等深度的网络也可以提高收敛速度。残差块的结构如图 7.16 所示。

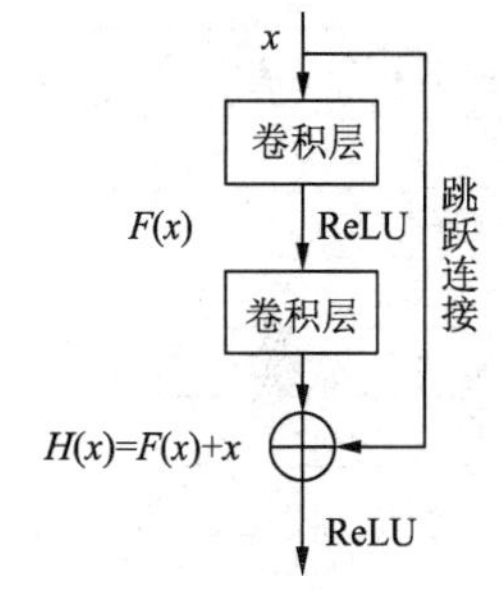

图 7. 16　残差块的结构

图 7.16 中 x 为残差块的输入，经过第一层卷积层和 ReLU 激活函数后得到 $F(x)$，再经过第二层卷积层后将输入 x 和 $F(x)$ 相加得到 $H(x)$，跳跃连接即将前一层的输入传递至后面的层以实现信息的隔层传递。

在此基础上，给出一种基于残差网络的生成器结构，如图 7.17 所示。

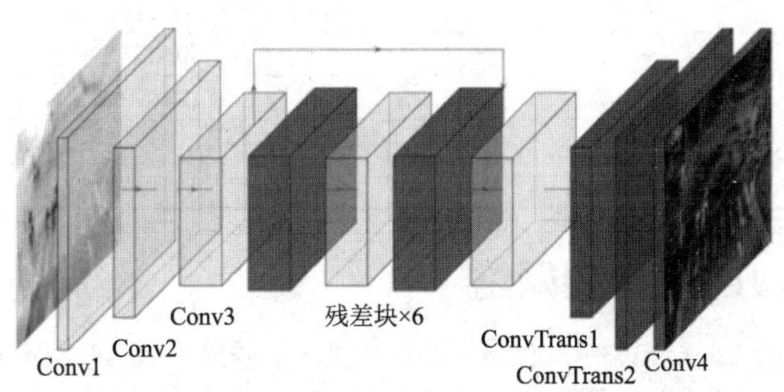

图 7. 17　基于残差网络的生成器结构

首先将图像对输入 3 层卷积层，得到浅层特征图；然后经过 6 个结构相同的残差块进行深层特征图的提取，在残差块中，为了维持特征图的尺寸一致，在每层卷积层之间添加了边缘填充层（Padding Layer）；最后将特征图经过两层转置卷积层和一层输出卷积层后得到输出图像。

7.2.4 U-Net 结构

U-Net 由 O.龙内贝格尔（O Ronneberger）等人提出，该网络由对称的收缩路径和扩张路径构成（即编码层-解码层结构），因为其形状呈 U 型，所以取名为 U-Net。收缩路径由连续的卷积层组成，对图像进行成倍的下采样获得不同深度的特征图扩张路径采用与收缩路径相同数量的转置卷积层，将特征图进行上采样得到语义图。在上采样过程中，采用跳跃连接将收缩路径和扩张路径对应的等尺寸特征图进行通道拼接。

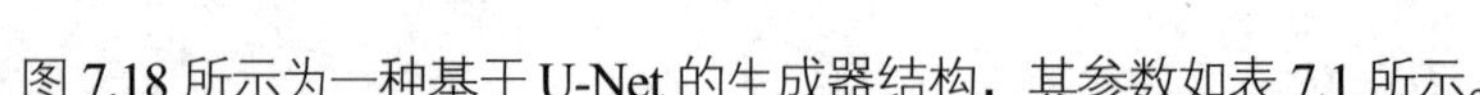

图 7.18 所示为一种基于 U-Net 的生成器结构，其参数如表 7.1 所示。

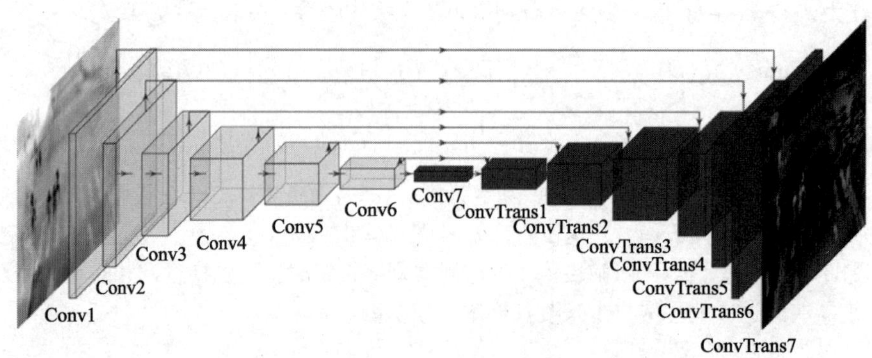

图 7.18　基于 U-Net 的生成器结构

表 7.1　基于 U-Net 的生成器参数

卷积层	卷积核尺寸/步长	输出尺寸
Conv1	4×4/2	240×180×32
Conv2	4×4/2	120×90×64
Conv3	4×4/2	60×45×128
Conv4	4×4/2	30×24×256
Conv5	4×4/2	16×12×512
Conv6	4×4/2	8×6×512
Conv7	4×4/2	4×3×512
ConvTrans1	4×4/2	8×6×512
ConvTrans2	4×4/2	16×12×512
ConvTrans3	4×4/2	30×24×256
ConvTrans4	4×4/2	60×45×128
ConvTrans5	4×4/2	120×90×64
ConvTrans6	4×4/2	240×180×32
ConvTrans7	4×4/2	480×360×3

7.2.5　YOLO 模型网络

YOLO（You Only Look Once）系列最早由约瑟夫·雷德蒙（Joseph Redmon）等人于 2015 年提出，该系列模型基于端到端的思想，将目标检测问题转化为回归问题，将合并分类和定位任务作为一个步骤，通过输入整幅图像直接得到目标边界框的坐标和所属类别。

YOLO 系列的整体检测流程如下：首先将输入图像均分成网格单元（Grid Cell），预测目标的中心落在哪个网格，并用这个网格预测该目标，然后经过一系列卷积操作（特征提取网络），对于每一个网格单元输出 N 组向量 (x,y,w,h,c,cls)，其中 (x,y,w,h,c) 表示预测包围框（Bounding Box）的坐标信息和目标置信度，cls 表示目标所属类别，最后使用非极大值抑制算法剔除冗余的预测包围框，得到最后的目标包围框。

（1）网络模型

图 7.19 所示为 YOLOv3 模型的网络结构，它由特征提取网络和多尺度预测网络两部分组成。其中特征提取网络采用 Darknet-53 的设计，利用连续的卷积块提取图像特征，并引入残差网络的连接方式来提升网络的深度。

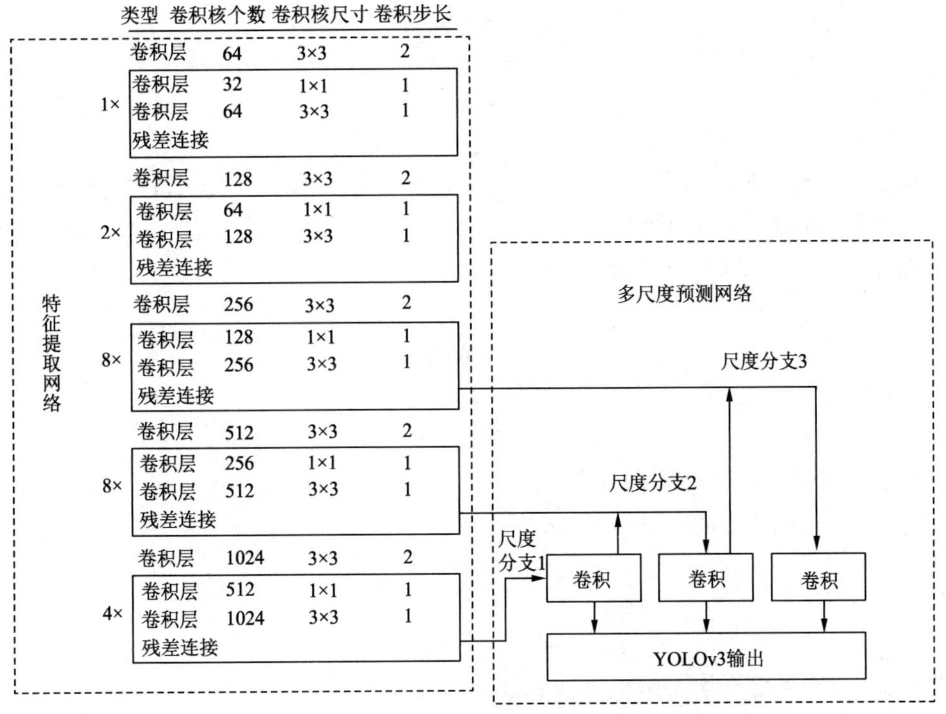

图 7.19 YOLOv3 模型的网络结构

多尺度预测网络由 3 条尺度分支组成。尺度分支 1 直接使用最后一层特征图，经过额外的卷积层后得到第一组输出张量。尺度分支 2 通过对最后一层特征图进行上采样，然后与上一层级的特征图进行通道拼接，再经过卷积层得到第二组输出张量。尺度分支 3 通过对尺度分支 2 得到的通道拼接特征图进行上采样，与再上一层级的特征图进行通道拼接，最后经过卷积层得到第三组输出张量。通过这样的设计，利用不同尺度下的特征图所对应的感受野范围不同，实现了源图像上不同尺寸目标的预测。

（2）包围框回归

以往的包围框回归多是采用绝对坐标值来进行误差计算的。YOLOv3 为了提高预测的准确度，采用偏移量的误差来进行回归，其具体表示如图 7.20 所示。

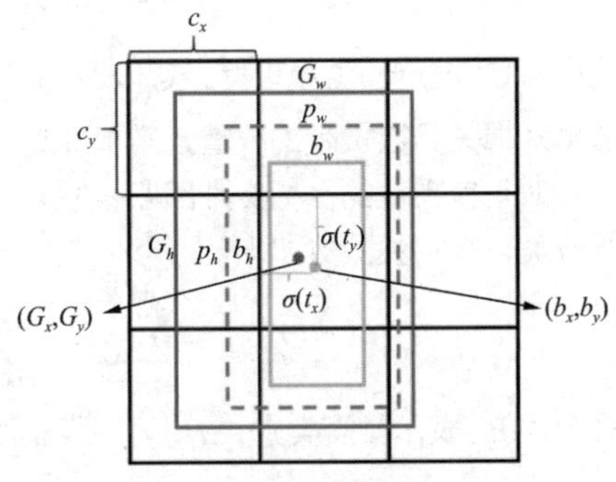

图 7.20 各类包围框的具体表示

图 7.20 中，外面的网格框表示用以预测的特征图，每个网格表示特征图上的像素点，以左上角的顶点为原点，(c_x,c_y) 表示某个网格相对于原点的偏移坐标。内部的实线框表示目标标记框（Ground Box），由训练数据集的标签提供。(G_x,G_y)、G_w、G_h 表示标记框的中心坐标以及对应的宽和高，因为已经经过归一化处理，所以适用于任意尺寸的特征图。虚线框表示锚框（Anchor Box），是通过对训练数据集中的标记框进行统计或聚类得到的先验框，p_w、p_h 表示锚框的宽和高。通过对预测对象的范围进行约束有助于提高模型收敛的速度。在 YOLOv3 中，为不同尺度的特征图的每个网格单元分配 3 个形状不同的锚框。中间的实线框表示模型的预测框，其通过模型的实际输出向量 $\left(t_x\ t_y\ t_w\ t_h\right)$ 间接表示，具体表示如下。

$$
\begin{aligned}
b_x &= \sigma(t_x) + c_x \\
b_y &= \sigma(t_y) + c_y \\
b_w &= p_w \mathrm{e}^{t_w} \\
b_h &= p_h \mathrm{e}^{t_h}
\end{aligned} \tag{7.25}
$$

式中，(b_x, b_y)、b_w、b_h 表示预测框的中心坐标以及宽和高，σ 表示 Sigmoid 激活函数，通过将 t_x、t_y 约束到 $[0,1]$ 内，可以有效确保预测框中心处于执行预测的网格单元中，防止偏移过多。

用 (x, y, w, h) 表示预测坐标参数，其表达式如下。

$$
\begin{aligned}
x &= \sigma(t_x) \\
y &= \sigma(t_y) \\
w &= t_w \\
h &= t_h
\end{aligned} \tag{7.26}
$$

用 $(\hat{x}, \hat{y}, \hat{w}, \hat{h})$ 表示目标坐标参数，根据图 7.20 可以得到的表达式如下。

$$
\begin{aligned}
\hat{x} &= G_x - c_x \\
\hat{y} &= G_y - c_y \\
\hat{w} &= \ln\left(G_w / P_w\right) \\
\hat{h} &= \ln\left(G_h / P_h\right)
\end{aligned} \tag{7.27}
$$

最后，可以得到用于坐标回归的损失函数如下。

$$
\text{Loss}_{\text{box}} = \lambda_{\text{coord}} \sum_{i=0}^{S^2} \sum_{j=0}^{B} I_{ij}^{\text{obj}} \left[\left(x_i^j - \hat{x}_i^j\right)^2 + \left(y_i^j - \hat{y}_i^j\right)^2 + \left(w_i^j - \hat{w}_i^j\right)^2 + \left(h_i^j - \hat{h}_i^j\right)^2 \right] \tag{7.28}
$$

式中，S^2 表示网格单元数, B 表示锚框的个数，I_{ij}^{obj} 表示该预测框是否对目标物体进行预测，λ_{coord} 表示衡量不同大小预测框对损失函数贡献的权重，常取 $\left(2 - \hat{w}_i^j * \hat{h}_i^j\right)$。

对于包围框的目标置信度回归，采用如下的交叉熵损失函数

$$
\begin{aligned}
\text{Loss}_{\text{obj}} = &\sum_{i=0}^{S^2} \sum_{j=0}^{B} I_{ij}^{\text{obj}} \left[\hat{C}_i^j \ln\left(C_i^j\right) + \left(1 - \hat{C}_i^j\right) \ln\left(1 - C_i^j\right) \right] + \\
&\lambda_{\text{noobj}} \sum_{i=0}^{S^2} \sum_{j=0}^{B} I_{ij}^{\text{noobj}} \left[\hat{C}_i^j \ln\left(C_i^j\right) + \left(1 - \hat{C}_i^j\right) \ln\left(1 - C_i^j\right) \right]
\end{aligned} \tag{7.29}
$$

式中，C_i^j 表示预测置信度，$\hat{C}_i^j$ 表示真值置信度，$I_{ij}^{\text{noobj}} = 1 - I_{ij}^{\text{obj}}$，$\lambda_{\text{noobj}}$ 表示不包含目标物体的预测框对损失函数贡献的权重，常取 0.5。

对于包围框的目标类别回归，YOLOv3 使用多个独立的二元逻辑分类器取代 Softmax 函数进行分类，其损失函数如下。

$$
\text{Loss}_{\text{cls}} = \sum_{i=0}^{S^2} \sum_{j=0}^{B} I_{ij}^{\text{obj}} \sum_{c \in \text{classes}} \left[\hat{P}_{i,c}^j \ln\left(P_{i,c}^j\right) + \left(1 - \hat{P}_{i,c}^j\right) \ln\left(1 - P_{i,c}^j\right) \right] \tag{7.30}
$$

式中，$P_{i,c}^j$ 表示预测类别，$\hat{P}_{i,c}^j$ 表示真值类别，常使用独热（One-Hot）编码表示。

7.3 卷积神经网络学习机制

7.3.1 注意力机制

注意力机制作为一种类似人类视觉感知原理的技术，目前已被广泛用于图像处理领域。在基

于卷积神经网络的图像识别与检测任务中，注意力机制作为一种辅助手段，可以依概率提取图像中值得关注的目标信息，并对该目标信息分配较高的权重，以促进网络训练过程中对目标信息的关注。对于图像融合任务，通过引入注意力机制，希望加强生成对抗网络对行人目标信息（例如在热红外图像中表现为高亮目标）的关注。图 7.21 所示为注意力机制所关注的可见光图像信息在对应图像上的可视化效果。

（a）可见光图像

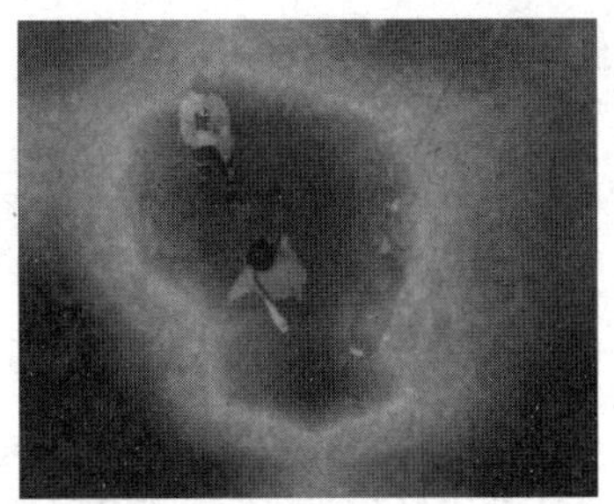

（b）注意力机制可视化

图 7.21　注意力机制在源图像上的可视化效果

常用的注意力机制依据原理可以分为空间域注意力、通道域注意力和混合域注意力，这些都属于软注意力，在图像识别和检测任务上表现良好。由 Woo 等人提出的卷积块注意力模块（Convolutional Block Attention Module，CBAM），同时集成了空间域注意力和通道域注意力的网络设计，使用注意力模块计算特征图对应的注意力图，其中通道注意力图可以看作描述特征图通道相关性的权重矩阵，空间注意力图可以看作描述特征图像素点相关性的权重矩阵。然后将注意力图与输入特征图相乘，得到模块的输出特征图，从而使用该特征图继续进行网络的训练。图 7.22 所示为一种 CBAM 网络结构。

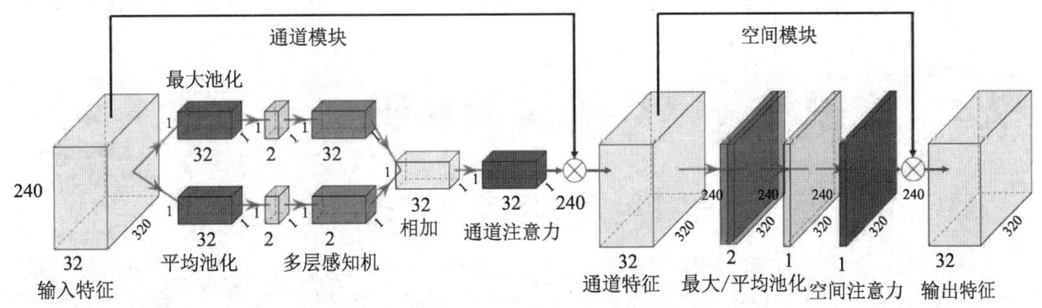

图 7.22　CBAM 网络结构

此外，CBAM 作为一个轻量级的通用模块，可以无缝地集成到任意卷积神经网络架构中。

7.3.2　迁移学习机制

迁移学习作为一种机器学习的思想，定义是“将某个领域或任务上学习到的知识或模式应用到不同但相关的领域或问题中”。在基于深度学习的计算机视觉研究中，“领域”即代表用于训练/测试模型的图像数据，划分为源域（Source Domain）和目标域（Target Domain）。源域是公开的、具有大量标注的可用数据集，目标域特指具体任务需要而采集制作的数据集。“任务”代表诸如物体分类、目标检测和语义分割等图像识别工作，进一步分为源任务（Source Task）和目标任务（Target Task），前者为猫狗种类识别任务，后者则更为细化，比如狗的品种识别任务。迁移学习与机器学习对比如图 7.23 所示。

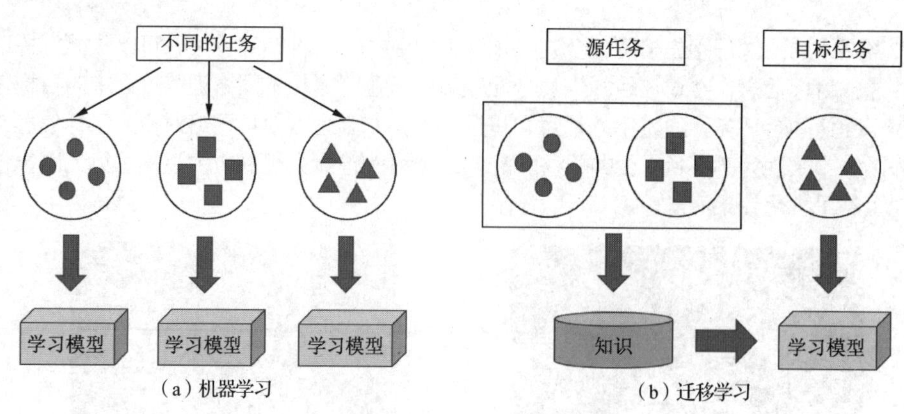

图 7.23　迁移学习与机器学习对比

其中源任务和目标任务一致，但是源域和目标域的数据分布不同，且源域具有大量的有效样本，而目标域仅有少数有效样本。常用的领域自适应技术分为基于分布的域适应、基于对抗的域适应和基于重建的域适应。前两者是在模型训练过程中，通过引入传统特征距离损失函数或者生成对抗网络中的判别器损失函数，来减少源域和目标域对应的特征空间分布差异，目前常用的多模态图像检测技术多采用这一类领域的自适应，可以将其视作一种端到端的检测过程。

将迁移学习应用于深度学习的具体实现如下：第一步选择源模型，通过选择研究者们公开发表的在大型数据集上训练完成的预训练模型作为目标任务的基础；第二步调整模型结构，维持部分特征提取网络，添加新的网络分支或者修改网络输出层以匹配目标域输入和目标任务输出；第三步模型重训练，使用预训练模型对应的权重初始化模型，固定部分（也可以不固定）参数，使用目标域的数据集进行再训练，实现权重的微调，以适应目标任务。

与使用目标域数据集直接对模型进行训练相比，使用迁移学习能使模型有更好的模型初始性能、更快的模型性能提升速率、更稳定的模型收敛过程。

7.4　卷积神经网络的应用案例

7.4.1　基于卷积神经网络的手写字母识别

上面介绍了典型卷积神经网络的结构，现在具体看一下在手写字母识别中卷积神经网络是如何操作的。将输入图像二值化后进行裁剪，保留包含字母的部分，然后将单词分割成单独的字母后放入训练好的卷积神经网络进行识别，最后输出识别结果。图 7.24 所示为卷积神经网络识别手写字母流程。

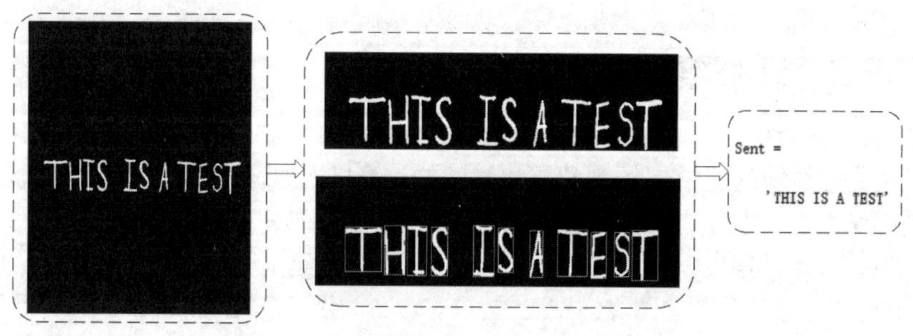

图 7.24　卷积神经网络识别手写字母流程

卷积神经网络识别手写字母的 MATLAB 程序

7.4.2 基于生成对抗网络的图像融合

利用红外图像、可见光图像融合技术，可以得到兼具高亮行人目标和丰富纹理信息的融合图像，增强行人目标与图像背景之间的对比度和特征差异，提高低照度环境下行人目标的检测精度。图 7.25 所示为一种基于生成对抗网络实现红外图像与可见光图像融合的网络框架，该网络直接将输入的红外图像和可见光图像通过生成器转换为融合图像，因此是一种端到端的融合算法，且不需要人为设计融合策略。

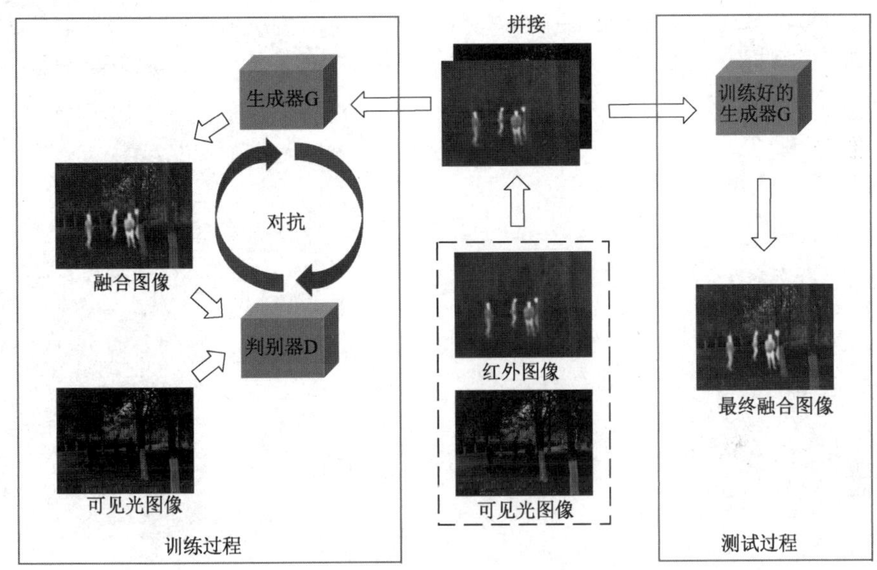

图 7.25　基于生成对抗网络的图像融合框架

在图 7.25 中，训练过程中将生成器 G 和判别器 D 视为对抗的双方，两者共同作用得到训练好的模型。生成器 G 的输入是在通道进行拼接的红外图像和可见光图像。其中，可见光图像经过灰度化处理后，与单通道红外图像拼接被送入生成器 G，得到融合图像。生成器 G 的作用是让融合图像尽可能多地保留红外图像中的热辐射信息和可见光图像中的梯度信息。而判别器 D 的输入为可见光图像和生成器 G 生成的融合图像，这样可以让融合图像保留更多可见光图像中的背景细节信息。由图 7.25 可见，该网络得到的融合图像兼具红外图像、可见光图像的优点，既包含清晰、突出的行人目标，又有丰富的纹理细节信息，因此图像中目标与背景之间的差异对比更加明显，更有利于进行行人检测。

7.5 本章小结

深度学习是机器学习与智能控制研究中一个新的领域，其目的在于建立模拟人脑的功能进行特征提取与分析的神经网络，通过模仿人脑的机制来解释数据，如图像、声音和文本。深度学习是一种含多个隐层的多层无监督神经网络，通过组合低层特征形成更加抽象的高层表示属性类别或特征，以描述数据的分布式特征表示。本章主要介绍了卷积神经网络的结构、典型卷积神经网络结构和卷积神经网络学习机制，并给出了基于卷积神经网络的手写字母识别和基于生成对抗网络的图像融合的应用。

习　题

7.1　卷积神经网络有哪几种操作，卷积神经网络如何采用这些操作?

7.2　在卷积神经网络中为何要设置 Dropout? 如何提高卷积神经网络的泛化能力?

7.3　卷积神经网络中损失函数的作用是什么? 如何选择损失函数?

7.4　生成对抗网络的功能是什么? 如何利用该网络生成样本集?

7.5　设计一个卷积神经网络来提取手写数字特征，源数据为 MNIST 数据集（由 60000 个训练样本和 10000 个测试样本组成），每个样本都是一张 28×28 的灰度手写数字图片。可从 MNIST 数据集网站下载数据，一共 4 个文件，即训练集、训练集标签、测试集、测试集标签。

08

强化学习

从 20 世纪 80 年代开始，强化学习逐渐被机器学习和人工智能领域的研究人员所关注。目前，人们对强化学习的研究得到了极大的深入和拓展。强化学习与有监督学习、无监督学习的不同之处在于，有监督学习是一种输入数据带有标签的学习过程，无监督学习是在输入数据没有标签时的一种学习过程，或者说在没有帮助的情况下，系统必须自行解决所有问题，而强化学习是一个闭环的学习过程，它依赖奖励来对模型进行调整并逐步探索环境。强化学习通过学习从环境状态到行为的映射，使得智能体选择的行为能够获得环境最大的奖励。强化学习的目标是动态地调整参数，达到强化信号最大。强化学习算法是一种完全不需要环境与智能体自身先验知识的学习方法，智能体边感知当前环境的状态边行动。根据状态和动作，环境状态转移到新的状态，相应地，新的状态的“奖惩”信息返还给智能体，智能体根据信息决定下一个动作。本章将介绍强化学习的数学基础，主要内容包括马尔可夫决策过程、值函数计算和强化学习算法，并通过举例描述强化学习算法解决人工智能问题的基本框架及其实现过程。

8.1 强化学习的基本原理

8.1.1 强化学习的一般概念

强化学习的基本思想是智能体（Agent）在与环境交互的过程中根据环境反馈得到的奖励不断调整自身的策略以实现最佳决策，主要用来解决决策与优化方面的问题，其基本要素有策略（Policy）、奖励函数（Reward Function）、值函数（Value Function）和环境（Environment）模型。强化学习基本模型如图 8.1 所示。

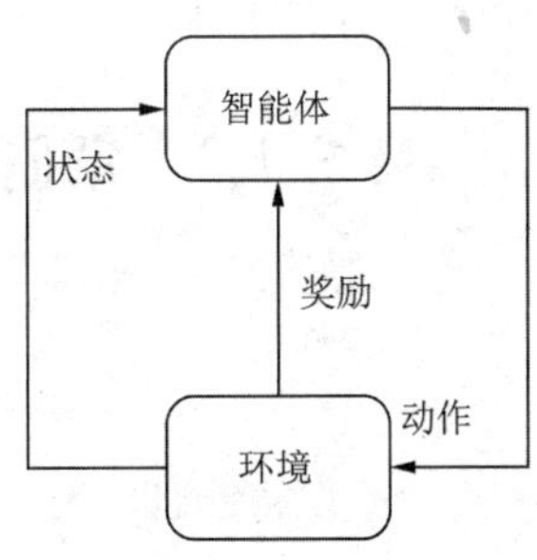

图 8.1 强化学习基本模型

下面介绍强化学习中的基本概念。

（1）策略

在强化学习中，智能体主要通过环境中的不断尝试采样，学习到一个最优策略 π^*。假设智能体学习到某一策略 π，那么在时间同步中的状态 s 下都能得到接下来需要执行的动作 a。经过一段时间执行后，智能体在该策略下所获得的累积奖励的期望被称为价值。

（2）奖励

为了找到长期累积奖励，不仅需要考虑当前时间 t 的奖励，还需要考虑到未来的奖励，总奖励的计算公式如下。

$$R = r_1 + r_2 + \cdots + r_n$$

在实际任务中，通常采用折扣未来累积奖励来表示累积奖励。

$$G_t = R_t + \gamma R_{t+1} + \gamma^2 R_{t+2} + \cdots + \gamma^{n-1} R_{t+n}$$

其中，γ 为折扣因子，且满足 $0 < \gamma < 1$。

（3）值函数

当执行到某一时刻，需要评估当前智能体在该时间状态的好坏程度，这主要由值函数来完成。

在强化学习过程中，如果某个动作使得智能体接收到环境反馈获得正值的奖励，那么接下来智能体选择该动作的概率会更大；若某个动作使得智能体获得负值的奖励，那么此后智能体会减少采取该动作的概率。

8.1.2 马尔可夫决策过程

马尔可夫决策过程（Markov Decision Process）是具有特定的状态转移概率的过程，主要包括：一个有限的状态集、状态之间的转移、每次状态转移对应的奖励、即时奖励和未来奖励之间重要性差异的折扣系数和无记忆性。由于当前的马尔可夫状态中已经包含历史中全部有用的信息，所以在获得当前状态后，就可以清除历史信息。体现出未来状态只和现在有关，和过去没有关系。

马尔可夫决策过程描述如下。

首先智能体感知当前状态 s_t，从动作空间 A 中选择当前动作 a_t 并执行，环境根据智能体做出的动作来反馈相应的奖励 r_{t+1}，并转移到新的状态 s_{t+1}，智能体根据获得的奖励来调整自身的策略并针对新的状态做出新的决策。强化学习的目标是找到一个最优策略，使得智能体在任意状态和任意时间步骤下，都能够获得最大的长期累积奖励。因此，强化学习中智能体和环境的交互过程可以看作一个马尔可夫决策过程。

对于任意的策略 π，定义无限时域累积折扣奖励的状态值函数和状态-动作值函数分别为

$$V^{\pi}(s) = E_{\pi}\left(\sum_{k=0}^{\infty} \gamma^k r_{t+k+1} \mid s_t = s\right) \tag{8.1}$$

$$Q^{\pi}(s,a) = E_{\pi}\left(\sum_{k=0}^{\infty} \gamma^k r_{t+k+1} \mid s_t = s, a_t = a\right) \tag{8.2}$$

其中，E_{π} 是智能体遵循策略 π 时给定的期望值，γ 为折扣因子，且满足 $0 < \gamma < 1$，r_t 是时间为当前 t 时的即时奖励，s_t 是当前状态，a_t 是当前动作。

8.1.3 值函数计算

值函数定义为强化学习过程中的累积奖励，结合马尔可夫决策的动态性，状态值函数为

$$V^{\pi}(s) = \sum_{a} \pi(a \mid s) \sum_{s'} P_{ss'}^{a} \left[R_{ss'}^{a} + \gamma V^{\pi}(s') \right] \tag{8.3}$$

其中，$s = s_t$ 是当前状态，$s' = s_{t+1}$ 为执行动作 a 后所得到的下一个状态，$R_{s'}^{a}$ 为 $s \xrightarrow{a} s'$ 的奖励函数，$P_{ss'}^{a} = P(s' \mid s, a)$ 为状态转移概率。

相应状态值函数和最优策略 π^* 分别为

$$V^*(s) = \max_{\pi} V^{\pi}(s) = \max_{a \in A(s)} \sum_{s'} \left[R_{ss'}^{a} + \gamma V^*(s') \right] \tag{8.4}$$

$$\pi^* = \arg\max_{\pi} V^{\pi}(s) \tag{8.5}$$

相应状态-动作值函数递推和最优策略 π^* 分别为

$$Q^*(s,a)=\sum_{s'}P_{ss'}^a\left[R_{ss'}^a+\gamma\max_{a\in A(s)}Q^*(s',a')\right] \tag{8.6}$$

$$\pi^*=\arg\max_{a\in A(s)}Q^*(s,a) \tag{8.7}$$

其中，A 为所有可能动作的集合。

因此，若能得到最优值函数，满足贝尔曼（Bellman）最优方程的最优策略便可直接求得，常采用经典的动态规划求解。

8.2 强化学习算法

8.2.1 ε-greedy 最优策略

ε-greedy 最优策略为

$$\pi(a\mid s)=\begin{cases}1-\varepsilon, & \text{选择值函数最大时对应的动作}\\ \varepsilon, & \text{随机选择动作}\end{cases} \tag{8.8}$$

其中，$0<\varepsilon<1$。

8.2.2 瞬时差分算法

强化学习采用瞬时差分（Temporal Difference，TD）算法

$$V(s_t)\leftarrow V(s_t)+\alpha\delta_t \tag{8.9}$$

其中，α 为学习率，且 $0<\alpha<1$。

$$\delta_t=r_t+\gamma V(s_{t+1})-V(s_t) \tag{8.10}$$

其中，δ_t 为瞬时差分，r_t 为奖励函数，γ 为折扣因子，且满足 $0<\gamma<1$。

8.2.3 Q-learning 算法

Q-learning 算法是一种基于值函数估计的离线策略瞬时差分算法，其中 Q 为 $Q(s,a)$，该算法在某一个时刻的状态下，采取动作能够获得奖励，环境会根据智能体的动作反馈相应的奖励所以该算法的主要思想就是将状态和动作构建成一张表格来存储 Q 值，如表 8.1 所示，然后根据 Q 值来选取能够获得最大奖励的动作。

表 8.1　Q 值存储形式

动作	s_1	s_2	…	s_n
a_1	$Q(s_1,a_1)$	$Q(s_2,a_1)$	…	$Q(s_n,a_1)$
a_2	$Q(s_1,a_2)$	$Q(s_2,a_2)$	…	$Q(s_n,a_2)$
⋮	⋮	⋮	⋮	⋮
a_n	$Q(s_1,a_n)$	$Q(s_2,a_n)$	…	$Q(s_n,a_n)$

采用状态-动作对值函数进行迭代，其计算公式如下。

$$Q(s_t,a_t)\leftarrow Q(s_t,a_t)+\alpha[r_t+\gamma\max_{a\in A}Q(s_{t+1},a_{t+1})-Q(s_t,a_t)] \tag{8.11}$$

在 Q-learning 算法中，Q 值是估计值而不是实际值，是从每一步中不同动作的估计值中选择最大 Q 值函数进行更新，也就是根据过去的经验预测最优策略。

8.3 深度强化学习

在上述的强化学习算法中，智能体的状态都是有限而离散的，可以通过表格来表示。如果环境是连续状态空间就不适合了，所以引入了值函数近似。离散状态下可以用表格来表示值函数或策略；但进入连续状态空间就要用一个函数的近似来表示，因此需要对强化学习中值函数的非线性逼近方法进行研究。深度强化学习是人工智能领域的一个新的研究热点，它以一种通用的形式将深度学习的感知能力与强化学习的决策能力相结合，并能够通过端到端的学习方式实现从原始输入到输出的直接控制，可以有效解决常规的强化学习中值函数的逼近问题。

8.3.1 深度强化学习的概念

深度强化学习（Deep Reinforcement Learning，DRL）研究动态环境下智能体实时路径规划问题，将ε-greedy 策略与启发式搜索规则相结合来选择智能体执行的动作，通过双深度 Q 网络（Double Deep Q-Network，DDQN）算法逼近动作 Q 值函数，可较好地解决值函数过估计问题。

采用神经网络进行值函数逼近，在每一个强化学习的时间步内，只能根据一个样本数据进行神经网络的训练。因此，在采用梯度下降法调整权重的时候，只能采用随机梯度下降法，而全局角度或者批处理的梯度法则不适用。

此外在深度强化学习中设置了经验回放机制。在对神经网络进行训练时，由于存在假设是独立同分布，通过强化学习采集到的数据之间存在着关联性，利用这些数据进行顺序训练，神经网络会出现不稳定。在强化学习过程中，智能体将数据存储到一个被称为经验回放池的数据库中，然后利用均匀随机采样的方法从数据库中抽取数据，再对神经网络进行训练。通过经验回放消除数据间的关联，使用深度神经网络逼近值函数时就不会出现不稳定、不收敛的情况。

8.3.2 Actor-Critic 网络模型

随着深度学习研究的深入，将深度学习与强化学习相结合能够同时发挥深度学习的表征优势和强化学习的决策优势，为解决更为复杂的路径规划问题提供了可能。目前深度 Q 网络（Deep Q Network，DQN）算法利用卷积神经网络逼近状态-动作值函数，但是 DQN 算法容易过估计，无法处理连续动作控制任务。采用深度确定性策略梯度（Deep Deterministic Policy Gradient，DDPG）算法，将基于行动者-评论家（Actor-Critic，AC）的框架用于解决连续运动空间上的智能体路径规划问题。

下面分别设计智能体的主网络和目标网络，建立双 Actor-Critic 网络模型，使用参数为 w^{μ} 和 w^{Q} 的两个多层卷积神经网络来逼近确定性动作策略 $a=\mu(s\,|\,w^{\mu})$ 和状态-动作值函数 $Q=(s,a\,|\,w^{Q})$。假设智能体执行动作 a_i，并记录环境奖励 r_i 和新的状态 s_{i+1}，目标网络确定性策略为 μ'，目标网络值函数为 Q'。

采用最小化损失函数更新 Critic 网络：

$$L=\frac{1}{N}\sum_{i}(y_i-Q(s_i,a_i;w^{Q}))^2 \tag{8.12}$$

式中，$y_i=r_i+\gamma Q'(s_{i+1},\mu'(s_{i+1};w^{\mu'});w^{Q'})$，$\gamma$ 为折扣因子，且满足 $0<\gamma<1$，N 为迭代次数。

采用梯度策略更新 Actor 网络：

$$\nabla_{w^{\mu}}J\approx\frac{1}{N}\sum_{i}\nabla_{a}Q(s,a;w^{Q})\,|_{s=s_i,a=\mu(s_i)}\,\nabla_{w^{\mu}}\mu(s;w^{\mu})\,|_{s_i} \tag{8.13}$$

更新目标网络：$w^{Q'} \leftarrow \tau w^{Q} + (1-\tau)w^{Q'}$，$w^{\mu'} \leftarrow \tau w^{\mu} + (1-\tau)w^{\mu'}$，其中 τ=0.001，用来抑制发散现象。

智能体深度强化学习结构如图 8.2 所示。

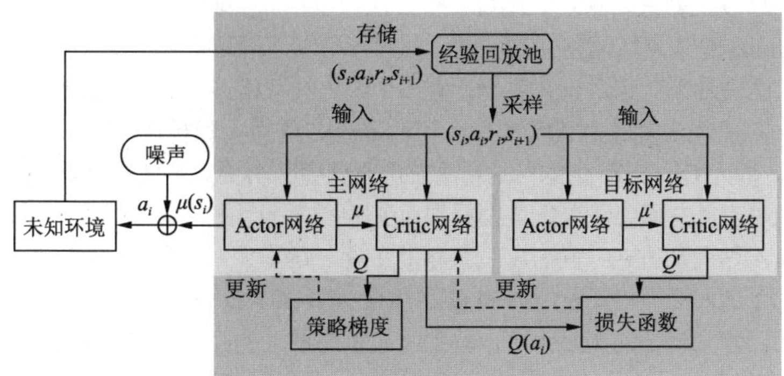

图 8.2　智能体深度强化学习结构

DDPG 不仅在智能体连续运动空间执行任务中表现稳定，而且求得最优路径所需要的时间也少于 DQN 的。与基于值函数的深度强化学习方法相比，基于 Actor-Critic 框架的深度策略梯度方法的优化策略效率更高、求解速度更快。

8.4　强化学习算法应用案例

1. Q-learning 算法实现移动机器人智能体多步决策和网格迷宫问题

（1）网格迷宫问题

网格迷宫问题可以描述为智能体在一个类似棋盘的离散网格空间中学习到达目标点的最优策略的问题。在普通的网格中增加障碍物、边界等，如图 8.3 所示。智能体在这种情况下进行移动，从起始点移动到目标点。

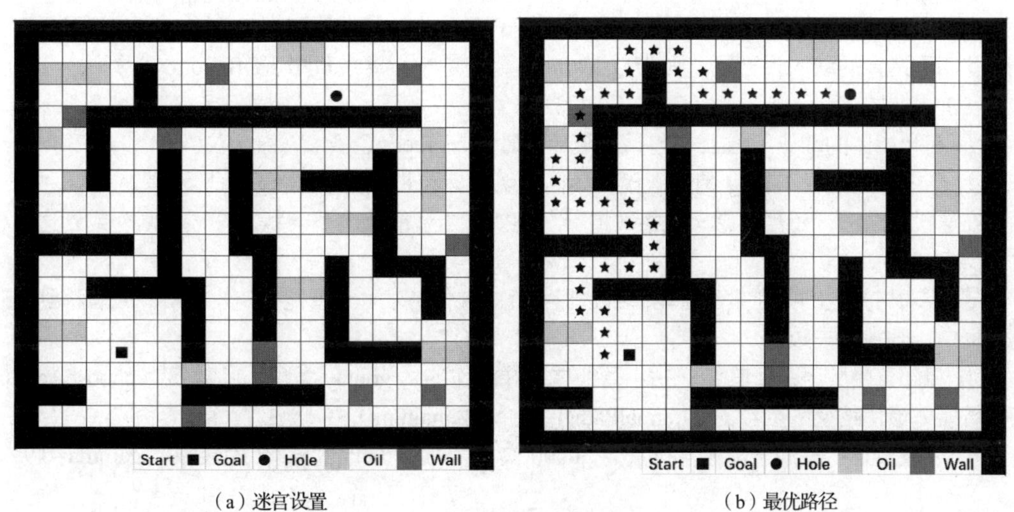

（a）迷宫设置　　（b）最优路径

图 8.3　多步决策和网格迷宫问题

状态值函数与动作-状态值函数之间的关系可以用 Bellman 方程得到。而在算法的具体实现上，往往仅需要动作-状态值函数，即 Q 函数。总的设计思路是，智能体先产生对 Q 函数空间的初始

估计；在尝试的过程中，根据尝试所得到的结果对 Q 函数进行迭代，直至得到能够促使智能体做出最优选择的 Q 函数。这样的迭代可以采取不同的周期进行。例如，智能体每走完一次迷宫（走到目标、走出边界、超出限定步数），采用蒙特卡罗法对 Q 函数进行迭代；智能体每走一步，采用瞬时差分算法对 Q 函数进行迭代。同样，也可以依据不同的值和计算方式对 Q 函数进行迭代。下面采用 Q-learning 算法求解网格迷宫问题。

为了对上述算法进行对比讨论，需要设置一个统一的网格迷宫。网格迷宫的大小为 20 格×20 格。图 8.3（a）中黑色正方形为智能体的起点（Start），圆点为目标点（Goal），黑色方框为墙体（Wall），深灰色方框为 Qil，指智能体移动到深灰色方框会获得更大的负奖励，浅灰色方框为 Hole，指智能体移动到浅灰色方框会获得负奖励并视为失败。

智能体存在 4 种运动方式：向右（$+x$）移动 1 格、向左（$-x$）移动 1 格、向上（$+y$）移动 1 格、向下（$-y$）移动 1 格。因此智能体的 Q 函数是一个 20×20 的二维矩阵。设置智能体到达目标的奖励为+200，移动一格的奖励为-1，移到浅灰色方框上的奖励为-5，移到深灰色方框上的奖励为-3。

（2）Q-learning 算法

Q-learning 算法是一种单步迭代算法。它的具体迭代方式是：首先利用 ε-greedy 策略选择系统在当前状态的动作，并得到下一个状态；利用下一个状态的奖励和最优动作值函数对本动作值函数进行迭代。其具体算法的伪代码如下。

（1）对于所有的状态-动作对，任意初始化 $Q(s,a)$。
（2）迭代（对所有样本序列）。
给定初始状态，根据动作策略将采取动作。
迭代（对每个序列中的每一步）。
① 根据动作策略在当前状态 s_t 下采取动作 a_t，得到奖励 r_t，转移到下一个状态 s_{t+1}；
② 更新函数值 $Q(s_t,a_t) \leftarrow Q(s_t,a_t)+\alpha[r_t+\gamma \max_a Q(s_{t+1},a_{t+1})-Q(s_t,a_t)]$；
③ $s_t \leftarrow s_{t+1}$。
直到 s_t 是序列的终止状态。
直到所有的 $Q(s,a)$ 收敛。
（3）根据贪婪规则，确定最优策略。

由于用于迭代的下一个动作 a'为下一个状态 s'下 Q 函数最大的动作，并不一定与策略 π 在下一个状态下选择的动作相一致，因此 Q-learning 算法是一种离线策略（Off-Policy）算法。

（3）算法的实现

① 在智能体的动作策略上，选择策略 π 为时变 ε-greedy 策略。

② Q 函数的迭代：在 Q 函数迭代的具体实现中，表 8.1 中的初始 Q 值均设置为 0。

在迭代过程中，还需考虑一些特殊情况。例如，当智能体的下一状态在边界之外或到达目标时，$Q(s', a')=0$。

③ 成功与失败的判断：若智能体到达目标点，视作成功；若智能体走出边界，或者移到浅灰色方框中，则视为失败。

④ 将部分函数封装，其中包括：智能体选择动作的 ε-greedy 策略，函数名为 chooseAction；获得智能体最优路径的函数 getOptimalPath()；主函数 main.m()。

⑤ 参数设置：总的学习循环设置为 30000 次，学习率 theta=0.5，传递衰减率 gamma=0.99。

Q-learning 算法的 MATLAB 程序

仿真结果如图 8.4 所示。

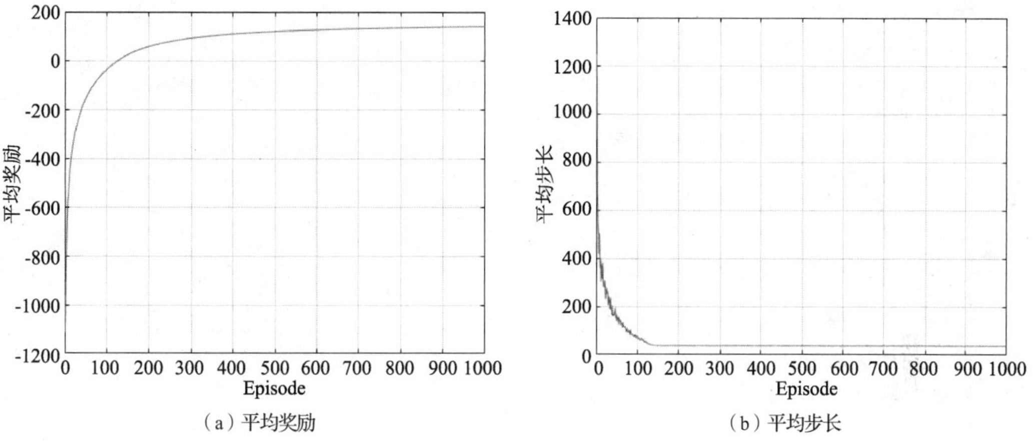

（a）平均奖励　　（b）平均步长

图 8.4　Q-learning 算法解决网格迷宫问题的仿真结果

2. DDPG 算法解决无人机航迹规划问题

（1）无人机航迹规划问题

无人机航迹规划问题可以描述为智能体在有障碍物的未知环境中通过学习避开障碍物并最终到达目标点的最优策略问题。搭建无人机航迹规划仿真环境，如图 8.5 所示。xOy 平面的大小为 32×32，无人机起点为图 8.5 中的左下角五角星处，坐标为(0,0)，目标点为图 8.5 中的右上角三角形处，坐标为(30,28)。设计无人机的飞行动作为连续动作空间，偏航角 $\theta\in\left[-30^{\circ},30^{\circ}\right]$，速度 $v\in\left(0,1\right]$。设置无人机到达目标点的奖励为+10，撞到障碍物的惩罚为-2，无人机基础速度设置为 0.3，速度大于 0.3 获得正奖励，小于 0.3 则获得负奖励。

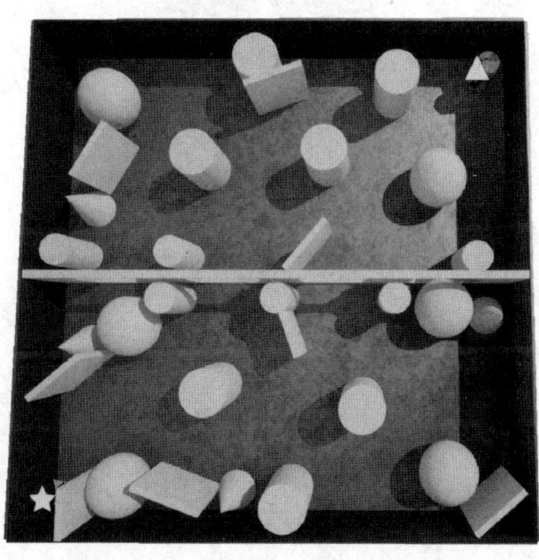

图 8.5　无人机航迹规划仿真环境

（2）DDPG 算法伪代码

具体算法伪代码如下。

（1）使用权重 w^Q 和 w^μ 随机初始化 Critic 网络 $Q(s,a|w^Q)$ 和 Actor 网络 $\mu(s|w^\mu)$。

使用权重 $w^{Q'} \leftarrow w^Q$ 和 $w^{\mu'} \leftarrow w^\mu$ 初始化目标网络 Q' 和 μ'。

初始化经验回放池 R。

（2）迭代（对所有样本序列）。

初始化随机进程 N 以进行动作探索。

接收初始观测状态。

迭代（对每个序列中的每一步）：

① 根据当前策略和噪声，由 $a_t = \mu(s_t|w^\mu)+N_t$ 选择动作；

② 执行动作 a_t 获得奖励 r_t，并得到新状态 s_{t+1}；

③ 将 (s_t,a_t,r_t,s_{t+1}) 存放在经验回放池 R 中；

④ 从 R 中随机抽取 N 个 (s_i,a_i,r_i,s_{i+1}) 的小批次样本；

⑤ 令 $y_i = r_i + \gamma Q'(s_{i+1},\mu'(s_{i+1}|w^{\mu'})|w^{Q'})$；

⑥ 采用最小化损失函数[见式（8.12）]更新 Critic 网络。

采用梯度策略[见式（8.13）]更新目标网络 $w^{Q'} \leftarrow \tau w^Q + (1-\tau)w^{Q'}, w^{\mu'} \leftarrow \tau w^\mu + (1-\tau)w^{\mu'}$。

（3）实验结果

仿真曲线如图 8.6 所示。

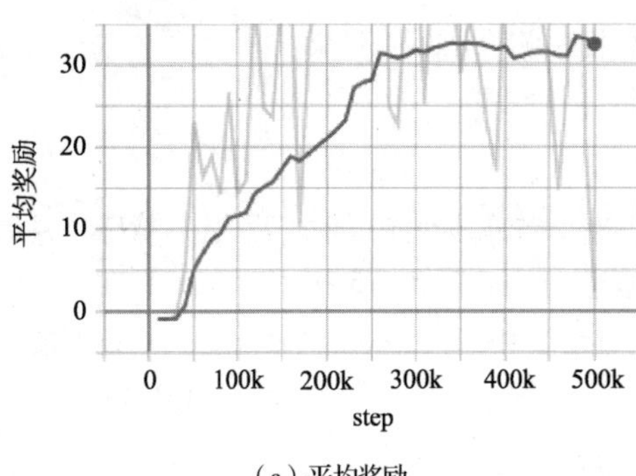

（a）平均奖励

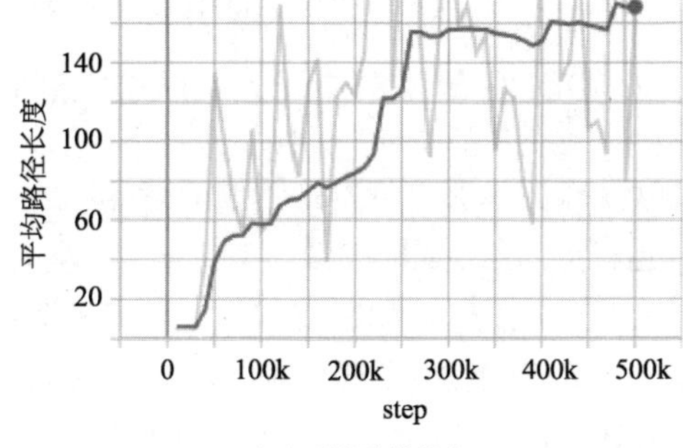

（b）平均路径长度

（c）无人机飞行过程（扫码观看）

图 8.6　无人机航迹规划实验结果

8.5　本章小结

强化学习是指通过对未知环境一边探索一边建立环境模型学习得到一个最优策略。强化学习与其他机器学习算法不同之处在于没有监督者，只有一个奖励信号，而且反馈是延迟的。强化学习是人工智能与机器学习中一种快速、高效的学习算法，可以用来解决移动机器人、无人机的路径规划问题。另外，深度学习和强化学习相结合，不仅给强化学习带来端到端优化便利，而且使得强化学习不再受限于低维空间，极大地扩展了强化学习的应用范围。

习　题

8.1　强化学习与监督学习、无监督学习有什么区别，各有什么特点？

8.2　强化学习有哪几种策略，各有什么优势？

8.3　试阐述行动者-评论家（Actor-Critic，AC）框架的结构与功能。

8.4　设计一级倒立摆小车的强化学习控制方案。在图 8.7 中，θ 为摆杆的倾角，$\boldsymbol{F}$ 为作用在小车上的力，$\boldsymbol{x}$ 为小车相对参考系产生的位移，M 为小车的质量，m 为摆杆的质量，L 为摆杆的长度。要求：

（1）一级倒立摆小车的运动学与动力学建模与分析；

（2）设计基于 BP 神经网络的 Q-learning 算法；

（3）设计状态激活函数与奖励函数；

（4）设计仿真实验。

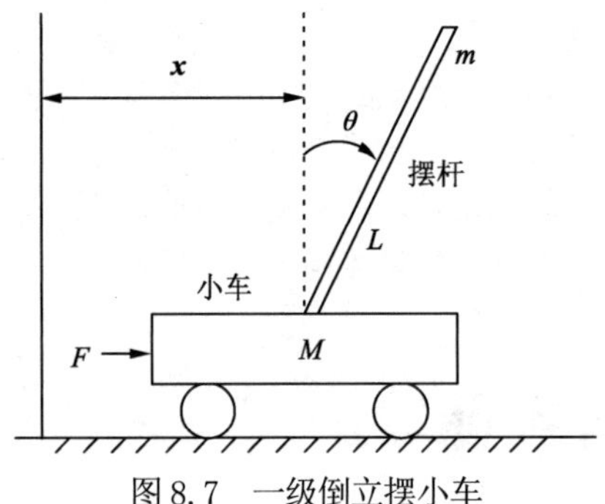

图 8.7　一级倒立摆小车

09

学习控制

学习控制是自动控制理论的主要内容之一，其目的是解决控制系统的参数不确定或模型未知情况下的控制问题，实现被控对象在有限时间内对给定的期望轨迹的快速、高精度跟踪，其在冶金和化工等领域中有广泛的应用。1970 年，傅京孙提出了关于学习控制的概念，即通过对系统行为的不断估计，获取进一步的控制决策和过程知识，从而使系统性能逐步提高。自傅京孙提出学习控制的概念后，学习控制在理论和应用方面都得到了迅速的发展。1978 年，M.内山胜（M.Uchiyama）从稳定性和收敛性的观点出发，提出了迭代学习控制方法，通过多次对系统行为的训练和对控制输入的校正，直到获得满意的效果。1984 年，S.有本卓（S.Arimoto）针对机械臂的运动控制问题及其重复操作的特点，提出了 PID 型的迭代学习控制方法及其收敛性分析方法，从而建立了学习控制的基本理论。本章针对具有重复运动特点的被控对象，介绍学习控制的基本概念、原理与方法，以及学习控制在机械臂控制中的应用。

9.1 学习控制概述

9.1.1 学习控制的一般概念

对于具有可重复性的被控对象，学习控制利用先前的知识和控制经验，根据被控对象的实际输出和期望输出，寻找一个理想的控制输入，使被控对象产生期望的运动，以达到提高系统性能的目的。

设被控对象的数学模型表示为

$$\dot{\boldsymbol{x}}(t)=\boldsymbol{f}(\boldsymbol{x}(t),\boldsymbol{u}(t),t) \tag{9.1}$$

$$\boldsymbol{y}(t)=\boldsymbol{g}(\boldsymbol{x}(t),t) \tag{9.2}$$

其中，$\boldsymbol{x}(t)\in\mathbf{R}^n$ 为被控对象的状态向量，$\boldsymbol{u}(t)\in\mathbf{R}^p$ 为控制输入，$\boldsymbol{y}(t)\in\mathbf{R}^q$ 为被控对象的输出，$\boldsymbol{f}$、$\boldsymbol{g}$ 为相应维数的向量函数。要求系统在时间 $t\in[0,T]$ 内的输出 $\boldsymbol{y}(t)$ 跟踪期望输出 $\boldsymbol{y}_{\mathrm{d}}(t)$ 。

学习控制的概念可用下面的数学术语来描述。

由于学习控制限于具有可重复性的被控对象，所以在实际应用时要求按照下面的前提条件：（1）每次运行迭代时间周期为 T ，$T>0$；（2）期望输出 $\boldsymbol{y}_{\mathrm{d}}(t)$ 已知，且 $t\in[0,T]$；（3）每次运行迭代前，被控对象的初始状态 $\boldsymbol{x}_k(0)$ 相同，k 为重复迭代次数；（4）被控对象的输出 $\boldsymbol{y}_k(t)$ 可测量且无测量噪声；（5）被控对象中的 $\boldsymbol{f}$、$\boldsymbol{g}$ 在每次迭代运行中所表示的函数关系保持不变；（6）被控对象中的干扰信号在每次迭代运行中具有重复性。

学习控制的收敛性定义如下。

定义 9.1 在时间域$[0,T]$上给定被控对象的期望输出$\boldsymbol{y}_{\mathrm{d}}(t)$、$\boldsymbol{y}_k(t)$、$\boldsymbol{u}_k(t)$分别为第$k$次学习过程中被控对象的实际输出和控制输入，$\boldsymbol{u}_{\mathrm{d}}(t)$是实现$\boldsymbol{y}_{\mathrm{d}}(t)$的期望控制输入，$\boldsymbol{e}_k(t)=\boldsymbol{y}_{\mathrm{d}}(t)-\boldsymbol{y}_k(t)$。在学习控制律的作用下，跟踪误差序列$\{\boldsymbol{e}_k(t)\}$在范数空间满足以下条件。

$$\lim_{k\to\infty}\boldsymbol{e}_k(t)=\boldsymbol{0}$$

即$\lim\limits_{k\to\infty}\|\boldsymbol{e}_k(t)\|=0$，则当$k\to\infty$时，学习控制收敛。

如果$\|\boldsymbol{e}_{k+1}(t)\|<\|\boldsymbol{e}_k(t)\|$，则当$k\to\infty$时，学习控制单调收敛。

9.1.2 学习控制的基本结构

根据上述的讨论，图 9.1 给出一种开环学习控制结构。选择开环 PID 学习控制律

$$\boldsymbol{u}_{k+1}(t)=\boldsymbol{u}_k(t)+k_{\mathrm{p}}\boldsymbol{e}_k(t)+k_{\mathrm{d}}\frac{\mathrm{d}}{\mathrm{d}t}\boldsymbol{e}_k(t)+k_{\mathrm{i}}\int\boldsymbol{e}_k(t)\mathrm{d}t \tag{9.3}$$

其中，k_{p}、k_{d}、k_{i}为比例系数、微分系数和积分系数，$\boldsymbol{e}_k(t)=\boldsymbol{y}_{\mathrm{d}}(t)-\boldsymbol{y}_k(t)$。

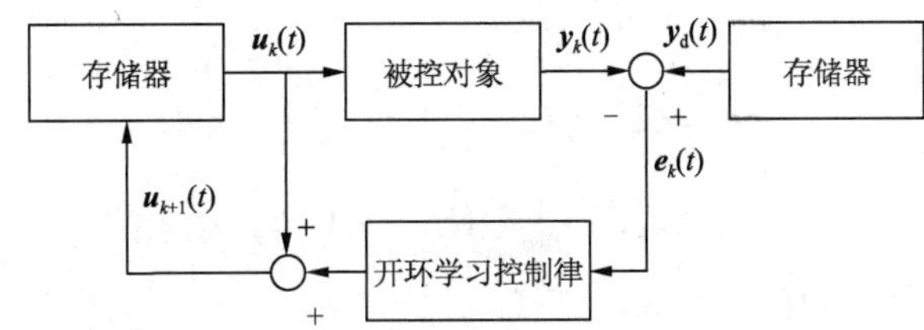

图 9.1 开环学习控制结构

在实际系统中常常会出现干扰，采用开环学习控制抑制干扰的能力差，图 9.2 给出一种闭环学习控制结构。选择闭环 PID 学习控制律

$$\boldsymbol{u}_{k+1}(t)=\boldsymbol{u}_k(t)+k_{\mathrm{p}}\boldsymbol{e}_{k+1}(t)+k_{\mathrm{d}}\frac{\mathrm{d}}{\mathrm{d}t}\boldsymbol{e}_{k+1}(t)+k_{\mathrm{i}}\int\boldsymbol{e}_{k+1}(t)\mathrm{d}t \tag{9.4}$$

其中，$\boldsymbol{e}_{k+1}(t)=\boldsymbol{y}_{\mathrm{d}}(t)-\boldsymbol{y}_{k+1}(t)$。

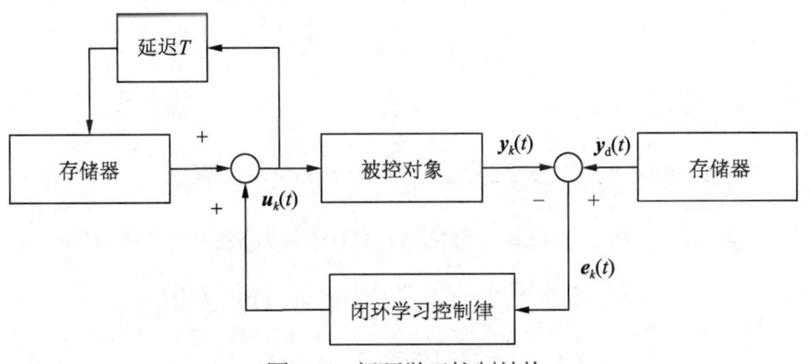

图 9.2 闭环学习控制结构

9.2 线性定常连续系统的学习控制

设线性定常连续系统的状态空间表达式为

$$\dot{\boldsymbol{x}}(t)=\boldsymbol{A}\boldsymbol{x}(t)+\boldsymbol{B}\boldsymbol{u}(t) \tag{9.5}$$

$$\boldsymbol{y}(t)=\boldsymbol{C}\boldsymbol{x}(t) \tag{9.6}$$

其中，$\boldsymbol{x}(t)\in\mathbf{R}^n$ 为系统的状态向量，$\boldsymbol{u}(t)\in\mathbf{R}^p$ 为控制输入，$\boldsymbol{y}(t)\in\mathbf{R}^q$ 为系统的输出，$\boldsymbol{A}\in\mathbf{R}^{n\times n}$，$\boldsymbol{B}\in\mathbf{R}^{n\times p}$，$\boldsymbol{C}\in\mathbf{R}^{q\times n}$。

为了证明上述系统学习控制的收敛性，给出如下定义。

定义 9.2 对于上述线性定常连续系统，如果对于任意的输入 $\boldsymbol{u}(t)$，$t\in[0,T]$，存在一个常数 $\alpha>0$，使得下列不等式成立。

$$\int_0^T\int_0^t\boldsymbol{u}^{\mathrm{T}}(t)\boldsymbol{H}(t-\tau)\boldsymbol{u}(\tau)\mathrm{d}\tau\mathrm{d}t\geqslant\alpha\int_0^T\boldsymbol{u}^{\mathrm{T}}(t)\boldsymbol{u}(t)\mathrm{d}t \tag{9.7}$$

则称系统具有严格正性。其中 $\boldsymbol{H}(t-\tau)=\boldsymbol{C}\mathrm{e}^{\boldsymbol{A}(t-\tau)}\boldsymbol{B}$。

定理 9.1 假定上述系统具有严格正性，则采用如下的 P 型学习控制律。

$$\boldsymbol{u}_{k+1}(t)=\boldsymbol{u}_k(t)+\boldsymbol{k}_{\mathrm{p}}\boldsymbol{e}_k(t) \tag{9.8}$$

其中，$\boldsymbol{k}_{\mathrm{p}}=\gamma\boldsymbol{I}$，$\boldsymbol{I}\in\mathbf{R}^{q\times q}$ 为单位矩阵，γ 为常数；$\boldsymbol{e}_k(t)=\boldsymbol{y}_{\mathrm{d}}(t)-\boldsymbol{y}_k(t)$，$\boldsymbol{y}_{\mathrm{d}}(t)$ 为期望输出，k 为学习次数。假定系统的初始状态相同，即 $\boldsymbol{x}_{k+1}(0)=\boldsymbol{x}_k(0)$，则在式（9.8）的作用下原系统的输出是收敛的。

证明：由式（9.5）和式（9.6）可得

$$\begin{aligned}\boldsymbol{y}_k(t)&=\boldsymbol{C}\mathrm{e}^{\boldsymbol{A}t}\boldsymbol{x}_k(0)+\int_0^t\boldsymbol{C}\mathrm{e}^{\boldsymbol{A}(t-\tau)}\boldsymbol{B}\boldsymbol{u}_k(\tau)\mathrm{d}\tau\\&=\boldsymbol{g}_k(t)+\int_0^t\boldsymbol{H}(t-\tau)\boldsymbol{u}_k(\tau)\mathrm{d}\tau\end{aligned} \tag{9.9}$$

其中，$\boldsymbol{g}_k(t)=\boldsymbol{C}\mathrm{e}^{\boldsymbol{A}t}\boldsymbol{x}_k(0)$，$\boldsymbol{H}(t-\tau)=\boldsymbol{C}\mathrm{e}^{\boldsymbol{A}(t-\tau)}\boldsymbol{B}$。

则

$$\begin{aligned}\boldsymbol{y}_{k+1}(t)&=\boldsymbol{g}_{k+1}(t)+\int_0^t\boldsymbol{H}(t-\tau)\boldsymbol{u}_{k+1}(\tau)\mathrm{d}\tau\\&=\boldsymbol{g}_{k+1}(t)+\int_0^t\boldsymbol{H}(t-\tau)\{\boldsymbol{u}_k(\tau)+\gamma\boldsymbol{e}_k(t)\}\mathrm{d}\tau\\&=\boldsymbol{y}_k(t)+\gamma\int_0^t\boldsymbol{H}(t-\tau)\boldsymbol{e}_k(\tau)\mathrm{d}\tau\end{aligned} \tag{9.10}$$

$$\begin{aligned}\boldsymbol{e}_{k+1}(t)&=\boldsymbol{e}_k(t)-\gamma\int_0^t\boldsymbol{H}(t-\tau)\boldsymbol{e}_k(\tau)\mathrm{d}\tau\\&=\boldsymbol{e}_k(t)-\boldsymbol{w}_k(t)\end{aligned} \tag{9.11}$$

其中，$\boldsymbol{w}_k(t)=\gamma\int_0^t\boldsymbol{H}(t-\tau)\boldsymbol{e}_k(\tau)\mathrm{d}\tau$。

记 $\langle\boldsymbol{x},\boldsymbol{y}\rangle=\int_0^T\boldsymbol{x}^{\mathrm{T}}(\tau)\boldsymbol{y}(\tau)\mathrm{d}\tau$，以及 L2 范数 $\|x\|^2=<x,x>$，则有

$$\begin{aligned}\|\boldsymbol{e}_{k+1}(t)\|^2&=<\boldsymbol{e}_{k+1}(t),\boldsymbol{e}_{k+1}(t)>=<\boldsymbol{e}_k(t)-\gamma\boldsymbol{w}_k(t),\boldsymbol{e}_k(t)-\gamma\boldsymbol{w}_k(t)>\\&=\|\boldsymbol{e}_k(t)\|^2+\gamma^2\|\boldsymbol{w}_k(t)\|^2-2\gamma\int_0^T\boldsymbol{e}_k^{\mathrm{T}}(t)\boldsymbol{w}_k(t)\mathrm{d}t\\&=\|\boldsymbol{e}_k(t)\|^2+\gamma^2\|\boldsymbol{w}_k(t)\|^2-2\gamma<\boldsymbol{e}_k(t),\boldsymbol{w}_k(t)>\end{aligned} \tag{9.12}$$

根据严格正性和 L2 范数的性质

$$<\boldsymbol{e}_k(t),\boldsymbol{w}_k(t)>\geqslant\alpha\|\boldsymbol{e}_k(t)\|^2 \tag{9.13}$$

$$\|\boldsymbol{w}_k(t)\|^2=\rho\{\int_0^T\boldsymbol{H}^{\mathrm{T}}(t)\boldsymbol{H}(t)\mathrm{d}t\}\|\boldsymbol{e}_k(t)\|^2\leqslant\lambda_0\|\boldsymbol{e}_k(t)\|^2 \tag{9.14}$$

其中，$\lambda_0=\rho\{\boldsymbol{A}\}$ 为矩阵 $\boldsymbol{A}$ 的谱半径，矩阵的谱半径为矩阵特征值的绝对值中的最大值。则

$$\|\boldsymbol{e}_{k+1}(t)\|^2\leqslant(1+\lambda_0\gamma^2-2\alpha\gamma)\|\boldsymbol{e}_k(t)\|^2 \tag{9.15}$$

所以通过选择 $\gamma>0$，使得

$$\kappa^2 = 1 + \lambda_0\gamma^2 - 2\alpha\gamma < 1 \tag{9.16}$$

则

$$\|\boldsymbol{e}_{k+1}(t)\| \leqslant \kappa\|\boldsymbol{e}_k(t)\|,\ \ 0 < \kappa < 1 \tag{9.17}$$

当 $\lim_{k\to\infty}\|\boldsymbol{e}_k(t)\| = 0$ 时，学习控制收敛。

9.3 基于神经网络的机械臂迭代学习控制

本节针对机械臂动力学模型的不确定性和负载扰动，将反馈控制和神经网络学习控制相结合，反馈控制沿时间轴方向使机械臂连杆运动跟踪期望轨迹，神经网络学习控制使机械臂连杆运动轨迹沿迭代轴方向逼近期望轨迹。采用 BP 神经网络算法，根据连杆期望值和误差性能函数不断调整神经网络的权值，实现对期望轨迹的跟踪迭代学习控制。最后给出一个 2 自由度机械臂仿真实验结果。

9.3.1 神经网络学习控制算法

采用三层 BP 神经网络结构进行训练，如图 9.3 所示。其中，$\boldsymbol{Y}_\mathrm{d}(t)$ 为被控对象的期望输出，$\boldsymbol{Y}(t)$ 为被控对象的实际输出，$\boldsymbol{I}(t) = \begin{pmatrix} I_1 & I_2 & \cdots & I_{N_I}\end{pmatrix}^\mathrm{T} = \begin{pmatrix}\boldsymbol{Y}_\mathrm{d}(t) & \boldsymbol{Y}_\mathrm{d}(t-1) & \boldsymbol{Y}_\mathrm{d}(t-2)\end{pmatrix}^\mathrm{T}$ 为神经网络的输入，N_I 为神经网络输入层节点数，q 为被控对象输出的维数；$\boldsymbol{U}(t) = N(\boldsymbol{W}(t), \boldsymbol{I}(t))$ 为神经网络的输出，$\boldsymbol{W}(t)$ 为神经网络的连接权矩阵和阈值矩阵；$\boldsymbol{e}(t) = \boldsymbol{Y}_\mathrm{d}(t) - \boldsymbol{Y}(t)$ 为系统跟踪误差。

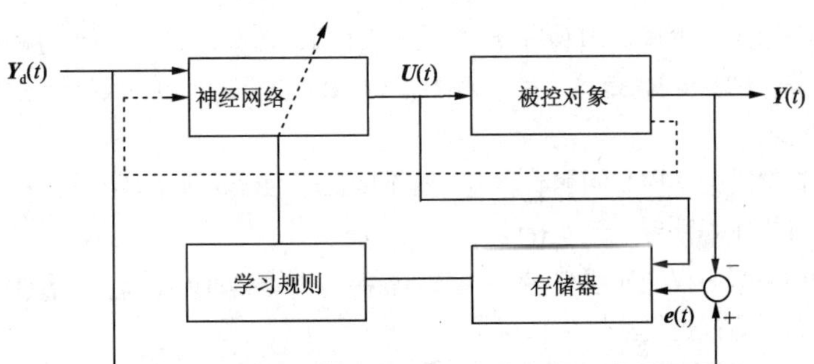

图 9.3　神经网络学习控制结构

根据神经网络控制的基本原理，设计如下三层 BP 神经网络算法。

隐层节点的输入为

$$s_h = \sum_{i=1}^{N_\mathrm{I}} w_{hi} I_i + \theta_h,\ \ h = 1,2,\cdots,N_\mathrm{H} \tag{9.18}$$

隐层节点的输出为

$$z_h = f(s_h) = f(\sum_{i=1}^{N_\mathrm{I}} w_{hi} I_i + \theta_h),\ \ h = 1,2,\cdots,N_\mathrm{H} \tag{9.19}$$

输出层节点的输出为

$$u_j = (\sum_{h=1}^{N_\mathrm{H}} w_{jh} z_h + \theta_j),\ \ j = 1,2,\cdots,N_\mathrm{o} \tag{9.20}$$

其中，$f(x) = \dfrac{1}{1+\mathrm{e}^{-x}}$ 为 Sigmoid 函数；w_{hi}、w_{jh} 和 θ_h、θ_j 分别为输入层和输出层的连接权和阈

值；N_{I}、N_{H}、N_{O} 分别为输入层、隐层和输出层的神经元节点数。

选取误差性能函数为

$$J=\frac{1}{2}\boldsymbol{e}^{\mathrm{T}}(t)\boldsymbol{e}(t)\,,\quad t\in[0,t_f] \tag{9.21}$$

连接权的修正公式为

$$\Delta w_{hi}(t)=-\eta\frac{\partial J}{\partial w_{hi}}+\alpha\Delta w_{hi}(t-1)=\eta f(s_h)(1-s_h)I_i\sum_{j=1}^{N_{\mathrm{O}}}w_{jh}e_j+\alpha\Delta w_{hi}(t-1) \tag{9.22}$$

$$i=1,2,\cdots,N_{\mathrm{I}};\quad h=1,2,\cdots,N_{\mathrm{H}}$$

$$\Delta w_{jh}(t)=-\eta\frac{\partial J}{\partial w_{jh}}+\alpha\Delta w_{jh}(t-1)=\eta e_j z_h+\alpha\Delta w_{jh}(t-1) \tag{9.23}$$

$$h=1,2,\cdots,N_{\mathrm{H}};\quad j=1,2,\cdots,N_{\mathrm{O}}$$

其中，η 是学习因子，α 是动量因子。

对于第 k 次迭代过程，神经网络的输出为

$$\boldsymbol{U}_k(t)=N(\boldsymbol{W}_k(t),\boldsymbol{I}_k(t)) \tag{9.24}$$

其中，$\boldsymbol{W}_k(t)=\boldsymbol{W}_{k-1}(t)+\Delta\boldsymbol{W}_{k-1}(t)$ 为第 k 次迭代过程的神经网络连接权矩阵。

9.3.2 机械臂轨迹跟踪迭代学习控制

一个 n 自由度机械臂动力学模型一般可用下列方程表示。

$$\boldsymbol{M}(\boldsymbol{q})\ddot{\boldsymbol{q}}+\boldsymbol{V}(\dot{\boldsymbol{q}},\boldsymbol{q})\dot{\boldsymbol{q}}+\boldsymbol{G}(\boldsymbol{q})+\boldsymbol{T}_a(t)=\boldsymbol{\tau} \tag{9.25}$$

其中，$\boldsymbol{q}\in\mathbf{R}^n$ 是广义连杆变量，$\boldsymbol{M}(\boldsymbol{q})\in\mathbf{R}^{n\times n}$ 是对称正定的惯性矩阵，$\boldsymbol{C}(\dot{\boldsymbol{q}},\boldsymbol{q})\in\mathbf{R}^n$ 是科氏加速度及向心加速度矩阵，$\boldsymbol{G}(\boldsymbol{q})\in\mathbf{R}^n$ 是重力项，$\boldsymbol{T}_a(t)$、$\boldsymbol{\tau}\in\mathbf{R}^n$ 分别是未知的有界干扰和连杆驱动力矩，且 $\boldsymbol{T}_a(t)$ 具有可重复性。

这样可将机械臂动力学控制问题表示成：对于给定的连杆轨迹 $\boldsymbol{q}_{\mathrm{d}}(t)$，寻找一个控制序列，使机械臂在 $t\in[0,t_f]$ 中跟踪期望轨迹 $\boldsymbol{q}_{\mathrm{d}}(t)$。

由于机械臂动力学方程的非线性，在期望轨迹某一小领域 $Q(\boldsymbol{q}_{\mathrm{d}}(t),\dot{\boldsymbol{q}}_{\mathrm{d}}(t),\ddot{\boldsymbol{q}}_{\mathrm{d}}(t))$ 内，对式（9.25）表示的机械臂动力学方程进行线性化，可得

$$\boldsymbol{B}(t)(\ddot{\boldsymbol{q}}(t)-\ddot{\boldsymbol{q}}_{\mathrm{d}}(t))+\boldsymbol{C}(t)(\dot{\boldsymbol{q}}(t)-\dot{\boldsymbol{q}}_{\mathrm{d}}(t))+\boldsymbol{D}(t)(\boldsymbol{q}(t)-\boldsymbol{q}_{\mathrm{d}}(t))=\boldsymbol{\tau}-\boldsymbol{H}(t) \tag{9.26}$$

式中，$\boldsymbol{B}(t)=\boldsymbol{M}(\boldsymbol{q}_{\mathrm{d}}(t))$，$\boldsymbol{C}(t)=\left.\frac{\partial\boldsymbol{V}}{\partial\dot{\boldsymbol{q}}(t)}\right|_{(\boldsymbol{q}_{\mathrm{d}}(t),\dot{\boldsymbol{q}}_{\mathrm{d}}(t))}$，$\boldsymbol{D}(t)=\left.\frac{\partial\boldsymbol{M}}{\partial\boldsymbol{q}(t)}\right|_{(\boldsymbol{q}_{\mathrm{d}}(t),\dot{\boldsymbol{q}}_{\mathrm{d}}(t))}\ddot{\boldsymbol{q}}_{\mathrm{d}}(t)+\left.\frac{\partial\boldsymbol{V}}{\partial\boldsymbol{q}(t)}\right|_{(\boldsymbol{q}_{\mathrm{d}}(t),\dot{\boldsymbol{q}}_{\mathrm{d}}(t))}+\left.\frac{\partial\boldsymbol{G}}{\partial\boldsymbol{q}(t)}\right|_{(\boldsymbol{q}_{\mathrm{d}}(t),\dot{\boldsymbol{q}}_{\mathrm{d}}(t))}$，$\boldsymbol{H}(t)=\boldsymbol{M}(\boldsymbol{q}_{\mathrm{d}}(t))\ddot{\boldsymbol{q}}_{\mathrm{d}}(t)+\boldsymbol{V}(\boldsymbol{q}_{\mathrm{d}}(t),\dot{\boldsymbol{q}}_{\mathrm{d}}(t))+\boldsymbol{G}(\boldsymbol{q}_{\mathrm{d}}(t))+\boldsymbol{T}_a(t)$。

为了实现机械臂轨迹跟踪控制，给出如下的控制律：

$$\boldsymbol{\tau}_k=\boldsymbol{V}_k(t)+\boldsymbol{U}_k(t)+\hat{\boldsymbol{G}}(\boldsymbol{q}_{\mathrm{d}}(t)) \tag{9.27}$$

其中，$\boldsymbol{V}_k(t)=\boldsymbol{K}_{\mathrm{p}}\boldsymbol{e}_k(t)+\boldsymbol{K}_{\mathrm{d}}\dot{\boldsymbol{e}}_k(t)$ 为反馈控制项，$\boldsymbol{K}_{\mathrm{p}}$、$\boldsymbol{K}_{\mathrm{d}}$ 为正定的位置和速度增益矩阵；$\boldsymbol{U}_k(t)$ 为神经网络迭代学习控制项；$\hat{\boldsymbol{G}}(\boldsymbol{q}_{\mathrm{d}}(t))$ 为重力补偿项；k 为迭代次数。则有

$$\boldsymbol{B}(t)\ddot{\boldsymbol{e}}_k(t)+(\boldsymbol{C}(t)+\boldsymbol{K}_{\mathrm{d}})\dot{\boldsymbol{e}}_k(t)+(\boldsymbol{D}(t)+\boldsymbol{K}_{\mathrm{p}})\boldsymbol{e}_k(t)=\boldsymbol{H}_1(t)-\boldsymbol{U}_k(t) \tag{9.28}$$

其中，$\boldsymbol{U}_k(t)=N(\boldsymbol{W}_k(t),\boldsymbol{I}_k(t))$，$\boldsymbol{e}_k(t)=\boldsymbol{q}_{\mathrm{d}}(t)-\boldsymbol{q}_k(t)$，$\boldsymbol{H}_1(t)=\boldsymbol{M}(\boldsymbol{q}_{\mathrm{d}}(t))\ddot{\boldsymbol{q}}_{\mathrm{d}}(t)+\boldsymbol{V}(\boldsymbol{q}_{\mathrm{d}}(t),\dot{\boldsymbol{q}}_{\mathrm{d}}(t))+\boldsymbol{G}(\boldsymbol{q}_{\mathrm{d}}(t))-\hat{\boldsymbol{G}}(\boldsymbol{q}_{\mathrm{d}}(t))+\boldsymbol{T}_a(t)$。

三层 BP 神经网络结构如图 9.4 所示。对于一个 2 自由度机械臂，神经网络输入层、隐层和输

出层的神经元节点数分别为 $N_{\mathrm{I}}=6$ 、$N_{\mathrm{H}}=6$ 和 $N_{\mathrm{O}}=2$；神经网络的输入为 $\boldsymbol{I}(t)=(\boldsymbol{q}_{\mathrm{d}}(t)\ \boldsymbol{q}_{\mathrm{d}}(t-1)\ \boldsymbol{q}_{\mathrm{d}}(t-2))^{\mathrm{T}}=(q_{1\mathrm{d}}(t)\ q_{2\mathrm{d}}(t)\ q_{1\mathrm{d}}(t-1)\ q_{2\mathrm{d}}(t-1)\ q_{1\mathrm{d}}(t-2)\ q_{2\mathrm{d}}(t-2))^{\mathrm{T}}$，神经网络的输出为 $\boldsymbol{U}(t)=(u_1(t)\ u_2(t))^{\mathrm{T}}$；误差性能函数选为 $J=\dfrac{1}{2}\boldsymbol{e}_k^{\mathrm{T}}(t)\boldsymbol{e}_k(t)$。

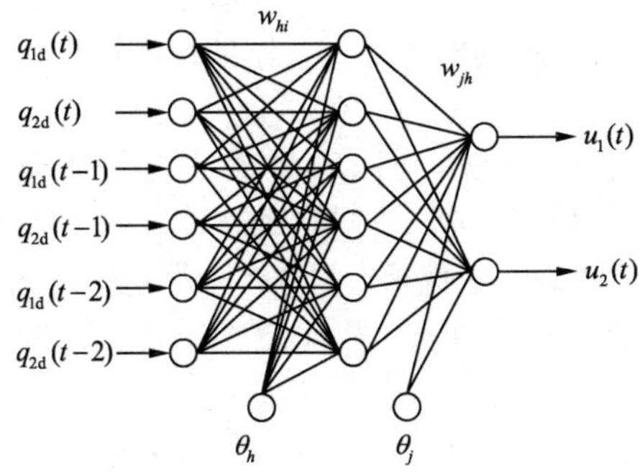

图 9.4　三层 BP 神经网络结构

9.3.3　仿真实验和分析

采用本章给出的基于神经网络的迭代学习控制方法，以图 9.5 所示的一个 2 自由度机械臂连杆为对象进行仿真实验。

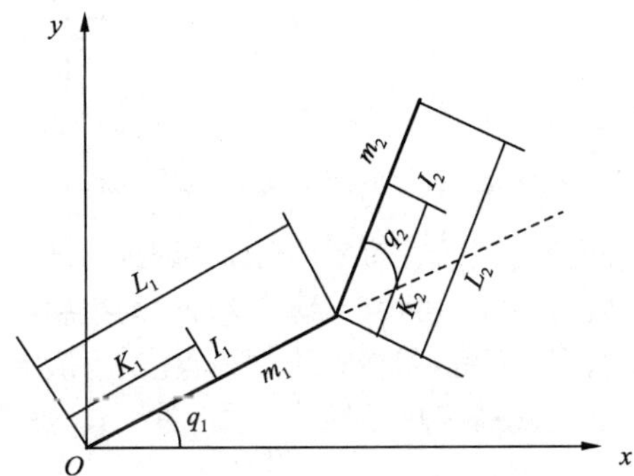

图 9.5　2 自由度机械臂连杆

2 自由度机械臂动力学方程的各项表达式如下。

$$M_{11}=m_1K_1^2+m_2(L_1^2+K_2^2+2L_1K_2\cos(q_2))+I_1+I_2$$

$$M_{12}=m_2(K_2^2+L_1K_2\cos(q_2))+I_2$$

$$M_{21}=M_{12}$$

$$V_1=-L_1K_2m_2\sin(q_2)(2\dot{q}_1+\dot{q}_2)\dot{q}_2+D_{m_1}\dot{q}_1$$

$$V_2=-L_1K_2m_2\sin(q_2)\dot{q}_1\dot{q}_2+D_{m_2}\dot{q}_2$$

$$G_1=\mathrm{g}((m_1K_1+m_2L_1)\cos q_1+m_2K_2\cos(q_1+q_2))$$

$$G_2=\mathrm{g}\,m_2K_2\cos(q_1+q_2)$$

机械臂的物理参数：臂长 $L_1=0.25\mathrm{m}$，$L_2=0.16\mathrm{m}$；连杆中心 K_1=0.2m，K_2=0.14m；质量 m_1=9.5kg，m_2=5.0kg；惯量 $I_1=4.3\times10^{-3}\mathrm{kg\cdot m^2}$，$I_2=6.1\times10^{-3}\mathrm{kg\cdot m^2}$；阻尼系数 $D_{m_1}=3.85\times10^{-3}\mathrm{N\cdot s\cdot m^{-1}}$，$D_{m_2}=1.39\times10^{-3}\mathrm{N\cdot s\cdot m^{-1}}$，$\mathrm{g}=9.8\mathrm{m\cdot s^{-2}}$。

连杆期望轨迹（单位：rad）为 $q_{1\mathrm{d}}=-\dfrac{\pi}{2}\cos(\dfrac{\pi t}{2.5})$，$q_{2\mathrm{d}}=\dfrac{\pi}{2}\sin(\dfrac{\pi t}{2.5})$，连杆扰动为 $\boldsymbol{T}_a=(0.13\cos(\pi t/10+5)\ 0.23\sin(\pi t/10+4))^{\mathrm{T}}$；$\hat{\boldsymbol{G}}(\boldsymbol{q}_{\mathrm{d}})=0.85\boldsymbol{G}(\boldsymbol{q}_{\mathrm{d}})$；机械臂初始工作点为 $Q(-\dfrac{\pi}{2},0,0,\dfrac{\pi^2}{5},\dfrac{\pi^3}{12.5},0)$；反馈控制增益矩阵分别为 $\boldsymbol{K}_{\mathrm{p}}=\mathrm{diag}(10,10)$，$\boldsymbol{K}_{\mathrm{d}}=\mathrm{diag}(5,5)$；神经网络的学习因子 $\eta=0.01$，动量因子 $\alpha=0.9$；仿真时间为 10s。机械臂连杆 1 的期望轨迹和实际轨迹跟踪曲线如图 9.6（a）所示，跟踪误差平方和曲线如图 9.6（b）所示，连杆 2 的轨迹跟踪曲线和跟踪误差平方和曲线有类似连杆 1 的变化趋势。从图 9.6 中可以看出，由于机械臂动力学模型的不确定性和负载扰动，在反馈控制作用下，沿时间轴方向连杆运动轨迹与期望轨迹之间有一定误差；采用神经网络学习控制后，连杆运动轨迹沿迭代轴方向逐步向期望轨迹靠近。当迭代次数 k 为 85 时，连杆 1 跟踪误差平方和为 0.00049，连杆 2 跟踪误差平方和为 0.0065。因此，采用该方法可达到较高的跟踪精度。

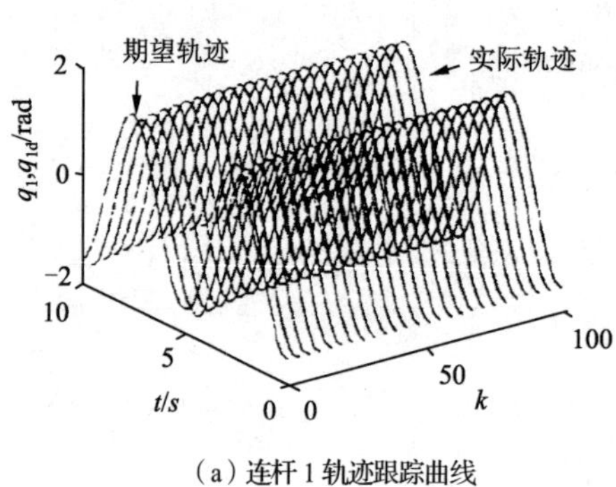

（a）连杆 1 轨迹跟踪曲线

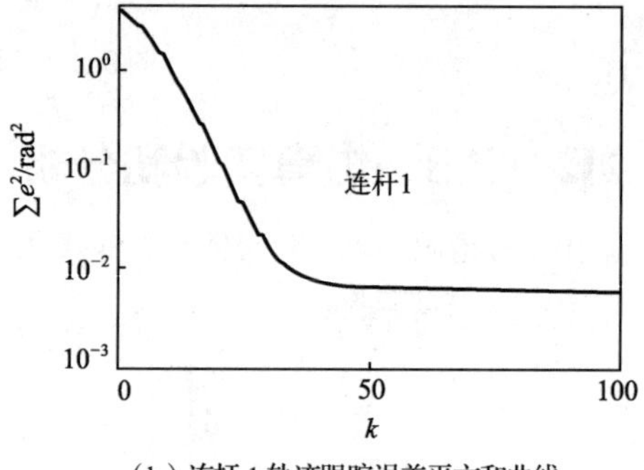

（b）连杆 1 轨迹跟踪误差平方和曲线

图 9.6　机械臂连杆 1 的期望轨迹和实际跟踪轨迹曲线

本节设计了一种基于神经网络的 2 自由度机械臂轨迹跟踪迭代学习控制方法，该方法将反馈控制和神经网络学习控制相结合，采用 BP 神经网络构成学习控制器，并对它进行在线训练，使机械臂的控制器具有学习功能，可以消除机械臂动力学模型的不确定性和负载扰动。上述研究表明，迭代学习控制可提高机械臂轨迹跟踪的鲁棒性和适应性，具有良好的控制性能。

9.4　本章小结

学习控制属于智能控制范畴。学习控制不要求知道具体的控制对象模型或针对存在建模误差的控制问题，一般用来跟踪具有重复运动的动态目标。与其他传统控制不同，学习控制要求同时给出迭代次数和运行时间，所以它分别沿迭代轴和时间轴跟踪期望轨迹并减少误差。学习控制的核心是“可重复性”和“记忆”。可重复性表示控制对象在多次实验中的动态性能保持一致；记忆表示第(k+1)次的控制输入能利用前面 k 次实验过程的信息。学习控制有两种控制结构：一种是开环学习控制，其控制律是第(k+1)次输入为第 k 次控制信号和第 k 次跟踪误差的校正项；另外一种是闭环学习控制，其控制律是第(k+1)次输入为第 k 次控制信号和第(k+1)次跟踪误差的校正项。学习控制的关键是分析算法在迭代过程中的收敛性和在干扰情况下的鲁棒性。

习　　题

9.1　迭代学习控制的前提条件是什么？迭代学习控制的结构有哪几种，各有什么特点？

9.2　针对一个直流伺服电机组成的位置跟踪系统，设计 PID 型学习控制算法。要求：

（1）建立位置跟踪系统的数学模型；

（2）画出学习控制结构框图；

（3）编写学习控制的仿真程序；

（4）给定正弦输入信号进行仿真实验，并分析迭代学习控制的收敛性和控制性能。

参考文献

[1] 姜长生，王从庆，魏海坤，等. 智能控制与应用[M]. 北京：科学出版社，2007.
[2] 王飞跃，陈俊龙. 智能控制方法与应用[M]. 北京：中国科学技术出版社，2020.
[3] 李士勇. 模糊控制[M]. 哈尔滨：哈尔滨工业大学出版社，2011.
[4] 巩敦卫，孙晓燕. 智能控制技术简明教程[M]. 北京：国防工业出版社，2010.
[5] 李国勇. 智能控制及其 MATLAB 实现[M]. 北京：电子工业出版社，2005.
[6] Simon Haykin. 神经网络原理[M]. 叶世伟，史忠植，译. 北京：机械工业出版社，2004.
[7] 葛哲学，孙志强. 神经网络理论与 MATLAB R2007 实现[M]. 北京：电子工业出版社，2007.
[8] 徐丽娜. 神经网络控制[M]. 哈尔滨：哈尔滨工业大学出版社，1999.
[9] 刘金琨. 智能控制[M]. 5 版. 北京：电子工业出版社，2021.
[10] 易继锴，侯媛彬. 智能控制技术[M]. 北京：北京工业大学出版社，1999.
[11] 王建华，俞孟蕻，李众. 智能控制基础[M]. 北京：科学出版社，1998.
[12] Satish Kumar.神经网络[M]. 北京：清华大学出版社，2006.
[13] 李少远，王景成. 智能控制[M]. 2 版. 北京：机械工业出版社，2009.
[14] 刘金琨. 先进 PID 控制及其 MATLAB 仿真[M]. 北京：电子工业出版社，2003.
[15] 韩力群. 人工神经网络理论、设计及应用[M]. 北京：化学工业出版社，2002
[16] 蔡自兴. 智能控制[M]. 北京：电子工业出版社，2004.
[17] 孙增圻，张再兴，邓志东. 智能控制理论与技术[M]. 北京：清华大学出版社，1997.
[18] 李士勇. 模糊控制、神经控制和智能控制论[M]. 哈尔滨：哈尔滨工业大学出版社，1996.
[19] 刘曙光，魏俊民，竺志超. 模糊控制技术[M]. 北京：中国纺织出版社，2001.
[20] 曹承志，王楠. 智能技术[M]. 北京：清华大学出版社，2004.
[21] 曹谢东. 模糊信息处理及应用[M]. 北京：科学出版社，2003.
[22] 韩启纲，吴锡祺. 计算机模糊控制技术[M]. 北京：中国计量出版社，1999
[23] 周明，孙树栋. 遗传算法原理及应用[M]. 北京：国防工业出版社，1996.
[24] Z. 米凯利维茨. 演化程序——遗传算法和数据编码的结合[M]. 周家驹，何险峰，译. 北京：科学出版社，2000.
[25] 王小平，曹立明. 遗传算法——理论、应用软件实现[M]. 西安：西安交通大学出版社，2002.
[26] 雷英杰，张善文，李续武，等. 遗传算法工具箱及其应用[M]. 西安：西安电子科技大学出版社，2005.
[27] 修春波，夏琳琳. 智能控制技术[M]. 北京：中国水利水电出版社，2013.
[28] 阎平凡，张长水. 人工神经网络与模拟进化计算[M]. 北京：清华大学出版社，2000.
[29] 王旭，王宏，王文辉. 人工神经网络原理与应用[M]. 沈阳：东北大学出版社，2000.
[30] 楼顺天，胡昌华，张伟. 基于 MATLAB 的系统分析与设计：模糊系统[M]. 西安：西安电子科技大学出版社，2001.
[31] Nello Cristianini，John Shawe-Taylor. 支持向量机导论[M]. 李国正，王猛，曾华军，译. 北京：电子工业出版社，2004.
[32] 周德俭. 智能控制[M]. 重庆：重庆大学出版社，2005.
[33] 张化光，孟祥萍. 智能控制基础理论及应用[M]. 北京：机械工业出版社，2005.
[34] 席爱民. 模糊控制技术[M]. 西安：西安电子科技大学出版社，2008.

[35] 邓玉龙，王从庆．空间机器人的 SVM 非线性补偿滑模控制研究[J]．吉林大学学报（信息科学版），2014，32（2）：166-171.
[36] 范胜辉．量子进化算法及其应用研究[D]．南京：南京航空航天大学，2010.
[37] 李军良，王从庆．量子进化算法在苹果漫透射近红外光谱分析中的应用[J]．浙江大学学报（农业与生命科学版），2011，37（4）：453-459.
[38] 丁臻极．城市环境下多无人机应急救灾任务分配技术研究[D]．南京：南京航空航天大学，2016.
[39] 罗迪．无人机平台下的可见光与热红外图像融合和目标检测研究[D]．南京：南京航空航天大学，2021.
[40] 顾伟军，彭亦功．智能控制技术及其应用[C]．第七届工业仪表与自动化学术会议论文集，2006:101-104.
[41] 徐湘元，毛宗源．过程控制的发展方向——智能控制[J]．化工自动化及仪表，1998，25（2）：1-5.